煤炭高等教育"十四五"规划教材

自动控制原理

主　编　周奇勋
副主编　乐春峡

中国矿业大学出版社
·徐州·

内 容 提 要

本书涵盖了经典控制理论的全部内容。全书共八章,包括绪论,控制系统的数学模型,线性系统的时域分析法、根轨迹分析法、频域分析法,自动控制系统的频域校正,非线性系统的分析,线性离散控制系统的分析和校正。主要介绍了经典控制理论的基本概念、基本理论及基本分析方法与应用。讲述了自动控制的含义,控制系统在时域、复域和频域中的数学模型及其结构图和信号流图,全面阐述了线性控制系统的时域分析法、根轨迹分析法、频域分析法以及校正和设计等方法。在非线性控制系统分析方面,给出了相平面和描述函数两种常用的分析方法。对线性离散控制系统的基础理论、数学模型、稳定性及稳态误差、动态性能分析以及数字校正等问题,也进行了较为详细的讨论。

本书可以作为普通高等院校自动化、电气工程及其自动化、测控技术与仪器、能源与动力工程、机械电子工程等专业教材,也可以供从事自动控制类的各专业工程技术人员参考。

图书在版编目(C I P)数据

自动控制原理/周奇勋主编. —徐州:中国矿业
大学出版社,2022.7

ISBN 978 - 7 - 5646 - 5416 - 0

Ⅰ. ①自… Ⅱ. ①周… Ⅲ. ①自动控制理论 Ⅳ.
①TP13

中国版本图书馆 CIP 数据核字(2022)第 094361 号

书 名	自动控制原理
主 编	周奇勋
责任编辑	仓小金
出版发行	中国矿业大学出版社有限责任公司
	(江苏省徐州市解放南路 邮编 221008)
营销热线	(0516)83884103 83885105
出版服务	(0516)83995789 83884920
网 址	http://www.cumtp.com **E-mail**:cumtpvip@cumtp.com
印 刷	江苏淮阴新华印务有限公司
开 本	787 mm×1092 mm 1/16 **印张** 22 **字数** 563 千字
版次印次	2022 年 7 月第 1 版 2022 年 7 月第 1 次印刷
定 价	48.00 元

(图书出现印装质量问题,本社负责调换)

前　言

自动控制技术已广泛应用于能源开采、交通运输、航空航天、工业制造、农业生产等诸多领域，有效地将人们从繁重的体力劳动中解放出来，提高了生产力，为社会进步作出了重要贡献。在自动控制技术需求的推动下，自动控制理论也有了显著进步。为了适应高等教育对"自动控制原理"课程的要求，满足为社会培养自动控制领域人才的需要，编者编写了本书。

"自动控制原理"是电类相关专业本科、专科学生的专业基础课程，具有涵盖内容多、理论性强、知识点分散等特点，现有国内外高校使用的"自动控制原理"教材大多采用20世纪中期形成的经典控制理论（部分包括现代控制理论）知识体系。本书的编写团队是长期讲授自动控制原理课程的教师，他们在认真研究和仔细论证21世纪电类专业本科教育模式和教学体系特点并吸取上一版教材经验的基础上，对知识点进行了合理的调配和筛选，强调了知识的统一性、逻辑性、层次性、实用性、配合性和联系性。全书面向电类专业学生，全面论述经典控制理论，突出理论联系实际，强调培养学生正确应用公式和结论的能力，书中减少了公式和结论理论的推导过程；亦面向非电类专业学生，阐述反馈理论、闭环控制思想以及"PID"控制方法，从应用角度入手，对重点内容讲清其来龙去脉，做到触类旁通、概念准确、条理清楚、叙述通俗易懂。本书内容与计算机仿真有机结合，有效利用计算机仿真与计算工具，将解析形式的数学模型转变为数值形式的仿真模型，借助计算机减轻学生的手工计算负担，通过仿真增强学生对自动控制系统的感性认识，从而加深对自动控制理论的理解。

本书由周奇勋任主编，乐春峡任副主编。其中第2、3、4章及各章MAT-LAB仿真的内容由周奇勋编写，第5、6章由乐春峡编写，第1、7章由许军编写，第8章由马旭编写。此外，在本书编写过程中，研究生畅冲冲、束建华、郭倩、蔡紫薇、马平安、刘帆、龚豪、陈星瑞、陈硕、王一航、张应星、史柯柯、孙文浩等参与了绘图和书稿整理工作。

应当指出，本书是作者对西安科技大学自动控制原理课程组从20世纪80

年代以来多轮教材的不断完善与提高,同时也借鉴了国内外多本优秀教材的内容,在此,谨向各位作者表示感谢!

由于编者水平所限,书中难免存在缺点和错误,恳请广大读者不吝指正。

编　者

2022 年 1 月

目　录

第1章　绪　论

自动控制是一个较宽泛的概念，一般包括自动控制理论、自动控制技术、自动控制过程、自动控制装置和自动控制系统，本书主要讨论自动控制理论的问题。一般将自动控制理论分为经典控制理论和现代控制理论，本门课程仅介绍经典控制理论，常称为自动控制原理，讨论的问题仅限于经典控制理论的范畴，从理论和原理的角度出发，说明自动控制系统分析和设计的方法。

1.1　自动控制的一般概念

本章将从人工控制与自动控制过程的比较入手，简要介绍自动控制技术的发展过程与展望、自动控制的基本概念和定义及有关的名词术语，进而引出自动控制系统的构成和分类方法，以及工程上对自动控制系统的基本要求，从而为本课程提供一个较为清晰的轮廓。此外，本章还将介绍自动控制系统在各行业中的应用实例，以便读者对自动控制系统实际应用的广泛性有较深的认识，并对各种不同类型控制系统的工作原理有进一步的理解，为后续章节的学习奠定良好的基础。

1.1.1　自动控制的定义及作用

自动控制（automatic control）是指在没有人为经常性直接参与的情况下，利用设备或装置使机器、设备或生产过程的某个工作状态或参数，自动按照预定规律运行的过程。例如，导弹能够准确地命中目标；人造卫星能按预定的轨道运行并返回地面；宇宙飞船能准确地在月球着陆并重返地球；产品能在流水线上自动加工；飞机可以自动驾驶；车辆能够自动导航；采煤机能够在无人工作面自动采煤；扶梯可以自动增减速度；等等。这些都是由自动控制的设备和装置自动完成预定运行规律和任务的实例。

今天，自动控制已经成为推动社会进步不可或缺的动力。随着自动控制理论、计算机技术和电子技术等的迅速发展，自动控制技术不仅广泛应用在航空航天、工业生产、医药医疗、资源开发、交通管理和生态保护等领域，而且它的概念和分析方法也渗透到其他领域，如经济、政治、管理、社会、人口和心理等领域。自动控制的广泛应用不仅使生产设备或过程实现自动化，极大地提高了劳动效率和产品的质量，改善了劳动条件，而且在人类征服大自然、探索新能源、发展空间技术和改善人们生活方面都起着十分重要的作用。

自动控制是涉及范围十分广泛的科学领域，它包含了深刻的基础理论和丰富的科学技术，并力图揭示各种被控对象、被控过程内在运动的基本规律和系统分析、设计的普遍原理，是人们掌握研究复杂控制问题的一般方法和手段。它的许多成果在理论和应用上都有重要的科学技术和工程实际意义。目前，自动控制理论和自动化生产的发展水平已经成为衡量一个国家先进程度的重要标志。

1.1.2 自动控制理论发展简介

人们在长期的生产实践中,通过不断摸索与总结,发现可以在无人参与的情况下,利用适当的设备或装置完成人们预定的任务,因此人们根据经验设计制造和应用了自动装置。例如,公元前1400～1100年,在中国、埃及和古巴比伦,人们用漏壶和沙漏来自动计时。公元132年张衡创造了世界上第一台地动仪,监测地震发生的方向。公元235年马钧制造的指南车,为旅途中的人们辨明方向。

第二次工业革命时期,随着大机器生产的出现,自动控制技术得到了前所未有的发展。1788年瓦特(J. Watt)发明了飞球离心调速器,如图1-1所示。该设备利用离心调速器调节汽轮机的旋转速度,对保证轧花机的匀速运行提供了技术保证。飞球式调速器(也称离心调速器)的工作原理是假设发动机工作在平衡状态,两只重球绕着中心轴旋转,整体看起来就像一个圆锥,并且圆锥母线与转动轴的角度已经确定。当突然给发动机施加负载时,发动机的速度降低,调速器的球随之掉下一定角度,形成一个小一些的圆锥。这样,球的角度就可以用于反映输出速度,然后通过控制杆打开蒸汽室的主阀门(也就是执行器),让更多的蒸汽进入发动机,补偿了大部分因负载而减小的速度。为保持蒸汽阀停留在新的位置,必须使飞球以一个不变的角度继续旋转。这也就意味改变负载时,系统的速度并非和原来一样精确。要精确地恢复系统以前的速度,就要求重置系统的期望速度,改变从杠杆到阀门的杆的长度。但是瓦特是一名实践科学家,与他之前的技术工程师们一样,他并不对调速器做理论分析。因此使用调速器系统时,除了精确度问题以外还经常出现持续振荡,有时甚至不能稳定工作等问题。因此,人们试图从调速器的制作材料、机械结构和制造工艺上寻找办法,但没有想到从理论上解决问题,因此均未成功。

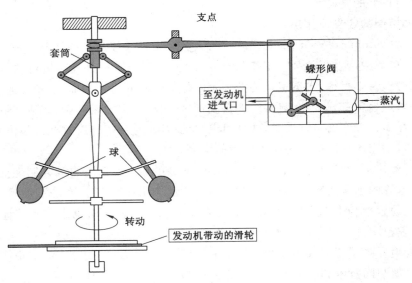

图1-1 飞球式离心调速器工作原理图

其实这就是自动控制系统的稳定性问题,人们为了解决这一问题几乎用了一百年时间。直到1868年麦克斯韦(J. C. Maxwell)指出,微分方程的解中含有不衰减项就会出现不稳定现象。麦克斯韦尝试推导多项式系数必须满足的条件,以使方程的根都有负实部。但他仅仅在二阶方程和三阶方程中取得了成功,只给出了判别低阶系统稳定性的代数判据,这也为自动控制理论的发展提供了方向。此后,自动控制理论的发展进入到快速发展时期。1876 年维什聂格拉茨基(Wischnegradski)发表了调节器的一般理论。1877 年劳斯(Routh)提出了判别高阶系统稳定性的代数判据,现在称为劳斯稳定判据。1892 年俄国数学家李亚普诺夫(A. M. Lyapunov)发表了运动稳定性的一般问题,把微分方程解的稳定性与具有特殊性质函数(现称为李雅普诺夫函数)的存在性联系起来,奠定了常微分方程稳定性理论的基础,也为判别自动控制系统稳定性提出了两种具体的方法,现在称为李雅普诺夫第一法和第二法。他主要研究运动的非线性微分方程,也包括线性方程的一些结果,这和劳斯判据是等价的。他的工作是控制理论中状态变量法的基础,但是直到大约 1958 年他的成果才被引入到控制论文献中。1895 年胡尔维茨(Hurwitz)提出了判别系统稳定性的代数判据,现在称为胡尔维茨稳定判据。1927 年伯莱克(H. S. Black)提出了反馈放大器理论。1932 年奈奎斯特(H. Nyquist)提出了研究控制系统的频域分析理论,并给出了判别稳定性的频域判据。1945 年伯德(H. W. Bode)提出了频域图解法分析和线性控制系统的综合法,构成了自动控制理论的频域法。1948 年伊万斯(W. R. Evans)提出了根轨迹法,虽然也是一种图解方法,但它比频域法更加直观和简便。至此,以根轨迹法和频域法为基础的控制理论基本形成,该理论现在称为经典控制理论。

1948 年维纳(N. Wiener)发表了名为《控制论:或关于在动物和机器中控制和通信的科学》的著作,首创"控制论"(Cybernetics)概念,着重论述了从统一观点来考察各种系统的控制与通信问题,指出控制工程和通信工程的密切关系,强调了信息与反馈的普遍意义,预言控制论不仅可用于物理系统,而且可以推广到生物系统、经济领域和社会过程中去,使控制理论得到了更大的发展。特别是进入 20 世纪,科学技术的发展突飞猛进,控制理论对于科学技术和生产力的发展起到了巨大的推动作用,因此相对论、量子力学和控制论被认为是20 世纪上半叶科学技术的三大成果或三大飞跃。

在第二次世界大战期间,特别是战后的年代,由于战争和军备竞赛以及航天技术的发展,控制系统更加复杂,控制变量增多,当时的经典控制理论难以解决这些问题,科学家们又在寻求新的方法。1954 年钱学森发表了《工程控制论》引起了控制领域的轰动,并形成了控制科学在 20 世纪 50 年代和 60 年代的研究高潮。1956 年庞德里亚金(Понтрягин)提出了极大值原理,形成了最优控制理论的发展基础。1957 年贝尔曼(R. E. Bellman)提出了动态规划,把多阶段过程转化为一系列单阶段问题,利用各阶段之间的关系,逐个求解,解决了动态过程优化的问题。1961 年卡尔曼(Kalman)提出了滤波理论,使受噪声干扰的状态量按某种统计观点进行估计,并使估计值尽可能准确地接近真实值,这在控制工程中获得了广泛的应用。至此,以时间域状态空间为基础的控制理论迅速形成,该理论称为现代控制理论。

自动控制理论是研究自动控制的理论基础,是一门理论性较强的工程科学课程。一般将自动控制理论分为经典控制理论和现代控制理论两个部分。经典控制理论的内容主要以传递函数为研究基础,以频域法和根轨迹法为研究手段,常适用于最小相位系统,主要研究单输入单输出自动控制系统的分析与设计问题。由于经典控制理论计算量小、物理意义强和数学模型容易通过实验建立,并相当成功地解决了大量工程实际问题,因此它是研究自动控制系统的重要理论基础。

现代控制理论的内容主要以时域微分方程为研究基础,以状态空间法为研究手段,主要研究多输入多输出、定常数或变参数、线性或非线性自动控制系统的分析和设计问题。随着现代科学技术的发展,已出现最优控制、最佳滤波、模糊控制、系统辨识和自适应控制等一些新的控制方式。因此,现代控制理论也是研究庞大的系统工程和模仿人类的智能控制等方面必不可少的理论基础。需要强调的是,目前频率域的经典控制理论也能够研究多输入多输出系统,它与时间域的现代控制理论,在数学模型上可以相互转换。两者各有特点、各有所长、互为补充,但它们却不能完全互相取代。本书只讨论经典控制理论的相关内容。

1.2　基本控制方式与自动控制系统组成

在许多工业生产过程或生产设备运行中,为了维持正常的工作条件,往往需要对某些物理量(如温度、压力、流量、液位、电压、位移和转速等)进行控制,使其尽量维持在某个数值附近,或使其按一定规律变化。要满足这种需要,就应该对生产机械或设备进行及时的操作和控制,以抵消外界影响。这种操作和控制,既可以用人工操作来完成,又可以用自动控制来完成。例如加热炉的炉温控制系统中的加热炉为被控对象,炉温是被控量,要求炉温的变化规律是期望值或给定值。但在实际运行中,被控量总是要受到各种因素的影响而偏离期望值,使被控量偏离期望值的因素称为干扰或扰动。为了克服干扰的不良影响,需要对被控量进行控制,以使其按要求的规律变化。如果控制作用是人工加入的称为人工控制,如果用设备或装置代替人的控制作用称为自动控制,例如要求电力网的电压恒定不变,要求矿井提升机按照给定速度图运行、要求采煤机自动维持功率恒定、要求火炮自动瞄准目标、要求无人驾驶飞机自动按预定航道飞行等都需要自动控制。把为完成一定任务,一些部件按一定规律组合成一个有机的整体称为系统,能对被控对象的工作状态进行自动控制的系统则称为自动控制系统,它一般由控制装置(控制器)和被控对象两大部分组成。自动控制系统有两种最基本的控制方式,即开环控制和闭环控制。

1.2.1　开环控制

在控制器与被控对象之间,只有正向流动的控制信号和控制作用,即系统中控制信号的流动未形成闭合回路,只有输入给定量对输出被控量的控制作用,没有输出量的反作用,称为开环控制。常见的开环控制系统有如下两种。

1. 按给定量控制的开环控制系统

按给定量控制的开环控制系统中,预先设定一个给定量,这个给定量可以是恒定的量值,也可以是某种预定的规律或函数,给定量经控制器对被控对象的被控量进行控制。按给定量控制的开环控制系统如图 1-2 所示。一般被控对象的运行环境都存在干扰,由于没有输出被控量的反向作用,输出被控量将会偏离给定量。因此,按给定量控制的开环控制系统一般是一个不精确的控制系统,大多数开环控制系统都属于此类。

图 1-3(a)所示晶闸管供电直流电动机调速系统就是一个开环控制系统的例子。图中,u_r 为系统的输入量,电动机的转速为系统的输出量。输入量 u_r 控制着脉冲发生器的脉冲位置,改变三相全控桥

图 1-2　按给定量控制的
开环控制系统方框图

的输出整流电势 e_d，从而改变电动机的转速即系统的输出量 n，其示意框图如图 1-3(b)所示。改变 u_r 时，可以改变输出 n 为任意期望值。但由于环境和负载等干扰的影响，被控量 n 偏离原来的期望值。特别是负载变化的干扰影响最为明显，当负载增大时，转速下降，反之转速上升，因此，它是一个不精确的控制系统。开环控制系统对干扰没有修正能力，一般用于对控制精度要求不高的场合。

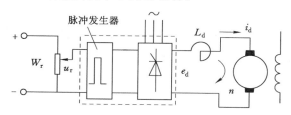
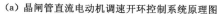

（a）晶闸管直流电动机调速开环控制系统原理图

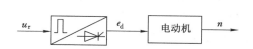

（b）晶闸管直流电动机调速开环控制系统方框图

图 1-3　晶闸管直流电动机调速开环控制的例子

2. 按干扰补偿控制的开环控制系统

按干扰补偿控制的开环控制系统，也称为前馈控制。它利用干扰测量元件和前馈控制器，产生控制作用信号加到系统的输入端，用于补偿某种干扰对输出被控量的不良影响。按干扰补偿控制的开环控制系统如图 1-4 所示。由于该系统也是开环控制，没有输出被控量的反向作用，不能补偿其他扰动对被测量的影响，其控制精度也受到了限制。

图 1-4　按干扰补偿控制的
开环控制系统方框图

1.2.2　闭环控制

控制器和被控对象之间，既有控制量对输出量的控制作用，又有输出量对控制量的反作用，即系统中控制信号的流动形成了闭合回路，称为闭环控制。以晶闸管供电直流电动机调速系统为例，如图 1-5(a)所示。当系统干扰使电动机转速 n 下降时，测速发电机转速也下降，其输出电压 u_b 随之减小，并与给定电压 u_r 进行比较，误差 $e = u_r - u_b$ 增大，放大器(控制器)的输出电压 u_k 增大使脉冲发生器脉冲前移，晶闸管整流器输出电压 e_d 增大，使电动机转速 n 上升，自动维持电动机的转速恒定。其示意框图如图 1-5(b)所示。

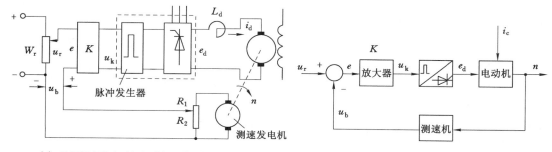

（a）晶闸管直流电动机调速闭环控制系统原理图　　　　（b）晶闸管直流电动机调速闭环控制系统方框图

图 1-5　晶闸管直流电动机调速闭环控制的例子

在闭环控制系统中,把输出量引回到输入端并与输入量进行比较的过程称为反馈,反馈信号与输入信号符号相反称为负反馈,符号相同称为正反馈,在自动控制系统中通常使用负反馈。从输入端到输出端的信号传递通道称为前向(正向、顺向)通道,从输出端引回到输入端的信号传递通道称为反向(反馈、逆向)通道。符号"○"表示比较元件(或环节),比较元件的输出是输入量 u_r 与反馈量 u_b 之差,常取 u_r 为"+"和 u_b 为"-"表示负反馈。有时比较环节可以有多个输入量。

闭环控制常称为反馈控制。反馈控制是自动控制的基本控制规律,特点是具有自动修正被控量偏离给定值的能力,可以抑制闭环内、系统内部和外部干扰引起的误差,具有较强的抗干扰能力。例如,组成系统元器件的精度不高或参数漂移、被控对象供电电源不稳和负载扰动都会形成输出误差,采用反馈控制都可以达到较高的控制精度,所以应用范围很广。但由于系统引入了反馈作用,容易产生振荡甚至不稳定,使系统无法工作,这是闭环控制系统中非常突出的现象,也是本课程要解决的主要问题之一。

1.2.3 复合控制

复合控制就是开环控制和闭环控制相结合的一种控制方式。实质上,它是在闭环控制回路基础上,附加了一个输入信号或扰动作用的顺馈通路,来提高系统的控制精度。顺馈通路通常由对输入信号的补偿装置或对扰动作用的补偿装置组成,分别称为按输入信号补偿或按扰动作用补偿的复合控制系统,如图 1-6 所示。

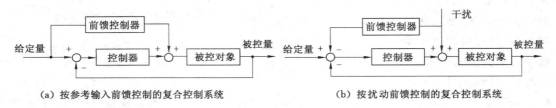

(a) 按参考输入前馈控制的复合控制系统　　　　(b) 按扰动前馈控制的复合控制系统

图 1-6　复合控制系统方框图

为了提高控制精度和减小误差,可用按参考输入前馈控制的复合控制系统。当扰动可以测量时,利用前馈控制可以消除干扰对系统的影响,而且它可以在扰动产生不利影响以前产生补偿作用。而在反馈控制中,只有当输出受到影响后才能产生补偿作用,因此前馈控制有其突出的优点。但是由于前馈控制是开环控制,受到系统结构精度的限制,这一缺点可以用反馈控制加以克服。集中两者之优点即可构成既有前馈控制又有反馈控制的复合控制。图 1-7 表示一种同时按偏差和扰动控制电动机速度的复合控制系统原理图和方框图。

1.2.4 自动控制系统的基本组成

自动控制系统应用广泛且种类繁多,有电气的、电子的、机械的、气动的、液压的、微观的、宏观的和逻辑抽象的等。被控的物理量各种各样,如压力、温度、湿度、流量、频率、速度和位置等。根据不同的被控对象或不同的生产过程,利用相应的控制装置或元件可组成控制不同物理量的自动控制系统。尽管控制系统由不同的元件组成,系统的功能也不一样,但一般都采用负反馈的基本结构,因此,相同的工作原理决定了它们必然具有类似的基本组成结构。图 1-8 给出了典型自动控制系统的方框图。

不论哪一种自动控制系统,一般都可以把组成系统的元件按功能分为以下 6 种形式。这里所说的元件并非具体的物理元件,是一个广义的概念,是指各种能够完成系统功能的装

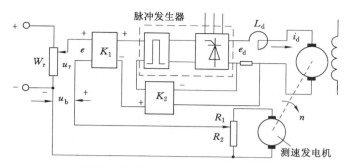

(a) 按偏差和扰动控制电机速度的复合控制系统原理图

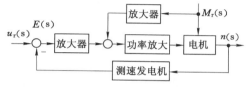

(b) 按偏差和扰动控制电机速度的复合控制系统方框图

图 1-7 按偏差和扰动控制电机速度的复合控制系统

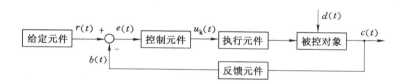

图 1-8 典型自动控制系统结构方框图

置、设备或者元件。

(1) 给定元件(环节):它是设定控制目标(被控制量)给定值的装置,如电位器等。给定元件的精度对被控制量的控制精度有较大影响,在控制精度要求高时,常采用数字给定装置。

(2) 比较元件(环节):比较元件将所检测的被控制量与给定量进行比较,确定两者之间的偏差量,常用"○"符号表示。它能够完成各输入量的代数和运算,一般将给定值与反馈值进行比较,输出为两者之差,相当于加法器。该偏差量由于功率较小或者由于物理性质不同,还不能直接作用于执行机构,所以在执行机构和比较环节之间还有中间环节。

(3) 控制元件(中间环节):控制元件一般是放大元件,将偏差信号变换成适于控制执行机构工作的信号。根据控制的要求,可以是一个简单的环节,如放大器;或者是将偏差信号变换为适于执行机构工作的物理量,如功率放大器。除此之外,控制环节能够按某种规律对偏差信号进行运算,用运算的结果控制执行机构,以改善被控制量的稳态和暂态性能。这种中间环节常称为校正(控制)环节,一般指能够对输入信号进行放大、转换和运算,产生系统所需要控制信号的装置。

(4) 执行元件(机构):由传动装置和调节机构组成,能够按照控制信号执行控制作用和驱动被控对象,使被控量按照预定规律运行。

　　(5) 反馈元件(检测装置或传感器):用于检测被控制量,如热电偶、测速发电机等,并将其转换为与输入信号相同量纲的物理量。由于检测精度直接影响控制系统的控制品质,一般应要求检测装置的测量精度高、反应灵敏和性能稳定等。

　　(6) 被控对象:指要进行控制并完成预定动作和任务的机械、设备或过程,如电动机、电阻炉等。

　　自动控制系统中是通过各种信号产生控制作用。控制系统中常用以下信号:

　　(1) 参考输入 $r(t)$(简称输入):输入到控制系统的给定信号。

　　(2) 主反馈 $b(t)$(简称反馈):与输出量成正比或成某种函数关系,量纲与参考输入信号量纲相同的信号。

　　(3) 作用误差 $e(t)$(简称误差或偏差):是参考输入与主反馈的差值信号。

　　(4) 控制量 $u_k(t)$:控制元件的输出量,作用到(广义)被控对象的信号。

　　(5) 扰动或干扰 $d(t)$:除了系统输入的控制信号外,对系统输出量产生影响的其他因素都称为扰动或干扰。

　　(6) 被控量 $c(t)$(或称系统输出,简称输出):是系统控制的某个物理量或输出量,如电动机的转速、电阻炉的温度等。

　　闭环控制系统的任务就是控制这些系统输出量的变化规律,以满足生产工艺的要求。有了以上的规定和定义,可以将任意的自动控制系统用典型的结构形式表示出来。

1.3　自动控制系统的分类与基本要求

　　随着社会的进步和科学技术的发展,以及工农业生产和社会生活的需要,自动控制系统发展很快,并且日益复杂、准确、庞大和完善。自动控制系统通常根据数学模型、系统信号和输入信号等不同角度对其进行分类。

1.3.1　自动控制系统的分类

1. 线性控制系统和非线性控制系统

　　按照系统数学模型描述的不同,可将自动控制系统分为线性控制系统和非线性控制系统。

　　(1) 线性控制系统

　　当组成系统的元件的特性都是线性的,其输入输出关系能用式(1-1)所示微分方程描述的系统称为线性控制系统或线性系统,其中 $a(t)$、$b(t)$ 不是 $c(t)$、$r(t)$ 的函数。叠加性和齐次性是鉴别系统是否为线性系统的依据,线性系统可以使用叠加原理分析。当线性微分方程的系数均为常数时称为线性定常系统或线性时不变系统,当微分方程的系数是时间的函数时称为线性非定常系统或线性时变系统。线性定常系统的响应只与输入信号有关,与初始条件无关。严格地讲,实际的物理系统中不存在线性系统,总是或多或少存在着不同程度的非线性特性。为研究问题方便,当非线性特性不显著或者系统在非线性特性区域的工作范围不大时,可将其视为线性的,或将它们线性化,按线性系统处理。

$$a_0(t)\frac{\mathrm{d}^n c(t)}{\mathrm{d}t^n} + a_1(t)\frac{\mathrm{d}^{n-1} c(t)}{\mathrm{d}t^{n-1}} + \cdots + a_{n-1}(t)\frac{\mathrm{d}c(t)}{\mathrm{d}t} + a_n(t)c(t)$$

$$= b_0(t)\frac{\mathrm{d}^m r(t)}{\mathrm{d}t^m} + b_1(t)\frac{\mathrm{d}^{m-1} r(t)}{\mathrm{d}t^{m-1}} + \cdots + b_{m-1}(t)\frac{\mathrm{d}r(t)}{\mathrm{d}t} + b_m(t)r(t)$$

$$(1-1)$$

式中，$c(t)$ 为系统输出量；$r(t)$ 为系统输入量。

本书第 2～6 章将讨论单输入单输出线性定常系统的自动控制基本原理。这种系统可以用拉普拉斯变换求解微分方程，并由此定义系统传递函数这一系统动态数学模型。根轨迹法和频率法就是在此基础上发展起来的分析和设计线性系统的有效方法。至于多输入多输出系统所采用的状态空间、传递矩阵等分析方法，将在其他相关课程中论述。

（2）非线性控制系统

当组成系统的元件中存在非线性特性，其输入输出关系用非线性微分方程描述，若式（1-1）中，$a(t)$、$b(t)$ 是 $c(t)$、$r(t)$ 的函数的系统称为非线性控制系统或非线性系统。将可以线性化的非线性元件称为非本质非线性特性元件，将不能线性化的元件称为本质非线性特性元件。系统中只要包含一个本质非线性特性元件，系统的性能即由非线性微分方程描述。在非线性系统中，不能使用叠加原理。非线性微分方程式的求解尚无完整统一的方法，非线性系统的响应既与输入量有关，也与初始条件有关。

典型本质非线性特性简称非线性特性，如图 1-9 所示，其中图 1-9（a）是饱和非线性，图 1-9（b）是死区非线性，图 1-9（c）是间隙非线性，图 1-9（d）是继电非线性。

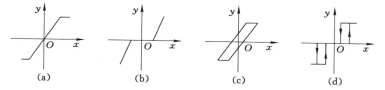

图 1-9 几种非线性特性

对于非线性系统的理论研究远不如线性系统那样完整，一般只能满足于近似的定性描述和数值计算。本书第 7 章将介绍有关非线性理论的描述函数法和相平面法等基本内容。

2. 连续系统与离散系统

按照系统中所传递信号的性质不同，自动控制系统可分为连续控制系统和离散控制系统，简称连续系统和离散系统。

（1）连续系统

当系统中传递的全部信号都是连续时间函数形式的模拟量时，称为连续控制系统或连续数据系统。连续系统的性能用微分方程描述，前面举的例子都是连续系统的例子。

（2）离散系统

当系统中部分信号以离散的脉冲序列或数码的形式传递时，称为离散系统或离散数字系统。离散系统是由离散信号得名的，所谓离散信号是指在时间和幅值上都不连续的信号。

离散系统是一个总称，如果系统中使用了采样开关，将连续函数形式的信号转变为离散脉冲序列形式的信号进行控制，这样的系统通常称为采样控制系统或脉冲控制系统。如果使用了数字计算机或数字控制器，离散信号以数码形式传递，这样的系统称为数字控制系统，简称数字系统。离散系统的性能用差分方程描述，如果差分方程是线性的称为线性离散系统，如果差分方程为非线性的称为非线性离散系统。

离散系统的主要特点是：在系统中使用采样开关，将连续信号转变为离散信号。通常对于离散信号取脉冲形式的系统，称为脉冲控制系统；对于离散信号以数码形式传递的系统，则称为数字控制系统。由于 20 世纪末计算机产业的迅猛发展,数字控制系统的应用越来越广泛而深入,大有取代模拟系统的趋势。

图 1-10 为脉冲控制系统的结构图。当连续信号 $r(t)$ 加于输入端时,采样开关对偏差信号 $e(t)$ 进行采样。采样开关的输出是偏差的脉冲序列 $e^*(t)$,用这一偏差信号序列经过保持器后对控制对象进行控制。

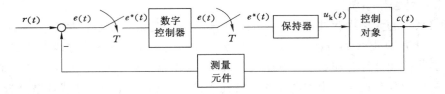

图 1-10 脉冲控制系统的结构图

数字控制系统中包括数字控制器或数字计算机,因此在系统中就必须有相应的信号转换装置。图 1-11 为典型的数字控制系统的结构图。由于被控制对象的输入量和输出量都是模拟信号,而计算机的输入量和输出量是数码,所以要有将模拟量转换为数码的模数转换装置 A/D 和把数码转换为模拟量的数模转换装置 D/A。研究离散系统的方法和研究连续系统的方法相类似。如在连续系统中,以微分方程来描述系统运动状态,并用拉氏变换求解微分方程,离散系统则以差分方程描述系统的运动状态,用 z 变换求解差分方程;在连续系统中用传递函数和频率特性分析系统的暂态特性,在离散系统中用脉冲传递函数和频率特性分析系统的暂态特性。有关离散系统将在第 8 章中介绍。

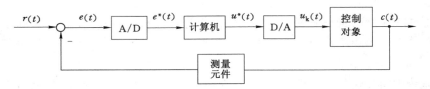

图 1-11 典型的数字控制系统的结构图

3. 随动控制系统、恒值控制系统和程序控制系统

按照系统输入信号变化规律的不同,自动控制系统可分为随动控制系统、恒值控制系统和程序控制系统。

(1) 随动控制系统

当系统的输入信号预先不能确定且任意变化时,系统的输出量以一定的精度跟随输入信号的变化,要求系统具有很好的跟踪能力,这样的系统称为随动控制系统、跟踪控制系统或伺服控制系统。例如雷达天线控制系统、防空炮火控制系统、航空操纵控制系统和采煤机滚筒摇臂自动调高控制系统等。图 1-12 是一个采煤机滚筒摇臂自动调高控制系统。采煤机工作时,滚筒摇臂的高度应该与煤层相适应,摇臂高了,采煤机就会截割岩石,造成过载甚至采煤机损坏。摇臂低了,煤层没有割净,浪费了资源。但煤层的形成与赋存形式没有规律,煤岩界面与地质构造也没有规律,是随机性的。因此,有必要对采煤机滚筒摇臂进行自动调高控制。系统的给定信号来自煤岩界面检测装置,经转换给出摇臂倾角 θ_o 与实际倾角

θ 比较并放大后,通过电动机调节摇臂倾角达到调节滚筒摇臂高度的目的。煤岩界面变化时 θ_c 发生变化,θ 将跟随 θ_c 变化而变化。当 $\theta = \theta_c$ 时,$e = 0$,滚筒调高电动机停转,从而实现滚筒摇臂自动跟踪煤岩界面变化的目的。

（a）采煤机实物图

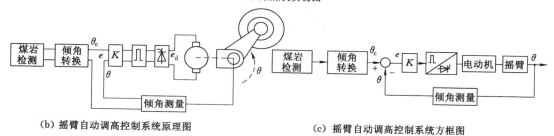

（b）摇臂自动调高控制系统原理图　　　　　　（c）摇臂自动调高控制系统方框图

图 1-12　采煤机摇臂自动调高控制系统

（2）恒值控制系统

当系统的输入量保持恒定或只随时间做缓慢变化时,要求系统具有很好的抗干扰能力以使输出量维持恒定或随时间做缓慢变化,这样的系统称为恒值控制系统或自动调节系统。例如恒温控制系统、恒速控制系统、恒压控制系统和恒流控制系统等。图 1-13 是一个电炉温度控制系统,电位器给定电压 u_r 代表电炉需要保持的温度,测温热电偶电压 u_f 代表实际炉温,$\Delta u = u_r - u_f$ 为误差电压。Δu 经放大后送给脉冲触发器对晶闸管调功器进行调节,调功器控制加热元件的电压,加热元件加热被控对象电炉。此例中要求炉温恒定于给定温度。当给定温度高于实际温度时,$u_r > u_f$ 且 $\Delta u > 0$,调功器输出电压升高,加热元件温度升高;当实际温度高于给定温度时,$u_r < u_f$ 且 $\Delta u < 0$,调功器输出电压降低,加热元件温度下降。由此可知,系统的控制作用形成了闭合回路,被控对象的温度保持在预期的恒定值上。

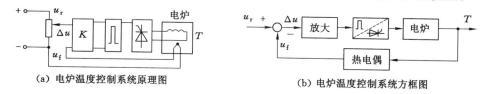

（a）电炉温度控制系统原理图　　　　　　　（b）电炉温度控制系统方框图

图 1-13　电炉温度控制系统

（3）程序控制系统

这种系统中的给定值是按照一定的时间函数变化的,程序控制系统要求被控量按照预期设定的程序或某种规律变化,系统输入信号是预先设定好的预期运行规律。例如矿井提升机控制系统、电梯控制系统、自动化流水线控制系统、过山车控制系统和数控机床等。图 1-14 是一个典型五阶段速度图运行的矿井直流提升机控制系统。给定装置输出电压 u_r 代表提升机驱动电动机的转速,该转速是按照预先设计好的速度图变化的,提升机完全按照速度图运行,完成一次提升过程。通过电源反向接触器将晶闸管输出电压极性反向,电动机反转,即可按照预定速度图完成下次提升。

(a) 矿井提升机控制系统实物图

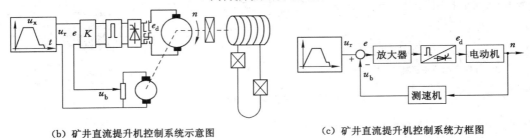

(b) 矿井直流提升机控制系统示意图   (c) 矿井直流提升机控制系统方框图

图 1-14　矿井直流提升机控制系统

当然,这三种系统都可以是连续的或离散的、线性的或非线性的、单变量的或多变量的。本书着重以恒值系统和随动系统为例,来阐明自动控制系统的基本原理。此外,在实际应用中为了突出系统在某方面的作用,还有其他分类的方法。按照系统有无误差分类,可分为有静差系统和无静差系统;按系统功能分类,可分为温度控制系统和位置控制系统等;按系统设备元件类型分类,可分为机电系统、液压系统、气动系统和生物系统等;按系统输入输出信号数量分类,可分为单输入单输出系统和多输入多输出系统;按照不同的控制理论基础设计分类,则可分为最优控制系统、自适应控制系统、预测控制系统、模糊控制系统和神经元网络控制系统等。

1.3.2　自动控制系统的基本要求

要使自动控制系统完成预定的任务,其性能必须满足一定的要求。虽然不同的控制系统由于被控对象、工作方式以及预定任务不同,使其对控制系统性能的具体要求也不尽相同。但是就自动控制过程来说,对自动控制系统性能的一般要求是稳定性好、动态响应快、稳态控制精度高和抗干扰能力强,所以常用稳定性、动态性能和控制精度来衡量控制系统的性能。

1. 稳定性

稳定性是自动控制系统最基本的要求,不稳定的控制系统是不能工作的。自动控制系统的输入量和扰动量都恒定不变时,被控量也恒定不变,这种状态称为平衡状态或静态、稳态。当输入量和扰动量发生变化时,反馈量与输入量之间将产生新的误差,在该误差的作用下通过控制使被控量恢复到原来数值,或者达到新的平衡。由于系统总是存在着惯性,须经一定过程才能达到新的平衡状态。系统从一个平衡状态到另一个平衡状态必然有过渡过程或动态过程,稳定性与动态过程紧密相关。动态过程的形式不但与系统的结构和参数有关,还与输入量或外扰函数的形式有关。当初始条件为零,扰动量为零,输入量为单位阶跃函数时,输出的过渡过程称为单位阶跃响应。自动控制系统的单位阶跃响应是最常用的描述其动态过程的方法之一。根据系统的结构和参数的不同,单位阶跃响应可能有如图 1-15 所示的几种形式。图中(a)为单调过程,(b)为衰减振荡过程,(c)为等幅振荡过程,(d)为增幅振荡过程。由图可知,(a)、(b)的输出量趋于新的平衡状态,是稳定的。(c)、(d)为等幅振荡或发散,不趋于新的平衡状态,它们是不稳定的。不稳定的系统不可能完成预定任务,因此首先要求自动控制系统必须是稳定的。

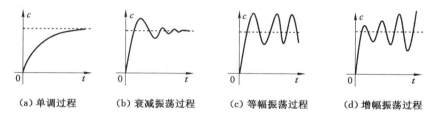

| (a) 单调过程 | (b) 衰减振荡过程 | (c) 等幅振荡过程 | (d) 增幅振荡过程 |

图 1-15 自动控制系统的动态过程

2. 动态性能

系统的稳定仅仅满足了最基本的要求,要完成预定任务,只要求系统稳定是不够的。一般来说,自动控制系统如果设计合理,其动态过程应如图 1-15(a)、(b)所示的衰减收敛情况。为了满足生产过程的要求,控制系统的动态过程不仅应是稳定的,过渡时间(又称调整时间)越短越好,振荡幅度越小越好,衰减得越快越好。从图 1-15(a)、(b)可看出,虽然它们都是稳定的,其过渡过程的快速性和平稳性却不相同,必须根据预定任务提出相应要求,并且将这些要求用动态过程中的一些特征量如超调量、调节时间和峰值时间等来描述。这些特征量称为动态性能指标,它们可以评价系统动态性能的优劣。自动控制系统必须满足一定的动态性能指标要求。

3. 控制精度

当输出量的过渡过程结束后,系统进入稳态。此时要求系统的输出量(被控量)应以一定的精度达到期望值(给定值),它们之间的误差称为稳态误差。稳态误差是衡量系统控制精度的指标,对于好的自动控制系统来说,一般要求稳态误差越小越好,稳态误差为零最理想。但在实际生产过程中,往往做不到完全使稳态误差为零,只能要求稳态误差越小越好。一般要求稳态误差控制在被控量期望值的 2%～5%。

综上所述,对自动控制系统的基本要求可以概括为三个字:稳、快、准。但在同一个闭环控制系统中,上述性能指标之间往往存在矛盾,必须兼顾它们之间的要求,根据具体情况合理地解决。

随着国民经济和自动化技术的发展以及生产过程自动化水平的不断提高,对自动控制系统的要求日益严格,人们力求使设计的控制系统能达到最优的性能指标。例如,使所控制的机械在最短的时间内完成给定的位移,在达到规定的产量和质量的过程中消耗的能量最少,使某个综合指标最优等。达到最优性能指标的控制称为最优控制。但是针对某特定条件设计的最优控制系统,当条件发生变化时,其性能指标可能显著降低,甚至不能工作。因此往往希望设计的最优控制系统能按照外部条件的变化,自动地调整自身的结构或参数,以保持最优的评价或性能指标。具有这种性能的系统称为自适应控制系统。此外,随着外部条件的改变,控制系统不断积累控制经验,并能根据这些经验自动地调整自身参数或结构的自适应系统,这种系统又叫作"自学习控制系统"。

最优控制是现代控制理论的主要内容,相关问题将在其他有关课程中讲述。

1.4　自动控制系统的分析与校正方法

自动控制原理是一门研究自动控制共同规律的工程技术科学,是研究自动控制技术的基础理论。自动控制系统虽然种类繁多、形式不同,但所研究的内容和方法类似。本课程研究的内容主要分为系统分析和系统校正两个方面。

所谓系统分析,是在已知系统结构和参数情况下,确定系统的稳态和动态性能以及分析系统的抗干扰能力。系统的校正,是按照给定的控制任务设计一个满足稳态和动态性能要求以及抗干扰性能要求的控制系统,并确定其结构和参数。

1.4.1　自动控制系统的分析方法

系统分析是指在已知系统的结构参数和系统的数学模型的条件下,判断系统的稳定性,计算系统的静、动态性能指标,研究系统性能与系统结构和参数之间的关系。

对于线性定常系统,分析的方法通常有三种:一是建立在微分方程基础上的时域分析法,此法物理概念直观,分析计算准确,但对于高阶系统,过程往往是复杂的,特别不容易确定参数变化对系统性能的影响,此法在第3章介绍。二是建立在传递函数基础上的根轨迹法,它是图解解析法,可以比较方便地分析高阶系统的性能,而且能够直观看出系统某一参数(或两个参数)变化对系统性能的影响,不过准确度比时域法低,但完全可以满足工程需要,此法在第4章介绍。三是建立在频率特性基础上的频域分析法,它也是图解解析法。其突出优点是容易确定高阶系统静态和动态性能,易于确定系统结构和参数变化对系统性能的影响,可以用实验法建立元件或系统的频率特性,对于建立数学模型较困难的系统提供了研究方法。此法所得结果通常也是近似的,但也完全可以满足工程要求,所以应用极为广泛,此法在第5章介绍。以上三种方法可以互相补充和印证,它们之间可以通过微分方程、拉氏变换、傅氏变换联系和转换。

1.4.2　自动控制系统的校正方法

系统校正是在给出被控对象及其技术指标要求的情况下,寻求一个能完成控制任务,满足技术指标要求的控制系统。在控制系统主要元件和结构形式确定的前提下,系统校正的任务往往是需要改变系统的某些参数,有时还要改变系统的某些结构,选择合适的校正装置,计算、确定其参数,加入系统之中,使其满足预期的性能指标要求。

校正问题要比分析问题更为复杂。首先校正任务的答案往往并不统一,对系统提出的同样一组要求,往往可以采用不同的方案来满足;其次,在选择系统结构和参数时,往往会出现相对矛盾的情况,需要进行折中,同时必须考虑控制方案的可实现性和实现方法;此外,校正时还得通盘考虑经济性、可靠性、安装工艺和使用环境等各方面的问题。

线性定常系统的校正,主要采用基于频率特性的设计方法,该方法将在本书第 6 章介绍。此外,对于非线性控制系统和采样控制系统均将重点放在分析方面,并将分别在第 7 章和第 8 章讨论。第 1 章和第 2 章分别介绍一些有关自动控制系统的基本概念和自动控制系统的数学模型。

分析和校正是两个完全不同的过程。分析系统的目的在于了解和认识已有的系统。对于从事自动控制专业的工程技术人员来说,更重要的任务是校正系统,改造那些性能指标未达到要求的系统,使其能够完成确定的工作。

MATLAB 软件为控制系统的分析、设计和仿真提供了强有力的工具,在本书的第 3 章到第 8 章都将介绍 MATLAB 软件在控制系统分析与校正过程中的仿真应用。

习题 1

习题 1-1 什么是负反馈? 什么是正反馈? 将图 1-5 所示的调速系统改为正反馈能达到自动控制的目的吗? 为什么? 试加以分析说明。

习题 1-2 在日常生活和工作中,试举出几个开环控制和闭环控制的例子,并画出它们的方框图,说明工作原理。

习题 1-3 试画出图 1-16 所示的水位控制系统的方框图,并说明工作原理。

习题 1-4 图 1-17 是自动门控制系统原理示意图,试说明其工作原理,并画出系统的方框图。

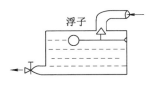
图 1-16 水位控制系统

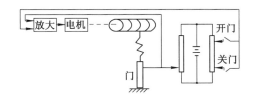
图 1-17 自动门控制系统

习题 1-5 图 1-18 是离心式蒸汽机速度调节系统,试画出控制系统方框图,并说明哪些元件起着测量、放大和执行的作用? 系统的给定量和干扰量各是什么?

习题 1-6 图 1-19 是两个发电机自动调压系统,假设空载时(a)和(b)的发电机端电压相同,例如均为 220 V。试问带上负载后,(a)与(b)哪个系统能保持 220 V 电压不变? 哪个系统将低于 220 V? 为什么?

习题 1-7 对自动控制系统有哪些要求? 并举例说明它们的意义。

习题 1-8 图 1-20 为水位自动控制系统原理示意图,请阐述系统的工作原理,绘制方框图。需要控制的量是水位高度。

习题 1-9 判断下面哪些是线性系统,哪些是非线性系统。

$(1)\ c(t) = 5\dfrac{\mathrm{d}r(t)}{\mathrm{d}t} + 3r(t) + 2\int r(t)\mathrm{d}t$

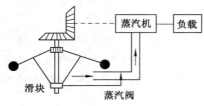

图 1-18　离心式蒸汽机速度调节系统

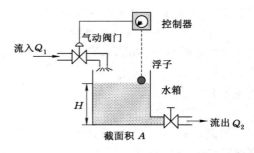

图 1-19　发电机自动调压系统

（2）$c(t) = t^2 \dfrac{\mathrm{d}r(t)}{\mathrm{d}t} + 5r(t)$

（3）$2 \dfrac{\mathrm{d}c(t)}{\mathrm{d}t} + 6c(t) = 5 \dfrac{\mathrm{d}r(t)}{\mathrm{d}t} + 3r(t)$

（4）$c(t) = 3r^3(t)$

（5）$c(t) = 2r(t)\cos \omega t$

（6）$2t \dfrac{\mathrm{d}c(t)}{\mathrm{d}t} + c(t) = \dfrac{\mathrm{d}r(t)}{\mathrm{d}t} + r(t)$

（7）$c^2(t) = 2t \dfrac{\mathrm{d}r(t)}{\mathrm{d}t} + r(t)$

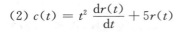

图 1-20　水位自动控制系统原理示意图

第 2 章　控制系统的数学模型

第 1 章我们学习了自动控制系统的基本概念,对控制系统的自动调节过程进行了定性分析。对一个自动控制系统的研究,除了系统定性分析外,还必须进行定量分析,进而探讨改善系统性能的具体方法。进行控制系统的定量分析,首先需要建立系统的数学模型。控制系统的数学模型是描述系统内部物理量之间关系的数学表达式。

系统中物理量的关系分为静态关系和动态关系两种。如果系统中各物理量不随时间变化而改变,就称系统处于静态。表示静态关系的数学表达式中没有物理量对时间的导数项,称为静态数学模型。如果系统中各物理量随时间变化而改变,就称系统处于动态。表示动态关系的数学表达式中存在物理量对时间的导数项,称为动态数学模型。经典控制理论主要用于研究自动控制系统中各物理量随时间的变化规律,因此需要建立系统的动态数学模型。

建立控制系统数学模型的方法有解析法和实验法两种。解析法是对系统各部分的运动机理进行分析,根据它们所依据的物理规律或化学规律分别列写相应的运动方程。例如,电学中有基尔霍夫定律,力学中有牛顿定律,热力学中有热力学定律等。实验法是人为地给系统施加某种测试信号,记录其输出响应,并用适当的数学模型去逼近,这种方式称为系统辨识。本章只讨论运用解析法建立系统数学模型。

在自动控制理论中,数学模型有多种形式。时域中常用的数学模型有微分方程、差分方程和状态方程,复域中有传递函数、结构图、信号流图,频域中有频率特性等。本章重点介绍微分方程、传递函数、结构图和信号流图等数学模型的建立和应用,其他形式的数学模型将在后续章节中分别介绍。

2.1　控制系统时域数学模型

2.1.1　线性系统微分方程的建立

本节重点讨论线性定常系统微分方程的建立方法。要建立系统的微分方程,首先要明确系统中各元件的数学关系式,即建立元件的微分方程。

1. 线性元件微分方程的建立

下面用简单示例介绍控制系统中常用的电气元件、机械元件、机电元件等微分方程的建立过程。

（1）电气元件

电气系统中最常见的装置是由电阻、电感、电容、运算放大器等元件组成的电路,又称电气网络。像电阻、电感、电容这类本身不含电源的器件称为无源器件,像运算放大器这种需要提供电源的器件称为有源器件。仅由无源器件组成的电气网络称为无源网络。如果电气网络中包含有源器件或电源,则称该网络为有源网络。

列写电气网络的微分方程式时要用到基尔霍夫电流定律和电压定律,它们可用下面两式表示

$$\sum i(t) = 0 \qquad (2\text{-}1)$$

$$\sum u(t) = 0 \qquad (2\text{-}2)$$

列写方程式时还经常用到理想电阻、理想电感、理想电容两端的电压、电流与元件参数的关系,它们分别用下面各式表示

$$u(t) = Ri(t) \qquad (2\text{-}3)$$

$$u(t) = L \frac{\mathrm{d}i(t)}{\mathrm{d}t} \qquad (2\text{-}4)$$

$$i(t) = C \frac{\mathrm{d}u(t)}{\mathrm{d}t} \qquad (2\text{-}5)$$

例 2-1 在图 2-1 所示的电路中,电压 $u_i(t)$ 为输入量,$u_o(t)$ 为输出量,列写该装置的微分方程式。

解 设电流 $i(t)$ 如图 2-1 所示。由基尔霍夫电压定律可得到

$$L \frac{\mathrm{d}i(t)}{\mathrm{d}t} + Ri(t) + u_o(t) = u_i(t) \qquad (2\text{-}6)$$

式中,$i(t)$ 是中间变量。

$i(t)$ 和 $u_o(t)$ 的关系为

$$i(t) = C \frac{\mathrm{d}u_o(t)}{\mathrm{d}t} \qquad (2\text{-}7)$$

将式(2-7)代入式(2-6)消去中间变量 $i(t)$,可得

$$LC \frac{\mathrm{d}^2 u_o(t)}{\mathrm{d}t^2} + RC \frac{\mathrm{d}u_o(t)}{\mathrm{d}t} + u_o(t) = u_i(t) \qquad (2\text{-}8)$$

上式又可写成

$$T_1 T_2 \frac{\mathrm{d}^2 u_o(t)}{\mathrm{d}t^2} + T_2 \frac{\mathrm{d}u_o(t)}{\mathrm{d}t} + u_o(t) = u_i(t) \qquad (2\text{-}9)$$

其中,$T_1 = L/R$,$T_2 = RC$。

式(2-8)、(2-9)就是所求的微分方程式。这是一个典型的二阶线性常系数微分方程,对应的系统也称为二阶线性定常系统。

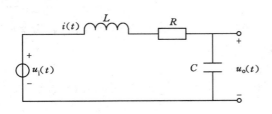

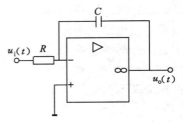

图 2-1 例 2-1 LRC 电路   图 2-2 例 2-2 电容负反馈电路

例 2-2 由理想运算放大器组成的电路如图 2-2 所示,电压 $u_i(t)$ 为输入量,电压 $u_o(t)$ 为输出量,列写该电路的微分方程式。

解　理想运算放大器正、反相输入端的电位相同,且输入电流为零。根据基尔霍夫电流定律有

$$\frac{u_\text{i}(t)}{R} + C\frac{\mathrm{d}u_\text{o}(t)}{\mathrm{d}t} = 0$$

整理后得

$$RC\frac{\mathrm{d}u_\text{o}(t)}{\mathrm{d}t} = -u_\text{i}(t) \tag{2-10}$$

或

$$T\frac{\mathrm{d}u_\text{o}(t)}{\mathrm{d}t} = -u_\text{i}(t) \tag{2-11}$$

式中,$T = RC$ 称为时间常数。

式(2-10)、(2-11)是一阶线性常系数微分方程,因此,对应的系统是一阶线性定常系统。

(2) 机械元件

机械元件指的是存在机械运动的装置,如弹簧、阻尼器、质量块等,它们遵循物理学的力学定律。机械运动包括直线运动(相应的位移称为线位移)和旋转运动(相应的位移称为角位移)两种。

直线运动的物体遵循的基本力学定律是牛顿第二定律

$$\sum F(t) = m\frac{\mathrm{d}^2 x(t)}{\mathrm{d}t^2} \tag{2-12}$$

式中,$F(t)$ 为物体所受到的力;m 为物体质量;$x(t)$ 是线位移;t 是时间。

转动的物体遵循如下的牛顿第二定律的转动形式

$$\sum T(t) = J\frac{\mathrm{d}^2 \theta(t)}{\mathrm{d}t^2} \tag{2-13}$$

式中,$T(t)$ 为物体所受到的力矩;J 为物体的转动惯量;$\theta(t)$ 为角位移。

运动着的物体,一般都要受到摩擦力的作用,摩擦力 $F_\text{c}(t)$ 可表示为

$$F_\text{c}(t) = F_\text{B}(t) + F_\text{f} = f\frac{\mathrm{d}x(t)}{\mathrm{d}t} + F_\text{f} \tag{2-14}$$

式中,$x(t)$ 为位移;$F_\text{B}(t) = f\dfrac{\mathrm{d}x(t)}{\mathrm{d}t}$ 称为黏性摩擦力,它与运动速度成正比;f 为黏性阻尼系数;F_f 表示恒值摩擦力,又称库仑摩擦力。

对于转动的物体,摩擦力的作用体现为如下的摩擦力矩 $T_\text{c}(t)$

$$T_\text{c}(t) = T_\text{B}(t) + T_\text{f} = K_\text{c}\frac{\mathrm{d}\theta(t)}{\mathrm{d}t} + T_\text{f} \tag{2-15}$$

式中,$T_\text{B}(t) = K_\text{c}\dfrac{\mathrm{d}\theta(t)}{\mathrm{d}t}$ 是黏性摩擦力矩;K_c 为黏性阻尼系数;T_f 为恒值摩擦力矩。

例 2-3　图 2-3 所示是由质量、弹簧和阻尼器构成的机械位移系统。其中 m 为物体的质量,k 为弹簧的弹性系数,f 为阻尼器的阻尼系数。要求确定外力 $F(t)$ 为输入量,位移 $y(t)$ 为输出量时系统的数学模型。

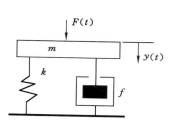

图 2-3　例 2-3 质量-弹簧-阻尼器系统

解 设物体在外力作用前处于平衡位置 y_0，即

$$mg = -ky_0 \tag{2-16}$$

在外力作用下，系统开始运动，此时弹簧恢复形变的弹力 $F_k(t)$ 和阻尼器的阻尼力 $F_f(t)$ 会阻止物体的运动，其方向和运动方向相反，其中弹簧的弹力和其发生的形变成正比，阻尼器的阻尼力与运动速度成正比，其大小为

$$F_k(t) = k[y(t) - y_0] \tag{2-17}$$

$$F_f(t) = f\frac{\mathrm{d}y(t)}{\mathrm{d}t} \tag{2-18}$$

根据牛顿第二定律，可以写出物体的受力平衡方程为

$$F(t) - F_k(t) - F_f(t) + mg = m\frac{\mathrm{d}^2 y(t)}{\mathrm{d}t^2} \tag{2-19}$$

将式(2-16)、(2-17)和(2-18)代入式(2-19)中，消去中间变量并将所得方程整理成标准形式，有

$$m\frac{\mathrm{d}^2 y(t)}{\mathrm{d}t^2} + f\frac{\mathrm{d}y(t)}{\mathrm{d}t} + ky(t) = F(t) \tag{2-20}$$

显然，这是一个二阶线性定常系统。

例 2-4　图 2-4 所示为一机械旋转系统，转动惯量为 J 的圆柱体在转矩 $T(t)$ 的作用下产生角位移 $\theta(t)$，求该系统的数学模型。

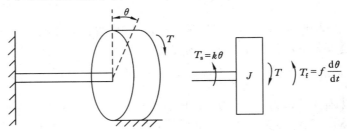

图 2-4　例 2-4 机械旋转系统

解 假定圆柱体的质量均匀分布，质心位于旋转轴线上，而且惯性主轴和旋转主轴线相重合，则其运动方程可写为

$$J\frac{\mathrm{d}^2 \theta(t)}{\mathrm{d}t^2} = \sum T(t) = T(t) - T_f(t) - T_s(t) \tag{2-21}$$

考虑到

$$T_f(t) = f\omega(t) = f\frac{\mathrm{d}\theta(t)}{\mathrm{d}t} \tag{2-22}$$

$$T_s(t) = k\theta(t) \tag{2-23}$$

式中，f 为黏性摩擦系数，在一定条件下可视为常数；$\omega(t)$ 为角速度，它是角位移 $\theta(t)$ 对时间 t 的导数；k 为弹性扭转变形系数，在一定条件下可视为常数。

故可得到描述系统输入输出关系的微分方程

$$J\frac{\mathrm{d}^2 \theta(t)}{\mathrm{d}t^2} + f\frac{\mathrm{d}\theta(t)}{\mathrm{d}t} + k\theta(t) = T(t) \tag{2-24}$$

这描述的也是一个二阶线性定常系统。

（3）机电元件

机电元件是指完成机电能量转换的装置，它们既遵循电学定律，又遵循力学定律。

例 2-5　试列写图 2-5 所示电枢控制直流电动机的微分方程，要求取电枢电压 $u_a(t)$（V）为输入量，电动机转速 $\omega_m(t)$（rad/s）为输出量。图中 R_a（Ω）、L_a（H）分别是电枢电路的电阻和电感，$M'_c(t)$（N·m）是折合到电动机轴上的总负载转矩。激磁磁通为常值。

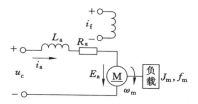

图 2-5　例 2-5 电枢控制
直流电动机原理图

解　电枢控制直流电动机是控制系统中常用的执行机构或控制对象，其工作实质是将输入的电能转换为机械能，也就是由输入的电枢电压 $u_a(t)$ 在电枢回路中产生电枢电流 $i_a(t)$，再由电流 $i_a(t)$ 与激磁磁通相互作用产生电磁转矩 $M_m(t)$，从而拖动负载运动。因此直流电动机的运动方程可以由以下三部分组成。

① 电枢回路电压平衡方程。

$$u_a(t) = L_a \frac{\mathrm{d}i_a(t)}{\mathrm{d}t} + R_a i_a(t) + E_a(t) \tag{2-25}$$

式中，$E_a(t)$ 是电枢反电势，V，它是当电枢旋转时产生的反电势，其大小与激磁磁通及转速成正比，方向与电枢电压 $u_a(t)$ 相反，即 $E_a(t) = C_e \omega_m(t)$。其中 C_e 是反电势系数，V/rad/s。

② 电磁转矩方程。

$$M_m(t) = C_m i_a(t) \tag{2-26}$$

式中，C_m 是电动机转矩系数，N·m/A；$M_m(t)$ 是电枢电流产生的电磁转矩，N·m。

③ 电动机轴上的转矩平衡方程。

$$J_m \frac{\mathrm{d}\omega_m(t)}{\mathrm{d}t} + f_m \omega_m(t) = M_m(t) - M'_c(t) \tag{2-27}$$

式中，f_m 是电动机和负载折合到电动机轴上的黏性摩擦系数，N·m/rad/s；J_m 是电动机和负载折合到电动机轴上的转动惯量，kg·m·s²。

由式（2-25）、（2-26）和（2-27）中消去中间变量 $i_a(t)$、$E_a(t)$ 及 $M_m(t)$ 便可得到以 $\omega_m(t)$ 为输出量，以 $u_a(t)$ 为输入量的直流电动机微分方程为

$$L_a J_m \frac{\mathrm{d}^2 \omega_m(t)}{\mathrm{d}t^2} + (L_a f_m + R_a J_m) \frac{\mathrm{d}\omega_m(t)}{\mathrm{d}t} + (R_a f_m + C_m C_e) \omega_m(t)$$
$$= C_m u_a(t) - L_a \frac{\mathrm{d}M'_c(t)}{\mathrm{d}t} - R_a M'_c(t) \tag{2-28}$$

在工程应用中，由于电枢回路电感 L_a 较小，通常忽略不计，因而式（2-28）可简化为

$$T_m \frac{\mathrm{d}\omega_m(t)}{\mathrm{d}t} + \omega_m(t) = K_1 u_a(t) - K_2 M'_c(t) \tag{2-29}$$

式中，$T_m = R_a J_m / (R_a f_m + C_m C_e)$ 是电动机机电时间常数，s；$K_1 = C_m / (R_a f_m + C_m C_e)$、$K_2 = R_a / (R_a f_m + C_m C_e)$ 是电动机传递系数。

2. 线性系统微分方程的建立

建立控制系统的微分方程时，一般先由系统原理图画出系统方框图，并分别列写组成系统各元件的微分方程；然后，消去中间变量，得到描述系统输出量与输入量之间关系的微分方程。列写系统各元件的微分方程时，一是应注意信号传递的单向性，即前一个元件的输出是后一个

元件的输入,一级一级地单向传送,二是应注意前后连接的两个元件中,后级对前级的负载效应。例如,无源网络输入阻抗对前级的影响,齿轮系对电动机转动惯量的影响等。

例 2-6 试列写图 2-6 所示速度控制系统的微分方程。

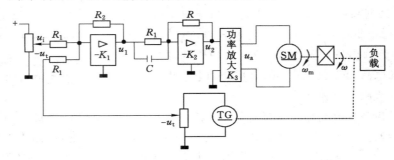

图 2-6 例 2-6 速度控制系统

解 通过分析图 2-6 可知控制系统的被控对象是电动机(带负载),系统的输出量 ω 是转速,输入量是 u_i,控制系统由电位器、运算放大器Ⅰ(含比较作用)、运算放大器Ⅱ(含 RC 校正网络)、功率放大器、测速发电机、减速器等部分组成。现分别列写各元部件的微分方程。

① 运算放大器Ⅰ输入量(即给定电压)与速度反馈电压在此合成产生偏差电压并经放大,即

$$u_1 = K_1(u_i - u_t) \tag{2-30}$$

式中,$K_1 = R_2/R_1$(不考虑电压极性)是运算放大器Ⅰ的比例系数。

② 运算放大器Ⅱ考虑 RC 校正网络,u_2 与 u_1 之间的微分方程为

$$u_2 = \tau K_2 \frac{\mathrm{d}u_1}{\mathrm{d}t} + K_2 u_1 \tag{2-31}$$

式中,$K_2 = R/R_1$ 是运算放大器Ⅱ的比例系数;$\tau = R_1 C$ 是微分时间常数。

③ 功率放大器。本系统采用晶闸管整流装置,它包括触发电路和晶闸管主回路。忽略晶闸管控制电路的时间滞后,其输入与输出的关系为

$$u_a = K_3 u_2 \tag{2-32}$$

式中,K_3 为比例系数。

④ 直流电动机。直接引用例 2-5 所求得的直流电动机的微分方程式(2-29):

$$T_m \frac{\mathrm{d}\omega_m(t)}{\mathrm{d}t} + \omega_m(t) = K_m u_a(t) - K_c M'_c(t) \tag{2-33}$$

式中,T_m、K_m、K_c 及 M'_c 均是考虑齿轮系和负载后,折算到电动机轴上的等效值。

⑤ 齿轮系。设齿轮系的减速比为 i,则电动机转速 ω_m 经齿轮系减速后变为 ω,故有

$$\omega = \frac{1}{i}\omega_m \tag{2-34}$$

⑥ 测速发电机。测速发电机的输出电压 u_t 与其转速 ω 成正比,即有

$$u_t = K_t \omega \tag{2-35}$$

式中,K_t 是测速发电机比例系数,V/rad/s。

从上述各方程中消去中间变量,经整理后便得到控制系统的微分方程

$$T'_m \frac{\mathrm{d}\omega}{\mathrm{d}t} + \omega = K'_g \frac{\mathrm{d}u_i}{\mathrm{d}t} + K_g u_i - K'_c M'_c(t) \tag{2-36}$$

式中，$T'_{\mathrm{m}} = \dfrac{iT_{\mathrm{m}} + K_1 K_2 K_3 K_{\mathrm{m}} K_t \tau}{i + K_1 K_2 K_3 K_{\mathrm{m}} K_t}$，$K'_{\mathrm{g}} = \dfrac{K_1 K_2 K_3 K_{\mathrm{m}} \tau}{i + K_1 K_2 K_3 K_{\mathrm{m}} K_t}$，$K_{\mathrm{g}} = \dfrac{K_1 K_2 K_3 K_{\mathrm{m}}}{i + K_1 K_2 K_3 K_{\mathrm{m}} K_t}$，

$K'_{\mathrm{c}} = \dfrac{K_{\mathrm{c}}}{i + K_1 K_2 K_3 K_{\mathrm{m}} K_t}$。

　　比较式(2-20)和式(2-24)，式(2-29)和式(2-36)后发现，虽然它们所代表的系统的类别、结构完全不同，但表征其运动特征的微分方程式却是相似的。从这里也可以看出，尽管环节（或系统）的物理性质不同，它们的数学模型却可以是相似的。这就是系统的相似性，利用这个性质，就可以用那些数学模型容易建立、参数调节方便的系统作为模型，代替实际系统从事实验研究。

　　综上所述，列写元件或系统微分方程式的步骤可归纳如下：

　　① 根据元件的工作原理及其在控制系统中的作用，确定其输入量和输出量；

　　② 分析元件所遵循的基本定律，列写相应的微分方程组；

　　③ 消去中间变量，求出仅含输入、输出变量的微分方程；

　　④ 将微分方程整理成标准形式，即与输入量有关的项写在方程的右端，与输出量有关的项写在方程的左端，方程两端变量的导数项均按降幂排列。

　　3. 线性系统微分方程的一般形式

　　设线性定常系统由下述 n 阶线性常微分方程描述：

$$a_0 \frac{\mathrm{d}^n}{\mathrm{d}t^n} c(t) + a_1 \frac{\mathrm{d}^{n-1}}{\mathrm{d}t^{n-1}} c(t) + \cdots + a_{n-1} \frac{\mathrm{d}}{\mathrm{d}t} c(t) + a_n c(t)$$
$$= b_0 \frac{\mathrm{d}^m}{\mathrm{d}t^m} r(t) + b_1 \frac{\mathrm{d}^{m-1}}{\mathrm{d}t^{m-1}} r(t) + \cdots + b_{m-1} \frac{\mathrm{d}}{\mathrm{d}t} r(t) + b_m r(t) \tag{2-37}$$

式中，$c(t)$ 是系统的输出量；$r(t)$ 是系统的输入量；$a_i (i = 0, 1, 2, \cdots, n)$ 和 $b_j (j = 0, 1, 2, \cdots, m)$ 是与系统结构和参数有关的常系数。式(2-37)即为线性系统微分方程的一般形式。

2.1.2　非线性特性的线性化

　　在建立控制系统的数学模型时，常常会遇到非线性的问题。严格地说，实际物理元件或系统都是非线性的。例如，弹簧的刚度与其形变有关，因此弹性系数 k 实际上是其位移 x 的函数，并非常量；电阻、电容、电感等参数与周围环境（温度、湿度、压力等）及流经它们的电流有关，也并非常量；电动机本身的摩擦、死区等非线性因素会使其运动方程复杂化而成为非线性方程。对于线性系统数学模型的求解，可以借用工程数学中的拉普拉斯变换（以下简称拉氏变换），原则上总能获得较为准确的解答。而对于非线性微分方程则没有通用的解析求解方法，利用计算机可以对具体的非线性问题近似计算出结果，但难以求得各类非线性系统的普遍规律。因此，在理论研究时，考虑到工程实际特点，常常在合理的、可能的条件下将非线性方程近似处理为线性方程，即所谓线性化。

　　1. 弱非线性特性的近似处理

　　如图 2-7(a) 所示，当输入信号很小时，忽略非线性影响，近似为放大特性。对于图 2-7(b)、(c)，当死区或间隙很小时（相较于输入信号）同样忽略其影响，也近似为放大特性，如图中虚线所示，这是在工程上初步分析与设计时常用的方法。

　　2. 系统工作点附近的小偏差线性化

　　控制系统都有一个额定的工作状态以及与之相对应的工作点。由数学的级数理论可

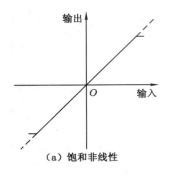

（a）饱和非线性

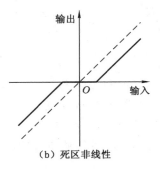

（b）死区非线性

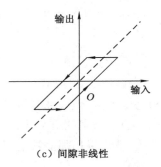

（c）间隙非线性

图 2-7　非线性特性图

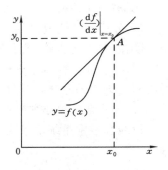

图 2-8　小偏差线性化示意图

知，若函数在给定区域内有各阶导数存在，便可以在给定工作点的邻域将函数展开为泰勒级数。当偏差范围很小时，可以忽略级数展开式中偏差的高次项，从而得到只包含偏差一次项的线性化方程式。这种线性化方法称为小偏差线性化方法。

设连续变化的非线性函数为 $y = f(x)$，如图 2-8 所示。取某平衡状态 A 为工作点，对应有 $y_0 = f(x_0)$。当 $x = x_0 + \Delta x$ 时，有 $y = y_0 + \Delta y$。设函数 $y = f(x)$ 在 (x_0, y_0) 点连续可微，则将它在该点附近用泰勒级数展开为

$$y = f(x) = f(x_0) + \left(\frac{\mathrm{d}f(x)}{\mathrm{d}x}\right)\bigg|_{x=x_0}(x-x_0) + \frac{1}{2!}\left(\frac{\mathrm{d}^2 f(x)}{\mathrm{d}x^2}\right)\bigg|_{x=x_0}(x-x_0)^2 + \cdots \qquad (2\text{-}38)$$

当增量 $(x-x_0)$ 很小时，略去其高次幂项，则有

$$y - y_0 = f(x) - f(x_0) \approx \left(\frac{\mathrm{d}f(x)}{\mathrm{d}x}\right)\bigg|_{x=x_0}(x-x_0) \qquad (2\text{-}39)$$

令 $\Delta y = y - y_0 = f(x) - f(x_0)$，$\Delta x = x - x_0$，$K = [\mathrm{d}f(x)/\mathrm{d}x]\big|_{x=x_0}$，则线性化方程可简记为 $\Delta y = K\Delta x$，略去增量符号 Δ，便得到函数在工作点附近的线性化方程为

$$y = Kx \qquad (2\text{-}40)$$

式中，$K = [\mathrm{d}f(x)/\mathrm{d}x]\big|_{x=x_0}$ 是比例系数，它是函数 $y = f(x)$ 在 A 点附近的切线斜率。

对于非线性函数 $f(x, y)$，若存在平衡工作点 (x_0, y_0)，则在该工作点附近很小的邻域内对其作泰勒级数展开，并认为偏差是微小量，因而略去高于一次微增量的项，所得到的近似线性函数为

$$f(x,y) \approx f(x_0, y_0) + \left(\frac{\partial f}{\partial x}\right)\bigg|_{\substack{x=x_0 \\ y=y_0}}(x-x_0) + \left(\frac{\partial f}{\partial y}\right)\bigg|_{\substack{x=x_0 \\ y=y_0}}(y-y_0) \qquad (2\text{-}41)$$

即

$$\Delta f(x,y) \approx \left(\frac{\partial f}{\partial x}\right)\bigg|_{\substack{x=x_0 \\ y=y_0}}\Delta x + \left(\frac{\partial f}{\partial y}\right)\bigg|_{\substack{x=x_0 \\ y=y_0}}\Delta y \qquad (2\text{-}42)$$

略去增量符号 Δ，便得到函数在工作点附近的线性化方程为

$$f(x,y) = K_1 x + K_2 y \qquad (2\text{-}43)$$

其中，$K_1 = (\dfrac{\partial f}{\partial x})\Big|_{\substack{x=x_0 \\ y=y_0}}$，$K_2 = (\dfrac{\partial f}{\partial y})\Big|_{\substack{x=x_0 \\ y=y_0}}$。

例 2-7 求晶闸管整流电路的线性化数学模型。

解 取三相桥式整流电路的输入量为控制角 α，输出量为整流电压 E_d，E_d 与 α 之间的关系为

$$\begin{cases} E_d = 2.34E_2\cos\alpha = E_{d0}\cos\alpha & (\alpha \leqslant 60°) \\ E_d = 2.34E_2\left[1+\cos\left(\dfrac{\pi}{3}+\alpha\right)\right] = E_{d0}\left[1+\cos\left(\dfrac{\pi}{3}+\alpha\right)\right] & (\alpha > 60°) \end{cases} \tag{2-44}$$

式中　E_2——交流电源相电压的有效值；

　　　E_{d0}——$\alpha = 0°$ 时的整流电压。

该电路的整流特性曲线如图 2-9 所示。输出量 E_d 与输入量 α 呈非线性关系。如果正常工作点为 A，这时 $(E_d)_0 = E_{d0}\cos\alpha_0$，那么当控制角 α 小范围内变化时，可以作为线性化环节来处理，令

$$x_0 = \alpha_0$$
$$y_0 = E_{d0}\cos\alpha_0$$

得

$$E_d - E_{d0}\cos\alpha_0 = K_s(\alpha - \alpha_0) \tag{2-45}$$

式中，$K_s = (\dfrac{\mathrm{d}E_d}{\mathrm{d}\alpha})_{\alpha=\alpha_0} = -E_{d0}\sin\alpha_0$。

例如，$\alpha_0 = 30°$，则 $K_s = -E_{d0}\sin 30° = -0.5E_{d0}$。这里负号表示随 α 的增大，E_d 下降。

将式（2-45）写成增量方程，得

$$\Delta E_d = K_s \Delta\alpha \tag{2-46}$$

式中，$\Delta E_d = E_d - E_{d0}\cos\alpha_0$，$\Delta\alpha = \alpha - \alpha_0$。

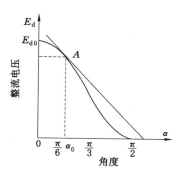

图 2-9　例 2-7 晶闸管整流器电压特性曲线

这就是晶闸管整流电路线性化后的特性方程。在一般情况下，为了简化起见，当写晶闸管整流电路的特性方程时，把增量方程转化成为一般形式

$$E_d = K_s\alpha \tag{2-47}$$

但是，应明确的是，式（2-47）中的变量 E_d、α 均为增量。

通过上述讨论可知，在非线性方程线性化时，应注意以下几点：

① 线性化方程中的参数与选择的工作点有关，工作点不同，相应的参数也不同。因此，在进行线性化时，应首先确定工作点。

② 当输入量变化范围较大时，用上述方法进行线性化处理势必引起较大的误差。所以，要注意它的条件，包括信号变化的范围。

③ 若非线性特性是不连续的，不能处处满足展开成为泰勒级数的条件，这时就不能进行线性化处理。这类非线性称为本质非线性，对于这类问题，要用非线性自动控制理论来解决。

2.1.3　线性定常微分方程的求解

建立系统数学模型的目的是对系统的性能进行分析。在给定外作用及初始条件下，求解微分方程就可以得到系统的输出量随时间变化的规律，进而可以对系统性能进行定量分

析。线性定常微分方程的求解方法有经典法和拉氏变换法两种。本书仅讨论用拉氏变换法求解微分方程,拉氏变换与反变换详见附录 A。

例 2-8 例 2-1 中,若已知 $L=1$ H,$C=1$ F,$R=1$ Ω,且电容的初始电压 $u_o(0)=0.1$ V,初始电流 $i(0)=0.1$ A,电源电压 $u_i(t)=1$ V。试求电路突然接通电源时,电容电压 $u_o(t)$ 的变化规律。

解 例 2-1 中已求得网络微分方程为

$$LC \frac{d^2 u_o(t)}{dt^2} + RC \frac{du_o(t)}{dt} + u_o(t) = u_i(t) \tag{2-48}$$

令 $U_i(s) = \mathscr{L}[u_i(t)]$,$U_o(s) = \mathscr{L}[u_o(t)]$,且

$$\mathscr{L}\left[\frac{du_o(t)}{dt}\right] = sU_o(s) - u_o(0), \mathscr{L}\left[\frac{d^2 u_o(t)}{dt^2}\right] = s^2 U_o(s) - su_o(0) - u_o'(0)$$

式中,$u_o'(0)$ 是 $du_o(t)/dt$ 在 $t=0$ 时的值,即

$$\frac{du_o(t)}{dt}\Big|_{t=0} = \frac{1}{C}i(t)\Big|_{t=0} = \frac{1}{C}i(0)$$

现在对式(2-48)中各项分别求拉氏变换并代入已知数据,经整理后有

$$U_o(s) = \frac{U_i(s)}{s^2 + s + 1} + \frac{0.1s + 0.2}{s^2 + s + 1} \tag{2-49}$$

由于电路是突然接通电源的,故 $u_i(t)$ 可视为阶跃输入量,即 $u_i(t) = 1(t)$,或者 $U_i(s) = \mathscr{L}[u_i(t)] = 1/s$。对式(2-49)的 $U_o(s)$ 求拉氏反变换,便得到式(2-50)微分方程的解 $u_o(t)$,即

$$u_o(t) = \mathscr{L}^{-1}[U_o(s)] = \mathscr{L}^{-1}\left[\frac{1}{s(s^2 + s + 1)} + \frac{0.1s + 0.2}{s^2 + s + 1}\right]$$

$$= 1 + 1.15e^{-0.5t}\sin(0.866t - 120°) + 0.2e^{-0.5t}\sin(0.866t + 30°) \tag{2-50}$$

其响应曲线如图 2-10 所示。

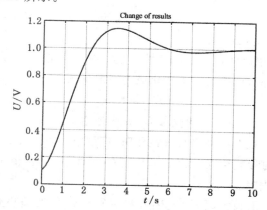

图 2-10 例 2-8 电容电压的变化规律曲线图(MATLAB)

2.2 控制系统复域数学模型

拉氏变换是求解线性微分方程的简捷方法。当采用这一方法时,微分方程的求解问题

变为代数方程和查表求解的问题,这样就使计算大为简便。更重要的是,由于采用了这一方法,能把以线性微分方程式描述系统动态性能的数学模型转换为在复数域的代数形式的数学模型——传递函数。传递函数不仅可以表征系统的动态性能,而且可以用来研究系统的结构或参数变化对系统性能的影响。经典控制理论中广泛应用的频率法和根轨迹法,就是以传递函数为基础建立起来的,传递函数是经典控制理论中最基本和最重要的概念。

2.2.1 传递函数的基本概念

1. 定义

线性定常系统的传递函数,定义为零初始条件下,系统输出量的拉氏变换与输入量的拉氏变换之比。

设式(2-37)中 $r(t)$ 和 $c(t)$ 及各阶导数在 $t=0$ 时的值均为零,即零初始条件,则对上式中各项分别求拉氏变换,并令 $C(s) = \mathscr{L}[c(t)]$, $R(s) = \mathscr{L}[r(t)]$,即

$$[a_0 s^n + a_1 s^{n-1} + \cdots + a_{n-1} s + a_n]C(s) = [b_0 s^m + b_1 s^{m-1} + \cdots + b_{m-1} s + b_m]R(s)$$

$$(2-51)$$

于是,由定义得系统传递函数为

$$G(s) = \frac{C(s)}{R(S)} = \frac{b_0 s^m + b_1 s^{m-1} + \cdots + b_{m-1} s + b_m}{a_0 s^n + a_1 s^{n-1} + \cdots + a_{n-1} s + a_n} \qquad (2-52)$$

对于简单的系统或元件,首先列出它的输出量与输入量的微分方程,求其在零初始条件下的拉氏变换,然后由输出量与输入量的拉氏变换之比,即可求得系统的传递函数。对于较复杂的系统或元件,可以先将其分解成各局部环节,求得各环节的传递函数,然后利用本章所介绍的结构图变换法则,计算系统总的传递函数。

下面举例说明求取简单环节传递函数的步骤。

例 2-9 RLC 网络的微分方程为

$$LC \frac{\mathrm{d}^2 u_\mathrm{c}(t)}{\mathrm{d}t^2} + RC \frac{\mathrm{d}u_\mathrm{c}(t)}{\mathrm{d}t} + u_\mathrm{c}(t) = u_\mathrm{r}(t)$$

输入为 $u_\mathrm{r}(t)$,输出为 $u_\mathrm{c}(t)$,求其传递函数。

解 令初始条件为零,对微分方程两边取拉氏变换后得

$$(LCs^2 + RCs + 1)U_\mathrm{c}(s) = U_\mathrm{r}(s) \qquad (2-53)$$

则传递函数为

$$G(s) = \frac{U_\mathrm{c}(s)}{U_\mathrm{r}(s)} = \frac{1}{LCs^2 + RCs + 1} \qquad (2-54)$$

例 2-10 设有源网络如图 2-11 所示,试求其传递函数 $G(s) = \dfrac{U_\mathrm{o}(s)}{U_\mathrm{i}(s)}$。

解 各支路电流如图 2-11 所示,根据运算放大器特性有

$$i_0 = i_1 \qquad (2-55)$$

再由基尔霍夫电流定律有

$$i_\mathrm{r} = i_{C0} + i_0 \qquad (2-56)$$

并根据运算放大器负相输入端"虚地"的概念,可求得

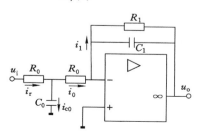

图 2-11 例 2-10 有源网络电路图

$$I_0(s) = \frac{U_i(s)}{R_0 + R_0 // \dfrac{1}{C_0 s}} \times \frac{\dfrac{1}{C_0 s}}{R_0 + \dfrac{1}{C_0 s}} \tag{2-57}$$

$$= \frac{1}{2R_0(\dfrac{1}{2}R_0 C_0 s + 1)} U_i(s)$$

$$I_1(s) = -\frac{U_o(s)}{R_1 // \dfrac{1}{C_1 s}} = -\frac{R_1 C_1 s + 1}{R_1} U_o(s) \tag{2-58}$$

由 $i_0 = i_1$，将上述两式整理后，可以求得网络的传递函数

$$G(s) = \frac{U_o(s)}{U_i(s)} = -\frac{R_1}{2R_0(\dfrac{1}{2}R_0 C_0 s + 1)(R_1 C_1 s + 1)} \tag{2-59}$$

2. 性质

传递函数具有以下性质：

① 传递函数是复变量 s 的有理真分式函数，具有复变函数的所有性质。其中 $m \leqslant n$，且所有系数均为实数。

② 传递函数是系统或元件数学模型的另一种形式，是一种用系统参数表示输出量与输入量之间关系的表达式。它只取决于系统或元件的结构和参数，而与输入量的形式无关，也与系统的初始条件无关。

③ 传递函数与微分方程有相通性。传递函数分子多项式系数及分母多项式系数，分别与相应微分方程的右端及左端微分算子 $\mathrm{d}/\mathrm{d}t$ 多项式系数相对应。故在零初始状态下，将微分方程的算子用复数 s 置换便得到传递函数；反之，将传递函数多项式中的变量 s 用算符 $\mathrm{d}/\mathrm{d}t$ 置换便得到微分方程。例如，由传递函数

$$G(s) = \frac{C(s)}{R(s)} = \frac{b_1 s + b_2}{a_0 s^2 + a_1 s + a_2}$$

可得 s 的代数方程 $(a_0 s^2 + a_1 s + a_2)C(s) = (b_1 s + b_2)R(s)$，在零初始条件下，用微分算子置换 s，便得到相应的微分方程

$$a_0 \frac{\mathrm{d}^2}{\mathrm{d}t^2}c(t) + a_1 \frac{\mathrm{d}}{\mathrm{d}t}c(t) + a_2 c(t) = b_1 \frac{\mathrm{d}}{\mathrm{d}t}r(t) + b_2 r(t)$$

传递函数 $G(s)$ 的拉氏反变换是脉冲响应 $g(t)$，$g(t)$ 是系统在单位脉冲 $\delta(t)$ 输入时的输出响应。此时 $R(s) = \mathscr{L}[\delta(t)] = 1$，故有

$$g(t) = \mathscr{L}^{-1}[C(s)] = \mathscr{L}^{-1}[G(s)R(s)] = \mathscr{L}^{-1}[G(s)]$$

3. 标准形式

(1) 有理分式模型

传递函数的有理分式模型可表示为

$$G(s) = \frac{b_0 s^m + b_1 s^{m-1} + \cdots + b_{m-1} s + b_m}{a_0 s^n + a_1 s^{n-1} + \cdots + a_{n-1} s + a_n} \quad n \geqslant m \tag{2-60}$$

(2) 零极点模型

传递函数的分子多项式和分母多项式经因式分解后可写为如下形式

$$G(s) = \frac{b_0(s-z_1)(s-z_2)\cdots(s-z_m)}{a_0(s-p_1)(s-p_2)\cdots(s-p_n)} = K^* \frac{\prod\limits_{i=1}^{m}(s-z_i)}{\prod\limits_{j=1}^{n}(s-p_j)} \tag{2-61}$$

式中，$z_i(i=1,2,\cdots,m)$ 是分子多项式的根，称为传递函数的零点；$p_j(j=1,2,\cdots,n)$ 是分母多项式的根，称为传递函数的极点。

传递函数的零点和极点可以是实数，也可以是复数；系数 $K^* = b_0/a_0$ 称为传递系数或根轨迹增益。这种用零点和极点表示传递函数的方法在根轨迹法中使用较多。

（3）典型环节模型

传递函数的分子多项式和分母多项式经因式分解后也可以写为如下因子连乘的形式：

$$G(s) = \frac{K(\tau_1 s+1)(\tau_2^2 s^2 + 2\xi_2 \tau_2 s+1)\cdots(\tau_i s+1)}{s^\nu(T_1 s+1)(T_2^2 s^2 + 2\xi_2 T_2 s+1)\cdots(T_i s+1)} \tag{2-62}$$

式中，分子一次因式对应于实数零点，称为一阶微分环节。分母一次因式对应于实数极点，称为惯性环节；分子二次因式对应于共轭复数零点，称为二阶微分环节；分母二次因式对应于共轭复数极点，称为振荡环节；τ_i 和 T_i 称为时间常数，K 称为增益；ν 代表微分（$\nu<0$）或者积分（$\nu>0$）环节的数目。因此，这种传递函数形式也称为典型环节模型。

2.2.2　典型环节及其传递函数

一个物理系统是由许多元件组合而成的。虽然各种元件的具体结构和作用原理是多种多样的，但若抛开其具体结构和物理特点，研究其运动规律和数学模型的共性，就可以划分成为数不多的几种典型环节。这些典型环节是：比例环节、微分环节、积分环节、一阶微分环节、惯性环节、二阶微分环节、振荡环节和延迟环节。应该指出，由于典型环节是按数学模型的共性划分的，它和具体元件不一定是一一对应的。换句话说，典型环节只代表一种特定的运动规律，不一定是一种具体的元件。

1. 比例环节

比例环节其输出量与输入量之间的关系为一种固定的比例关系。这就是说，其输出量能够无失真、无滞后地按一定的比例复现输入量。比例环节的表达式为

$$c(t) = Kr(t) \tag{2-63}$$

比例环节的传递函数为

$$G(s) = \frac{C(s)}{R(s)} = K \tag{2-64}$$

图 2-12（a）为一个反相放大器，不考虑电压极性，其输入量和输出量的关系可用图 2-12（b）所示的结构图来表示，方框两端的箭头分别表示输入量和输出量，方框中写明了该环节的传递函数 K。从输入输出关系可以看出，此电路属于比例环节，其输入电压量 $u_r(t)$ 作阶跃变化时，输出量 $u_c(t)$ 的变化曲线如图 2-12（c）所示。

$u_c(s)$ 在物理系统中无弹性变形的杠杆、非线性和时间常数可以忽略不计的电子放大器、传动链减速比以及测速发电机的电压和转速的关系，都可以认为是比例环节。但是也应指出，完全理想的比例环节在实际上是不存在的。杠杆和传动链中总存在弹性变形，输入信号的频率改变时电子放大器的放大系数也会发生变化，测速发电机电压与转速之间的关系也不完全是线性关系。因此把上述这些环节当作比例环节是一种理想化的方法。在很多情

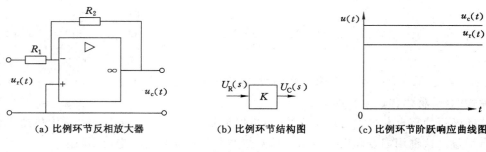

（a）比例环节反相放大器　　　　（b）比例环节结构图　　　　（c）比例环节阶跃响应曲线图

图 2-12　比例环节示例

况下这样做既不影响问题的性质，又能使分析过程简化。但一定要注意理想化的条件和适用范围，以免导致错误的结论。

2. 微分环节

微分环节是自动控制系统中经常应用的环节。微分环节的特点是在暂态过程中，输出量为输入量的微分，即

$$c(t) = \tau \frac{\mathrm{d}r(t)}{\mathrm{d}t} \tag{2-65}$$

式中　τ——微分时间常数。

其传递函数为

$$G(s) = \frac{C(s)}{R(s)} = \tau s \tag{2-66}$$

图 2-13（a）为采用运算放大器构成的微分电路，不考虑电压极性，其输入量和输出量的关系可用图 2-13（b）所示的结构图来表示，方框中写明了该环节的传递函数为 $\tau s(\tau = RC)$。从输入输出关系可以看出，此电路属于微分环节，其输入电压量 $u_r(t)$ 作阶跃变化时，输出量 $u_c(t)$ 的变化曲线如图 2-13（c）所示。

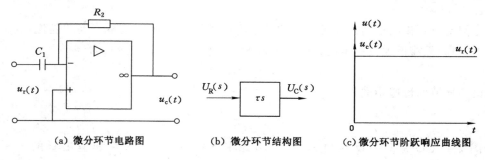

（a）微分环节电路图　　　　（b）微分环节结构图　　　　（c）微分环节阶跃响应曲线图

图 2-13　微分环节示例

3. 一阶微分环节

一阶微分环节也称为比例微分环节，其特点是在暂态过程中，输出量既有输入量的微分，也包含输入量的比例，即

$$c(t) = \tau \frac{\mathrm{d}r(t)}{\mathrm{d}t} + Kr(t) \tag{2-67}$$

式中　τ——微分时间常数；

K——比例系数。

其传递函数为

$$G(s) = \frac{C(s)}{R(s)} = \tau s + K \qquad (2\text{-}68)$$

图 2-14(a)为采用运算放大器构成的一阶微分电路,不考虑电压极性,其输入量和输出量的关系可用图 2-14(b)所示的结构图来表示,方框中写明了该环节的传递函数 $\tau s + K (\tau = R_2 C, K = \frac{R_2}{R_1})$。从输入输出关系可以看出,此电路属于一阶微分环节,其输入电压量 $u_r(t)$ 作阶跃变化时,输出量 $u_c(t)$ 的变化示于图 2-14(c)。

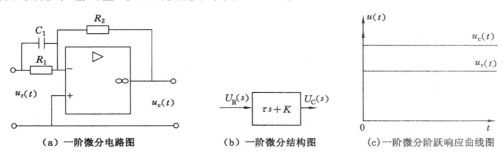

(a)一阶微分电路图   (b)一阶微分结构图   (c)一阶微分阶跃响应曲线图

图 2-14 一阶微分环节示例

4. 积分环节

积分环节的输出量与输入量的积分成正比,即

$$T \frac{\mathrm{d}c(t)}{\mathrm{d}t} = r(t) \qquad (2\text{-}69)$$

式中 T——积分时间常数。

对应的传递函数为

$$G(s) = \frac{C(s)}{R(s)} = \frac{1}{Ts} \qquad (2\text{-}70)$$

图 2-15(a)为由运算放大器构成的积分器,不考虑电压极性,其输入电压 $u_r(t)$ 与输出电压 $u_c(t)$ 之间的关系为

$$C \frac{\mathrm{d}u_c(t)}{\mathrm{d}t} = \frac{1}{R} u_r(t) \qquad (2\text{-}71)$$

对上式进行拉氏变换,可以求出传递函数为

$$G(s) = \frac{U_c(s)}{U_r(s)} = \frac{1}{RC} \cdot \frac{1}{s} \qquad (2\text{-}72)$$

对应的积分环节结构图如图 2-15(b)所示,从输入输出关系可以看出,此电路属于积分环节,其输入电压量作阶跃变化时,输出量的变化曲线如图 2-15(c)所示。

5. 惯性环节

自动控制系统中经常包含有这种环节,这种环节具有一个储能元件。惯性环节的微分方程为

$$T \frac{\mathrm{d}c(t)}{\mathrm{d}t} + c(t) = r(t) \qquad (2\text{-}73)$$

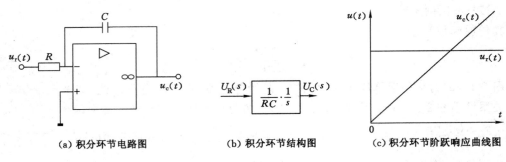

（a）积分环节电路图   （b）积分环节结构图   （c）积分环节阶跃响应曲线图

图 2-15   积分环节示例

其传递函数可以写成如下表达式

$$G(s) = \frac{C(s)}{R(s)} = \frac{1}{Ts + 1} \tag{2-74}$$

式中 T——惯性时间常数。

对于图 2-16(a)所示的由运算放大器组成的惯性环节电路,不考虑电压极性其输入电压 $u_r(t)$ 和输出电压 $u_c(t)$ 之间的关系为

$$RC \frac{du_c(t)}{dt} + u_c(t) = u_r(t) \tag{2-75}$$

对应的惯性环节结构图如图 2-16(b)所示;从输入输出关系可以看出,此电路属于惯性环节,其输入电压量作阶跃变化时,输出量的变化示于图 2-16(c)。对上式进行拉氏变换,可以求出传递函数为

$$G(s) = \frac{U_c(s)}{U_r(s)} = \frac{1}{RCs + 1} \tag{2-76}$$

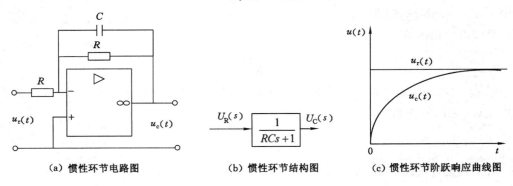

（a）惯性环节电路图   （b）惯性环节结构图   （c）惯性环节阶跃响应曲线图

图 2-16   惯性环节示例

6. 振荡环节

振荡环节的微分方程

$$T^2 \frac{d^2 c(t)}{dt^2} + 2\xi T \frac{dc(t)}{dt} + c(t) = Kr(t) \tag{2-77}$$

对应的传递函数为

$$G(s) = \frac{C(s)}{R(s)} = \frac{K}{T^2 s^2 + 2\xi T s + 1} = \frac{\omega_n^2}{s^2 + 2\xi \omega_n s + \omega_n^2} \tag{2-78}$$

式中　T——时间常数；

　　　ξ——阻尼系数（阻尼比）；

　　　ω_n——无阻尼自然振荡频率。

对于振荡环节恒有 $0 \leqslant \xi < 1$。

7. 二阶微分环节

二阶微分环节的微分方程

$$c(t) = \tau^2 \frac{\mathrm{d}^2 r(t)}{\mathrm{d}t^2} + 2\xi\tau \frac{\mathrm{d}r(t)}{\mathrm{d}t} + r(t) \tag{2-79}$$

对应的传递函数为

$$G(s) = \frac{C(s)}{R(s)} = \tau^2 s^2 + 2\xi\tau s + 1 \tag{2-80}$$

8. 延迟环节

延迟环节的特点是其输出信号比输入信号滞后一定的时间，其数学表达式为

$$c(t) = r(t - \tau) \tag{2-81}$$

由拉氏变换的平移定理，可求得输出量在零初始条件下的拉氏变换为

$$C(s) = R(s)\mathrm{e}^{-\tau s} \tag{2-82}$$

所以，延迟环节的传递函数为

$$G(s) = \frac{C(s)}{R(s)} = \mathrm{e}^{-\tau s} \tag{2-83}$$

对于滞后时间很小的延迟环节，常把它展开为泰勒级数，并省略高次项，得如下简化的延迟环节传递函数

$$G(s) = \frac{1}{1 + \tau s + \frac{\tau^2}{2!}s^2 + \frac{\tau^3}{3!}s^3 + \cdots} \approx \frac{1}{1 + \tau s} \tag{2-84}$$

从简化后的传递函数来看，延迟环节在一定条件下可近似为惯性环节。

在生产实际中，特别是在一些液压、气动或机械传动系统中，都可能遇到时间滞后现象。在计算机控制系统中，由于运算需要时间，也会出现时间延迟。

2.3　控制系统的结构图与传递函数

从信息传递的角度看，可以把一个系统划分为若干环节，每一个环节都有对应的输入量、输出量以及它们的传递函数。为了表明每一个环节在系统中的功能，在控制工程中，我们常常应用所谓"结构图"的概念。控制系统的结构图是描述系统各元部件之间信号传递关系的数学图形，它表示了系统中各变量之间的因果关系以及对各变量所进行的运算，是控制理论中描述复杂系统的一种图形化数学模型。

2.3.1　结构图的基本构成与绘制方法

控制系统的结构图包含四种基本单元：

（1）信号线

信号线是带有箭头的直线，箭头表示信号的流向，在直线旁标记信号的时间函数或象函数，见图 2-17（a）。

(2) 引出点(或测量点)

引出点表示信号引出或测量的位置。从同一位置引出的信号在数值和性质方面完全相同,见图 2-17(b)。

(3) 比较点(或综合点)

比较点表示对两个以上的信号进行加减运算,"＋"号表示信号相加,"－"号表示相减,"＋"号可以省略不写,见图 2-17(c)。

(4) 方框(或环节)

方框表示对信号进行的数学变换。方框中写入环节或系统的传递函数,见图 2-17(d)。显然,方框的输出量等于方框的输入量与传递函数的乘积,即

$$Y(s) = G(s)U(s)$$

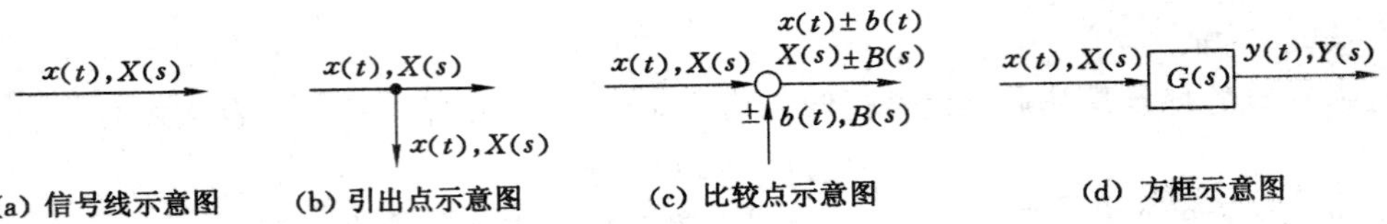

图 2-17 结构图的基本组成单元

绘制系统结构图时,首先分别列写系统各环节的传递函数,并将它们用方框表示;然后,按照信号的传递方向用信号线依次将各方框连接起来便得到系统的结构图。

现以图 2-6 所示速度控制系统为例,说明系统结构图的绘制方法。

在绘制控制系统的结构图时,按照信号的流动方向(即前一个元件的输出是后一个元件的输入),确定每一个元件的输入、输出关系,画出每一个元件的结构图,这一步称为化整为零。

通过分析图 2-6 可知控制系统由电位器、运算放大器 I (含比较作用)、运算放大器 II (含 RC 校正网络)、功率放大器、伺服电机、减速器、测速发电机等部分组成。其对应各元部件的微分方程已在例 2-6 中求出。

① 运算放大器 I

$$u_1 = K_1(u_i - u_t)$$

则

$$U_1(s) = K_1(U_i(s) - U_t(s))$$

② 运算放大器 II

$$u_2 = K_2 \left(\tau \frac{\mathrm{d}u_1}{\mathrm{d}t} + u_1 \right)$$

其拉氏变换为

$$U_2(s) = K_2(\tau s + 1)U_1(s)$$

③ 功率放大器

$$u_a = K_3 u_2$$

即

$$U_a(s) = K_3 U_2(s)$$

④ 直流电动机

$$T_m \frac{\mathrm{d}\omega_m(t)}{\mathrm{d}t} + \omega_m(t) = K_m u_a(t) - K_c M'_c(t)$$

则在初始条件为零时的拉氏变换为

$$\Omega_m(s) = \frac{K_m}{T_m s + 1} U_a(s) - \frac{K_c}{T_m s + 1} M'_c(s)$$

⑤ 齿轮系

$$\omega = \frac{1}{i}\omega_{\mathrm{m}}$$

于是有

$$\Omega(s) = \frac{1}{i}\Omega_{\mathrm{m}}(s)$$

⑥ 测速发电机

$$u_{\mathrm{t}} = K_{\mathrm{t}}\omega$$

即

$$U_{\mathrm{t}}(s) = K_{\mathrm{t}}\Omega(s)$$

将上面各环节传递函数用结构图表示出来,并按照信号的传递方向用信号线依次连接,就得到了整个系统的结构图,这一步称为积零为整。速度控制系统的结构图如图 2-18 所示。

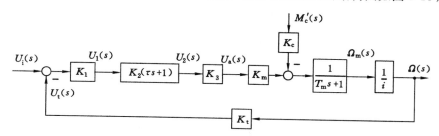

图 2-18　速度控制系统结构图

例 2-11　试绘制图 2-19 所示无源网络的结构图。

解　把无源 RC 网络看为一个系统,电阻 R_1、R_2 和电容 C 就是系统的元件。首先求出各个元件的结构图,列写各元件微分方程如下:

对于电阻 R_1

$$u_{\mathrm{r}} - u_{\mathrm{c}} = R_1 i_1 \tag{2-85}$$

对于电容 C

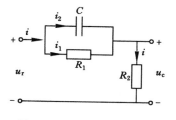

图 2-19　无源网络结构图

$$R_1 i_1 = \frac{1}{C}\int i_2 \mathrm{d}t \tag{2-86}$$

对于电阻 R_2

$$R_2 i = R_2(i_1 + i_2) = u_{\mathrm{c}} \tag{2-87}$$

对以上各式进行拉氏变换,画出各元件的结构图,如图 2-20(a)～(c)所示。

根据图 2-20 中各信号传递关系,可用信号线将各元件结构图连接起来,则求出了无源网络系统的结构图,如图 2-21 所示。

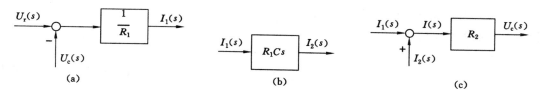

图 2-20　例 2-11 中元件结构图

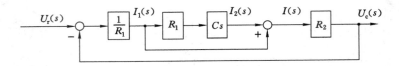

图 2-21　例 2-11 无源网络结构图

例 2-12　在图 2-22(a)中,电压 $u_1(t)$、$u_2(t)$ 分别为输入量和输出量,试绘制该电路的结构图。

解　图 2-22(a)所对应的运算电路如图 2-22(b)所示。设中间变量 $I_1(s)$、$I_2(s)$ 和 $U_3(s)$ 如图所示。从输出量 $U_2(s)$ 开始按上述步骤列写系统方程式:

$$U_2(s) = \frac{1}{C_2 s} I_2(s) \tag{2-88}$$

$$I_2(s) = \frac{1}{R_2}[U_3(s) - U_2(s)] \tag{2-89}$$

$$U_3(s) = \frac{1}{C_1 s}[I_1(s) - I_2(s)] \tag{2-90}$$

$$I_1(s) = \frac{1}{R_1}[U_1(s) - U_3(s)] \tag{2-91}$$

按照上述方程的顺序,从输出量开始绘制的系统框图如图 2-22(c)所示。

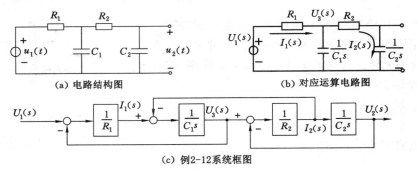

(a) 电路结构图　　　　　　　　　(b) 对应运算电路图

(c) 例2-12系统框图

图 2-22　例 2-12 电路

2.3.2　结构图的等效变换与简化

一个复杂的系统结构图,其方框间的连接必然是错综复杂的,为了便于分析和计算,需要将结构图中的一些方框基于"等效"的概念进行重新排列和整理,使复杂的结构图得以简化。由于方框间的基本连接方式只有串联、并联和反馈连接三种。因此,结构图简化的一般方法是移动引出点或比较点,将串联、并联和反馈连接的方框合并。在简化过程中应遵循变换前后变量关系保持不变的原则。

1. 环节的串联

环节的串联是很常见的一种结构形式,其特点是,前一个环节的输出信号为后一个环节的输入信号,如图 2-23(a)所示。

由图 2-23(a)有

$$X_1(s) = G_1(s)X_r(s)$$

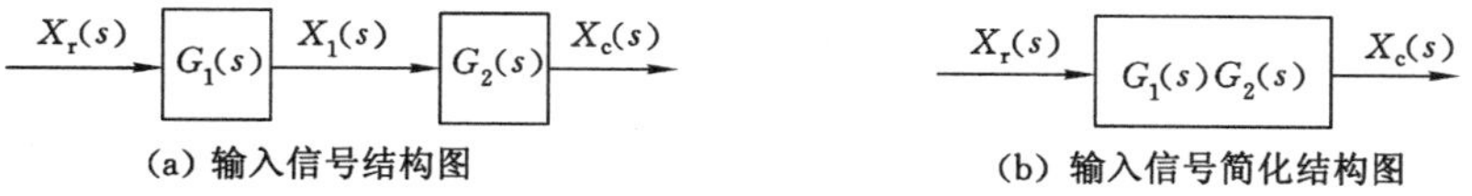

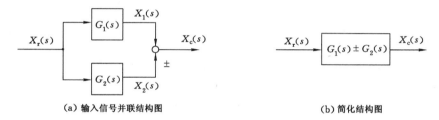

图 2-23　结构图串联连接及其简化

$$X_c(s) = G_2(s)X_1(s)$$

于是得

$$X_c(s) = G_1(s)G_2(s)X_r(s) = G(s)X_r(s) \tag{2-92}$$

式中，$G(s) = G_1(s)G_2(s)$，这是串联环节的等效传递函数，可用图 2-23(b) 所示的方框表示。由此可知，两个串联连接的环节，可以用一个等效环节去取代，等效环节的传递函数为各个环节传递函数之积。这个结论可推广到 n 个环节串联的情况。

2. 环节的并联

环节并联的特点是，各环节的输入信号相同，输出信号相加（或相减），如图 2-24(a) 所示。

图 2-24　结构图并联连接及其简化图

由图 2-24(a) 有

$$X_1(s) = G_1(s)X_r(s)$$
$$X_2(s) = G_2(s)X_r(s)$$
$$X_c(s) = X_1(s) \pm X_2(s)$$

则有

$$X_c(s) = [G_1(s) \pm G_2(s)]X_r(s) = G(s)X_r(s) \tag{2-93}$$

式中，$G(s) = G_1(s) \pm G_2(s)$ 是并联环节的等效传递函数，可用 2-24(b) 所示的方框表示。由此可知，两个并联连接的环节可以用一个等效环节去取代，等效环节的传递函数为各个环节传递函数之代数和。这个结论同样可以推广到 n 个环节并联的情况。

3. 环节的反馈连接

若传递函数分别为 $G(s)$ 和 $H(s)$ 的两个环节按图 2-25(a) 所示形式连接，则称为反馈连接。其中，"＋"号为正反馈，表示输入信号与反馈信号相加；"－"号则表示相减，为负反馈。构成反馈连接后，信号的传递形成封闭的路线，构成了闭环控制。按照控制信号的传递方向，可将闭环回路分成两个通道，前向通道和反馈通道。前向通道传递正向控制信号，通道中的传递函数称为前向通道传递函数，如图 2-25(a) 中的 $G(s)$。反馈通道是把输出信号反馈到输入端，它的传递函数称为反馈通道传递函数，如图 2-25(a) 中的 $H(s)$。当 $H(s) = 1$ 时，称为单位反馈。

由图 2-25(a) 得

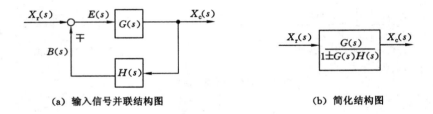

（a）输入信号并联结构图　　　　　　　　　（b）简化结构图

图 2-25　结构图反馈连接及其简化图

$$X_c(s) = G(s)E(s)$$
$$B(s) = H(s)X_c(s)$$
$$E(s) = X_r(s) \mp B(s)$$

则可得

$$X_c(s) = G(s)[X_r(s) \mp H(s)X_c(s)]$$

于是有

$$X_c(s) = \frac{G(s)}{1 \pm G(s)H(s)}X_r(s) = M(s)X_r(s) \tag{2-94}$$

式中，$M(s) = \dfrac{G(s)}{1 \pm G(s)H(s)}$ 称为闭环传递函数，是环节反馈连接的等效传递函数。式中负号对应正反馈连接，正号对应负反馈连接。式（2-94）可用图 2-25（b）的方框表示。

4. 比较点和引出点的移动

在系统结构图简化过程中，有时为了便于进行方框的串联、并联或反馈连接的运算，需要移动比较点或引出点的位置。这时应注意在移动前后必须保持信号的等效性，而且比较点和引出点之间一般不宜交换位置。

表 2-1 列出了结构图简化（等效变换）的基本规则。利用这些规则可以将比较复杂的系统结构图进行简化。

表 2-1　结构图简化（等效变换）的基本规则

序号	名称	原方框图	等效方框图
1	串联	$X_r(s) \to G_1(s) \to X_1(s) \to G_2(s) \to X_c(s)$	$X_r(s) \to G_1(s)G_2(s) \to X_c(s)$
2	并联	$X_r(s)$，$G_1(s) \to X_1(s)$，$G_2(s) \to X_2(s)$，$\pm \to X_c(s)$	$X_r(s) \to G_1(s) \pm G_2(s) \to X_c(s)$
3	反馈	$X_r(s) \to \mp \to G(s) \to X_c(s)$，$H(s)$	$X_r(s) \to \dfrac{G(s)}{1 \pm G(s)H(s)} \to X_c(s)$

表 2-1（续）

序号	名称	原方框图	等效方框图
4	等效单位反馈	$X_r(s) \to \mp \to G(s) \to X_c(s)$，反馈 $H(s)$	$X_r(s) \to \dfrac{1}{H(s)} \to \mp \to G(s) \to H(s) \to X_c(s)$
5	比较点前移	$X_1(s) \to G(s) \to \pm \to X_3(s)$，$X_2(s)$	$X_1(s) \to \pm \to G(s) \to X_3(s)$，$\dfrac{1}{G(s)} \leftarrow X_2(s)$
6	比较点后移	$X_1(s) \to \pm \to G(s) \to X_3(s)$，$X_2(s)$	$X_1(s) \to G(s) \to \pm \to X_3(s)$，$X_2(s) \to G(s)$
7	引出点前移	$X_1(s) \to G(s) \to X_2(s)$，$X_2(s)$	$X_1(s) \to G(s) \to X_2(s)$，$X_2(s) \leftarrow G(s)$
8	引出点后移	$X_1(s) \to G(s) \to X_2(s)$，$X_1(s)$	$X_1(s) \to G(s) \to X_2(s)$，$X_1(s) \leftarrow \dfrac{1}{G(s)}$
9	交换或合并比较点	$X_1(s), X_2(s), X_3(s) \to X_4(s)$	$= X_1(s), X_2(s), X_3(s) \to X_4(s)$
10	交换比较点或引出点	$X_1(s) \to \pm \to X_3(s)$，$X_2(s)$	$X_1(s), X_2(s) \to X_3(s)$

下面举例说明结构图的等效变换和简化过程。

例 2-13　试求图 2-26 所示多回路系统的闭环传递函数 $\dfrac{C(s)}{R(s)}$。

解　按照图 2-27 所示的步骤，根据环节串联、并联和反馈连接的规则简化，可以求得

$$\frac{C(s)}{R(s)} = \frac{G_1(s)G_2(s)G_3(s)}{1 + G_2(s)G_3(s)[G_4(s) + G_5(s)] + G_1(s)G_2(s)G_3(s)G_6(s)} \quad (2\text{-}95)$$

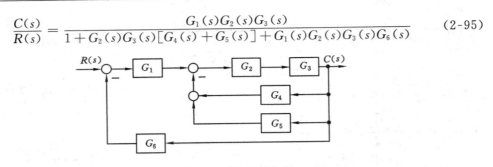

图 2-26 例 2-13 系统的结构图

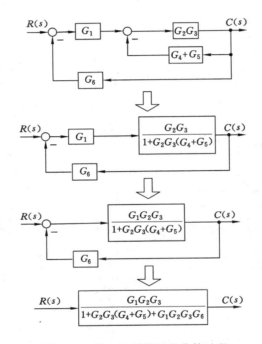

图 2-27 例 2-13 结构图的化简过程

例 2-14 多环系统的结构图如图 2-28 所示,试对其进行简化,并求闭环传递函数 $\dfrac{C(s)}{R(s)}$。

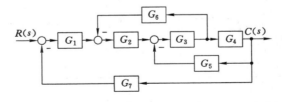

图 2-28 例 2-14 系统结构图

解 此系统中有两个相互交错的局部反馈,因此在化简时首先应考虑将信号引出点或信号比较点移到适当的位置,将系统结构图变换为无交错反馈的图形,例如可将 G_5 输入端

的信号引出点移至 A 点。移动时一定要遵守等效变换的原则。然后利用环节串联和反馈连接的规则进行化简,其步骤如图 2-29 所示。

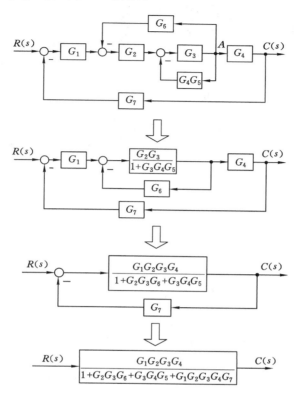

图 2-29　例 2-14 结构图的化简过程

2.3.3　控制系统的传递函数

自动控制系统在工作过程中,经常会受到两类输入信号的作用,一类是给定的有用输入信号 $r(t)$,另一类则是阻碍系统进行正常工作的扰动信号 $n(t)$。

闭环控制系统的典型结构可用图 2-30 表示。

研究系统输出量 $c(t)$ 的变化规律,只考虑 $r(t)$ 的作用是不完全的,往往还需要考虑 $n(t)$ 的影响。基于系统分析的需要,下面介绍一些控制系统传递函数的概念。

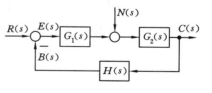

图 2-30　闭环控制系统的
典型结构图

1. 系统开环传递函数

系统的开环传递函数,是根轨迹法和频域法分析系统时使用的主要数学模型。在图 2-30 中,将反馈环节 $H(s)$ 的输出端断开,则前向通道传递函数与反馈通道传递函数的乘积 $G_1(s)G_2(s)H(s)$ 称为系统的开环传递函数。开环传递函数一般用 $G(s)$ 表示,即 $G(s) = \dfrac{B(s)}{E(s)}$。

2. $r(t)$ 作用下的系统闭环传递函数

令 $n(t) = 0$,图 2-30 简化为图 2-31,输出 $c(t)$ 对输入 $r(t)$ 的传递函数为

$$\frac{C(s)}{R(s)} = M(s) = \frac{G_1(s)G_2(s)}{1 + G_1(s)G_2(s)H(s)} \tag{2-96}$$

称 $M(s)$ 为 $r(t)$ 作用下的系统闭环传递函数。

3. $n(t)$ 作用下的系统闭环传递函数

为了研究扰动对系统的影响,需要求输出 $c(t)$ 对 $n(t)$ 的传递函数。令 $r(t)=0$,图 2-30 转化为图 2-32,由图可得

$$\frac{C(s)}{N(s)} = M_n(s) = \frac{G_2(s)}{1 + G_1(s)G_2(s)H(s)} \tag{2-97}$$

称 $M_n(s)$ 为 $n(t)$ 作用下的系统闭环传递函数。

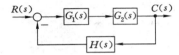

图 2-31 $r(t)$ 作用下的系统结构图

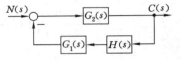

图 2-32 $n(t)$ 作用下的系统结构图

4. 系统的总输出

当给定输入和扰动输入同时作用于系统时,根据叠加原理,线性系统的总输出应为各输入信号引起的输出之总和。因此有

$$C(s) = M(s)R(s) + M_n(s)N(s)$$
$$= \frac{G_1(s)G_2(s)R(s)}{1 + G_1(s)G_2(s)H(s)} + \frac{G_2(s)N(s)}{1 + G_1(s)G_2(s)H(s)} \tag{2-98}$$

5. 闭环系统的误差传递函数

误差大小直接反映了系统的控制精度。在此定义误差为给定信号与反馈信号之差,即

$$E(s) = R(s) - B(s) \tag{2-99}$$

(1) $r(t)$ 作用下闭环系统的给定误差传递函数 $M_e(s)$

令 $n(t) = 0$,则可由图 2-30 转化得到的图 2-33(a)求得

$$M_e(s) = \frac{E(s)}{R(s)} = \frac{1}{1 + G_1(s)G_2(s)H(s)} \tag{2-100}$$

(2) $n(t)$ 作用下闭环系统的扰动误差传递函数 $M_{en}(s)$

令 $r(t) = 0$,则可由图 2-33(b)求得

$$M_{en}(s) = \frac{E(s)}{N(s)} = \frac{-G_2(s)H(s)}{1 + G_1(s)G_2(s)H(s)} \tag{2-101}$$

(a) $r(t)$ 作用下误差输出的结构图

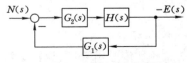

(b) $n(t)$ 作用下误差输出的结构图

图 2-33 $r(t)$、$n(t)$ 作用下误差输出的结构图

(3) 系统的总误差

根据叠加原理,系统的总误差为

$$E(s) = M_e(s)R(s) + M_{en}(s)N(s) \tag{2-102}$$

对比上面导出的四个传递函数 $M(s)$、$M_n(s)$、$M_e(s)$ 和 $M_{en}(s)$ 的表达式,可以看出,表达式虽然各不相同,但其分母却完全相同,均为 $1 + G_1(s)G_2(s)H(s)$,这是闭环控制系统的本质特征。

2.4　控制系统的信号流图与梅森公式

2.4.1　信号流图的基本概念

控制系统的信号流图与结构图一样都是描述系统各元部件之间信号传递关系的数学图形。对于结构比较复杂的系统,结构图的变换和化简过程往往显得繁琐而费时。与结构图相比,信号流图符号简单,更便于绘制和应用,而且可以利用梅森公式直接求出任意两个变量之间的传递函数。但是,信号流图只适用于线性系统,而结构图不仅适用于线性系统,还可用于非线性系统。

信号流图起源于梅森利用图示法来描述一个或一组线性代数方程式,它是由节点和支路组成的一种信号传递网络。图中节点代表方程式中的变量,以小圆圈表示;支路是连接两个节点的定向线段,用支路增益表示方程式中两个变量的因果关系,因此支路相当于乘法器。

比如,简单系统的描述方程为

$$x_2 = ax_1 \tag{2-103}$$

式中,x_1 为输入信号;x_2 为输出信号;a 为两个变量之间的增益。该方程式的信号流图如图 2-34(a)所示。又如一描述系统的方程组为

$$\begin{cases} x_2 = ax_1 + bx_3 + gx_5 \\ x_3 = cx_2 \\ x_4 = dx_1 + ex_3 + fx_4 \\ x_5 = hx_4 \end{cases} \tag{2-104}$$

方程组的信号流图如图 2-34(b)所示。

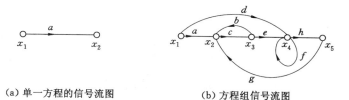

（a）单一方程的信号流图　　　　（b）方程组信号流图

图 2-34　代数方程（组）信号流图

在信号流图中,常使用以下名词术语:

(1) 源节点(或输入节点)

只有输出支路的节点称为源节点,如图 2-34(a)中的 x_1。它一般表示系统的输入量。

(2) 阱节点(或输出节点)

只有输入支路的节点称为阱节点,如图 2-34(a)中的 x_2。它一般表示系统的输出量。

(3) 混合节点

既有输入支路又有输出支路的节点称为混合节点,如图 2-34(b)中的 x_2、x_3、x_4。它一般表示系统的中间变量。

（4）前向通路

信号从输入节点到输出节点传递时,每一个节点只通过一次的通路,叫前向通路。前向通路上各支路增益之乘积,称为前向通路总增益,一般用 p_k 表示。在图 2-34(b)中,从节点 x_1 到节点 x_5 共有两条前向通路,一条是 $x_1 \rightarrow x_2 \rightarrow x_3 \rightarrow x_4 \rightarrow x_5$,其前向通路总增益为 $p_1 = aceh$；另一条是 $x_1 \rightarrow x_4 \rightarrow x_5$,其前向通路总增益为 $p_2 = dh$。

（5）回路

起点和终点在同一节点,而且信号通过每一个节点不多于一次的闭合通路称为单独回路,简称回路。如果从一个节点开始,只经过一个支路又回到该节点的,称为自回路。回路中所有支路增益的乘积叫回路增益,用 L_a 表示。在图 2-34(b)中共有三个回路;一个是起始于节点 x_2,经过节点 x_3 最后回到节点 x_2 的回路,其回路增益为 $L_1 = bc$；第二个是起始于节点 x_2,经过节点 x_3、x_4、x_5 最后又回到节点 x_2 的回路,其回路增益为 $L_2 = cegh$；第三个是起始于节点 x_4 并回到节点 x_4 的自回路,其回路增益为 $L_3 = f$。

（6）不接触回路

如果信号流图有多个回路,而回路之间没有公共节点,这种回路叫不接触回路。在信号流图中可以有两个或两个以上不接触回路。在图 2-34(b)中,有一对不接触回路,即回路 $x_2 \rightarrow x_3 \rightarrow x_2$ 和回路 $x_4 \rightarrow x_4$ 是不接触回路。

2.4.2 信号流图的绘制

信号流图可以根据微分方程绘制,也可以从系统结构图按照对应关系得到。

1. 由系统微分方程绘制信号流图

任何线性方程都可以用信号流图表示,但含有微分或积分的线性方程,一般应通过拉氏变换,将微分方程或积分方程变换为复域的代数方程后再画信号流图。绘制信号流图时,首先要对系统的每一个变量指定一个节点,并按照系统中变量的因果关系,从左向右顺序排列;然后,用标明支路增益的支路,根据数学方程式将各节点变量正确连接,便可得到系统的信号流程图,如图 2-35(b)所示。

（1）由系统结构图绘制信号流图

在结构图中,由于传递的信号标记在信号线上,方框则是对变量进行变换或运算的算子。因此,从系统结构图绘制信号流图时,只需在结构图的信号线上用小圆圈标记出传递的信号,便得到节点;用标有传递函数的线段代替结构图中的方框,便得到支路,于是结构图也就变换为相应的信号流图了。例如,由结构图绘制信号流图的过程如图 2-35(a)、(b)所示。

从系统结构图绘制信号流图时应尽量精简节点的数目。例如,支路增益为 1 的相邻两个节点,一般可以合并为一个节点,但对于源节点或阱节点却不能合并掉。例如,图 2-35(b)中的源节点 E_1 和节点 E 却不允许合并。又例如,在结构图比较点之前没有引出点(但在比较点之后可以有引出点)时,只需要在比较点后设置一个节点便可,如图 2-36(a)所示;但若在比较点之前有引出点时,就需在引出点和比较点各设置一个节点,分别表示两个变量,它们之间的支路增益是 1,如图 2-36(b)所示。

例 2-15 试绘制图 2-37 所示系统结构图对应的信号流图。

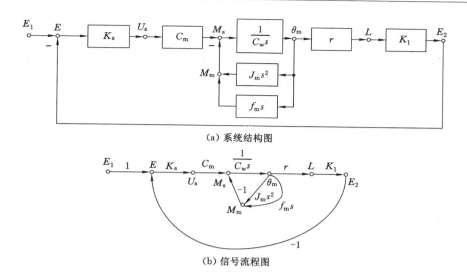

（a）系统结构图

（b）信号流程图

图 2-35　由结构图绘制信号流图的过程

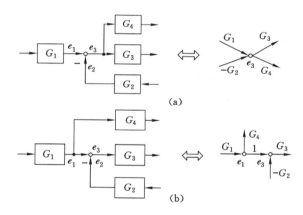

（a）

（b）

图 2-36　比较点与节点对应关系

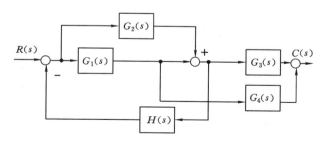

图 2-37　例 2-15 系统的结构图

解　首先,在系统结构图的信号线上,用小圆圈标注各变量对应的节点,如图 2-38(a)所示。其次,将各节点按原来顺序自左向右排列,连接各节点的支路与结构图中的方框相对应,即将结构图中的方框用具有相应增益的支路代替,并连接有关的节点,便得到系统的信号流图,如图 2-38(b)所示。

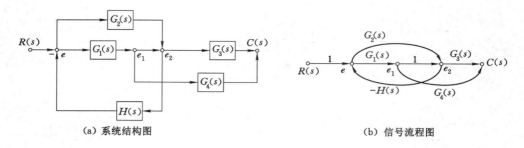

图 2-38 例 2-15 系统的信号流图

2.4.3 梅森增益公式

当系统信号流图已知时,可以用公式直接求出系统的传递函数,这个公式就是梅森增益公式(简称梅森公式)。由于信号流图和结构图存在着相应的关系,因此梅森公式同样也适用于结构图。

梅森公式给出了系统信号流图中任意两个节点之间的增益,即传递函数。其公式为

$$P = \frac{1}{\Delta} \sum_{k=1}^{n} P_k \Delta_k \tag{2-105}$$

式中 n——从输入节点到输出节点的前向通路的总条数;

P_k——从输入节点到输出节点的第 k 条前向通路总增益;

Δ——为特征式,由系统信号流图中各回路增益确定。

$$\Delta = 1 - \sum L_a + \sum L_b L_c - \sum L_d L_e L_f + \cdots$$

式中 $\sum L_a$——所有单独回路增益之和;

$\sum L_b L_c$——所有存在的两个互不接触的单独回路增益乘积之和;

$\sum L_d L_e L_f$——所有存在的三个互不接触的单独回路增益乘积之和;

Δ_k——为第 k 条前向通路特征式的余因子式,即在信号流图中,除去与第 k 条前向通路接触的回路后的 Δ 值的剩余部分。

上述公式中的接触回路是指具有共同节点的回路,反之称为不接触回路。与第 k 条前向通路具有共同节点的回路称为与第 k 条前向通路相接触的回路。

根据梅森公式计算系统的传递函数,首要问题是正确识别所有的回路并区分它们是否相互接触,正确识别所规定的输入与输出节点之间的所有前向通路及与其相接触的回路。现举例说明。

例 2-16   系统信号流图如图 2-39 所示,试求系统的传递函数 $\dfrac{C(s)}{R(s)}$。

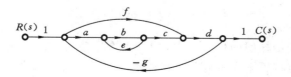

图 2-39 例 2-16 信号流图

解　由图可知此系统有两条前向通道 $n=2$，其增益各为 $P_1=abcd$ 和 $P_2=fd$。有三个回路，即 $L_1=be,L_2=-abcdg,L_3=-fdg$，因此 $\sum L_a=L_1+L_2+L_3$。上述三个回路中只有 L_1 与 L_3 互不接触，L_2 与 L_1 及 L_3 都接触，因此 $\sum L_bL_c=L_1L_3$。由此得系统的特征式为

$$\Delta=1-\sum L_a+\sum L_bL_c=1-(L_1+L_2+L_3)+L_1L_3$$
$$=1-be+abcdg+fdg-befdg \tag{2-106}$$

由图可知，与 P_1 前向通道相接触的回路为 L_1、L_2、L_3，因此在 Δ 中除去 L_1、L_2、L_3 得 P_1 的特征余子式 $\Delta_1=1$。又由图可知，与 P_2 前向通道相接触的回路为 L_2 及 L_3，因此在 Δ 中除去 L_2、L_3 得 P_1 的特征余子式 $\Delta_1=1-L_1=1-be$。由此得系统的传递函数为

$$\frac{C(s)}{R(s)}=P=\frac{1}{\Delta}\sum_{k=1}^{2}P_k\Delta_k=\frac{P_1\Delta_1+P_2\Delta_2}{\Delta}=\frac{abcd+fd(1-be)}{1-be+(f+abc-bef)dg} \tag{2-107}$$

例 2-17　已知系统的信号流图如图 2-40 所示，求系统的传递函数 $\dfrac{C(s)}{R(s)}$ 和 $\dfrac{C(s)}{N(s)}$。

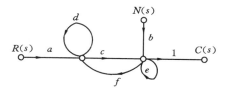

图 2-40　例 2-17 信号流图

解　（1）求传递函数 $\dfrac{C(s)}{R(s)}$。

由图可知，从 $r(t)$ 到 $c(t)$ 有一条前向通道 $n=1$，其增益为 $P_1=ac$。有三个回路，即 $L_1=d,L_2=cf,L_3=e$，因此 $\sum L_a=L_1+L_2+L_3$。上述三个回路中只有 L_1 与 L_3 互不接触，L_2 与 L_1 及 L_3 都接触，因此 $\sum L_bL_c=L_1L_3$。由此得系统的特征式为

$$\Delta=1-\sum L_a+\sum L_bL_c=1-(L_1+L_2+L_3)+L_1L_3$$
$$=1-(d+cf+e)+de \tag{2-108}$$

由图可知，与 P_1 前向通道相接触的回路为 L_1、L_2、L_3，因此在 Δ 中除去 L_1、L_2、L_3 得 P_1 的特征余子式 $\Delta_1=1$。由此得系统的传递函数为

$$\frac{C(s)}{R(s)}=\frac{P_1\Delta_1}{\Delta}=\frac{ac}{1-(d+cf+e)+de} \tag{2-109}$$

（2）求传递函数 $\dfrac{C(s)}{N(s)}$。

由图可知，从 $n(t)$（扰动信号）到输出 $c(t)$ 有一条前向通道 $n=1$，其增益为 $P_1=b$。有三个回路，即 $L_1=d,L_2=cf,L_3=e$，因此 $\sum L_a=L_1+L_2+L_3$。上述三个回路中只有 L_1 与 L_3 互不接触，L_2 与 L_1 及 L_3 都接触，因此 $\sum L_bL_c=L_1L_3$。由此得系统的特征式为

$$\Delta=1-\sum L_a+\sum L_bL_c=1-(L_1+L_2+L_3)+L_1L_3$$

$$= 1 - (d + cf + e) + de \tag{2-110}$$

由图可知，与 P_1 前向通道相接触的回路为 L_2 和 L_3，因此在 Δ 中除去 L_2、L_3 得 P_1 的特征余子式 $\Delta_1 = 1 - d$。由此得系统的传递函数为

$$\frac{C(s)}{N(s)} = \frac{P_1 \Delta_1}{\Delta} = \frac{b(1-d)}{1-(d+cf+e)+de} \tag{2-111}$$

应该指出的是，由于信号流图和结构图本质上都是用图线来描述系统各变量之间的关系及信号的传递过程，因此可以在结构图上直接使用梅森公式，从而避免繁琐的结构图变换和简化过程。但是在使用时需要正确识别结构图中相对应的前向通道、回路、接触与不接触、增益等，不要发生遗漏。

例 2-18 试求图 2-41 所示系统的传递函数 $\frac{C(s)}{R(s)}$。

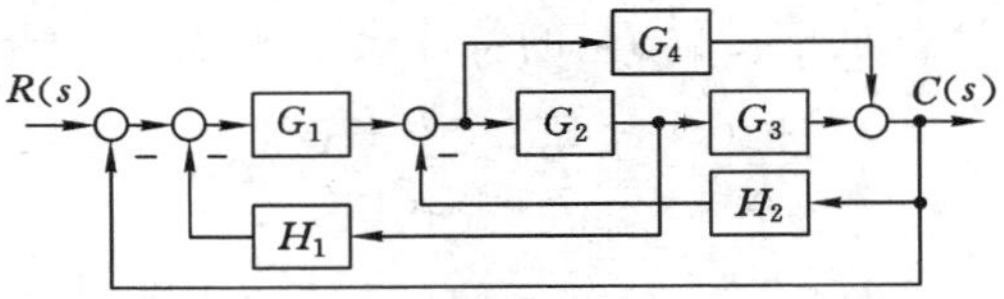

图 2-41 例 2-18 系统结构图

解 （1）求 Δ。

此系统关键是回路数要判断准确，一共有 5 个回路，回路增益分别为 $L_1 = -G_1 G_2 H_1$、$L_2 = -G_2 G_3 H_2$、$L_3 = -G_1 G_2 G_3$、$L_4 = -G_1 G_4$、$L_5 = -G_4 H_2$，且各回路相互接触，故

$$\Delta = 1 - \sum_{a=1}^{5} L_a = 1 + G_2 G_3 H_2 + G_2 G_3 H_2 + G_1 G_2 G_3 + G_1 G_4 + G_4 H_2 \tag{2-112}$$

（2）求 P_k、Δ_k。

系统有两条前向通道 $n=2$，其增益各为 $P_1 = G_1 G_2 G_3$ 和 $P_2 = G_1 G_4$，而且这两条前向通道与 5 个回路均相互接触，故 $\Delta_1 = \Delta_2 = 1$。

（3）求系统传递函数。

$$\frac{C(s)}{R(s)} = \frac{G_1 G_2 G_3 + G_1 G_4}{1 + G_1 G_2 H_1 + G_2 G_3 H_2 + G_1 G_2 G_3 + G_1 G_4 + G_4 H_2} \tag{2-113}$$

2.5 MATLAB 在系统建模中的应用

MATLAB 是国际控制界目前使用最广泛的工具软件，几乎所有的控制理论与应用分支中都有 MATLAB 工具箱。本节结合前面所学自动控制的基本知识，采用控制系统工具箱（Control Systems Toolbox）和仿真环境（Simulink），讨论控制系统数学模型、传递函数在 MATLAB（2018b）中的各种表示方法以及结构图的等效变换。MATLAB 中与自动控制系统数学模型相关的函数如表 2-2、表 2-3 及表 2-4 所示。

表 2-2 常用连续系统建模的函数命令格式及说明

序号	函数命令格式	功能说明
1	s=tf('s')	生成以 s 为变量的传递函数。此时，s 既是传递函数也是指定变量
2	sys=tf(num,den)	生成传递函数模型，num,den 分别为模型的分子和分母多项式系数向量，下同
3	sys=tf(num,den,'inputdelay',v)	生成延迟时间为 v 的传递函数模型

表 2-2(续)

序号	函数命令格式	功能说明
4	sys=zpk(z,p,k)	生成零极点增益模型,z、p、k 分别为零点、极点和增益向量
5	[num,den]=rmodel(n,p)	随机生成一个 n 阶连续的传递函数模型,该系统具有 p 个输出
6	[num,den]=ord2(wn,z)	生成固有频率为 wn,阻尼系数为 z 的连续二阶系统模型系统
7	[num,dent]=pade(L,n)	返回延迟环节 $G(s)=e^{-Ls}$ 近似为 n 阶多项式传递函数的 num 和 den

表 2-3　常用模型转换的函数命令格式及说明

序号	命令函数及格式	功能说明
1	[z,p,k]=tf2zp(num,den)	将多项式传递函数模型 tf(num,den)转换为零极点增益模型 zpk(z,p,k)
2	[num,den]=zp2tf(z,p,k)	将零极点增益模型 zpk(z,p,k)转换为多项式传递函数模型 tf(num,den)
3	G2=tf(G1)	将零点增益 zpk 模型(或状态模型)G1 转换为多项式传递函数模型 G2
4	G2=zpk(G1)	将传递函数 tf 模型(或状态模型)G1 转换为零极点增益 zpk 模型 G2

表 2-4　常用拉氏变换与反变换的函数命令格式及功能说明

序号	命令函数及格式	功能说明
1	F=laplace(f)	对 f(t)进行拉氏变换,其结果为 F(s),即默认变量为 s
2	F=laplace(f,v)	对 f(t)进行拉氏变换,并用 v 代替 s,其结果为 F(v)
3	F=laplace(f,v,u)	对 f(t)进行拉氏变换,并用 u 代替 v,其结果为 F(u)
4	f=ilaplace(F)	对 F(s)进行拉氏反变换,其结果为 f(t),即默认变量为 t
5	f=ilaplace(F,u)	对 F(s)进行拉氏反变换,并用 u 代替 t,其结果为 f(u)
6	f=ilaplace(F,v,u)	对 F(v)进行拉氏反变换,并用 u 代替 v,其结果为 f(u)

2.5.1　用 MATLAB 进行拉普拉斯变换和拉普拉斯反变换

在 MATLAB 中,可以直接采用内部函数进行拉氏变换和拉氏反变换,函数名分别为 laplace 和 ilaplace。使用前,需先用 syms 函数设置有关的符号变量,以下举例说明。

例 2-19　计算时域函数 $f(t)$ 的拉氏变换,设 $f(t)=\dfrac{1}{13}(2e^{-3t}+3\sin 2t-2\cos 2t)$。

解　编写的程序如下:

```
syms t y;                                        %定义运算的符号变量
%调用 MATLAB 系统自带函数进行拉氏变换
y=laplace(1/13*(2*exp(-3*t)+3*sin(2*t)-2*cos(2*t)))
b=simplify(y);                                   %将函数 y 进行化简
```

运行结果为:

```
y=2/(13*(s+3))-(2*s)/(13*(s^2+4))+6/(13*(s^2+4))
b=2/((s^2+4)*(s+3))
```

例 2-20 计算复域传递函数 $F(s)$ 的拉氏反变换，设 $F(s)=\dfrac{2}{(s+3)(s^2+4)}$。

解 编写的程序如下：

```
syms s;
y＝ilaplace(2/(s＋3)/(s^2＋4))
```

运行结果为：

```
y＝(2＊exp(－3＊t))/13 － (2＊cos(2＊t))/13 ＋ (3＊sin(2＊t))/13
```

这是例 2-19 的逆运算。

例 2-21 某质量-弹簧-阻尼（m-k-c）系统如图 2-42 所示。其中，$f(t)$ 为外加力，$x(t)$ 为 m 的位移，系统初始条件为 0。试求：(1) 在 MATLAB 中建立系统的传递函数；(2) 输入为单位阶跃 $f(t)=1(t)$ 时的时间响应函数 $x(t)$；(3) 绘制 $m=3$、$k=2$、$c=1$ 时的时域响应曲线。

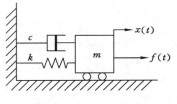

图 2-42 例 2-21 质量-
弹簧-阻尼系统

解 (1) 由牛顿第二定律可得到该系统模型的数学表示

$$m\frac{\mathrm{d}x^2(t)}{\mathrm{d}t^2}+c\frac{\mathrm{d}x(t)}{\mathrm{d}t}+kx(t)=f(t)$$

拉氏变换后的传递函数为

$$G(s)=\frac{X(s)}{F(s)}=\frac{1}{(ms^2+cs+k)}$$

将上述模型用 MATLAB 生成：

```
syms m k c s;
Gs＝1/(m＊s^2＋c＊s＋k)    ％生成 G(s) 的符号传递函数 Gs
```

运行结果：

```
Gs＝1/(m＊s^2＋c＊s＋k)
```

(2) $f(t)=1(t)$ 的拉氏变换为 $F(s)=1/s$。所以输出传递函数为

$$X(s)=\frac{1}{(ms^2+cs+k)}\frac{1}{s}$$

通过对上式的拉氏反变换求解即可得到输出的时域响应，过程如下：

```
Cs＝Gs＊(1/s)                                            ％建立输出传递函数 X(s)
ct＝ ilaplace(Cs)                                        ％求解输出 C(s) 的时域响应
```

运行结果：

```
ct＝1/k－(exp(－(c＊t)/(2＊m))＊(cosh((t＊(c^2/4 － k＊m)^(1/2))/m) ＋ (c＊sinh((t＊(c^2/4
   － k＊m)^(1/2))/m))/(2＊(c^2/4 － k＊m)^(1/2))))/k
```

(3) 绘制 $m=3$；$k=2$；$c=1$ 时的响应曲线，程序如下：

```
syms t;
m＝3;k＝2;c＝1;                                                        ％参数赋值
ct＝1/k － (exp(－(c＊t)/(2＊m))＊(cosh((t＊(c^2/4 － k＊m)^(1/2))/m) ＋ (c＊sinh((t＊(c^2/4
   － k＊m)^(1/2))/m))/(2＊(c^2/4 － k＊m)^(1/2))))/k
```

运行结果：

```
ct=1/2－(exp(−t/6) * (cosh((23^(1/2) * t * 1i)/6) − (23^(1/2) * sinh((23^(1/2) * t * 1i)/6) *
    1i)/23))/2
```

绘制对应的图示：

```
t=[0:0.1:10] * pi;                                              ％取绘图区间采样点
ct=1/2－(exp(−t/6). * (cosh((23^(1/2) * t * 1i)/6) − (23^(1/2). * sinh((23^(1/2) * t * 1i)/6) *
    1i)/23))/2                                                  ％计算所有采样点上的函数值
plot(t,ct);grid                                                 ％绘图,加栅格
```

运行结果如图 2-43 所示。

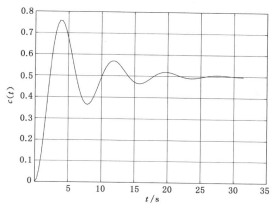

图 2-43　例 2-21 m - k - c 系统的单位阶跃时域响应图(MATLAB)

2.5.2　MATLAB 中有理分式模型的建立

在 MATLAB 的 LTI 工具箱中,定义了 4 类数学模型,即有理分式模型(TF:Transfer Function Model)、零极点模型(ZPK:Zero-Pole-Gain Model)、状态空间模型(SS:State-Space Model)和频率响应数据模型(FRD:Frequency Response Data Model),在经典控制理论中常用到前两种模型,下面分别举例描述。

1. 有理分式模型

线性系统的有理分式模型一般可表示为式(2-60)所示,将系统的分子和分母多项式的系数按降幂的方式以向量的形式输入给两个变量 num 和 den,就可以轻易地将有理分式模型输入到 MATLAB 环境中。命令格式为：

$$num=[b_0,b_1,\cdots,b_{m-1},b_m] \tag{2-114}$$

$$den=[a_0,a_1,\cdots,a_{n-1},a_n] \tag{2-115}$$

在 MATLAB 控制系统工具箱中,定义了 tf() 函数,它可由传递函数分子分母给出的变量构造出单个的传递函数对象,该函数的调用格式为：

$$G=tf(num,den); \tag{2-116}$$

例 2-22　将有理分式模型 $G(s)=\dfrac{s+5}{s^4+2s^3+3s^2+4s+5}$ 输入到 MATLAB 工作空间中。

解　编写的程序如下：

```
%定义一维数组 num,分别作为传递函数 G(s)的分子 s 多项式的系数,多项式按 s 降幂排列
num=[1,5];
%定义一维数组 den,分别作为传递函数 G(s)的分母 s 多项式的系数,多项式按 s 降幂排列
den=[1,2,3,4,5];
Gf=tf(num,den)
```

运行结果:

```
Transfer function:
s + 5
————————————————————————————————————————
s^4 + 2 s^3 + 3 s^2 + 4 s + 5
```

变量 Gf 描述了给定的有理分式模型,可作为其他程序调用的变量。

2. 零极点模型

线性系统的传递函数还可以写成零极点的形式

$$G(s) = K \frac{(s + z_1)(s + z_2)\cdots(s + z_m)}{(s + p_1)(s + p_2)\cdots(s + p_n)} \tag{2-117}$$

将系统增益、零点和极点以向量的形式输入给三个变量 KGain、Z 和 P,就可以将系统的零极点模型输入到 MATLAB 工作空间中,命令格式为

$$KGain = K \tag{2-118}$$

$$Z = [-z1, -z2, \cdots, -zm] \tag{2-119}$$

$$P = [-p1, -p2, \cdots, -pn] \tag{2-120}$$

在 MATLAB 控制工具箱中,定义了 zpk()函数,由它可通过以上三个 MATLAB 变量构造出零极点对象,用于输入零极点模型,该函数的调用格式为

$$G = zpk(Z, P, KGain) \tag{2-121}$$

例 2-23 将传递函数

$$G(s) = 6 \frac{(s + 1.929\,4)(s + 0.035\,3 \pm 0.928\,7j)}{(s + 0.956\,7 \pm 1.227\,2j)(s - 0.043\,3 \pm 0.641\,2j)}$$

输入到 MATLAB 工作空间中。

解 编写的程序如下:

```
KGain=6;                                              %首先输入系统增益
z=[-1.9294;-0.0353+0.9287j;-0.0353-0.9287j];          %输入系统的零点
p=[-0.9567+1.2272j;-0.9567-1.2272j;0.0433+0.6412j;0.0433-0.6412j];
%输入系统的极点
Gz=zpk(z,p,KGain)
```

运行结果:

```
Zero/pole/gain:
6 (s+1.929) (s^2 + 0.0706s + 0.8637)
————————————————————————————————————————
(s^2 - 0.0866s + 0.413) (s^2 + 1.913s + 2.421)
```

变量 Gz 描述了给定的零极点模型,可作为其他程序调用的变量。

3. 有理分式模型与零极点模型的相互转换

得到有理分式模型 Gf 之后,可以直接用 zpk( )函数将 Gf 转换成等效的零极点模型 Gz,函数的调用格式为

$$Gz = zpk(Gf) \tag{2-122}$$

例 2-24 给定系统传递函数为

$$G(s) = \frac{6.8s^2 + 61.2s + 95.2}{s^4 + 7.5s^3 + 22s^2 + 19.5s}$$

试求对应的零极点模型。

解 编写的程序如下:

```
num=[6.8,61.2,95.2];
den=[1,7.5,22,19.5,0];
Gf=tf(num,den);
Gz=zpk(Gf)                          %可直接将有理分式模型转换为零极点模型
```

显示结果:

```
Zero/pole/gain:
6.8 (s+7) (s+2)
————————————————————————————
s (s+1.5) (s^2 + 6s + 13)
```

由以上可见,在系统的零极点模型中若出现复数值,则在显示时将以二阶因子的形式表示相应的共轭复数对。

同样,对于给定的零极点模型,也可以直接由 MATLAB 语句立即得出等效有理分式模型。调用格式为

$$Gf = tf(Gz) \tag{2-123}$$

例 2-25 给定零极点模型为

$$G(s) = 6.8 \frac{(s+2)(s+7)}{s(s+3 \pm j2)(s+1.5)}$$

试求对应的有理分式模型。

解 编写的程序如下:

```
Z=[-2,-7];
P=[0,-3-2j,-3+2j,-1.5];
K=6.8;
Gz=zpk(Z,P,K);
Gf=tf(Gz)                           %可直接将零极点模型转换为有理分式模型
```

结果显示:

```
Transfer function:
6.8 s^2 + 61.2 s + 95.2
————————————————————————————
s^4 + 7.5 s^3 + 22 s^2 + 19.5 s
```

例 2-26 已知系统的传递函数为

$$G(s) = \frac{s^3 + 23s^2 + 4s + 17}{21s^4 + 5s^3 + 6s^2 + 7s + 3}$$

试将其转换为零极点增益模型,然后再通过反转验证所得结果。

解 程序如下:

```
clear ;     %清除所有变量
num=[1,23,4,17];                                %分子多项式系数向量
den=[21,5,6,7,3];                               %分母多项式系数向量
[z,p,k]=tf2zp(num,den)              %将多项式传递函数模型转换为零极点增益模型
```

运行结果:

```
z=
 −22.8575
 −0.0712+0.8595i
 −0.0712−0.8595i
p=
 0.3108+0.6874i
 0.3108−0.6874i
 −0.4299+0.2573i
 −0.4299−0.2573i
k=
 0.0476
```

验证上述结果:

```
[num,den]=zp2tf(z,p,k)                % 将零极点增益模型转换为有理分式模型
num=
 0      0.0476    1.0952    0.1905    0.8095
den=
 1.0000    0.2381    0.2857    0.3333    0.1429
```

可见,命令[z,p,k]=tf2zp(num,den)给出的是 den 的最高幂系数为 1 的结果。所以应对结果的分子和分母同乘 21。

```
num1=21 * num,den1=21 * den,           %将分母、分子同乘21,得到原模型的多项式
G=tf(num1,den1)
```

运行结果:

```
num1=
 0      1.0000    23.0000    4.0000    17.0000
Den1=
 21.0000    5.0000    6.0000    7.0000    3.0000
Transfer function:
s^3+23s^2+4s+17
————————————————————————————————————————————
21s^4+5s^3+6s^2+7s+3
```

4. 二阶系统模型

函数的调用格式为：

[num,den]＝ord2(wn,z);G＝wn^2 * tf(num,den)

式中,wn 为自然振荡角频率 ω_n;z 为阻尼比 ξ。

例 2-27　试生成一个自然振荡角频率 $\omega_n＝3\omega_n＝3$,阻尼比为 $\xi＝0.45$ 的二阶系统模型参数。

解　程序如下：

```
clear;wn=3;z=0.45;                    %设置自然振荡角频率和阻尼比
[num,den]=ord2(wn,z)                  %生成二阶系统模型的分子分母系数向量
G=wn^2 * tf(num,den)
```

运行结果：

```
num==
1
Den=
1.0000    2.7000    9.0000
G =
9
————————————————
s^2 + 2.7 s + 9
```

可以由上述结果得到二阶模型的规范形式为

$$G(s) = \frac{\omega_n^{\,2}}{s^2 + 2\xi\omega_n s + \omega_n^{\,2}} = \frac{9}{s^2 + 2.7s + 9}$$

5. 其他模型的生成

例 2-28　试随机生成一个 5 阶的单输入单输出有理分式模型。

解　程序如下：

```
clear; n=5;p=1;                       %设定 5 阶、单输入单输出
[num,den]=rmodel(n,p)                 %生成系统模型的分子分母系数向量
G=tf(num, den)                        %生成系统模型
```

运行结果：

```
num=
0    0.174 6    -0.466 5    0.613 0    -0.138 2    -0.006 1
den=
1.000 0    3.622 5    4.751 2    2.745 1    0.684 0    0.058 9
Transfer function:
0.174 6s^4-0.466 5s^3+0.613s^2-0.138 2s-0.006 093
——————————————————————————————————————————————
s^5+3.623s^4+4.751s^3+2.745s^2+0.684s+0.058 92
```

说明:每次使用 rmodel()所生成的模型参数均是随机的。

例 2-29 假设测量得到某未知系统的单位阶跃响应为一个带有时间延迟的一阶模型 $G(s) = 3e^{-0.8s}/(2s+1)$。试将其近似为一个四阶模型。

解 将传递函数写成为 $G(s) = e^{-0.8s}[3/(2s+1)]$，即原模型是由延时环节与一阶环节串联而成，所以将 $e^{-0.8s}$ 近似为一个三阶传递函数即可。程序如下：

```
clear ;L=0.8;K=3;T=2;n=3;syms G;                    %设置参数,定义变量
[num,dent]=pade(L,n);Ge=tf(num,dent)                %求延时环节的三阶近似
G1=tf(K*[1], [2,1])                                 %求一阶惯性环节模型
G=Ge*G1                                             %总的近似模型
```

运行结果：

```
Transfer function：
－s^3＋15s^2－93.75s＋234.4
——————————————————————————————
s^3＋15s^2＋93.75s＋234.4
Transfer function：
3
——————————————————————————————
2s＋1
Transfer function：
－3s^3＋45s^2－281.3s＋703.1
——————————————————————————————
2s^4＋31s^3＋202.5s^2＋562.5s＋234.4
```

2.5.3 用 MATLAB 进行结构图的基本连接方式及其等效变换

一个复杂的系统是由多个典型环节经过不同的连接方式组成。但是任何一个复杂的结构图中各方框的基本连接方式只有串联（series）、并联（parallel）和反馈（feedback）三种。在 MATLAB 中,这三种连接方式通过以下函数进行等效变换。

1. 方框的串联连接

方框的串联连接在 MATLAB 中可直接由一个函数求出：$G(s) = series(G1,G2)$,其 G1,G2 分别是 G1(s)、G2(s)的有理分式模型或零极点模型,举例说明如下：

例 2-30 计算串联连接的系统,程序如下：

```
G1=tf([1 2],[1 2 3 4]);                     %G1 为有理分式模型
G2=zpk([],[-1,-3],1.2);                      %G2 为零极点模型
                %可直接调用 MATLAB 系统函数 series 将 G1 和 G2 进行串联连接
G=series(G1,G2)
```

结果显示：

```
G=1.2 (s+2)
——————————————————————————————————————
(s+1) (s+1.651) (s+3) (s^2 + 0.3494s + 2.423)
```

2. 方框的并联连接

方框的并联连接在 MATLAB 中可直接由一个函数求出：$G(s) = parallel(G1,G2)$,其

G1,G2 分别是 G1(s)、G2(s)的有理分式模型或零极点模型。

例 2-31　计算并联连接的系统,程序如下:

```
G1=tf([1],[1 0]);
G2=tf([1],[1 0]);

                    %可直接调用 MATLAB 系统函数 parallel 将 G1 和 G2 进行并联连接
G=parallel(G1,G2);
minreal(G)

                                        %将传递函数 G 进行化简
```

应用 minreal()函数后,传递函数的分子和分母多项式各减少了一阶,消去了相同的零极点。程序运行结果显示如下:

```
Transfer function:
2
—
s
```

3. 方框的反馈连接

方框的反馈连接在 MATLAB 中可直接由一个函数求出:M(s)=feedback(G,H,sign),其 G、H 分别是 G(s)与 H(s)的有理分式模型或零极点模型,sign 是反馈的形式,即正反馈或负反馈。默认值是－1,即默认为负反馈;如果是正反馈,则需输入 1。

例 2-32　计算并联连接的系统,程序如下:

```
G1=tf([1],[1 1 0]);
G2=tf([1],[1]);
G=feedback(G1,G2)
```

程序运行结果显示如下:

```
Transfer function:
   1
———————————————
s^2 + s + 1
```

2.5.4　Simulink 建模方法

在一些实际应用中,如果系统的结构过于复杂,不适合用前面介绍的方法建模,可以利用 Simulink 模块的模型窗口上"画"出所需的控制系统模型。与 MATLAB 中逐行输入命令相比,这样输入更容易,分析更直观。由于 Simulink 是基于 MATLAB 环境之上的高性能系统级仿真设计平台,因此启动 Simulink 之前必须首先运行 MATLAB,然后才能启动 Simulink 并建立系统模型。启动 Simulink 有两种方式:

1. 用命令行方式启动 Simulink

即在 MATLAB 的命令窗口中直接键入以下命令:simulink。

2. 使用工具栏按钮启动 Simulink

即用鼠标单击 MATLAB 工具栏中的 Simulink 按钮。启动 Simulink,建立系统模型,其相应的基本操作如图 2-44 所示。

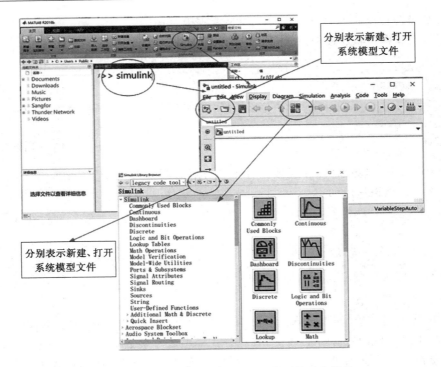

图 2-44 启动 Simulink，建立系统模型的基本操作

当完成 Simulink 系统模型的编辑之后，需要保存系统模型，然后设置模块参数与系统仿真参数，最后便可以进行系统的仿真。

无论采用何种方式，都可以在短短几分钟内熟练掌握启动 Simulink 的方法并开始创建动态系统模型。在系统模型编辑器中，用户可以"拖动"Simulink 提供的内置模块建立系统模型。下一节将对 Simulink 中的内置系统模块作一个比较全面的介绍，在无须查阅各个模块的帮助文献情况下，便可以迅速建立所需的系统模型。便于能够快速构建自己所需的动态系统，Simulink 提供了大量以图形方式给出的内置系统模块，使用这些内置模块可以快速方便地设计出特定的动态系统。

例 2-33 某单位负反馈系统的结构图如图 2-45 所示，试用 SIMULINK 对系统进行建模。

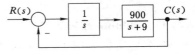

图 2-45 例 2-33 系统结构图

解 按以上步骤，启动 simulink 并打开一个空白的模型编辑窗口。

（1）画出所需模块，并给出正确的参数：

① 在 sources 子模块库中选中阶跃输入"step"图标，将其拖入编辑窗口，并用鼠标左键双击该图标，打开参数设定的对话框，将参数 step time(阶跃时刻)设为 0。

② 在 Math 子模块库中选中加法器"sum"图标，拖到编辑窗口中，并双击该图标将参数 List of signs 设为"＋－"。

③ 在 continuous 子模块库中选择"Integrator"和"Transfer Fcn"图标拖到编辑窗口中，并将"Numerator"改为[900]，"Denominator"改为[1,9]。

④ 在 sinks 子模块库中选择"scope"和"out1"图标并将之拖到编辑窗口中。

（2）将画出的所有模块按图 2-45 用鼠标连接起来，构成一个原系统的框图描述如图 2-46 所示。

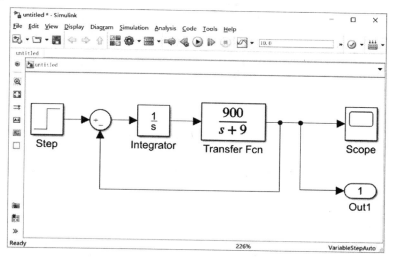

图 2-46　二阶系统的 simulink 建模框图

习题 2

习题 2-1　试列写图 2-47 所示各无源网络的微分方程。

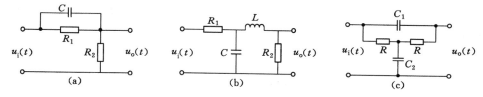

图 2-47　习题 2-1 无源网络电路图

习题 2-2　试列写图 2-48 所示各有源网络的微分方程。

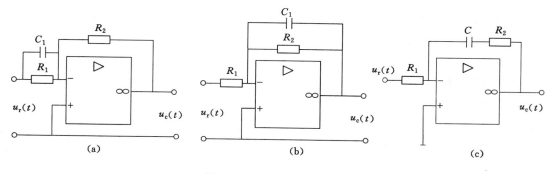

图 2-48　习题 2-2 有源网络

习题 2-3　机械系统如图 2-49 所示，其中 $x_r(t)$ 是输入位移，$x_c(t)$ 是输出位移。试分别列写各系统的微分方程。

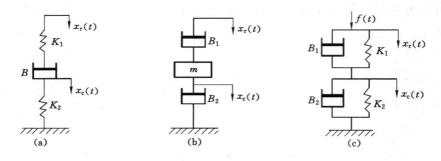

图 2-49　习题 2-3 机械系统

习题 2-4　试证明图 2-50(a)的电网络系统和图 2-50(b)机械系统有相同的数学模型。

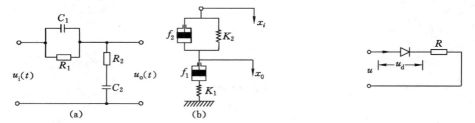

图 2-50　习题 2-4 电网络与机械系统　　　　图 2-51　习题 2-6 电路图

习题 2-5　用拉氏变换法求解下列微分方程。

(1) $2\ddot{c}(t)+7\dot{c}(t)+5c(t)=r,r(t)=R\cdot 1(t),c(0)=0,\dot{c}(0)=0$

(2) $2\ddot{c}(t)+7\dot{c}(t)+5c(t)=0,c(0)=c_0,\dot{c}(0)=\dot{c}_0$

(3) $2\ddot{c}(t)+c(t)=t,c(0)=0,\dot{c}(0)=0$

(4) $\ddot{c}(t)+\dot{c}(t)+c(t)=\delta(t),c(0)=0,\dot{c}(0)=0$

习题 2-6　如图 2-51 所示电路,二极管是一个非线性元件,其电流 i_d 和电压 U_d 之间的关系为 $i_d=10^{-6}(e^{u_d}/0.026-1)$。假设系统工作点在 $u_0=2.39$ V,$i_0=2.19\times 10^{-3}$ A,试求在工作点(u_0,i_0)附近 $i_d=f(u_d)$ 的线性化方程。

习题 2-7　设晶闸管三相桥式全控整流电路的输入量为控制角 α,输出量为空载整流电压 u_d,它们之间的关系为

$$u_d=U_{d0}\cos\alpha$$

式中,U_{d0} 是整流电压的理想空载值。试推导其线性化方程式。

习题 2-8　已知系统由如下方程组组成,其中 $X_r(s)$ 为输入,$X_o(s)$ 为输出。试绘制系统结构图,并求出闭环传递函数。

$$\begin{cases} X_1(s)=X_r(s)G_1(s)-G_1(s)[G_7(s)-G_8(s)]X_o(s) \\ X_2(s)=G_2(s)[X_1(s)-G_6(s)X_3(s)] \\ X_3(s)=[X_2(s)-X_c(s)G_5(s)]G_3(s) \\ X_o(s)=G_4(s)X_3(s) \end{cases}$$

习题 2-9　系统的微分方程组（初始条件为 0）如下：

$$\begin{cases} x_1(t) = r(t) - c(t) \\ x_2(t) = \tau \dfrac{\mathrm{d}x_1(t)}{\mathrm{d}t} + K_1 x_1(t) \\ x_3(t) = K_2 x_2(t) \\ x_4(t) = x_3(t) - x_5(t) - K_5 c(t) \\ \dfrac{\mathrm{d}x_5(t)}{\mathrm{d}t} = K_3 x_4(t) \\ K_4 x_5(t) = T \dfrac{\mathrm{d}c(t)}{\mathrm{d}t} + c(t) \end{cases}$$

其中 τ、K_1、K_2、K_3、K_4、K_5、T 均为正常数。试建立系统结构图，并求系统的传递函数 $C(s)/R(s)$。

习题 2-10　试画出图 2-52 所示各无源网络的结构图，并求传递函数 $U_o(s)/U_i(s)$。

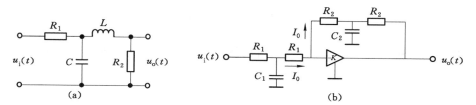

图 2-52　习题 2-10 电路图

习题 2-11　试化简图 2-53 所示的系统结构图，并求传递函数 $C(s)/R(s)$。

习题 2-12　试绘制图 2-54 中各系统结构图所对应的信号流图，并用梅森增益公式求各系统的传递函数 $C(s)/R(s)$。

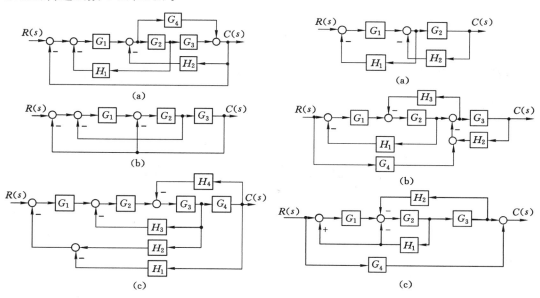

图 2-53　习题 2-11 系统结构图　　　　图 2-54　习题 2-12 系统结构图

习题 2-13　试用梅森增益公式求图 2-55 中各系统的传递函数 $C(s)/R(s)$。

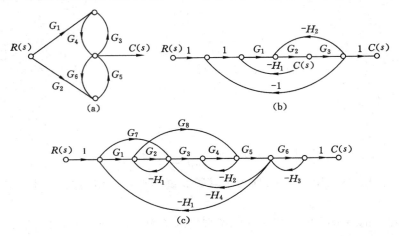

图 2-55　习题 2-13 系统信号流图

习题 2-14　化简图 2-56 所示系统结构图,分别求出传递函数 $\dfrac{C_1(s)}{R_1(s)}$、$\dfrac{C_2(s)}{R_1(s)}$、$\dfrac{C_1(s)}{R_2(s)}$、$\dfrac{C_2(s)}{R_2(s)}$、$C_1(s)$、$C_2(s)$。

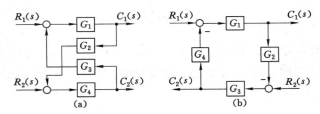

图 2-56　习题 2-14 系统结构图

习题 2-15　控制系统结构图如图 2-57 所示,试求系统传递函数 $\dfrac{C(s)}{R(s)}$、$\dfrac{C(s)}{N_1(s)}$、$\dfrac{C(s)}{N_2(s)}$、$\dfrac{E(s)}{R(s)}$、$\dfrac{E(s)}{N_1(s)}$、$\dfrac{E(s)}{N_2(s)}$。

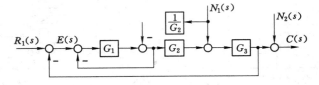

图 2-57　习题 2-15 系统结构图

习题 2-16　控制系统结构图如图 2-58 所示,试确定系统的输出 $C(s)$。

习题 2-17　试求图 2-59 所示系统的输出 $C_1(s)$ 及 $C_2(s)$ 的表达式。

习题 2-18　设某系统在单位阶跃输入作用时,零初始条件下的输出响应为 $c(t) = 1 - 2e^{-2t} + e^{-t}$,试求该系统的传递函数和脉冲响应函数。

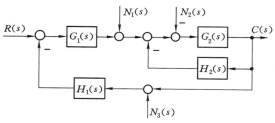

图 2-58 习题 2-16 系统结构图

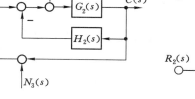

图 2-59 习题 2-17 系统信号流图

第3章 线性系统的时域分析法

数学模型是对控制系统进行理论研究的前提,只要知道了系统的结构和参数,通过建立和求解系统的数学模型,就能计算出系统各个物理量的变化规律。但从工程角度看,这还是不够的。一方面,系统越复杂,微分方程阶次就越高,求解也就越困难。许多复杂系统的微分方程阶次高达十几阶甚至几十阶,即使用计算机求解也是很麻烦的。另一方面,实际工程问题并不是简单地求解一个既定系统的运动方程,而往往是要选择系统中某些参数,甚至要改变系统的结构,以获得较好的性能指标。如果都要靠直接求解微分方程来研究这些问题,势必要解大量的微分方程,从而大大增加计算量。同时,仅从微分方程方面也不容易区分影响系统运动规律的主要因素和次要因素。因此,就需要研究一些比较方便的工程分析方法。这些工程分析方法的计算量不能太大,并且不因方程阶次的升高而增加太多。用这些方法不仅比较容易分析各主要参数对系统运动规律的影响,而且还可以借助一些图表和曲线直观地把运动特征表示出来。

在经典控制理论中,常用时域分析法、根轨迹法或频域分析法等工程方法分析线性控制系统的性能。不同的方法有不同的特点和适用范围,但是比较而言,时域分析法是一种直接在时间域中对系统进行分析的方法,具有直观、准确的优点,并且可以提供时间响应的全部信息。

3.1 概述

时域分析法是根据系统的微分方程(或传递函数),用拉氏变换直接解出动态方程,并依据过程曲线及表达式分析系统性能的方法。通过时域分析法可以建立起关于系统稳定性、稳态性能、动态性能的基本概念,还可以提出对控制系统性能指标改善的一些基本原则与措施。

3.1.1 时域分析方法

若系统输出信号的拉氏变换是 $C(s)$,则系统的时间响应 $c(t)$ 是

$$c(t) = \mathcal{L}^{-1}\big[C(s)\big] \tag{3-1}$$

根据拉氏反变换中的部分分式法可知,有理分式 $C(s)$ 的每一个极点(分母多项式的根)都对应于 $c(t)$ 中的一个时间响应项,即运动模态,而 $c(t)$ 就是由 $C(s)$ 的所有极点所对应的时间响应项(运动模态)的线性组合。不同极点所对应的运动模态见表3-1。

若系统的输入信号是 $R(s)$,传递函数是 $G(s)$,则零初始条件下有

$$C(s) = G(s)R(s) \tag{3-2}$$

表 3-1　极点与运动模态

极点	运动模态
实数单极点 p	$k\mathrm{e}^{pt}$
m 重实数单极点 p	$(k_1 + k_2 t + \cdots + k_m t^{m-1})\mathrm{e}^{pt}$
一对复数单极点 $p_{1,2} = \sigma \pm \mathrm{j}\omega$	$k\mathrm{e}^{\sigma t}\sin(\omega t + \varphi)$

可见,输出信号拉氏变换式的极点是由传递函数的极点和输入信号拉氏变换式的极点组成的。通常把传递函数极点所对应的运动模态称为该系统的自由运动模态或暂态。系统的自由运动模态与输入信号无关,也与输出信号的选择无关。传递函数的零点并不形成运动模态,但它们却影响各模态在响应中所占的比重,因而也影响时间响应及其曲线形状。

系统的时间响应中,与传递函数极点对应的时间响应分量称为瞬(暂)态分量,与输入信号极点对应的时间响应分量称为稳态分量。

3.1.2　典型输入信号

在规定了系统的初始条件以后,考察系统的性能一般是以它对某一典型试验信号的输出响应为依据。采用什么样的典型试验信号,取决于系统的常见工作状态。因此,在选择典型试验信号时,一是应尽可能地接近实际工作时的外加信号;二是信号容易产生;三是信号能反映系统最不利的工作条件。根据以上三条,工程中常用的典型试验信号有阶跃函数、斜坡函数、抛物线函数、脉冲函数和正弦函数。

1. 阶跃函数

阶跃函数也称位置函数,它的数学表达式为

$$r(t) = \begin{cases} 0 & t < 0 \\ k & t \geqslant 0 \end{cases} \tag{3-3}$$

式中,k 为常量。

其拉氏变换为

$$R(s) = \frac{k}{s} \tag{3-4}$$

当 $k = 1$ 时,称为单位阶跃函数,此时 $R(s) = \dfrac{1}{s}$,单位阶跃函数用 $1(t)$ 或 $u(t)$ 表示,如图 3-1 所示。

阶跃函数是不连续函数,即在 $t = 0$ 处出现 $r(0_-) \neq r(0_+)$,但都是有限值。阶跃函数形式的输入信号在实际系统中较为常见,例如速度控制系统、室温调节系统、水位调节系统和某些工作状态突然改变或突然增减输入的控制系统(如火炮的方位角、俯仰角的控制系统等),都可以采用阶跃函数作为典型输入信号。

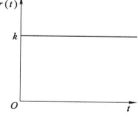

图 3-1　阶跃函数

2. 斜坡函数

斜坡函数也称速度函数,它的数学表达式为

$$r(t) = \begin{cases} 0 & t < 0 \\ kt & t \geqslant 0 \end{cases} \tag{3-5}$$

式中,k 为常量。

其拉氏变换为

$$R(s) = \frac{k}{s^2} \tag{3-6}$$

当 $k=1$ 时，称为单位斜坡函数，此时 $R(s) = \frac{1}{s^2}$ ，其图形如图 3-2 所示。

加于随动系统的阶跃函数的输入，通常称为突加给系统一个恒定的位置信号。如果输入的位置信号不是恒定的，而是随着时间线性增长的，即相当于给系统加了一个恒定的速度信号，故斜坡函数也称为等速度函数，它相当于阶跃函数对时间的积分。

在实际中，输入信号的形式接近于斜坡函数的控制系统，主要有位移控制系统（如带式输送机，提升机等）的跟踪系统，以及输入信号随时间逐渐增减变化的控制系统。

3. 抛物线函数

抛物线函数也称加速度函数，它的数学表达式为

$$r(t) = \begin{cases} 0 & t < 0 \\ \dfrac{k}{2}t^2 & t \geqslant 0 \end{cases} \tag{3-7}$$

其拉氏变换式为

$$R(s) = \frac{k}{s^3} \tag{3-8}$$

当 $k=1$ 时，称为单位抛物线函数，此时 $R(s) = \frac{1}{s^3}$ ，其图形如图 3-3 所示。

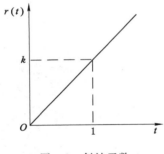

图 3-2　斜坡函数

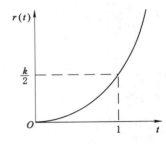

图 3-3　抛物线函数

抛物线函数也称为等加速度函数，它等于斜坡函数对时间的积分。

提升系统加速阶段的输入信号，一般可认为接近等加速度，即可以用抛物线函数来描述。

4. 脉冲函数

为了引入脉冲函数，先引入脉动函数，脉动函数的表达式为

$$r(t) = \begin{cases} 0 & t < 0, t > \varepsilon \\ \dfrac{k}{\varepsilon} & 0 \leqslant t \leqslant \varepsilon \end{cases} \tag{3-9}$$

当 $k=1$ 时，称为单位脉动函数，并用 $\delta_\varepsilon(t)$ 表示。将单位脉动函数看成是两个阶跃函数之差，其中一个阶跃函数延迟 ε，即 $\varepsilon \to 0$ 时的单位脉动函数称为单位脉冲函数、狄拉克函数或 δ 函数，并用 $\delta(t)$ 表示，即

$$\delta(t) = \begin{cases} 0 & t \neq 0 \\ \infty & t = 0 \end{cases} \tag{3-10}$$

$$\int_{-\infty}^{+\infty} \delta(t)\,\mathrm{d}t = 1 \tag{3-11}$$

它是宽度为 0,幅值为 ∞,面积(强度)为 1 的脉冲。单位脉冲是一个理想的函数,实际上是不存在的,但当脉冲宽度 ε 比脉冲幅度 $\dfrac{1}{\varepsilon}$ 小得多时,单位脉动函数就可近似认为是单位脉冲函数 $\delta(t)$,如图 3-4 所示。

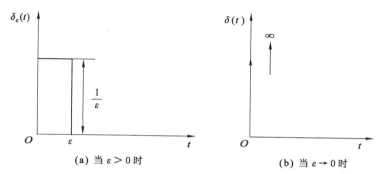

(a) 当 $\varepsilon > 0$ 时　　　　　　　　　　**(b) 当 $\varepsilon \to 0$ 时**

图 3-4　单位脉冲函数的图形

单位脉冲函数 $\delta(t)$ 的拉氏变换为

$$R(s) = \int_0^\infty \delta(t)\mathrm{e}^{-st}\,\mathrm{d}t = \lim_{\varepsilon \to 0}\int_0^\infty \frac{1}{\varepsilon}\mathrm{e}^{-st}\,\mathrm{d}t = \lim_{\varepsilon \to 0}\frac{1}{\varepsilon}\left.\frac{-\mathrm{e}^{-st}}{s}\right|_0^\varepsilon$$
$$= \lim_{\varepsilon \to 0}\frac{1}{\varepsilon s}\left[1 - \left(1 - \varepsilon s + \frac{\varepsilon^2 s^2}{2!} - \cdots\right)\right] = 1 \tag{3-12}$$

由于 $\displaystyle\int_{-\infty}^\infty \delta(t)\,\mathrm{d}t = 1$,单位脉冲函数是单位阶跃函数对时间的导数。

在实际中,输入给定控制信号类似于脉冲函数的控制系统并不多见,但有些系统的扰动信号却有类似于脉冲函数的性质,例如火炮的目标跟踪系统,在火炮发射时的后坐力,即可视为对其施加了脉冲扰动信号。

5. 正弦函数

在实际中,航行于海上的船舶,由于受到海浪的冲击而摇摆或者颠簸,其摆幅随时间的变化规律近似于正弦函数。因此船舰上各种设备的控制系统,其输入信号常用正弦函数来描述。此外,用正弦函数作为输入信号,可以求得系统对不同频率的正弦函数输入的稳态响应,这种响应被称为频率响应。利用频率特性研究电子放大器的性能为人们熟知,其实这种方法也可用来分析和设计自动控制系统,这就是频域分析,这部分内容将在第 5 章中介绍。

应该强调的是,虽然对于同一系统,施加不同形式的输入信号,得到的输出响应是不同的,但从线性控制系统的特点可知,系统的性能只由系统本身的结构和参数决定,亦即由不同形式输入得到不同的输出响应所表征的系统性能却是一致的。因而在不同的控制系统的初步分析和初步设计中,往往采用一种易于实现且便于分析和设计的典型输入信号,这样才能在一个统一的标准下,比较分析各种不同控制系统的性能。常用的典型输入是阶跃函数。

顺便指出,有些系统的输入信号既有能用某些典型函数近似描述的部分,同时又可能夹杂某些不规则的、并不需要的信号部分。这种不规则的、不确定的信号往往具有随机过程性质。

3.1.3 系统时域响应过程及性能指标

若式(2-37)的初始状态为零状态,即：$c(0^-) = \dot{c}(0^-) = \ddot{c}(0^-) = \cdots = 0$。表明在输入加于系统之前,被控量及其各阶导数相对于平衡工作点的增量为零,系统处于相对平衡状态。

初始状态为零的系统,在典型输入信号作用下的输出,称为典型时间响应。典型时间响应由暂态过程和稳态过程两部分组成。

暂态过程：又称过渡过程或瞬态过程,是指系统在典型输入信号作用下,系统输出由初始状态到达最终状态的响应过程。

稳态过程：指系统在典型输入信号作用下,当时间 t 趋于无穷大时,系统输出量的表现形式。

控制系统在典型输入信号作用下的性能指标,通常由动态性能指标和稳态性能指标两部分组成。

1. 动态性能指标

描述稳定的系统在单位阶跃函数作用下,动态过程随时间 t 的变化状况的指标,称为动态性能指标(也称暂态性能指标)。对于图 3-5 所示单位阶跃响应 $c(t)$,其动态性能指标通常为：

(1) 上升时间 t_r,指响应曲线从终值的 10% 上升到终值的 90% 所需要的时间;对于有振荡的系统,也可定义为响应从零开始,第一次上升到终值所需要的时间。上升时间是系统响应速度的一种度量。

(2) 峰值时间 t_p,指响应超过终值达到第一个峰值所需要的时间。

(3) 调节时间 t_s,指响应达到并保持与终值误差不超过 $\pm 5\%$(或 $\pm 2\%$)所需要的时间。

(4) 超调量 $\sigma_p\%$,指响应的最大偏离量 $\Delta c(t_p)$ 与终值 $c(\infty)$ 之差的百分比,即

$$\sigma_p\% = \frac{\Delta c(t_p)}{c(\infty)} \times 100\% = \frac{c(t_p) - c(\infty)}{c(\infty)} \times 100\% \tag{3-13}$$

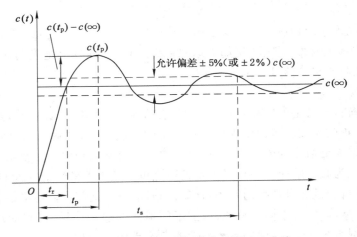

图 3-5 控制系统的典型单位阶跃响应曲线

2. 稳态性能指标

稳态误差是描述系统稳态性能的一种性能指标,通常在阶跃函数、斜坡函数和加速度函数作用下进行测定或计算。若时间趋于无穷大时,系统的输出量不等于输入量或输入量的

确定函数,则系统存在稳态误差。稳态误差是系统控制精度或抗扰动能力的一种度量。

需要指出,对于同一个系统,这些性能指标一般并不一定全部采用,而是根据使用条件、工艺要求等实际情况而定,通常只对几个认为重要的指标提出要求。上升时间 t_r(或峰值时间 t_p)是表征系统暂态响应速度的性能指标;超调量 $\sigma_p\%$ 是表征系统相对稳定性或平稳性的性能指标;而调节时间 t_s 是反映系统暂态响应速度和相对稳定性的综合指标,因此只有暂态响应速度较快,相对稳定性较高的系统调节时间才会较短。在这些暂态响应性能指标中,上升时间、超调量和调节时间通常应用最广。

3.2　一阶系统的时域分析

用一阶微分方程式描述的系统称为一阶系统。工程中它是最基本最简单的系统,通过对一阶系统的研究,引出对一般系统进行时域分析的基本方法。

3.2.1　一阶系统的数学模型

一般情况下,一阶系统的结构图如图 3-6 所示,其开环传递函数为

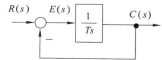

$$G(s) = \frac{1}{Ts} \tag{3-14}$$

图 3-6　一阶系统结构图

闭环传递函数为

$$M(s) = \frac{1}{Ts+1} \tag{3-15}$$

此系统称为典型一阶系统。在实际中,有一些较为简单的控制系统的闭环传递函数有与式(3-15)类似的形式,如恒温箱、室温调节系统及液位调节系统等。具有同一运动方程或传递函数的所有系统,对同一输入信号的响应是相同的。当然,对于不同形式或不同功能的一阶系统,其响应特性的数学表达式具有不同的物理意义。

3.2.2　一阶系统的单位脉冲响应

当输入信号为单位脉冲信号 $r(t) = \delta(t)$ 时,

$$C(s) = M(s)R(s) = \frac{1}{Ts+1} = \frac{1/T}{s+1/T} \tag{3-16}$$

$$c(t) = L^{-1}[C(s)] = \frac{1}{T}e^{-t/T} \tag{3-17}$$

一阶系统的单位脉冲响应如图 3-7 所示。由图 3-7 可见,一阶系统的脉冲响应为一单调下降的指数曲线。若定义该指数曲线衰减到其初始值的 5% 或 2% 所需的时间为脉冲响应调节时间,则仍有 $t_s = 3T$ 或 $t_s = 4T$。故系统的惯性时间常数 T 越小,响应过程的快速性越好。

在初始条件为零的情况下,一阶系统的闭环传递函数与脉冲响应函数之间,包含着相同的动态过程信息。这一特点同样适用于其他各阶线性定常系统,因此常以单位脉冲输入信号作用于系统,根据被测定系统的单位脉冲响应,可以求得被测系统的闭环传递函数。

鉴于工程上无法得到理想单位脉冲函数,因此常用具有一定脉宽 ε 和有限幅度的矩形脉动函数来代替。为了得到近似度较高的脉冲响应函数,要求实际脉动函数的宽度 ε 远小于系统的时间常数 T,一般规定 $\varepsilon < 0.1T$。

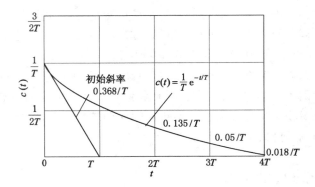

图 3-7　一阶系统的单位脉冲响应曲线

3.2.3　一阶系统的单位阶跃响应

当系统输入 $r(t) = 1(t)$ 为单位阶跃信号时,输出响应的拉氏变换为

$$C(s) = M(s)R(s) = \frac{1}{s(Ts+1)} = \frac{1}{s} - \frac{1}{s+1/T} \tag{3-18}$$

取 $C(s)$ 的拉氏反变换,可得一阶系统的单位阶跃响应

$$c(t) = L^{-1}[C(s)] = 1 - e^{-t/T} \quad (t \geqslant 0) \tag{3-19}$$

一阶系统的单位阶跃响应由稳态分量 1 和暂态分量 $e^{-\frac{t}{T}}$ 两项组成,当时间 t 趋于无穷大时,暂态分量衰减为零。由式(3-19)可看出,一阶系统的单位阶跃响应必为一条由零开始,按指数规律上升,最终趋于 1 的曲线,如图 3-8 所示。响应曲线没有周期振荡,故也称非周期响应。

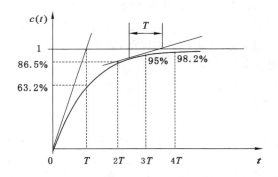

图 3-8　一阶系统的单位阶跃响应曲线

时间常数 T 是影响一阶系统响应特性的唯一参数,它与输出值的关系容易确定

$$t = T, c(T) = 0.632; t = 2T, c(2T) = 0.865$$
$$t = 3T, c(3T) = 0.950; t = 4T, c(4T) = 0.982$$

根据时间常数 T 和输出值的关系,可以用实验方法,确定被测系统是否为一阶系统。

响应曲线的初始斜率,可对 $c(t)$ 求一阶导数得到

$$\frac{dc(t)}{dt}\bigg|_{t=0} = \frac{1}{T}e^{-\frac{t}{T}}\bigg|_{t=0} = \frac{1}{T} \tag{3-20}$$

式(3-20)表明,如果一阶系统的单位阶跃响应以初速度等速上升到稳态值 1,所需要的时

间恰好为 T。式(3-20)也常用来在单位阶跃响应实验曲线上确定一阶系统的时间常数 T。

一阶系统的阶跃响应无振荡、无超调,只有过渡过程的快慢之分,因此其性能指标主要是调节时间 t_s。由于 $t=3T$ 时,输出响应可达稳态值的 95%,$t=4T$ 时,输出响应达稳态值的 98%,故常取 $t_s=3T(s)(\varepsilon=0.05)$ 或 $t_s=4T(s)(\varepsilon=0.02)$。

显然,一阶系统的时间常数 T 越小,调节时间 t_s 越小,响应过程也就越快,因而常称为惯性较小。反之,T 越大响应过程越慢,也称为惯性较大。

3.2.4　一阶系统的单位斜坡响应

当参考输入 $r(t)=t$ 为单位斜坡信号时,其拉氏变换 $R(s)=1/s^2$,则一阶系统单位斜坡响应象函数为

$$C(s)=M(s)R(s)=\frac{1}{s^2(Ts+1)} \tag{3-21}$$

其时域响应为

$$c(t)=L^{-1}[C(s)]=t-T+Te^{-t/T} \tag{3-22}$$

式(3-22)中稳态分量为 $(t-T)$;暂态分量为 $Te^{-\frac{t}{T}}$,当时间趋于无穷大时,此项衰减到零。其响应曲线如图 3-9 所示。

一阶系统单位斜坡响应的初始速度为

$$\left.\frac{\mathrm{d}c(t)}{\mathrm{d}t}\right|_{t=0}=1-e^{-\frac{t}{T}}|_{t=0}=0$$

由式(3-22)得,时间趋向无穷大时一阶系统单位斜坡响应的稳态误差为 T。即一阶系统单位斜坡响应进入稳态后,响应与输入的斜率相等,只是比输入滞后一个时间常数 T 时间。因此,时间常数 T 越小,系统的响应越快,稳态误差越小,滞后时间也越短。因而往往用减小时间常数 T 的方法减小稳态误差,但此法不能消除误差。

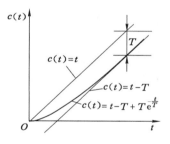

图 3-9　一阶系统单位斜坡响应曲线

3.2.5　一阶系统的单位加速度响应

当参考输入 $r(t)=\dfrac{t^2}{2}$ 为单位加速度信号时,其拉氏变换 $R(s)=1/s^3$,则一阶系统单位加速度响应象函数为

$$C(s)=M(s)R(s)=\frac{1}{s^3(Ts+1)} \tag{3-23}$$

其时域响应为

$$c(t)=L^{-1}[C(s)]=\frac{1}{2}t^2-Tt+T^2-T^2e^{-t/T} \tag{3-24}$$

式(3-24)中稳态分量为 $\dfrac{1}{2}t^2-Tt+T^2$;暂态分量为 $-T^2e^{-t/T}$,当时间趋于无穷大时,此项衰减到零。其时间常数 $T=1$ 时的响应曲线如图 3-10 所示。

通过响应曲线可以看出,跟踪误差随时间推移而增大,直至无限大。因此,一阶系统不能实现对加速度输入函数的跟踪。

一阶系统对上述典型输入信号的响应归纳于表 3-2 之中。由表 3-2 可见,单位脉冲函数与单位阶跃函数的一阶导数及单位斜坡函数的二阶导数的等价关系,对应有单位脉冲响

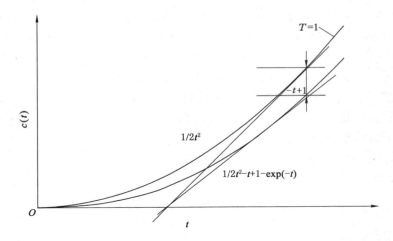

图 3-10　一阶系统单位加速度响应曲线

应与单位阶跃响应的一阶导数及单位斜坡响应的二阶导数的等价关系。这个等价对应关系表明：系统对输入信号导数的响应，就等于系统对该输入信号响应的导数；或者，系统对输入信号积分的响应，就等于系统对该输入信号响应的积分，而积分常数由零输出初始条件确定。这是线性定常系统的一个重要特性，适用于任何阶线性定常系统，但不适用于线性时变系统和非线性系统。因此，研究线性定常系统的时间响应，不必对每种输入信号形式进行测定和计算，往往只取其中一种典型形式进行研究。

表 3-2　一阶系统对典型输入信号的输出响应

输入信号	输出响应
$\delta(t)$	$\dfrac{1}{T}\mathrm{e}^{-t/T}, t \geqslant 0$
$1(t)$	$1 - \mathrm{e}^{-t/T}, t \geqslant 0$
t	$t - T + T\mathrm{e}^{-t/T}, t \geqslant 0$
$\dfrac{1}{2}t^2$	$\dfrac{1}{2}t^2 - Tt + T^2(1 - \mathrm{e}^{-t/T}), t \geqslant 0$

例 3-1　一阶系统如图 3-11 所示，试求系统单位阶跃响应的调节时间 t_s。

解　系统的闭环传递函数为

$$M(s) = \frac{100/s}{1 + 0.1 \times 100/s} = \frac{10}{0.1s + 1}$$

这是一个典型一阶系统，调节时间 $t_s = 3T = 0.3$ s。

例 3-2　已知某元部件的传递函数为 $G(s) = \dfrac{10}{0.2s + 1}$，采用图 3-12 所示方法引入负反馈，将调节时间减至原来的0.1倍，但总放大系数保持不变，试选择 K_H、K_0 的值。

解　原系统的调节时间为

$$t_s = 3 \times 0.2 = 0.6$$

引入负反馈后，系统的传递函数为

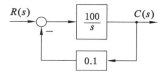

图 3-11　例 3-1 系统结构图

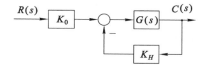

图 3-12　例 3-2 系统结构图

$$\frac{C(s)}{R(s)} = K_0 \times \frac{G(s)}{1 + G(s) \times K_H} = \frac{10K_0/(0.2s+1)}{1 + 10K_H/(0.2s+1)}$$

$$= \frac{\dfrac{10K_0}{1+10K_H}}{\dfrac{0.2}{1+10K_H}s+1}$$

若将调节时间减至原来的 0.1 倍,但总放大系数保持不变,则

$$\begin{cases} \dfrac{10K_0}{1+10K_H} = 10 \\[3mm] \dfrac{0.2}{1+10K_H} = 0.02 \end{cases}$$

得

$$\begin{cases} K_H = 0.9 \\ K_0 = 10 \end{cases}$$

3.3　二阶系统的时域分析

用二阶微分方程式描述的系统称为二阶系统。在控制理论中,二阶系统比一阶系统更具有代表性,它的暂态响应指标与系统参数之间的关系非常简明,分析、设计比较容易。而且在一定条件下,大多数高阶系统都可近似为二阶系统进行处理,特别在初步对高阶系统进行设计时常要先做如此近似。所以对二阶系统的分析是十分重要的。

3.3.1　二阶系统的数学模型

第 1 章图 1-12 采煤机滚筒摇臂自动调高控制系统,利用第 2 章介绍的传递函数列写和结构图绘制的方法,不难画出位置控制系统的结构图,如图 3-13 所示。

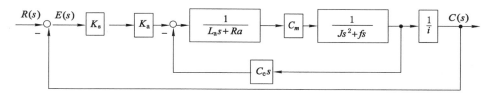

图 3-13　位置控制系统结构图

由图得系统的开环传递函数

$$G(s) = \frac{K_s K_a C_m / i}{s\big[(L_a s + R_a)(Js + f) + C_m C_e\big]}$$

式中,L_a 和 R_a 分别为电动机电枢绕组的电感和电阻;C_m 为电动机的转矩系数;C_e 为与电动

机反电势有关的比例系数；K_s 为运算放大器传递函数；K_a 为晶闸管驱动电路增益；i 为减速器的减速比；J 和 f 分别为折算到电动机轴上的总转动惯量和总黏性摩擦系数。如果略去电枢电感 L_a，且令

$$K_1 = K_s K_a C_m / i R_a, \quad F = f + C_m C_e / R_a$$

其中，K_1 称为增益；F 称为阻尼系数。那么在不考虑负载力矩、忽略电枢绕组电感的情况下，位置控制系统的开环传递函数可简化为

$$G(s) = \frac{K}{s(T_m s + 1)} \tag{3-25}$$

其中，$K = K_1/F$，称为开环增益；$T_m = J/F$，称为机电时间常数。相应的闭环传递函数是

$$M(s) = \frac{C(s)}{R(s)} = \frac{K}{T_m s^2 + s + K} \tag{3-26}$$

显然，上述系统闭环传递函数对应如下二阶运动微分方程：

$$T_m \frac{d^2 c(t)}{dt^2} + \frac{dc(t)}{dt} + K c(t) = K r(t) \tag{3-27}$$

所以图 1-12 所示的摇臂自动调高控制系统在简化情况下是一个二阶系统。

典型二阶系统的动态结构图如图 3-14 所示，其开环传递函数为

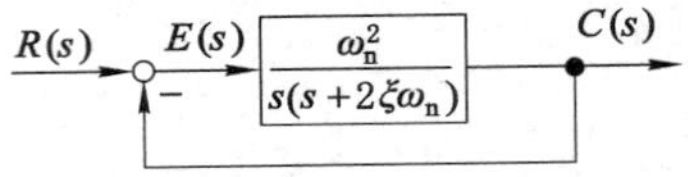

图 3-14 典型的二阶系统结构图

$$G(s) = \frac{\omega_n^2}{s(s + 2\xi\omega_n)} = \frac{K}{s(Ts + 1)}$$

闭环传递函数为

$$M(s) = \frac{\omega_n^2}{s^2 + 2\xi\omega_n s + \omega_n^2} \tag{3-28}$$

式中　ω_n ——二阶系统的无阻尼自然振荡角频率，简称无阻尼自振频率；

　　　　T ——时间常数；

　　　　ξ ——阻尼系数。

由式(3-28)知，闭环特征方程为

$$s^2 + 2\xi\omega_n s + \omega_n^2 = 0 \tag{3-29}$$

其特征根，即系统闭环传递函数的极点为

$$p_{1,2} = -\xi\omega_n \pm \omega_n \sqrt{\xi^2 - 1} \tag{3-30}$$

即闭环特征根与 ξ 和 ω_n 有关。根据 ξ 值的不同，二阶系统闭环极点（即特征根）在 s 平面上的分布亦不相同，如图 3-15 所示。

二阶系统的响应特性完全由 ω_n 和 ξ 两个参数来描述，故 ω_n 和 ξ 是二阶系统的结构参数。对于不同的二阶系统，ω_n 和 ξ 的物理含义是不同的。

3.3.2　二阶系统的单位阶跃响应

1. 过阻尼情况

当 $\xi > 1$ 时为过阻尼情况。由式(3-30)可得过阻尼时闭环特征根为两个不相等的负实根 $p_{1,2} = -\xi\omega_n \pm \omega_n \sqrt{\xi^2 - 1}$。

根据式(3-28)可求得过阻尼情况下，二阶系统单位阶跃响应的象函数为

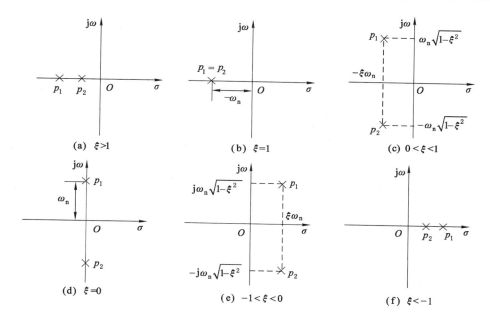

图 3-15　s 平面上二阶系统的闭环极点分布

$$C(s) = \frac{\omega_n^2}{s(s^2 + 2\xi\omega_n s + \omega_n^2)} = \frac{\omega_n^2}{s(s - p_1)(s - p_2)}$$

$$= \frac{A_0}{s} + \frac{A_1}{s - p_1} + \frac{A_2}{s - p_2}$$

其中系数由下式确定

$$A_0 = [C(s)s]_{s=0} = 1$$

$$A_1 = [C(s)(s - p_1)]_{s=p_1} = \frac{1}{2\sqrt{\xi^2 - 1}(-\xi + \sqrt{\xi^2 - 1})}$$

$$A_2 = [C(s)(s - p_2)]_{s=p_2} = \frac{1}{2\sqrt{\xi^2 - 1}(\xi + \sqrt{\xi^2 - 1})}$$

将系数代入上式,并对 $C(s)$ 取拉氏反变换得

$$c(t) = 1 - \frac{1}{2\sqrt{\xi^2 - 1}}\left\{\frac{\exp[-(\xi - \sqrt{\xi^2 - 1})\omega_n t]}{\xi - \sqrt{\xi^2 - 1}} - \frac{\exp[-(\xi + \sqrt{\xi^2 - 1})\omega_n t]}{\xi + \sqrt{\xi^2 - 1}}\right\}, (t \geqslant 0)$$

$$(3\text{-}31)$$

与式(3-31)对应的单位阶跃响应曲线如图 3-16 的单调上升曲线所示。由式(3-31)可知,暂态分量由两项组成,当 $\xi \gg 1$ 时,其中第二项的衰减指数比第一项的衰减指数大得多,所以第二项暂态分量只在响应的前期对系统有影响,后期影响很小,因此第二项可以忽略,此时二阶系统的响应可近似为一阶系统的响应。实际工程中当 $\xi \geqslant 1.5$ 时,这种近似已足够精确。

2. 临界阻尼情况

当 $\xi = 1$ 时是临界阻尼情况,由式(3-30)可知闭环特征根为两个相等的负实数

$$p_{1,2} = -\omega_n$$

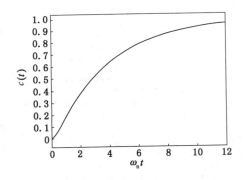

图 3-16　$\xi=2$ 时系统的单位阶跃响应(MATLAB)

由式(3-28)可得

$$C(s) = \frac{1}{s} - \frac{\omega_{\mathrm{n}}}{(s+\omega_{\mathrm{n}})^2} - \frac{1}{s+\omega_{\mathrm{n}}}$$

当 $\xi=1$ 时,可得临界阻尼情况下,二阶系统的单位阶跃响应为

$$c(t) = 1 - \mathrm{e}^{-\omega_{\mathrm{n}}t}(1+\omega_{\mathrm{n}}t) \tag{3-32}$$

与式(3-32)相对应的单位阶跃响应为图 3-17 中 $\xi=1$ 时的单调上升曲线。

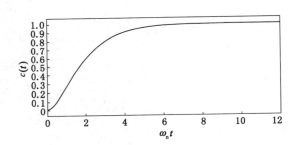

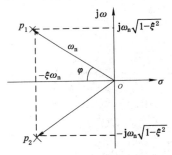

图 3-17　$\xi=1$ 时系统的单位阶跃响应(MATLAB)　　图 3-18　欠阻尼二阶系统参数间的关系

3. 欠阻尼情况

当 $0<\xi<1$ 时为欠阻尼情况。由式(3-30)可得欠阻尼时闭环特征根为一对共轭复数

$$p_{1,2} = -\xi\omega_{\mathrm{n}} \pm j\omega_{\mathrm{n}}\sqrt{1-\xi^2} = -\sigma \pm j\omega_{\mathrm{d}}$$

式中,$\omega_{\mathrm{d}} = \omega_{\mathrm{n}}\sqrt{1-\xi^2}$ 为阻尼振荡角频率。

它们在 s 平面上的分布如图 3-18 所示,图中 $\varphi = \arctan\dfrac{\sqrt{1-\xi^2}}{\xi}$,表示二阶系统欠阻尼时,特征根在 s 平面上的特征向量与负实轴的夹角。

欠阻尼情况下二阶系统单位阶跃响应的象函数为

$$C(s) = \frac{\omega_{\mathrm{n}}^2}{s(s^2+2\xi\omega_{\mathrm{n}}s+\omega_{\mathrm{n}}^2)} = \frac{1}{s} - \frac{s+2\xi\omega_{\mathrm{n}}}{(s+\xi\omega_{\mathrm{n}}+j\omega_{\mathrm{d}})(s+\xi\omega_{\mathrm{n}}-j\omega_{\mathrm{d}})}$$

$$= \frac{1}{s} - \frac{s+\xi\omega_{\mathrm{n}}}{(s+\xi\omega_{\mathrm{n}})^2+\omega_{\mathrm{d}}^2} - \frac{\xi\omega_{\mathrm{n}}}{(s+\xi\omega_{\mathrm{n}})^2+\omega_{\mathrm{d}}^2}$$

对上式取拉氏反变换,则可得二阶系统在欠阻尼情况下的单位阶跃响应为

$$c(t) = 1 - e^{-\xi\omega_n t}\cos\omega_d t - \frac{\xi\omega_n}{\omega_d}e^{-\xi\omega_n t}\sin\omega_d t = 1 - \frac{1}{\sqrt{1-\xi^2}}e^{-\xi\omega_n t}\sin(\omega_n\sqrt{1-\xi^2}\,t + \varphi) \qquad (3-33)$$

由式(3-33)可看出,二阶系统欠阻尼响应是一个衰减振荡,其特性决定于闭环特征根,即闭环传递函数的极点在 s 平面的位置。当时间 t 趋于无穷大时,暂态分量振荡衰减到零,衰减的速度决定于闭环特征根的实部 $-\xi\omega_n$;衰减振荡的频率决定于闭环特征根的虚部 $\omega_d = \omega_n\sqrt{1-\xi^2}$,衰减振荡曲线如图 3-19 所示。

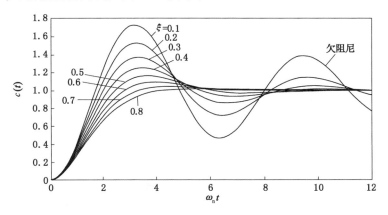

图 3-19　$0<\xi<1$ 时系统的单位阶跃响应(MATLAB)

4. 零阻尼情况

当 $\xi=0$ 时就是零阻尼情况。由式(3-30)可知零阻尼时闭环特征根为一对共轭虚根

$$p_{1,2} = \pm j\omega_n$$

根据式(3-32),当 $\xi=0$ 可得零阻尼情况下系统的单位阶跃响应为

$$c(t) = 1 - \cos\omega_n t \qquad (3-34)$$

即 $\xi=0$ 时,系统的响应呈等幅振荡,振荡的角频率为 ω_n。由于振荡是不衰减的,因此称 ω_n 为无阻尼自然振荡角频率,ω_n 的物理意义是明确的。与式(3-34)所对应的振荡过程如图 3-20 所示。

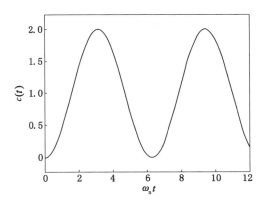

图 3-20　$\xi=0$ 时系统的单位阶跃响应(MATLAB)

5. 负阻尼情况

当 $\xi<0$ 时,特征方程有两个正实部的根,称为负阻尼状态,由式(3-30)可知负阻尼时闭环特征根具有正实部,$c(t)$ 是发散的,表明 $\xi<0$ 的系统是不稳定的。图 3-21 为 $-1<\xi<0$ 时的单位阶跃响应曲线,为发散振荡;图 3-22 为 $\xi<-1$ 时的单位阶跃响应曲线,为单调发散。

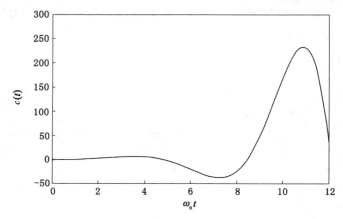

图 3-21　$-1<\xi<0$ 时的单位阶跃响应曲线(MATLAB)

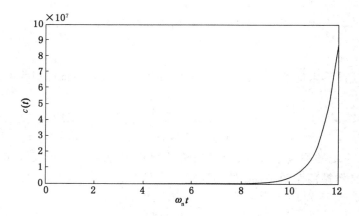

图 3-22　$\xi<-1$ 时的单位阶跃响应曲线(MATLAB)

3.3.3　欠阻尼二阶系统的动态过程分析

从以上分析可以看出,二阶系统的暂态响应性能由阻尼系数 ξ 与无阻尼自振频率 ω_n 决定,因此它的暂态响应性能指标也可以由它们来描述。其中上升时间、峰值时间和超调量可以用 ξ 和 ω_n 准确表示,但调节时间很难用它们准确表示,只能采用工程近似法计算。

1. 上升时间 t_r

由于上升时间是响应曲线由零开始响应,第一次上升到稳态值所需的时间,因此将 $t=t_r$ 代入式(3-33),并令 $c(t)=1$,可得

$$\frac{e^{-\xi\omega_n t_r}}{\sqrt{1-\xi^2}}\sin(\omega_d t_r+\varphi)=0$$

由于在暂态响应期间,$(e^{-\xi\omega_n t_r}/\sqrt{1-\xi^2})>0$,所以必有

$$\sin(\omega_d t_r + \varphi) = 0$$

求解上述三角函数方程可得

$$\omega_d t_r + \varphi = k\pi \quad (k = 0, \pm 1, \pm 2, \pm 3, \cdots)$$

由于上升时间 t_r 是单位阶跃响应曲线第一次到达稳态值的时间，所以应取 $k=1$，即

$$t_r = \frac{\pi - \varphi}{\omega_d} = \frac{\pi - \arctan \dfrac{\sqrt{1-\xi^2}}{\xi}}{\omega_n \sqrt{1-\xi^2}} \tag{3-35}$$

由式(3-35)可知，当 ω_n 一定时，ξ 越小，t_r 越小；当 ξ 一定时，ω_n 越大，t_r 越小，反应速度越快。

2. 峰值时间 t_p

由于峰值出现在响应曲线极值处，所以将 $c(t)$ 对时间求一阶导数，并令其等于零即可求得峰值时间 t_p，即

$$\frac{dc(t)}{dt}\bigg|_{t=t_p} = \frac{1}{\sqrt{1-\xi^2}}\left[-\xi\omega_n e^{-\xi\omega_n t_p}\sin(\omega_d t_p + \varphi) + \omega_d e^{-\xi\omega_n t_p}\cos(\omega_d t_p + \varphi)\right] = 0$$

整理得

$$\tan\left(\omega_n \sqrt{1-\xi^2}\, t_p + \arctan \frac{\sqrt{1-\xi^2}}{\xi}\right) = \frac{\sqrt{1-\xi^2}}{\xi}$$

即

$$\omega_n \sqrt{1-\xi^2}\, t_p = k\pi \quad (k = 0, \pm 1, \pm 2, \pm 3, \cdots)$$

由于峰值时间 t_p 是达到最大峰值的时间，对于欠阻尼二阶系统最大峰值必然出现在第一个极值点上，所以应取 $k=1$，即

$$t_p = \frac{\pi}{\omega_n \sqrt{1-\xi^2}} = \frac{\pi}{\omega_d} \tag{3-36}$$

t_p 的大小也反映了响应速度的快慢。当 ξ 一定时，ω_n 越大，t_p 越小，反应越快；当 ω_n 一定时，ξ 越小，t_p 越小，反应也越快。这与上升时间所得结论完全一致。

3. 超调量 $\sigma_p\%$

超调量发生在 t_p 时刻，因此将 t_p 表达式代入式(3-33)可得 $c(t)$ 的最大值为

$$c(t_p) = 1 - \frac{e^{-\xi\omega_n \frac{\pi}{\omega_n \sqrt{1-\xi^2}}}}{\sqrt{1-\xi^2}}\sin\left(\pi + \arctan \frac{\sqrt{1-\xi^2}}{\xi}\right) = 1 + e^{-\frac{\xi\pi}{\sqrt{1-\xi^2}}}$$

超调量 $\sigma_p\%$ 为

$$\sigma_p\% = e^{-\frac{\xi\pi}{\sqrt{1-\xi^2}}} \times 100\% = \exp\left(\frac{-\xi\pi}{\sqrt{1-\xi^2}}\right) \times 100\% \tag{3-37}$$

可见，二阶系统超调量 $\sigma_p\%$ 只与阻尼系数 ξ 有关，ξ 越小，$\sigma_p\%$ 越大。如果要求超调量的范围为 $2.5\% \sim 25\%$，相应的阻尼系数应在 $0.4 \sim 0.8$ 之间。

4. 调节时间 t_s

调节时间 t_s 是满足式(3-33)条件的暂态响应最小时间。其中调节时间的误差带宽度 ε 通常取 5% 或 2%。因此，求取调节时间 t_s 的关系式为

$$\left| \frac{e^{-\xi\omega_n t_s}}{\sqrt{1-\xi^2}}\sin\left(\omega_n \sqrt{1-\xi^2}\, t_s + \arctan \frac{\sqrt{1-\xi^2}}{\xi}\right)\right| \leqslant \varepsilon = (0.02 \text{ 或 } 0.05) \tag{3-38}$$

t_s 可用工程近似法求得，由式（3-38）可以看出 $\left|\dfrac{e^{-\xi\omega_n t}}{\sqrt{1-\xi^2}}\sin(\omega_n\sqrt{1-\xi^2}t+\right.$

$\left.\arctan\dfrac{\sqrt{1-\xi^2}}{\xi})\right|$ 比它的包络线 $\left|\dfrac{e^{-\xi\omega_n t}}{\sqrt{1-\xi^2}}\right|$ 衰减得快，因此可用包络线近似代替式（3-38），即

$$\left|\frac{e^{-\xi\omega_n t}}{\sqrt{1-\xi^2}}\right|\leqslant\varepsilon$$

从上式得

$$e^{\xi\omega_n t_s}=\frac{1}{\varepsilon\sqrt{1-\xi^2}}$$

再对上式两边取对数，则

$$t_s=\frac{1}{\xi\omega_n}\ln\frac{1}{\varepsilon\sqrt{1-\xi^2}}=\frac{-\ln\varepsilon-\ln\sqrt{1-\xi^2}}{\xi\omega_n}\tag{3-39}$$

因为 $\xi^2<1$，而 ε 一般取 2% 或 5%，所以下列关系式成立

$$\ln100-\ln2\gg\ln\sqrt{1-\xi^2}$$
$$\ln100-\ln5\gg\ln\sqrt{1-\xi^2}$$

因此由式(3-39)得 t_s 的近似表达式为

$$t_s=\frac{\ln100-\ln2}{\xi\omega_n}\approx\frac{4}{\xi\omega_n}(\varepsilon\text{ 取 }2\%)\tag{3-40}$$

$$t_s=\frac{\ln100-\ln5}{\xi\omega_n}\approx\frac{3}{\xi\omega_n}(\varepsilon\text{ 取 }5\%)\tag{3-41}$$

5. 振荡次数 N

振荡次数是指在调节时间 t_s 内，$c(t)$ 波动的次数。根据这一定义可得振荡次数为

$$N=\frac{t_s}{t_f}\tag{3-42}$$

式中，$t_f=\dfrac{2\pi}{\omega_d}=\dfrac{2\pi}{\omega_n\sqrt{1-\xi^2}}$ 为阻尼振荡的周期时间。

3.3.4 二阶系统工程最佳参数

对式(3-39)进一步分析可知，当 ω_n 一定，ξ 从 0 增大时，t_s 先减小后增大。若 ε 取 2%，t_s 最小值出现在 $\xi=0.69$ 处；若 ε 取 5%，t_s 最小值出现在 $\xi=0.78$ 处。在某些控制系统中常常采用所谓二阶系统工程最佳参数作为设计控制系统的依据，这种系统选择参数 $\xi=0.707$，此时，$T=\dfrac{1}{2\xi\omega_n}=\dfrac{1}{\sqrt{2}\omega_n}$。将这一参数代入二阶系统标准式，得开环传递函数为

$$G(s)=\frac{1}{2Ts(Ts+1)}=\frac{K_K}{s(Ts+1)}\tag{3-43}$$

式中，$K_K=1/2T$。

闭环传递函数为

$$M(s)=\frac{1}{2T^2s^2+2Ts+1}=\frac{K_K/T}{s^2+s/T+K_K/T}$$

这一系统的单位阶跃响应动态性能指标如下：

超调量　$\sigma\% = \mathrm{e}^{\frac{-\xi\pi}{\sqrt{1-\xi^2}}} \times 100\% = 4.3\%$

上升时间　$t_r = \dfrac{\pi - \theta}{\omega_n \sqrt{1-\xi^2}} = 4.7T$

调节时间　$t_s = 8.43T$（用近似公式求得为 $8T$）（ε 取 2%）

$t_s = 4.14T$（用近似公式求得为 $6T$）（ε 取 5%）

显然,这是一种以获取调节时间 t_s 最小,而且超调量也不大,为目标设计系统的工程方法。

例 3-3　设单位负反馈控制系统的开环传递函数为

$$\frac{B(s)}{E(s)} = \frac{75K_r}{s(s+34.5)}$$

K_r 是可调的。求当 $K_r = 100$ 时的单位阶跃响应及其性能指标 t_r、$\sigma_p\%$ 及 t_s。

解　当 $K_r = 100$ 时,系统的开环传递函数为

$$\frac{B(s)}{E(s)} = \frac{7\,500}{s(s+34.5)}$$

闭环传递函数为

$$M(s) = \frac{7\,500}{s^2 + 34.5s + 7\,500}$$

闭环特征方程为

$$s^2 + 34.5s + 7\,500 = 0$$

一对共轭复根为

$$p_{1,2} = -17.25 \pm j84.86$$

相应的阻尼系数和自振频率分别为

$$\xi = \cos\varphi = \frac{\xi\omega_n}{\omega_n} = \frac{17.25}{\sqrt{17.25^2 + 84.86^2}} = 0.2$$

$$\omega_n = \frac{17.25}{0.2} = 86.25$$

由于 $\xi = 0.2$ 是欠阻尼情况,所以它的阶跃响应式(3-33)可得

$$c(t) = 1 - \frac{\mathrm{e}^{-0.2 \times 86.25t}}{\sqrt{1-0.2^2}} \sin(84.86t + \arctan\frac{\sqrt{1-0.2^2}}{0.2})$$

$$= 1 - 1.02\mathrm{e}^{-17.25t}\sin(84.86t + 78.46°)$$

利用计算性能指标的相应公式,可分别计算暂态响应性能指标为 $t_r = 0.02$ s、$\sigma_p\% = 52.66\%$、$t_s = 0.174$ s(ε 取 5%)或 $t_s = 0.232$ s(ε 取 2%)。

例 3-4　如图 3-23 所示系统,要求单位阶跃响应无超调,调节时间不大于 1 s(ε 取 5%),求开环增益 K。

解　该系统为典型二阶系统,根据题意,应选择 $\xi = 1$,系统的开环传递函数为

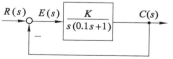

图 3-23　例 3-4 系统结构图

$$G(s) = \frac{K}{s(0.1s+1)} = \frac{\omega_n^2}{s(s+2\xi\omega_n)}$$

$$K = \frac{\omega_n}{2\xi} \quad T = 0.1 = \frac{1}{2\xi\omega_n}$$

$$\omega_n = 5 \quad K = 2.5$$

令式(3-32)　　　　　$c(t_s) = 0.95$

可求得调节时间　　　$T_s = 0.97 \text{ s}$

符合系统要求。

3.3.5 二阶系统性能的改善

对于如图 3-24 所示欠阻尼典型二阶系统,在单位阶跃信号作用下,系统将产生超调。这是因为在 $[0, t_1]$ 时间内,由于 $e(t)$ 为正,系统输出 $c(t)$ 增加,这种增加一方面使输出接近期望值,另一方面有可能使系统出现超调,要减小超调,$e(t)$ 不能过大,在 $[0, t_1]$ 时间内,给 $e(t)$ 加入一个附加的负信号,有利于减小超调;在 $[t_1, t_2]$ 时间内,系统出现超调,$e(t)$ 为负,有利于减弱 $c(t)$ 增加的趋势,若在 $[t_1, t_2]$ 时间内,给 $e(t)$ 加入一个附加的负信号,有利于减小超调;在时间 $[t_2, t_3]$ 内,$c(t)$ 已经过最大值,出现下降趋势,$e(t)$ 为负,有利于 $c(t)$ 的下降,同时有可能使 $c(t)$ 出现反向超调,在此时间段内,给 $e(t)$ 加入一个附加的正信号,有利于减小反向超调;在 $[t_3, t_4]$ 时间内,$c(t)$ 出现反向超调,$e(t)$ 为正,有利于减小 $c(t)$ 的反向超调,在此时间段内,给 $e(t)$ 加入一个附加的正信号,有利于减小反向超调。

通过以上分析,要减小超调量,可以给 $e(t)$ 加入一个附加信号,其极性要求:$[0, t_1]$ 为 "一",$[t_1, t_2]$ 为"一",$[t_2, t_3]$ 为"+",$[t_3, t_4]$ 为"+",经分析,$e(t)$ 的导数和 $-c(t)$ 的导数的极性符合要求。于是可以考虑比例-微分控制、微分负反馈控制来减小系统的超调量。

1. 比例-微分控制

比例-微分控制时系统结构图如图 3-25 所示。

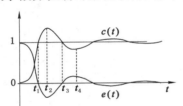

图 3-24　典型欠阻尼二阶系统单位
阶跃输出与误差曲线

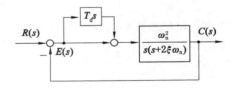

图 3-25　比例-微分二阶
系统结构图

系统的开环传递函数为

$$G(s) = \frac{\omega_n^2 (T_d s + 1)}{s(s + 2\xi\omega_n)}$$

闭环传递函数为

$$M(s) = \frac{\omega_n^2 (T_d s + 1)}{s^2 + 2(\xi + \frac{1}{2}T_d\omega_n)\omega_n s + \omega_n^2}$$

系统的阻尼比为

$$\xi_d = \xi + \frac{1}{2}T_d\omega_n \tag{3-44}$$

可见,采用比例-微分控制,增加了系统的阻尼比,使系统超调量下降,调节时间缩短,且不影响稳态值及系统的自然频率。需要注意的是,采用比例-微分控制后,系统为有零点的二阶系统,不再是典型二阶系统,性能指标计算公式为:

（1）峰值时间

$$t_p = \frac{\beta_d - \varphi}{\omega_n \sqrt{1 - \xi_d^2}}$$

（2）超调量

$$\sigma\% = r \sqrt{1 - \xi_d^2} \, e^{-\frac{\xi_d t_p}{\sqrt{1 - \xi_d^2}}} \times 100\%$$

（3）调节时间

$$t_s = \frac{3 + \frac{1}{2}\ln(z^2 - 2\xi_d\omega_n + \omega_n^2) - \ln z - \frac{1}{2}\ln(1 - \xi_d^2)}{\xi_d\omega_n}$$

其中 $z = \frac{1}{T_d}$，$\beta_d = \arctan(\sqrt{1 - \xi_d^2}/\xi_d^2)$，$\varphi = -\pi + \arctan[\omega_n \sqrt{1 - \xi_d^2}/(z - \xi_d\omega_n)] + \arctan(\sqrt{1 - \xi_d^2}/\xi_d)$，$r = \sqrt{z^2 - 2\xi_d\omega_n + \omega_n^2}/(z \sqrt{1 - \xi_d^2})$

2. 微分负反馈控制

微分负反馈控制时系统结构图如图 3-26 所示。系统的开环传递函数为

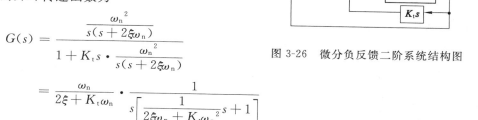

图 3-26　微分负反馈二阶系统结构图

$$G(s) = \frac{\dfrac{\omega_n^2}{s(s + 2\xi\omega_n)}}{1 + K_t s \cdot \dfrac{\omega_n^2}{s(s + 2\xi\omega_n)}}$$

$$= \frac{\omega_n}{2\xi + K_t\omega_n} \cdot \frac{1}{s\left[\dfrac{1}{2\xi\omega_n + K_t\omega_n^2}s + 1\right]}$$

闭环传递函数为

$$M(s) = \frac{\omega_n^2}{s^2 + 2(\xi + \frac{1}{2}K_t\omega_n)\omega_n s + \omega_n^2}$$

系统的阻尼比为

$$\xi_t = \xi + \frac{1}{2}K_t\omega_n \tag{3-45}$$

可见,微分负反馈控制不影响系统的自然频率,但可以增大系统的阻尼比,减小系统的超调量,另外,微分负反馈控制降低了系统的开环增益,从而加大了系统在斜坡信号作用下的稳态误差。采用微分负反馈控制后,系统仍为典型二阶系统,性能指标的计算公式同前。

3. 比例-微分与微分负反馈控制的比较

对于理想的线性控制系统,在比例-微分控制和微分负反馈方法中,可以任取一种来改善系统性能。然而,实际控制系统有许多必须考虑的因素,例如系统的具体组成、作用在系统的噪声大小及频率、系统的线性范围和饱和程度等。下面仅讨论几种主要差别:

（1）附加阻尼来源:比例微分控制的阻尼作用来源于系统输入端误差信号的速度,而微分负反馈控制的阻尼作用来源于系统输出端的响应速度,因此对于给定的开环增益和指令输入速度,后者对应较大的稳态误差值。

（2）使用环境:比例微分控制对噪声具有明显的放大作用,当系统输入端噪声严重时,一般不宜选用比例微分控制;同时微分器的输入信号为系统的误差信号,其能量水平低,需要相当大的放大作用,为了不明显恶化信噪比,要求选用高质量的放大器。微分负反馈控制输出端能量水平较高,因此对系统组成元件没有过高的质量要求,使用场合比较广泛。

（3）对开环增益和自振频率的影响：比例微分控制对系统的开环增益和自振频率均无影响，微分负反馈虽不影响自振频率，但会降低开环增益。因此，对于确定的常值稳态误差，微分负反馈控制要求有较大的开环增益，开环增益的加大，必然导致系统自然频率的增加，在系统存在高频噪声时，可能引起系统共振。

（4）对动态性能的影响：比例微分控制相当于在系统中加入实零点，可以缩短上升时间。在相同阻尼比的情况下，比例-微分控制系统的超调量会大于微分负反馈控制系统的超调量。

3.4 高阶系统的时域分析

在控制工程中，几乎所有的控制系统都是高阶系统，即用高阶微分方程描述的系统。对于不能用一、二阶系统近似的高阶系统来说，其动态性能指标的确定是比较复杂的。工程上常采用闭环主导极点的概念对高阶系统进行近似分析，从而得到高阶系统动态性能指标的估算式。

3.4.1 高阶系统的阶跃响应

对于图 3-27 所示高阶系统，其闭环传递函数为

$$M(s) = \frac{C(s)}{R(s)} = \frac{G(s)}{1 + G(s)H(s)} \qquad (3-46)$$

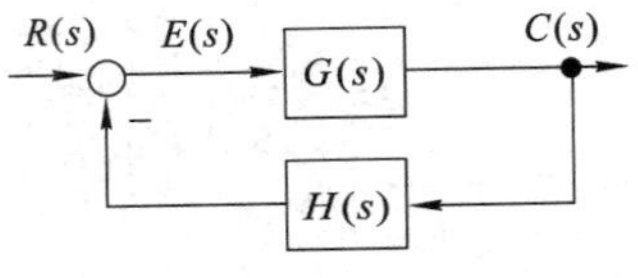

在一般情况下，$G(s)$ 和 $H(s)$ 都是 s 的多项式之比，故式（3-46）可以写为

图 3-27 高阶系统结构图

$$M(s) = \frac{N(s)}{D(s)} = \frac{b_0 s^m + b_1 s^{m-1} + \cdots + b_{m-1} s + b_m}{a_0 s^n + a_1 s^{n-1} + \cdots + a_{n-1} s + a_n}, m \leqslant n \qquad (3-47)$$

为了便于求出高阶系统的单位阶跃响应，应将式（3-47）的分子多项式和分母多项式进行因式分解。这种分解方法，可采用高次代数方程的近似求根法，也可以使用计算机的求根程序。因而，式（3-47）必定可以表示为如下因式乘积形式：

$$M(s) = \frac{C(s)}{R(s)} = \frac{N(s)}{D(s)} = \frac{K \prod_{i=1}^{m}(s - z_i)}{\prod_{j=1}^{n}(s - p_j)}$$

式中，$K = b_0/a_0$；z_i 为 $N(s) = 0$ 之根，称为闭环零点；p_j 为 $D(s) = 0$ 之根，称为闭环极点。由于 $N(s)$ 和 $D(s)$ 均为实系数多项式，故 z_i 和 p_j 只可能是实数或共轭复数。在实际控制系统中，所有的闭环极点通常都不相同，因此在输入为单位阶跃函数时，输出量的拉氏变换式可表示为

$$C(s) = \frac{K \prod_{i=1}^{m}(s - z_i)}{\prod_{j=1}^{q}(s - p_j) \prod_{k=1}^{r}(s^2 + 2\xi_k \omega_k s + \omega_k^2)} \cdot \frac{1}{s}$$

式中，$q + 2r = n$，q 为实数极点的个数；r 为共轭复数极点的对数。将上式展成部分分式，并设 $0 < \xi_k < 1$，可得

$$C(s) = \frac{A_0}{s} + \sum_{j=1}^{q} \frac{A_j}{s - p_j} + \sum_{k=1}^{r} \frac{B_k s + C_k}{s^2 + 2\xi_k \omega_k s + \omega_k^2} \qquad (3-48)$$

其中，A_0 是 $C(s)$ 在单位阶跃函数极点处的留数，其值为闭环传递函数(3-47)中的常数项比值，即

$$A_0 = \lim_{s \to 0} sC(s) = \frac{b_m}{a_n} \qquad (3\text{-}49)$$

A_j 是 $C(s)$ 在闭环实数极点 p_j 处的留数，可按下式计算：

$$A_j = \lim_{s \to p_j}(s - p_j)C(s) \quad (j = 1, 2, \cdots, q) \qquad (3\text{-}50)$$

B_k 和 C_k 是与 $C(s)$ 在闭环复数极点 $p_k = -\xi_k \omega_k \pm \mathrm{j}\omega_k \sqrt{1 - \xi_k^2}$ 处的留数有关的常系数。将式(3-48)进行拉氏反变换，并设初始条件全部为零，可得高阶系统的单位阶跃响应

$$c(t) = A_0 + \sum_{j=1}^{q} A_j \mathrm{e}^{p_j t} + \sum_{k=1}^{r} B_k \mathrm{e}^{-\xi_k \omega_k t} \cos(\omega_k \sqrt{1 - \xi_k^2})t +$$

$$\sum_{k=1}^{r} \frac{C_k - B_k \xi_k \omega_k}{\omega_k \sqrt{1 - \xi_k^2}} \mathrm{e}^{-\xi_k \omega_k t} \sin(\omega_k \sqrt{1 - \xi_k^2})t \qquad (3\text{-}51)$$

上式表明，高阶系统的时间响应，是由一阶系统和二阶系统的时间响应函数项组成的。如果高阶系统所有闭环极点都具有负实部，即所有闭环极点都位于 s 平面左侧，那么随着时间 t 的增大，式(3-51)的指数项和阻尼正弦(余弦)项趋近于零，高阶系统是稳定的，其稳态输出量为 A_0。

从分析高阶系统单位阶跃响应表达式的过程中还可以得出如下结论：

(1) 高阶系统动态响应各分量衰减的快慢，决定于指数衰减常数 p_j，$\xi_k \omega_k$。$|p_j|$ 和 $|\xi_k \omega_k|$ 越大，即系统闭环传递函数极点的实部在 s 平面左侧离虚轴越远，则相应的分量衰减越快。反之，系统闭环极点的实部绝对值越小，即在 s 平面左侧离虚轴越近，则相应的分量衰减越慢。

(2) 高阶系统动态响应各分量的系数不仅和极点在 s 平面中的位置有关，并且与零点的位置有关。

如果某极点 p_j 的位置距离原点很远，那么相应项的系数 A_j 很小。所以离原点很远的极点的暂态分量，幅值小，衰减快，对系统的动态响应影响很小。

如果某极点 p_j 靠近一个闭环零点，远离原点及其他极点，则相应项的系数 A_j 比较小，该暂态分量的影响也就越小。如果极点和零点靠得很近，则该极点对动态响应几乎没有影响。

如果某极点 p_j 远离闭环零点，但与原点相距较近，则相应的系数 A_j 比较大。因此离原点很近并且附近没有闭环零点的极点，其暂态分量项不仅幅值大，而且衰减慢，对系统动态响应的影响很大。

例 3-5　设三阶系统闭环传递函数为

$$M(s) = \frac{5(s^2 + 5s + 6)}{s^3 + 6s^2 + 10s + 8}$$

试确定其单位阶跃响应。

解　将已知的 $M(s)$ 进行因式分解，可得

$$M(s) = \frac{5(s + 2)(s + 3)}{(s + 4)(s^2 + 2s + 2)}$$

由于 $R(s) = 1/s$，所以

$$C(s) = \frac{5(s + 2)(s + 3)}{s(s + 4)(s + 1 + \mathrm{j})(s + 1 - \mathrm{j})}$$

其部分分式为

$$C(s) = \frac{A_0}{s} + \frac{A_1}{s+4} + \frac{A_2}{s+1+j} + \frac{\bar{A_2}}{s+1-j}$$

式中 A_2 与 $\bar{A_2}$ 共轭。

由式(3-50)和(3-51)可以算出

$$A_0 = \frac{15}{4}, A_1 = -\frac{1}{4}$$

$$A_2 = \frac{1}{4}(-7+j), \bar{A_2} = \frac{1}{4}(-7-j)$$

于是得单位阶跃响应为:

$$c(t) = \frac{1}{4}\left[15 - e^{-4t} - 10\sqrt{2}\,e^{-t}\cos(t+352°)\right]$$

3.4.2 闭环主导极点和偶极子

在工程应用中,实际系统往往是一个高阶系统,而对高阶系统的分析和研究一般是比较复杂的。这就要应用闭环主导极点的概念,并利用这个概念对高阶系统进行近似分析。

所谓主导极点是指在系统所有的闭环极点中,距离虚轴最近且周围无闭环零点的极点,而其余极点又远离虚轴,那么距虚轴最近的极点所对应的暂态分量在系统响应中起主导作用,这样的闭环极点称为主导极点。闭环主导极点可以是实数极点,也可以是复数极点,或是它们的组合。除闭环主导极点外,其他闭环极点由于其对应的响应分量随时间的推移而迅速衰减,对系统的时间响应过程影响甚微,因而统称为非主导极点。

此外,如果存在一对闭环零、极点,该闭环零、极点之间的距离比它们本身的模值小一个数量级,则这一对闭环零、极点就构成了一对偶极子。偶极子对系统的时间响应过程影响甚微,在分析高阶系统的性能时,可以忽略偶极子的影响。

例 3-6 已知某系统的闭环传递函数为

$$M(s) = \frac{C(s)}{R(s)} = \frac{1.05(0.476\ 2s+1)}{(0.125s+1)(0.5s+1)(s^2+s+1)}$$

试结合主导极点的概念分析该四阶系统的动态性能。

解 改写系统的闭环传递函数,可得

$$M(s) = \frac{C(s)}{R(s)} = \frac{8(s+2.1)}{(s+8)(s+2)(s^2+s+1)}$$

该四阶系统的零、极点分布如图 3-28 所示。

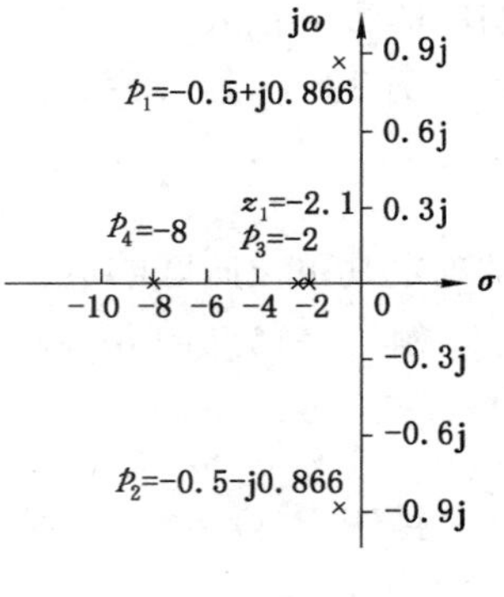

由图 3-28 并根据主导极点概念,可知该高阶系统具有一对共轭复数主导极点 $p_{1,2} = -0.5 \pm j0.866$,且非主导极点 $p_3 = -2, p_4 = -8$ 实部的模是主导极点实部模的 3 倍以上,闭环零点 $z = -2.1$ 不在主导极点附近,因此可将该四阶系统近似成二阶系统

$$M(s) \approx \frac{1.05}{s^2+s+1}$$

来进行设计。

通过 MATLAB 仿真软件,可绘制出原四阶系统和近似二

图 3-28 零极点分布图

阶系统的单位阶跃响应曲线如图 3-29 所示,原四阶系统和近似二阶系统的单位阶跃响应曲线分别用实线和虚线表示。四阶系统动态性能如表 3-3 中第二行所示,近似二阶系统的动态性能如表 3-3 中第六行所示,基于一对共轭复数主导极点求取的高阶系统单位阶跃响应与近似欠阻尼二阶系统的单位阶跃响应是不完全相同的,但非常接近。

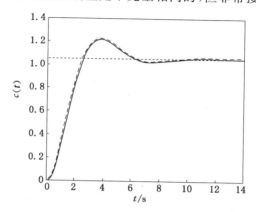

图 3-29　高阶系统单位阶跃响应(MATLAB)

　　事实上,高阶系统毕竟不是二阶系统,因而在用二阶系统性能进行近似时,还需要考虑其他非主导闭环极点对系统动态性能的影响。下面再结合例 3-6 对此加以讨论说明。

　　(1)闭环零点影响。改变例 3-6 系统的闭环传递函数,使其没有闭环零点,则仿真得系统的动态性能如表 3-3 中第一行所示。若例 3-6 系统的闭环零点为 $z = -1$,则仿真得系统的动态性能如表 3-3 中第三行所示。比较表 3-3 中第一、第二和第三行的动态性能,基本可以看出闭环零点对系统动态性能的影响为:减小峰值时间,使系统响应速度加快,超调量 $\sigma\%$ 增大。这表明闭环零点会减小系统阻尼,并且这种作用将随闭环零点接近虚轴而加剧。因此,配置闭环零点时,要折中考虑闭环零点对系统响应速度和阻尼程度的影响。

表 3-3　高阶系统动态性能分析比较

系统编号	系统闭环传递函数	上升时间 t_r/s	峰值时间 t_p/s	超调量 $\sigma\%$	调节时间 $t_s/s(\varepsilon=2\%)$
1	$\dfrac{1.05}{(0.125s+1)(0.5s+1)(s^2+s+1)}$	1.89	4.42	13.8%	8.51
2	$\dfrac{1.05(0.476\,2s+1)}{(0.125s+1)(0.5s+1)(s^2+s+1)}$	1.68	3.75	15.9%	8.20
3	$\dfrac{1.05(s+1)}{(0.125s+1)(0.5s+1)(s^2+s+1)}$	1.26	3.20	25.3%	8.10
4	$\dfrac{1.05(0.4762s+1)}{(0.25s+1)(0.5s+1)(s^2+s+1)}$	1.73	4.09	15.0%	8.36
5	$\dfrac{1.05(0.4762s+1)}{(0.5s+1)(s^2+s+1)}$	1.66	3.64	16.0%	8.08
6	$\dfrac{1.05}{s^2+s+1}$	1.64	3.64	16.3%	8.08

　　(2)闭环非主导极点影响。改变例 3-6 系统的非主导闭环极点 s_4,令 $s_4 = -4$,仿真得系

统的动态性能如表 3-3 中第四行所示。若改变例 3-6 中系统的闭环传递函数,使其没有非主导闭环极点 s_4,则仿真得此时系统的动态性能如表 3-3 中第五行所示。比较表中第四和第五行的动态性能,基本可以看出非主导极点对系统动态性能的影响为:增大峰值时间,使系统响应速度变缓,但可以使超调量 $\sigma\%$ 减小。这表明闭环非主导极点可以增大系统阻尼,且这种作用将随闭环极点接近虚轴而加剧。

(3) 比较表 3-3 中第五和第六行的动态性能可知,若闭环零、极点彼此接近,则它们对系统响应速度的影响会相互削弱。

在设计高阶系统时,我们常常利用主导极点的概念来选择系统参数,使系统具有一对复数共轭主导极点,并利用 MATLAB 软件对系统进行动态性能的初步分析。关于闭环零、极点位置对系统动态性能的影响以及利用主导极点概念设计高阶系统等问题,在本书第 4 章将进一步论述。

3.4.3 高阶系统动态性能估算

运用闭环主导极点和偶极子的概念,可对高阶系统动态性能做出估算。设高阶系统具有一对共轭复数主导极点 $p_{1,2}$,而非主导极点实部的模比主导极点实部的模大 3 倍以上,则其单位阶跃响应近似为:

$$c(t) = 1 + 2\left|\frac{N(p_1)}{p_1\dot{D}(p_1)}\right|e^{-\sigma t}\cos\left[\omega_d t + \angle\frac{N(p_1)}{p_1\dot{D}(p_1)}\right] \qquad (3\text{-}52)$$

根据上式,可以估算系统的动态性能指标。

1. 峰值时间

$$t_p = \frac{1}{\omega_d}\left[\pi - \sum_{i=1}^{m}\angle(p_1 - z_i) + \sum_{j=3}^{n}\angle(p_1 - p_j)\right] \qquad (3\text{-}53)$$

由上式可以得出如下结论:

(1) 闭环零点能减小峰值时间,使系统响应速度加快,并且闭环零点越接近虚轴,这种作用便越显著;

(2) 闭环非主导极点能增大峰值时间,使系统响应速度变慢;

(3) 若闭环零、极点彼此接近,则它们对系统响应速度的影响相互削弱。

2. 超调量

$$\sigma_p\% = PQe^{-\sigma_p} \times 100\% \qquad (3\text{-}54)$$

其中,$P = \dfrac{\displaystyle\prod_{i=3}^{n}|p_i|}{\displaystyle\prod_{i=3}^{n}|p_1 - p_i|}$, $Q = \dfrac{\displaystyle\prod_{i=1}^{m}|p_1 - z_i|}{\displaystyle\prod_{i=1}^{m}|z_i|}$ 。

由上式可以得出如下结论:

(1) 若闭环零点距虚轴较近,将使超调量增大,表明闭环零点会减小系统阻尼;

(2) 若闭环非主导极点距虚轴较近,将使超调量减小,表明闭环非主导极点可以增大系统阻尼。

3. 调节时间

根据定义,利用方程(3-54)可得到调节时间 t_s 为

$$\begin{cases} t_{\mathrm{s}} \approx \dfrac{3}{\xi\omega_{\mathrm{n}}} = \dfrac{3}{\sigma} & (\varepsilon\ 取\ 5\%) \\[3mm] t_{\mathrm{s}} \approx \dfrac{4}{\xi\omega_{\mathrm{n}}} = \dfrac{4}{\sigma} & (\varepsilon\ 取\ 2\%) \end{cases} \tag{3-55}$$

由上式可以得出如下结论：

（1）若闭环零点距虚轴较近，将使调节时间增大。因此，闭环零点对系统动态性能总的影响是减小峰值时间，增大系统的超调量和调节时间，这种作用将随闭环零点接近虚轴而加剧。

（2）若闭环非主导极点距虚轴较近，将使调节时间减小。因此，闭环非主导极点对系统动态性能总的影响是增大峰值时间，减小系统的超调量和调节时间。

3.5　线性系统的稳定性分析

3.5.1　系统稳定性的基本概念

稳定性是控制系统的重要性能，也是系统能够正常工作的首要条件。控制系统在实际工作过程中，总会受到各种各样的扰动，如果线性系统受到扰动时，偏离了平衡状态，而当扰动消失后，线性系统仍能逐渐恢复到原平衡状态，则线性系统是稳定的，如果系统不能恢复或越偏越远，则线性系统是不稳定的，如图 3-30 所示。

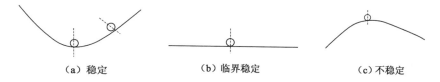

（a）稳定　　　　　　　　（b）临界稳定　　　　　　　　（c）不稳定

图 3-30　稳定性示意图

稳定性是扰动消失后系统自身的一种恢复能力，是线性系统的一种固有特性。这种固有的稳定性只取决于线性系统的结构和参数，与系统的输入以及初始状态无关。分析线性系统的稳定性，给出保证系统特别是高阶系统稳定的条件，是控制系统设计的基本任务之一。

线性系统稳定性的定义：若线性系统在初始扰动的影响下，其动态过程随时间推移逐渐衰减并趋于零，则称系统渐近稳定，简称稳定；反之，若在初始扰动的影响下，其动态过程随时间推移而发散，则称系统不稳定。

3.5.2　线性系统稳定的数学条件

设线性系统在初始条件为零时，输入一个理想单位脉冲 $\delta(t)$，这时系统的输出响应为脉冲响应 $c(t)$。这相当于系统在扰动信号作用下，输出信号偏离原平衡工作点的问题。若 $t \to \infty$ 时，$c(t) \to 0$，则系统是稳定的。

设线性定常系统的传递函数为

$$M(s) = \frac{K \displaystyle\prod_{i=1}^{m}(s - z_i)}{\displaystyle\prod_{j=1}^{q}(s - p_j)\prod_{k=1}^{r}(s^2 + 2\xi_k\omega_k s + \omega_k{}^2)}$$

当输入为单位脉冲信号时

$$r(t) = \delta(t), \quad R(s) = 1$$

$$c(t) = \sum_{j=1}^{q} A_j e^{p_j t} + \sum_{k=1}^{r} B_k e^{-\xi_k \omega_k t} \cos(\omega_k \sqrt{1-\xi_k^2}\ t) + \sum_{k=1}^{r} \frac{C_k - B_k \xi_k \omega_k}{\omega_k \sqrt{1-\xi_k^2}} e^{-\xi_k \omega_k t} \sin(\omega_k \sqrt{1-\xi_k^2}\ t)$$

(3-56)

上式表明,若系统的特征根中有一个或一个以上正实部根,则 $t \to \infty$ 时, $c(t) \to \infty$,系统是不稳定的;系统特征根全部具有负实部,才有 $t \to \infty$ 时, $c(t) \to 0$,系统是稳定的。若系统特征根中有一个或一个以上零实部根,而其余的特征根均具有负实部,则 $t \to \infty$ 时, $c(t)$ 趋于常数或趋于等幅正弦振荡,系统是临界稳定的,属于不稳定系统。

由此可见,线性系统稳定的充分必要条件是:闭环系统特征方程的所有根均具有负实部;或者说,闭环传递函数的极点均应严格位于 s 平面左侧。

3.5.3 线性系统稳定判据

1. 劳斯稳定判据

设线性系统的特征方程为

$$D(s) = a_0 s^n + a_1 s^{n-1} + \cdots + a_{n-1} s + a_n = 0 \quad (a_0 > 0)$$

根据特征方程式的系数,可建立劳斯阵列如下

s^n	a_0	a_2	a_4	a_6 $\cdots$
s^{n-1}	a_1	a_3	a_5	a_7 $\cdots$
s^{n-2}	$b_1 = \dfrac{a_1 a_2 - a_0 a_3}{a_1}$	$b_2 = \dfrac{a_1 a_4 - a_0 a_5}{a_1}$	$b_3 = \dfrac{a_1 a_6 - a_0 a_7}{a_1}$	$\cdots$
s^{n-3}	$c_1 = \dfrac{b_1 a_3 - a_1 b_2}{b_1}$	$c_2 = \dfrac{b_1 a_5 - a_1 b_3}{b_1}$	$\cdots$	
$\vdots$	$\vdots$	$\vdots$		
s^2	p_1	p_2		
s^1	q_1	0		
s^0	r_1			

线性系统稳定的充分必要条件是:劳斯阵列中第一列系数全部为正。劳斯判据指出,若劳斯阵列中第一列系数全部为正,则所有闭环极点均位于 s 平面左侧;若劳斯阵列第一列系数有负数,则系统是不稳定的,说明有闭环极点位于 s 平面右侧,位于 s 平面右侧的闭环极点数正好等于劳斯阵列第一列系数符号改变的次数。

例 3-7 设线性系统特征方程式为

$$D(s) = s^4 + 2s^3 + 3s^2 + 4s + 5 = 0$$

试判断系统的稳定性。

解 建立劳斯阵列

s^4	1	3	5
s^3	2	4	0
s^2	1	5	
s^1	-6	0	
s^0	5		

劳斯阵列中第一列系数符号改变两次,系统是不稳定的。

2. 劳斯判据中的特殊情况

（1）劳斯阵列第一列出现系数为零

例 3-8　设线性系统特征方程式为

$$D(s) = s^4 + 2s^3 + 2s^2 + 4s + 5 = 0$$

试判断系统的稳定性。

解　建立劳斯阵列

s^4　1　2　5
s^3　2　4　0
s^2　0　5
s^1
s^0

若劳斯阵列某行第一列系数为零，则劳斯阵列无法计算下去，可以用无穷小的正数 ε 代替 0，接着进行计算，劳斯判据结论不变。

s^4　　1　　2　5
s^3　　2　　4　0
s^2　　ε　　5
s^1　$\dfrac{4\varepsilon - 10}{\varepsilon}$
s^0　　5

由于劳斯阵列中第一列系数有变号，系统是不稳定的。

（2）劳斯阵列中出现某行系数全为零

例 3-9　设线性系统特征方程式为

$$D(s) = s^6 + 2s^5 + 8s^4 + 12s^3 + 20s^2 + 16s + 16 = 0$$

试判断系统的稳定性。

解　建立劳斯阵列

s^6　1　8　20　16
s^5　2　12　16　0
s^4　2　12　16
s^3　0　0
s^2

劳斯阵列中出现某行系数全为零，这是因为在系统的特征方程中出现了对称于原点的根（如大小相等，符号相反的实数根；一对共轭纯虚根；对称于原点的两对共轭复数根），此时可由全零行上一行的系数构造一个辅助方程式 $F(s) = 0$ 来求这些根。同时用辅助多项式 $F(s)$ 对 s 求导一次后所得的多项式系数来代替全零行，继续计算劳斯阵列。

需要指出的是，一旦劳斯阵列中出现某行系数全为零，则系统的特征方程中出现了对称于原点的根，系统必是不稳定的。劳斯阵列中第一列系数符号改变的次数等于系统特征方程式的根中位于 s 平面右侧的根的数目。对于本例

$$s^6 \quad 1 \quad 8 \quad 20 \quad 16 \quad \rightarrow F(s) = 2s^4 + 12s^2 + 16$$
$$s^5 \quad 2 \quad 12 \quad 16 \quad 0 \quad \downarrow$$
$$s^4 \quad 2 \quad 12 \quad 16 \qquad F'(s) = 8s^3 + 24s$$

$$s^3 \quad 8 \quad 24$$
$$s^2 \quad 6 \quad 16$$
$$s^1 \quad \frac{16}{6}$$
$$s^0 \quad 16$$

结论：系统是不稳定的。由辅助方程式可以求得系统对称于原点的根

$$s^4 + 6s^2 + 8 = 0$$
$$(s^2 + 2)(s^2 + 4) = 0$$
$$s_{1,2} = \pm j\sqrt{2} \quad s_{3,4} = \pm j2$$

利用长除法，可以求出特征方程其余的根 $s_{5,6} = -1 \pm j1$。

根据行列式计算的规则，可知在劳斯阵列的计算过程中，允许某行各系数同时乘以一个正数，而不影响稳定性结论。

例 3-10　设线性系统特征方程式为

$$D(s) = s^6 + s^5 - 2s^4 - 3s^3 - 7s^2 - 4s - 4 = 0$$

试判断系统的稳定性。

解　建立劳斯阵列：

$$s^6 \quad 1 \quad -2 \quad -7 \quad -4$$
$$s^5 \quad 1 \quad -3 \quad -4 \quad 0$$
$$s^4 \quad 1 \quad -3 \quad -4 \qquad \rightarrow F(s) = s^4 - 3s^2 - 4$$
$$\qquad\qquad\qquad\qquad\qquad\qquad\quad \downarrow$$
$$s^3 \quad\quad 4 \quad\quad -6 \qquad\qquad F'(s) = 4s^3 - 6s$$
$$s^2 \quad -6 \quad -16$$
$$s^1 \quad -100$$
$$s^0 \quad -16$$

系统是不稳定的。特征方程共有 6 个根：$s_{1,2} = \pm 2, s_{3,4} = \pm j, s_{5,6} = \dfrac{-1 \pm j\sqrt{3}}{2}$。

例 3-11　设单位负反馈系统，开环传递函数为

$$G(s) = \frac{K}{s(0.05s^2 + 0.4s + 1)}$$

试确定系统稳定时 K 的取值范围。

解　系统的特征方程式为

$$0.05s^3 + 0.4s^2 + s + K = 0$$

建立劳斯阵列：

s^3	0.05	1
s^2	0.4	K
s^1	$\dfrac{0.4-0.05K}{0.4}$	
s^0	K	

系统稳定时,要求 $0 < K < 8$。

3.5.4　相对稳定性和稳定裕度

应用劳斯判据只能给出系统是否稳定,即只解决了绝对稳定性的问题。在处理实际问题时,只判断系统是否稳定是不够的。因为,对于实际的系统,如果一个负实部的特征根紧邻虚轴,尽管满足了稳定条件,但其暂态过程具有过大的超调量和过于缓慢的响应,甚至由于系统内部参数的微小变化,就使其特征根转移到 s 平面右侧,导致系统不稳定。考虑这些因素,往往希望知道系统距离稳定边界有多少裕量,这就是相对稳定性或者稳定裕量的问题。

我们可以用闭环特征方程式每一对复数根的阻尼比的大小来定义相对稳定性,这时以响应速度和超调量来代表相对稳定性;也可以用每个根的负实部来定义相对稳定性,这时以每个根的相对调节时间来代表相对稳定性。在 s 平面中,用根的负实部的位置来表示相对稳定性是很方便的。例如,要检查系统是否具有 a 的稳定裕度(见图 3-31),相当于把纵坐标轴向左位移距离 a,然后判断系统是否仍然稳定。这就是说,以 $s=s_1-a$ 代入系统特征方程式,写出关于 s_1 的多项式,然后用代数判据判定 s_1 的多项式的根是否都在新的虚轴的左侧。

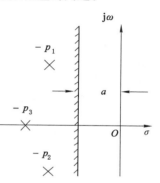

图 3-31　相对稳定性

在系统的特征方程 $D(s)=0$ 中,令 $s=s_1-a$,得到 $D(s_1)=0$,利用稳定判据,若 $D(s_1)=0$ 的所有解都在 s_1 平面左侧,则原系统的特征根在 $s=-a$ 左侧,就认为系统具有稳定裕度 a。

例 3-12　设单位负反馈系统,开环传递函数为

$$G(s) = \frac{K}{s(0.05s^2 + 0.4s + 1)}$$

若要求闭环极点在 $s=-1$ 左边,试确定 K 的取值范围。

解　系统的特征方程式为

$$0.05s^3 + 0.4s^2 + s + K = 0$$

令 $s=s_1-1$

$$0.05(s_1-1)^3 + 0.4(s_1-1)^2 + s_1 - 1 + K = 0$$

$$0.05s_1^3 + 0.25s_1^2 + 0.35s_1 + K - 0.65 = 0$$

s_1^3	0.05	0.35
s_1^2	0.25	$K-0.65$
s_1^1	$0.35-\dfrac{K-0.65}{5}$	
s_1^0	$K-0.65$	

系统满足要求时,要求 $0.65 < K < 2.4$。

3.6 线性系统的稳态误差

前面所讨论的动态性能和稳定性是线性控制系统的重要特性,而控制系统的另一个重要特性是和系统的误差有关的。控制系统输入量的改变不可避免地会引起动态响应过程中的误差,并且还会引起系统产生稳态误差。这一误差与许多因素有关,如传动机构的静摩擦、间隙,放大器的零点漂移、电子元件的老化等都会使系统产生误差。

稳态性能指标是表征系统控制精度的性能指标,通常用稳态下输出量的期望值与实际值之间的差衡量。一个符合工程要求的系统,其稳态误差必须控制在允许的范围之内。例如工业加热炉的炉温误差若超过其允许的限度,就会影响加工产品的质量。火炮跟踪的误差超过允许限度就不能用于战斗等,这些都说明了稳态误差是系统质量的一个重要性能指标。

讨论稳态误差的前提是系统必须稳定,一个不稳定的系统是不存在稳态误差的。对于稳定的控制系统,它的稳态性能一般是根据阶跃、斜坡或加速度输入所引起的稳态误差来判断的。在本节中,所研究的稳态误差是指由于系统不能很好跟踪特定形式的输入而引起的稳态误差。

3.6.1 误差与稳态误差的定义

1. 给定作用下的误差

如图 3-32 所示的一般控制系统,其误差的定义通常有两种方式。通常将产生控制作用的控制信号与反馈信号之差

$$e(t) = r(t) - b(t)$$
$$E(s) = R(s) - B(s) \tag{3-57}$$

称为系统的作用误差。而将输出响应的期望值和实际值之差

$$\varepsilon(s) = C_r(s) - C(s) \tag{3-58}$$

称为系统误差。

实际上式(3-57)与式(3-58)是误差的两种定义方法,前者是从输入端定义的,在实际物理系统中,它可以测量,便于实施控制;后者是由输出端定义的,在实际物理系统中有时不能测量,因而一般只具有数学意义,其物理实现往往是借助前者完成的。

对于单位负反馈系统,两种定义方法是一致的。在系统分析和设计中,一般采用按输入端定义误差。

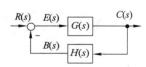

图 3-32 一般线性系统结构图

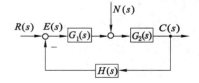

图 3-33 含有扰动作用的系统结构图

2. 扰动作用下的误差

对于图 3-33 所示系统,设 $r(t) = 0$,系统在扰动信号作用下的理想输出应为 0,若按输

入端定义扰动作用下的误差

$$E_n(s) = -\frac{G_2(s)H(s)}{1 + G_1(s)G_2(s)H(s)}N(s)$$

若按输出端定义误差

$$E_n(s) = 0 - C(s)$$

$$= -\frac{G_2(s)}{1 + G_1(s)G_2(s)H(s)}N(s) \tag{3-59}$$

3. 稳态误差

稳态误差是指误差信号的稳态值，即

$$e_{ss}(\infty) = \lim_{t \to \infty} e(t) \tag{3-60}$$

3.6.2　稳态误差计算的一般方法

1. 终值定理法

如果有理函数 $sE(s)$ 在 s 右半平面及虚轴上解析，即 $sE(s)$ 的极点均位于 s 左半平面（包括坐标原点），则可根据拉氏变换的终值定理，由式(3-61)方便地求出系统的稳态误差

$$e_{ss}(\infty) = \lim_{s \to 0} sE(s) = \lim_{s \to 0} \frac{sR(s)}{1 + G(s)H(s)} \tag{3-61}$$

由于上式算出的稳态误差是误差信号稳态分量 $e_{ss}(t)$ 在 t 趋于无穷时的数值，所以也称之为终值误差，它不能反映 $e_{ss}(t)$ 随时间 t 的变化规律，具有一定的局限性。

2. 定义法

若 $sE(s)$ 不满足终值定理的条件，可根据稳态误差定义式(3-60)求解。

例 3-13　设单位负反馈系统的开环传递函数为：$G(s) = \dfrac{1}{Ts}(T > 0)$，求 $r(t) = 1(t)$，$r(t) = t, r(t) = \dfrac{t^2}{2}, r(t) = \sin \omega t$ 时系统的稳态误差。

解　误差传递函数为

$$M_e(s) = \frac{1}{1 + G(s)} = \frac{Ts}{Ts + 1}$$

系统是稳定的。

当 $r(t) = 1(t)$，　$R(s) = \dfrac{1}{s}$ 时，满足终值定理的条件，可以通过终值定理求解稳态误差

$$e_{ss} = \lim_{s \to 0} sE(s) = \lim_{s \to 0} s \cdot \frac{Ts}{Ts + 1} \cdot \frac{1}{s} = 0$$

当 $r(t) = t$，　$R(s) = \dfrac{1}{s^2}$ 时，满足终值定理的条件，可以通过终值定理求解稳态误差

$$e_{ss} = \lim_{s \to 0} sE(s) = \lim_{s \to 0} s \cdot \frac{Ts}{Ts + 1} \cdot \frac{1}{s^2} = T$$

当 $r(t) = \dfrac{1}{2}t^2$，　$R(s) = \dfrac{1}{s^3}$ 时，满足终值定理的条件，可以通过终值定理求解稳态误差

$$e_{ss} = \lim_{s \to 0} sE(s) = \lim_{s \to 0} s \cdot \frac{Ts}{Ts + 1} \cdot \frac{1}{s^3} = \infty$$

当 $r(t) = \sin \omega t, R(s) = \omega/(s^2 + \omega^2)$ 时,由于

$$E(s) = \frac{\omega s}{(s + 1/T)(s^2 + \omega^2)} = -\frac{T\omega}{(T^2\omega^2 + 1)} \cdot \frac{1}{(s + 1/T)}$$

$$+ \frac{T\omega}{(T^2\omega^2 + 1)} \cdot \frac{s}{(s^2 + \omega^2)} + \frac{T^2\omega^3}{(T^2\omega^2 + 1)} \cdot \frac{1}{(s^2 + \omega^2)}$$

所以得

$$e_{ss}(t) = \frac{T\omega}{T^2\omega^2 + 1}\cos \omega t + \frac{T^2\omega^2}{T^2\omega^2 + 1}\sin \omega t$$

显然,$e_{ss}(\infty) \neq 0$。由于正弦函数的拉氏变换式在虚轴上不解析,所以此时不能应用终值定理法来计算系统在正弦函数作用下的稳态误差,否则会得出

$$e_{ss}(\infty) = \lim_{s \to 0} sE(s) = \lim_{s \to 0} \frac{\omega s^2}{(s + 1/T)(s^2 + \omega^2)} = 0$$

的错误结论。

应当指出,对于高阶系统,除了应用 MATLAB 软件,误差信号 $E(s)$ 的极点一般不易求得,故用反变换求稳态误差的方法并不实用。在实际使用过程中,只要验证 $sE(s)$ 满足要求的解析条件,无论是单位反馈系统还是非单位反馈系统,都可以用式(3-61)计算系统在输入信号作用下位于输入端的稳态误差 $e_{ss}(\infty)$。

3. 动态误差系数法

利用泰勒级数对误差传递函数在 $s = 0$ 的邻域内展开,可得

$$M_e(s) = \frac{1}{1 + G(s)H(s)} = M_e(0) + \dot{M}_e(0)s + \frac{1}{2!}\ddot{M}_e(0)s^2 + \cdots$$

则

$$E(s) = M_e(s)R(s) = M_e(0)R(s) + \dot{M}_e(0)sR(s) + \frac{1}{2!}\ddot{M}_e(0)s^2R(s) + \cdots$$

$$= c_0 R(s) + c_1 sR(s) + c_2 s^2 R(s) + \cdots$$

该级数收敛于 $s \to 0$ 的邻域,相当于 $t \to \infty$ 时成立。或者说,在 $t \to \infty$ 时有

$$e_{ss}(t) = c_0 r(t) + c_1 \dot{r}(t) + c_2 \ddot{r}(t) + \cdots \tag{3-62}$$

上式即为稳态误差的计算公式,需要注意,上式中的输入信号,是指 $t \to \infty$ 时的表达式,在输入信号中,那些随时间增长而趋于 0 的分量应予以舍去。

定义 c_0 为动态位置误差系数,c_1 为动态速度误差系数,c_2 为动态加速度误差系数,可以用下式计算

$$c_i = \frac{1}{i!}M_e^{(i)}(0) \tag{3-63}$$

实际计算时,常采用长除法计算,即令

$$M_e(s) = \frac{b_0 + b_1 s + b_2 s^2 + \cdots + b_m s^m}{a_0 + a_1 s + a_2 s^2 + \cdots + a_{n-1}s^{n-1} + s^n} = c_0 + c_1 s + c_2 s^2 + \cdots$$

例 3-14 设单位负反馈系统的开环传递函数 $G(s) = \dfrac{100}{s(0.1s + 1)}$,求 $r(t) = t, r(t) = t^2$, 时系统的稳态误差。

解 误差传递函数为

$$M_e(s) = \frac{1}{1 + G(s)} = \frac{s(0.1s + 1)}{0.1s^2 + s + 100} = 0 + 10^{-2}s + 9 \times 10^{-4}s^2 - 1.9 \times 10^{-5}s^3 + \cdots$$

可求得系统的稳态误差为：

$$e_{ss}(t) = 10^{-2}\dot{r}(t) + 9 \times 10^{-4}\ddot{r}(t) - 1.9 \times 10^{-5}\dddot{r}(t) + \cdots$$

当 $r(t) = t$ 时，$\dot{r}(t) = 1, \ddot{r}(t) = 0, \dddot{r}(t) = 0$，则 $e_{ss}(t) = 10^{-2}$

当 $r(t) = t^2$ 时，$\dot{r}(t) = 2t, \ddot{r}(t) = 2, \dddot{r}(t) = 0$，则

$$e_{ss}(t) = 2 \times 10^{-2}t + 1.8 \times 10^{-3}$$

例 3-15　对于图 3-34 所示系统（T、K_1、K_2 均大于 0），试求 $r(t) = t, n(t) = 1(t)$ 时系统的稳态误差。

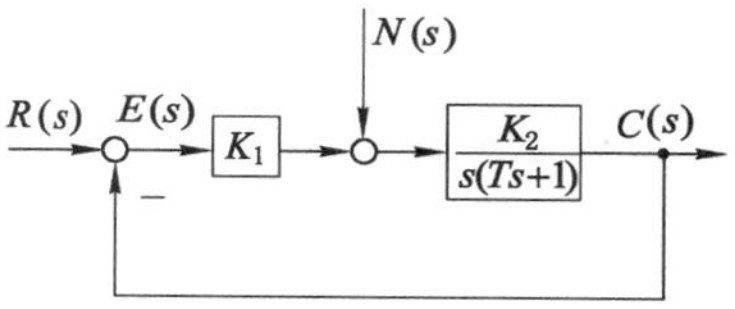

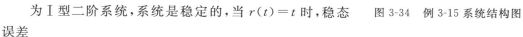

解　系统的开环传递函数为

$$G(s) = \frac{K_1 K_2}{s(Ts + 1)}$$

为 Ⅰ 型二阶系统，系统是稳定的，当 $r(t) = t$ 时，稳态误差

图 3-34　例 3-15 系统结构图

$$e_{ss1} = \frac{1}{K_\nu} = \frac{1}{K_1 K_2}$$

在扰动信号作用下的误差表达式为

$$E_n(s) = -\frac{\dfrac{K_2}{s(Ts+1)}}{1 + K_1\dfrac{K_2}{s(Ts+1)}} \cdot N(s) = -\frac{K_2}{s(Ts+1) + K_1 K_2} \cdot N(s)$$

$n(t) = 1(t)$ 时，稳态误差为

$$e_{ss2} = \lim_{s \to 0} sE_n(s) = -\frac{1}{K_1}$$

系统总的稳态误差为

$$e_{ss} = e_{ss1} + e_{ss2} = \frac{1}{K_1 K_2} - \frac{1}{K_1}$$

3.6.3　系统类型与稳态误差

实际的控制系统，对于某些类型的输入往往是允许稳态误差存在的。一个系统对于阶跃输入可能没有稳态误差，但对于斜坡输入却可能出现一定的稳态误差，而能够消除这个误差的方法是改变系统的参数和结构。对于某一类型的系统，是否会产生稳态误差，取决于系统的开环传递函数的形式。这就是下面要研究的问题。

设控制系统的开环传递函数为

$$G(s)H(s) = \frac{K\displaystyle\prod_{i=1}^{m}(\tau_i s + 1)}{s^\nu\displaystyle\prod_{j=1}^{n-\nu}(T_j s + 1)}$$

其中，K 称为系统的开环增益；$\nu = 0$，称为 0 型系统，$\nu = 1$，称为Ⅰ型系统，$\nu = 2$，称为Ⅱ型系统。由于Ⅱ型以上的系统实际上很难稳定，所以Ⅱ型以上的系统在控制工程中一般不太使用。

注意，这种分类方法与按系统的阶次来分类不同，当增加类型的数值时，系统的稳态精度提高，但稳定性变差。

下面，基于系统的类型，研究在各种典型输入信号作用下系统稳态误差的计算。

1. 单位阶跃信号作用下系统的稳态误差

对于稳定的系统,可用终值定理求解

$$E(s) = \frac{1}{1 + G(s)H(s)} R(s)$$

$$e_{ss} = \lim_{s \to 0} sE(s) = \lim_{s \to 0} s \cdot \frac{1}{1 + G(s)H(s)} R(s)$$

$$= \lim_{s \to 0} s \cdot \frac{1}{1 + G(s)H(s)} \frac{1}{s} = \frac{1}{1 + \lim_{s \to 0} G(s)H(s)}$$

定义系统静态位置误差系数

$$K_p = \lim_{s \to 0} G(s)H(s) \tag{3-64}$$

有 $K_p = \begin{cases} K & \nu = 0 \\ \infty & \nu \geqslant 1 \end{cases}$,系统的稳态误差为

$$e_{ss} = \frac{1}{1 + K_p} = \begin{cases} \dfrac{1}{1 + K} & \nu = 0 \\ 0 & \nu \geqslant 1 \end{cases} \tag{3-65}$$

上述结论表明,如果系统开环传递函数中没有积分环节,那么它对单位阶跃信号输入的响应包含稳态误差,其大小与系统的开环增益 K 近似地成反比。如果要求系统对于阶跃输入的稳态误差为零,则系统必须是 I 型或高于 I 型。

2. 单位斜坡信号作用下系统的稳态误差

对于稳定的系统,在单位斜坡信号 $r(t) = t$ 作用下的稳态误差可用终值定理求解

$$E(s) = \frac{1}{1 + G(s)H(s)} R(s)$$

$$e_{ss} = \lim_{s \to 0} sE(s) = \lim_{s \to 0} s \cdot \frac{1}{1 + G(s)H(s)} R(s)$$

$$= \lim_{s \to 0} s \cdot \frac{1}{1 + G(s)H(s)} \frac{1}{s^2} = \lim_{s \to 0} \frac{1}{sG(s)H(s)}$$

定义系统静态速度误差系数

$$K_\nu = \lim_{s \to 0} sG(s)H(s) \tag{3-66}$$

有 $K_\nu = \begin{cases} 0 & \nu = 0 \\ K & \nu = 1 \\ \infty & \nu \geqslant 2 \end{cases}$,系统的稳态误差为

$$e_{ss} = \frac{1}{K_\nu} = \begin{cases} \infty & \nu = 0 \\ \dfrac{1}{K} & \nu = 1 \\ 0 & \nu \geqslant 2 \end{cases} \tag{3-67}$$

由以上分析可以看出,由于 0 型系统输出信号的速度总是小于输入信号的速度,致使两者之间的差距不断增大,从而导致 0 型系统的输出不能跟踪单位斜坡信号。I 型系统能够跟踪单位斜坡输入信号,但有稳态误差存在,在稳态工作时,系统的输出信号的速度与输入信号的速度相等,但存在一个位置误差,此误差与系统的开环增益成反比。Ⅱ 型或高于 Ⅱ 型的系统在单位斜坡信号作用下的稳态误差为零,故能准确地跟踪单位斜坡信号的输入。表

明Ⅱ型或高于Ⅱ型的系统在单位斜坡信号的作用下,系统输出量与输入信号不仅速度相等,而且它们的位置也相同。

3. 单位加速度信号作用下系统的稳态误差

对于稳定的系统,在单位加速度信号 $r(t) = t^2/2$ 作用下的稳态误差可用终值定理求解:

$$E(s) = \frac{1}{1+G(s)H(s)}R(s)$$

$$e_{ss} = \lim_{s \to 0} sE(s) = \lim_{s \to 0} s \cdot \frac{1}{1+G(s)H(s)}R(s)$$

$$= \lim_{s \to 0} s \cdot \frac{1}{1+G(s)H(s)} \frac{1}{s^3} = \lim_{s \to 0} \frac{1}{s^2 G(s)H(s)}$$

定义系统静态加速度误差系数

$$K_a = \lim_{s \to 0} s^2 G(s)H(s) \tag{3-68}$$

有 $K_a = \begin{cases} 0 & \nu \leqslant 1 \\ K & \nu = 2 \\ \infty & \nu \geqslant 3 \end{cases}$,系统的稳态误差为

$$e_{ss} = \frac{1}{K_a} = \begin{cases} \infty & \nu \leqslant 1 \\ \dfrac{1}{K} & \nu = 2 \\ 0 & \nu \geqslant 3 \end{cases} \tag{3-69}$$

由以上分析可以看出,由于 0、Ⅰ 型系统输出信号的加速度总是小于单位加速度,致使两者之间的差距不断增大,从而导致 0、Ⅰ 型系统的输出不能跟踪单位加速度信号。Ⅱ 型系统能够跟踪单位加速度输入信号,但有稳态误差存在,在稳态工作时,系统的输出信号的加速度与输入信号的加速度相等,但存在一个位置误差,此误差与系统的开环增益成反比。Ⅲ型或高于Ⅲ型的系统在单位加速度信号作用下的稳态误差为零,故能准确地跟踪单位加速度信号的输入。表明Ⅲ型或高于Ⅲ型的系统在单位加速度信号的作用下,系统输出量与输入信号不仅加速度相等,而且它们的速度、位置也相同。

当系统输入信号为:$r(t) = R_0 1(t) + R_1 t + \dfrac{1}{2}R_2 t^2$ 时,系统的稳态误差为

$$e_{ss} = \frac{R_0}{1+K_p} + \frac{R_1}{K_\nu} + \frac{R_2}{K_a}$$

表 3-4 给出了三种类型的静态误差系数。注意,位置误差、速度误差和加速度误差均指在输出位置上的误差。有限的速度误差意味着控制系统在动态过程结束后,输入和输出以同样的速度变化,但在位置上有一个有限的偏差。

表 3-4　静态误差系数与系统类型的关系

	静态位置误差系数 K_p	静态速度误差系数 K_ν	静态加速度误差系数 K_a
0 型系统	K	0	0
Ⅰ 型系统	∞	K	0
Ⅱ 型系统	∞	∞	K

表 3-5 给出了 0 型、Ⅰ 型及 Ⅱ 型系统在各种典型输入信号作用下的稳态误差。由表 3-5 可以看出，在对角线上，稳态误差是一个有限值，而在对角线以上，稳态误差为无穷大，在对角线以下，则稳态误差为零。

表 3-5　稳态误差与系统的类型、输入信号的关系

	单位阶跃输入 $r(t) = 1$	单位斜坡输入 $r(t) = t$	单位加速度输入 $r(t) = \frac{1}{2}t^2$
0 型系统	$\frac{1}{1 + K_p}$	∞	∞
Ⅰ 型系统	0	$\frac{1}{K_v}$	∞
Ⅱ 型系统	0	0	$\frac{1}{K_a}$

3.6.4　减小或消除稳态误差的措施

系统总的稳态误差包括输入作用下的稳态误差和扰动作用下的稳态误差两部分。要减小或消除系统总稳态误差应分别从减小或消除这两部分稳态误差入手。

结合例 3-15，可采取以下措施：

1. 增大系统开环增益或扰动作用点之前系统的前向通道增益

在输入信号作用下的稳态误差与系统开环增益成反比，增大系统开环增益，有利于减小在输入信号作用下的稳态误差，扰动信号作用下的稳态误差与扰动作用点之前系统的前向通道增益成反比，增大该增益，有利于减小扰动信号作用下的稳态误差，应当注意，在大多数情况下，对于高阶系统，系统开环增益的增加有可能使系统不稳定。

2. 在系统前向通道中串联积分环节

在系统前向通道中串联积分环节，提高了系统型别，有利于减小或消除输入信号作用下的稳态误差。为了减小或消除扰动作用下的稳态误差，串联积分环节的位置应加在扰动作用点之前的前向通道中，对于例 3-15 的系统，增加积分环节后系统如图 3-35 所示。通道设置串联积分环节，有可能使系统不稳定，对于本例，为保持系统的稳定性，在增加积分环节时又给系统增加一个零点。此时，当 $r(t) = t, n(t) = 1(t)$ 时，系统总的稳态误差为 0。

3. 采用复合控制的方法

为了进一步减小或消除给定和扰动稳态误差，可采用补偿的方法。所谓补偿是指系统控制信号中，除了偏差信号外，还引入与扰动或给定量有关的补偿信号，以提高系统的控制精度，减小误差，这种控制称为复合控制，该控制的补偿方法如下：

（1）对扰动输入进行补偿

图 3-36 是按扰动进行补偿的系统框图。图中 $N(s)$ 为扰动信号，由 $N(s)$ 到 $C(s)$ 是扰动作用通道，它表示扰动对输出的影响。通过 $G_n(s)$ 人为加入补偿通道，可以补偿扰动对系统输出产生的影响，$G_n(s)$ 为补偿装置的传递函数。当 $R(s) = 0$ 时，求得扰动引起的系统输出为

$$C(s) = \frac{G_2(s)[G_1(s)G_n(s) + 1]}{1 + G_1(s)G_2(s)}N(s)$$

为了补偿扰动对系统的影响，使得 $C_n(s) = 0$，令

$$G_2(s)[G_1(s)G_n(s) + 1] = 0$$

可得

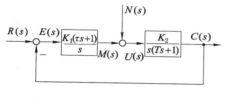

图 3-35　例 3-15 系统增加积分
环节后的结构图

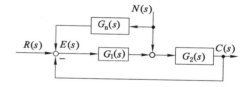

图 3-36　按扰动进行补偿的
复合控制系统

$$G_{\mathrm{n}}(s) = -\frac{1}{G_1(s)} \tag{3-70}$$

从而实现了对扰动的全补偿。但是从物理可实现性看，$G_1(s)$ 的分母阶次高于分子阶次，因而 $G_{\mathrm{n}}(s)$ 的分母阶次低于分子阶次，物理实现很困难。式（3-70）的条件在工程中只能近似地得到满足。

（2）对给定输入进行补偿

图 3-37 是对输入进行补偿的系统框图，图中 $G_{\mathrm{r}}(s)$ 为前馈装置的传递函数。

由图可得，误差信号为

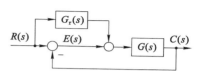

图 3-37　对输入进行补偿的
复合控制系统

$$C(s) = \frac{\left[G_{\mathrm{r}}(s) + 1\right]G(s)}{1 + G(s)}R(s)$$

$$E(s) = R(s) - C(s) = \frac{1 - G_{\mathrm{r}}(s)G(s)}{1 + G(s)}R(s)$$

为了实现对误差的全补偿，使 $E(s) = 0$ ，有

$$G_{\mathrm{r}}(s) = \frac{1}{G(s)} \tag{3-71}$$

同样，这也是一个理想的结果，在工程中式（3-71）也只能近似地得到满足。

以上的两种补偿方法其补偿器都在闭环之外。这样在设计系统时，一般按稳定性和动态性能设计闭合回路，然后按稳态精度要求设计补偿器，从而很好解决了稳态精度和稳定性、动态性能对系统不同要求的矛盾。在设计补偿器时，还需考虑到系统模型和参数的误差、周围环境和使用条件的变化，因而在设计前馈补偿器时要有一定的调节裕量，以便获得满意的补偿效果。

时域分析法是一种直接而又基本的分析方法，它可以给出系统精确的时间响应曲线和性能指标，具有明显的物理意义。但是，此法难以判断系统结构和参数对动态性能的影响，很难用于系统的设计。特别是随着系统阶次增高，系统分析的工作量将急剧增加，确定其性能指标的困难也将增加，如果不借助计算机实际上是不可能的。

3.7　MATLAB 在时域分析法中的应用

线性系统的时域分析，是指对系统输入典型信号，通过拉氏反变换的方法求取系统的输出响应，然后根据输出响应随时间变化的规律定量分析系统的动态性能指标和稳态性能指标，另外根据系统的闭环传递函数对系统的稳定性进行分析。本节主要讨论在 MATLAB

软件中求取系统时域响应以及绘制响应曲线,如何使用 LTI Viewer 获得系统时域响应的各项性能指标和系统的稳定性。MATLAB 中与时域分析法相关的常用函数如表 3-6 所示。

表 3-6　常用时域响应命令函数格式及说明

序号	命令函数格式	功能
1	impulse(sys) 　impulse(sys,t) 　impulse(sys1,sys2,…,sysN) 　impulse(sys1,sys2,…,sysN,t) 　impulse (sys1,′ PlotStyle1′,…, sysN,′PlotStyleN′) 　y=impulse(sys,t) 　[y,t]=impulse(sys)	求系统 sys 的单位脉冲响应。等式的左端为返回值,右端为给定参数值。有返回值时不绘图,否则绘图。系统 sys 的模型为: 多项式模型 sys=tf(num,den)、零点极点模型 sys=zpk(z,p,k)或状态空间模型 sys=ss(a,b,c,d)。t 表示时间向量,包括初值、时间增量、终值,如 t=0:dt:finalT。下同
2	step(sys) 　step (sys,t) 　step(sys1,sys2,…,sysN) 　step(sys1,sys2,…,sysN,t) 　step(sys1,′PlotStyle1′,…,sysN,′PlotStyleN′) 　y=step(sys,t) 　[y,t]=step(sys)	求单位阶跃响应。参数说明同上
3	lsim(sys,u,t) 　[y,t]=lsim(sys,u,t) 　[y,t,x]=lsim(sys,u,t) 　Lsim(sys1,′y:′,sys2,′g——′,u,t)	系统 sys 对任意输入 u 在指定时间区间 t 下的响应。其中,u 可由 gensig()生成:[u,t]=gensig(type,tau); [u,t]=gensig(type,tau,Tf,dt), type=′sin′:正弦信号;type=′square′:周期方波信号;type=′pulse′:周期脉冲信号;tau:type 的周期(单位为秒 s,下同); Tf:type 的时间终值;dt:type 的采用间隔
4	K=dcgain(G)	返回系统 G 的稳态值 K

3.7.1　系统响应性能分析的 MATLAB 仿真

根据系统的传递函数和输入信号,可以获得系统的输出响应,常用的方法有拉普拉斯反变换法、部分分式法和直接计算法等。

1. 拉氏反变换法

例 3-16　一阶系统的单位阶跃响应。

解　首先进行拉普拉斯反变换,程序如下:

```
syms s T;                        %定义符号变量 s 和 T
y=ilaplace(1/s/(T*s+1))          %调用 MATLAB 软件自带函数 ilaplace 就可进行拉氏反变换
```

程序运行结果是:

```
y=1-exp(-t/T)
```

如果时间常数 T 已知,则代入公式可绘制单位阶跃输入时的系统输出响应曲线。

编制的程序 prg3_1 如下所示:

```
figure('pos',[120,130,300,200],'color','w')          %设置图形位置和颜色
axes('pos',[0.1 0.12 0.8 0.72]);                     %设置坐标位置
syms  s
for time=5:5:30;                          %time 从 5 开始到 30 结束,进行等距离的 6 次循环
    T=sym(num2str(time));                 %将时间常数 T 设置为符号变量,并被循环赋值
    ezplot(ilaplace(1/s/(T * s+1)),[0 100]);          %绘制不同时间常数下的响应曲线
    hold on;
end;
grid; axis([0 100 0 1.2]);                            %设置格栅、坐标轴
title('T:5→30');                                      %设置坐标系的标题
set(gca,'ytick',0:0.2:1.2);                           %设置纵坐标数值
```

运行后的响应曲线如图 3-38 所示。

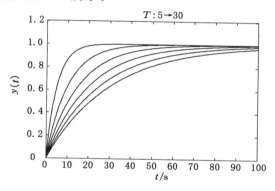

图 3-38　一阶系统的单位阶跃响应曲线

例 3-17　二阶系统的单位阶跃响应。

解　系统的传递函数是 $G(s) = \dfrac{\omega_n^2}{s^2 + 2\xi\omega_n s + \omega_n^2}$。对于 ξ 取不同的值,单位阶跃响应的曲线不同。编制的程序如下所示:

```
figure('pos',[120,130,300,250],'color','w')
axes('pos',[0.1 0.15 0.8 0.72]);
syms  s
                      %循环计算和绘制 ξ(程序中用 zeta)在所需数值的响应曲线
for zeta=[0.1:0.2:0.9,1,1.5:2.0];
wn=0.15;
wn=sym(num2str(wn));                                  %wn 转换为字符串
zet=sym(num2str(zeta));
                      %计算 ξ=1 时的响应曲线,并在相应位置说明其值
if zeta==1
    ezplot(ilaplace(wn^2/s/(s+wn)^2),[0 100]);        hold on;
    text(26,0.85,'1.0');          %计算 ξ≠1 时的响应曲线,并在 0.1、0.5 和 2.0 三点位置说明其值
else
    ezplot(ilaplace(wn^2/s/(s^2+2 * zet * wn * s+wn^2)),[0 100]);
```

```
    hold on;
    if zeta==0.1,text(18,1.85,'0.1');end;
    if zeta==0.5,text(22,1.25,'0.5');end;
    if zeta==2,text(29.5,0.6,'2.0');end;
end;
end;
grid;
axis([0 100 0 2]);
title('ξ:0.1,0.3,0.5,0.7,0.9,1,1.5,2');
```

运行程序后,得到如图 3-39 所示二阶系统的单位阶跃响应曲线。

从响应曲线可以看到:

在 $0<\xi<1$ 时,系统呈现欠阻尼的衰减振荡;

在 $\xi=1$ 时,系统输出曲线呈现临界阻尼特性;

在 $\xi>1$ 时,系统的输出是过阻尼响应曲线。

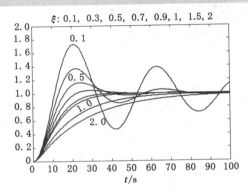

图 3-39　二阶系统的单位阶跃响应曲线

2. 部分分式法

采用拉氏反变换方法可以直接得到系统的响应曲线,但对于高阶复杂系统,通常将高阶系统的传递函数展开成部分分式,即用部分分式法将高阶系统分解。

例 3-18　高阶系统的单位阶跃响应。

解　编制的程序如下所示:

```
figure('pos',[120,130,300,250],'color','w')
axes('pos',[0.1 0.15 0.8 0.72]);
num=[1 2 4];den1=[1 10 5 4];
den=[den1 0];
    %用部分分式展开函数 residue 计算单位阶跃输入后系统部分分式展开式的分子和分母项 r 和 p
[r,p,k]=residue(num,den)
syms  s
                          %用求和函数 sum 计算各分式拉氏反变换后的时域解之和
y=sum(ilaplace(r./(s-p)));
ezplot(y,[0 30]);grid;
title(['(',char(poly2sym(num,'s')),') / (',char(poly2sym(den1,'s')),')']);
                                       %设置坐标和显示数值范围
axis([0 30 0 1.4]);set(gca,'ytick',0:.2:1.4);
```

运行后的输出响应曲线如图 3-40 所示。

应该注意,只有分母项在没有重根时,才能采用程序中的求和公式,否则重根部分的拉氏反变换应重新考虑,如下例。

例 3-19　求解二阶系统的单位斜坡响应。

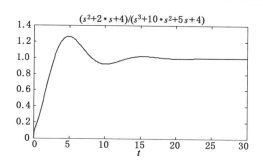

图 3-40　高阶系统的单位阶跃输出响应曲线

解　由于系统有重根,因此需先计算特征根,然后根据重根的分布,在拉氏反变换后分别乘以$[1,t,t^2/2,\cdots,t^{(n-1)}/(n-1)!]$,编制的程序如下所示:

```
figure('pos',[120,130,300,250],'color','w')
axes('pos',[0.1 0.15 0.8 0.72]);
for zeta=[0:0.25:0.5,1:0.5:2];
    wn=0.15; num=wn^2;den1=[1 2 * zeta * wn wn^2];
    den=[den1 0 0];[r,p,k]=residue(num,den)
    syms  s t;
    if zeta==1,tt=[1 t 1 t]';else tt=[1 1 1 t]';end;
    y=sum(tt. * ilaplace(r. /(s-p)))
    ezplot(y,[0 100]);hold on;
end;
grid;axis([0 100 0 100]);
title(['(',char(poly2sym(num,'s')),') / (',char(poly2sym(den1,'s')),')']);
line([0 100],[0 100],'linestyle','--');
```

图 3-41 显示了程序运行的结果。使用 residue 函数时,要注意重根及重根的分布位置,然后才能在程序中相应设置时间变量 t。

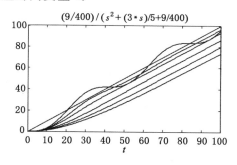

图 3-41　二阶系统的单位斜坡输出响应曲线

3. 直接计算法

在 MATLAB 中可以方便地直接用有关的函数计算输出响应,提供的函数有阶跃函数 step()、脉冲函数 impulse()等,其格式说明如下。

(1) step 函数的格式 1:step(G)用于绘制系统 G 的阶跃响应曲线。曲线的点数和时间的长度自动确定。系统 G 可以是 LTI 的 tf、zpk 等模型。

(2) step 函数的格式 2:step(G,tend)与格式 1 相似,但设置了仿真时间从 0 到 tend。

(3) step 函数的格式 3:[y,t]＝step(G)用于得到阶跃响应的输出数据 y 和时间 t,不绘制阶跃响应曲线。Step 函数还有其他的一些格式,可用求助函数 help 查找。

(4) impulse 函数的格式:除了函数名用 impulse 代替 step 外,其格式与 step 函数相似,输出的结果是单位脉冲响应曲线和数据。

(5) lsim 函数的格式:lsim(G,u,t)用于绘制任意输入信号 u 应先作用下,在时间 t 范围内的系统输出响应曲线。输入信号可以是时间的任意函数,使用时,设置时间 t 和输入信号 u,及系统 G,然后调用该函数。当需要输出响应曲线的数据而不需绘制曲线时,可以采用格式:y＝lsim(G,u,t)。

例 3-20　计算惯性环节的单位阶跃响应。

解　编写的程序如下:

```
figure('pos',[120,130,300,200],'color','w')
axes('pos',[0.1 0.12 0.8 0.72]);
z=[];                                          %设置零点,无零点时为空矩阵
                          %计算时间常数 T 在 5～30 之间变化时的系统传递函数 G
for T=5:5:30;
    p=[-1/T];k=1/T;G=zpk(z,p,k);
    step(G,100);hold on;            %用 step 函数计算时间从 0～100 之间的输出响应
end;
grid;axis([0 100 0 1.2]);title('T:5→30');
set(gca,'ytick',0:.2:1.2);
```

程序运行后输出的图形与图 3-38 一致。

例 3-21　计算任意输入下系统的输出响应。

解　编写的程序如下:

```
num=10;
den=[1 11];
G=tf(num,den);
tt=0:.2:50;                                    %设置时间变量
v=sin(tt+30/180 * pi);                     %设置输入信号 v＝sin(t+30°)
yy=lsim(G,v,tt);                  %用 lsim 函数计算输入信号为 v 时系统的响应
plot(yy(1:100));
grid;hold on;
title('lsim 函数计算正弦输入的响应');
```

本例中用 lsim 函数计算正弦输入响应,图 3-42 是程序运行的显示结果。

3.7.2　系统稳定性分析的 MATLAB 仿真

线性系统稳定的充要条件是系统的特征根均位于 s 平面的左侧。系统的零极点模型可以直接被用来判断系统的稳定性。另外,MATLAB 语言中提供了有关多项式的操作函数,也可以用于系统的稳定性分析和计算。

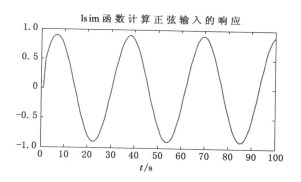

图 3-42　在正弦输入下一阶环节的响应

1. 直接求特征多项式的根

设 p 为特征多项式的系数向量,则 MATLAB 函数 roots()可以直接求出方程 $p=0$ 在复数范围内的解 v,该函数的调用格式为:

```
v＝roots(p)
```

例 3-22　已知系统的特征多项式为 $x^5+3x^3+2x^2+x+1$,试求取特征根。

解　特征方程的解可直接由 roots 函数求出,程序如下:

```
p＝[1,0,3,2,1,1];                          %设置特征多项式系数,按变量降幂排列
v＝roots(p)
```

运行结果显示:

```
v ＝
    0.3202 ＋ 1.7042i
    0.3202 － 1.7042i
   －0.7209
    0.0402 ＋ 0.6780i
    0.0402 － 0.6780i
```

利用多项式求根函数 roots(),可以很方便地求出系统的零点和极点,然后根据零极点分析系统稳定性和其他性能。

2. 部分分式展开

MATLAB 函数可将 $\dfrac{N(s)}{D(s)}$ 展开成部分分式,直接求出展开式中的留数、极点和余项,函数的调用格式为:

```
[r,p,k]＝residue(num,den)
```

则 $\dfrac{N(s)}{D(s)}$ 的部分分式展开由下式给出:

$$\frac{N(s)}{D(s)} = \frac{r(1)}{s-p(1)} + \frac{r(2)}{s-p(2)} + \cdots + \frac{r(n)}{s-p(n)} + k(s)$$

式中,$p(1),p(2),\cdots,p(n)$,为极点;$r(1),r(2),\cdots,r(n)$ 为各极点的留数;$k(s)$ 为余项。

例 3-23 设传递函数为

$$G(s) = \frac{2s^3 + 5s^2 + 3s + 6}{s^3 + 6s^2 + 11s + 6}$$

该传递函数的部分分式展开由以下程序获得：

```
num=[2,5,3,6];
den=[1,6,11,6];
                                    %可利用 residue 函数直接求出展开式中的留数、极点和余项
[r,p,k]=residue(num,den)
```

程序运行结果如下：

```
r=                    p=                    k=
    -6.0000               -3.0000               2
    -4.0000               -2.0000
     3.0000               -1.0000
```

由此可得出部分分式展开式为：

$$G(s) = \frac{-6}{s+3} + \frac{-4}{s+2} + \frac{3}{s+1} + 2$$

3. 由传递函数求零点和极点

在 MATLAB 控制系统工具箱中，给出了由传递函数零极点模型 G 求出系统零点和极点的函数，其调用格式分别为

```
Z=tzero(G)
P=G.P{1}
```

例 3-24 已知传递函数为

$$G(s) = \frac{6.8s^2 + 61.2s + 95.2}{s^4 + 7.5s^3 + 22s^2 + 19.5s}$$

试求传递函数求零点和极点。

解 编写的程序如下：

```
num=[6.8,61.2,95.2];
den=[1,7.5,22,19.5,0];
G=tf(num,den);
G1=zpk(G);                                   %将传递函数 G 转为零极点模型
Z=tzero(G)
P=G1.P{1}
```

程序运行结果如下：

```
Z=
    -7.0000
    -2.0000
P=
     0
    -3.0000 + 2.0000i
```

$$-3.0000 - 2.0000i$$
$$-1.5000$$

3.7.3　LTI Viewer 获得响应曲线和性能指标

MATLAB 提供了线性时不变系统仿真的图形工具 LTI Viewer,可方便地获得阶跃响应、脉冲响应和伯德图等,并得到有关性能指标。

例 3-25　绘制系统的阶跃响应和脉冲响应,并得到有关性能指标。

在 MATLAB 工作空间输入下列系统:

```
>> num=[0.0225];den=[1 0.24 0.0225];G=tf(num,den)
>>ltiview
```

调用 LTI Viewer,并将系统传递函数导入到 LTI Viewer,可以在 LTI Viewer 中直接分析系统的单位阶跃响应与脉冲响应性能指标,显示如图 3-43 所示的系统画面。

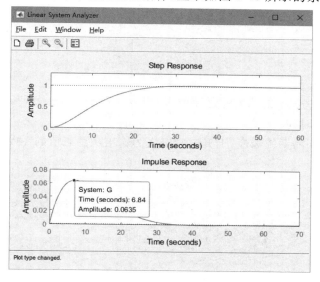

图 3-43　LTI Viewer 绘制阶跃响应和脉冲响应并获得性能指标

另一种比较常用的方法就是用编程方式求取时域响应的各项性能指标。与 LTI Viewer 相比,编程方法稍微复杂,但通过下面的学习,可以掌握一定的编程技巧,能够将控制原理知识和编程方法相结合,自己编写一些程序,获取一些较为复杂的性能指标。

通过前面的学习,我们已经可以用阶跃响应函数 step() 获得系统输出量,若将输出量返回到变量 y 中,可以调用如下格式

```
[y,t]=step(G)
```

该函数还同时返回了自动生成的时间变量 t,对返回的这一对变量 y 和 t 的值进行计算,可以得到时域性能指标。

① 峰值时间可由以下命令获得:

```
[Y,k]=max(y);
timetopeak=t(k)
```

应用取最大值函数 max() 求出 y 的峰值及相应的时间,并存于变量 Y 和 k 中。然后在变量 t 中取出峰值时间,并将它赋给变量 timetopeak。

② 超调量(百分比)可由以下命令得到:

```
C＝dcgain(G);
[Y,k]＝max(y);
percentovershoot＝100 * (Y－C)/C
```

dcgain() 函数用于求取系统的终值,将终值赋给变量 C,然后依据超调量的定义,由 Y 和 C 计算出百分比超调量。

③ 上升时间可以用 while 语句编写以下程序得到:

```
C＝dcgain(G);
n＝1;
while y(n)＜C
        n＝n＋1;
end
risetime＝t(n)
```

在阶跃输入条件下,y 的值由零逐渐增大,当以上循环满足 y＝C 时,退出循环,此时对应的时刻,即为上升时间。

对于输出无超调的系统响应,上升时间定义为输出从稳态值的 10％ 上升到 90％ 所需时间,则计算程序如下:

```
C＝dcgain(G);
n＝1;
    while y(n)＜0.1 * C               ％找出达到稳态值 10％的时刻
        n＝n＋1;
            end
m＝1;
    while y(n)＜0.9 * C               ％找出达到稳态值 90％的时刻
        m＝m＋1;
            end
risetime＝t(m)－t(n)
```

④ 调节时间可由 while 语句编程得到:

```
C＝dcgain(G);
i＝length(t);
while(y(i)＞0.98 * C)&(y(i)＜1.02 * C)     ％找出系统输出值进入 2％误差带的最小时刻
        i＝i－1;
end
setllingtime＝t(i)
```

用向量长度函数 length( ) 可求得 t 序列的长度,将其设定为变量 i 的上限值。

例 3-26 已知二阶系统传递函数为

$$G(s) = \frac{3}{(s+1-3i)(s+1+3i)}$$

试求取系统的单位阶跃响应性能指标。

解 编写的程序如下：

```
G=zpk([ ],[−1+3*i,−1−3*i],3);          ％写出系统的零极点模型
C=dcgain(G)％求出系统终值
[y,t]=step(G);               ％求取系统的阶跃响应，并得到系统的输出值
plot(t,y)                             ％绘制输出响应曲线
grid
[Y,k]=max(y);                         ％求出输出响应的最大值
timetopeak=t(k)                 ％得到输出响应最大的相应时刻
percentovershoot=100*(Y−C)/C              ％求超调量
n=1;
while y(n)<C
n=n+1;
end
risetime=t(n)％得到上升时间
m=length(t);
while(y(m)>0.98*C)&(y(m)<1.02*C)
m=m−1;
end
setllingtime=t(m) ％得到调节时间
```

运行后的响应曲线如图 3-44 所示，响应性能指标如下：

C=0.3000;   timetopeak =1.0592

percentovershoot =35.0670;

risetime =0.6447;

setllingtime =3.4999

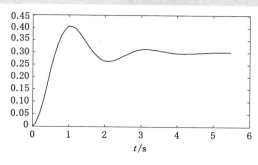

图 3-44 二阶系统阶跃响应曲线

习题 3

习题 3-1 设某系统可用下列一阶微分方程近似描述

$$T\dot{c}(t) + c(t) = \tau\dot{r}(t) + r(t) \quad (1 > (T-\tau) > 0)$$

试证明系统的动态性能指标为

$$t_r = 2.2T, t_s = \left[3 + \ln\left(\frac{T-\tau}{T}\right)\right]T \quad (\xi = 0.05)$$

习题 3-2 设系统的微分方程式如下:

(1) $0.2\dot{c}(t) = 2r(t)$

(2) $0.04\ddot{c}(t) + 0.24\dot{c}(t) + c(t) = r(t)$

已知全部初始条件为零,试求系统的单位脉冲响应和单位阶跃响应。

习题 3-3 已知单位负反馈系统的开环传递函数为

$$G(s) = \frac{K}{s}$$

试确定(1) $K=1$,(2) $K=2$,(3) $K=4$ 时系统阶跃响应的调节时间 t_s,并说明 K 的增大对 t_s 的影响。

习题 3-4 已知如下所示的系统的单位阶跃响应为

(1) $c(t) = 10 - 12.5e^{-1.2t}\sin(1.6t + 53.1°)$

(2) $c(t) = 1 + 0.2e^{-60t} - 1.2e^{-10t}$

试分别确定系统的阻尼比 ξ 和自然频率 ω_n,并求系统的超调量 $\sigma_p\%$、峰值时间 t_p 和调节时间 $t_s(\varepsilon = \pm 2\%)$。

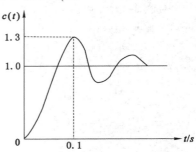

图 3-45 习题 3-5 二阶系统的
单位阶跃响应曲线

习题 3-5 设二阶控制系统(无零点)的单位阶跃响应曲线如图 3-45 所示。若该系统为单位负反馈控制系统,试确定其开环传递函数。

习题 3-6 一个质量块-弹簧-阻尼器系统如图 3-46 所示。施加 8.9 N(牛顿)力后,其阶跃响应峰值时间为 $t_p = 2$ s,峰值为 0.032 9 m,$x(\infty) = 0.03$ m。试求该系统中的质量块 m、弹性系数 k 和阻尼系数 f 的数值。

习题 3-7 图 3-47 是简化的飞行控制系统结构图,试选择 K_1 和 K_t,使系统的参数满足 $\omega_n = 6$ rad/s,$\xi = 1$。

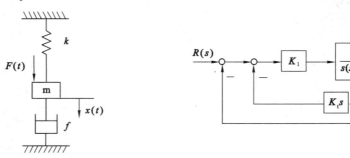

图 3-46 习题 3-6 质量-弹簧-阻尼器系统原理图   图 3-47 习题 3-7 飞行控制系统结构图

习题 3-8 设控制系统如图 3-48 所示,要求:

(1) 取 $\tau_1 = 0$,$\tau_2 = 0.1$,计算微分负反馈控制系统的超调量和调节时间;

(2) 取 $\tau_1 = 0.1$,$\tau_2 = 0$,计算比例-微分控制系统的超调量和调节时间。

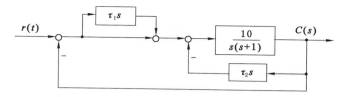

图 3-48　习题 3-8 控制系统结构图

习题 3-9　已知某系统的闭环传递函数为

$$M(s) = \frac{C(s)}{R(s)} = \frac{7.6(s+2.1)}{(s+8)(s+2)(s^2+s+1)}$$

试估算系统的超调量 $\sigma_{\mathrm{p}}\%$ 和调节时间 $t_{\mathrm{s}}(\varepsilon = \pm 2\%)$。

习题 3-10　若设计一个三阶控制系统,使系统对阶跃输入的响应为欠阻尼特性,且 $10\% < \sigma_{\mathrm{p}}\% < 20\%$,$t_{\mathrm{s}} < 0.6\ \mathrm{s}(\varepsilon = \pm 2\%)$,

(1) 试确定系统主导极点的配置位置;

(2) 如果系统的主导极点为共轭复数极点,试确定第三个实数极点 $|p_3|$ 的最小值;

(3) 确定 $t_{\mathrm{s}} = 0.6\ \mathrm{s}$,$\sigma_{\mathrm{p}}\% = 20\%$ 的单位负反馈系统的开环传递函数。

习题 3-11　已知单位负反馈系统的开环传递函数为

(1) $G(s) = \dfrac{50}{s(s+1)(s+5)}$

(2) $G(s) = \dfrac{8(s+1)}{s(s-1)(s+6)}$

(3) $G(s) = \dfrac{0.2(s+2)}{s(s+0.5)(s+0.8)(s+3)}$

(4) $G(s) = \dfrac{4}{s^2(s+2)(s+3)}$

试分别用代数判据判定闭环系统的稳定性。

习题 3-12　已知系统的特征方程如下,试用劳斯判据判定系统的稳定性。若系统不稳定,指出在 s 平面右侧的特征根数目。

(1) $0.02s^3 + 0.8s^2 + s + 20 = 0$

(2) $s^4 + 2s^3 + 8s^2 + 4s + 3 = 0$

(3) $s^5 + s^4 + 3s^3 + 9s^2 + 16s + 10 = 0$

(4) $s^6 + 3s^5 + 5s^4 + 9s^3 + 8s^2 + 6s + 4 = 0$

习题 3-13　已知系统特征方程如下,试求系统在 s 平面右侧的特征根数及纯虚根值。

$$s^6 + 4s^5 - 4s^4 + 4s^3 - 7s^2 - 8s + 10 = 0$$

习题 3-14　已知系统的特征方程为

$$s^6 + 2s^5 + 8s^4 + 12s^3 + 20s^2 + 16s + 16 = 0$$

试判断系统的稳定性并指出系统特征根的大致分布情况。

习题 3-15　已知单位负反馈系统的开环传递函数为

$$G(s) = \frac{K(0.5s+1)}{s(s+1)(0.5s^2+s+1)}$$

试确定系统稳定时的 K 值范围。

习题 3-16 某随动系统(单位负反馈系统)的开环传递函数为

$$G(s) = \frac{K(s+1)}{s^3 + as^2 + 2s + 1}$$

当调节放大系数 K 至某一数值($K > 0$)时,系统产生频率为 $\omega = 2(\mathrm{rad/s})$ 的等幅振荡。试确定系统参量 K 和 a 的值。

习题 3-17 恒值系统的结构图如图 3-49 所示。

(1) 判断系统的稳定性;

(2) 为使系统稳定,请提出一些有效的措施。

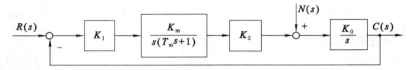

图 3-49 习题 3-17 恒值系统结构图

习题 3-18 已知系统结构图如图 3-50 所示,其中 $K_1 > 0, K_2 > 0, \beta \geqslant 0$。试分析

(1) β 值增大对系统稳定性的影响;

(2) β 值增大对系统动态性能的影响;

(3) β 值增大对系统斜坡响应的影响。

习题 3-19 某负反馈控制系统如图 3-51 所示,其中

$$G(s) = \frac{K(s+40)}{s(s+10)}, H(s) = \frac{1}{s+20}$$

(1) 确定使系统稳定的 K 值范围;

(2) 确定使系统临界稳定的 K 值,并计算系统的纯虚根;

(3) 为保证系统极点全部位于 $s = -1$ 的左侧,试确定此时增益 K 的范围。

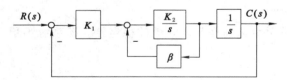

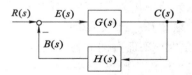

图 3-50 习题 3-18 控制系统结构图　　图 3-51 习题 3-19 控制系统结构图

习题 3-20 已知单位负反馈系统的开环传递函数

(1) $G(s) = \dfrac{100}{(0.1s+1)(s+5)}$

(2) $G(s) = \dfrac{50}{s(0.1s+1)(s+5)}$

(3) $G(s) = \dfrac{10(2s+1)}{s^2(s^2+6s+100)}$

试求输入分别为 $r(t) = 2t$ 和 $r(t) = 2 + 2t + t^2$ 时,系统的稳态误差。

习题 3-21 设某控制系统的方框图如图 3-52 所示。当扰动作用分别为 $n(t) = 1(t)$, $n(t) = t$ 时,试计算下列两种情况下系统的扰动稳态误差。

(1) $G_1(s) = K_1$，$G_2(s) = \dfrac{K_2}{s(T_2 s + 1)}$

(2) $G_1(s) = \dfrac{K_1(T_1 s + 1)}{s}$，$G_2(s) = \dfrac{K_2}{s(T_2 s + 1)}(T_1 > T_2)$

习题 3-22　某复合控制系统如图 3-53 所示。

(1) 当 $G_r(s) = G_n(s) = 0$，要求闭环系统为最佳阻尼比，且调节时间不大于 $0.4\ \text{s}$（取 $\varepsilon = \pm 2\%$）时 K、T 的值；

(2) 选取 $G_r(s)$ 实现一阶无静差；

(3) 选取 $G_r(s)$ 使输出 $C(s) = R(s)$；

(4) 选取 $G_n(s)$ 使对 $n(t)$ 作用下无稳态误差。

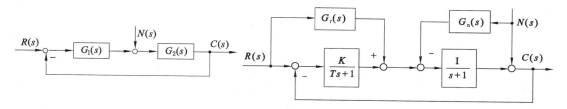

图 3-52　习题 3-21 控制系统方框图　　　　图 3-53　题 3-22 复合控制系统结构图

第4章　线性系统的根轨迹分析法

在时域分析中已经看到，控制系统的动态性能、稳定性等由系统闭环极点的分布情况决定。也就是说，闭环极点在 s 平面上的位置决定了系统的性能。因此，在对系统进行分析时，确定闭环零、极点在 s 平面上的位置是十分重要的。所谓闭环极点就是闭环特征方程式的根。当特征方程式的阶次较高（例如在四阶以上）时，求根不是一件容易的事情，而且当系统中某一参数（如增益）发生变化时，又需要重新进行计算（通常实际系统的增益比较容易改变），这就给系统分析带来了很大的不便。为此，伊万斯提出了一种比较简易的寻找特征方程式根的图解方法，这种方法称为根轨迹法。因为根轨迹图既直观又形象，所以在控制工程中得到了广泛的应用。

4.1　根轨迹法的基本概念

4.1.1　根轨迹的基本概念

所谓根轨迹，是指当系统某个参数（如开环增益 K 或根轨迹增益 K^*）由零变化到无穷大时，闭环系统特征根在 s 平面上移动的轨迹。

在介绍图解方法之前，先用直接求根的方法来说明根轨迹的含义。例如图 4-1 所示的系统，其开环传递函数为

$$G(s) = \frac{K}{s(0.5s+1)} = \frac{K^*}{s(s+2)}$$

式中，$K^* = 2K$。

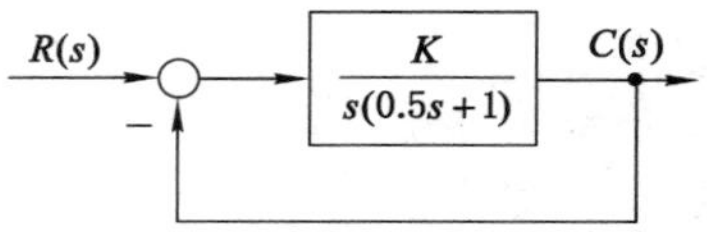

系统的闭环传递函数为

图 4-1　控制系统结构图

$$M(s) = \frac{C(s)}{R(s)} = \frac{K^*}{s^2 + 2s + K^*}$$

系统的闭环特征方程为　　　　$s^2 + 2s + K^* = 0$

特征根为　　$s_1 = -1 + \sqrt{1 - K^*}, s_2 = -1 - \sqrt{1 - K^*}$

当系统参数 K^*（或 K）从零变化到无穷大时，闭环极点的变化情况如表 4-1 所示。

表 4-1　K^*、$K \in [0, \infty)$ 时图 4-1 系统的特征根

K^*	K	s_1	s_2
0	0	0	-2
0.5	0.25	-0.3	-1.7
1	0.5	-1	-1

表 4-1（续）

K^*	K	s_1	s_2
2	1	$-1+j$	$-1-j$
5	2.5	$-1+j2$	$-1-j2$
∞	∞	$-1+j\infty$	$-1-j\infty$

　　当 K^*（或 K）由零变化到无穷大时,闭环特征根（即闭环极点）在 s 平面上移动的轨迹图如图 4-2所示。这两条轨迹线就是该系统的根轨迹。

　　由图 4-2 可见,根轨迹图直观地表示了参数 K（或 K^*）变化时,闭环特征根的变化情况。因此,根轨迹图全面地描述了参数 K（或 K^*）对闭环特征根分布的影响。

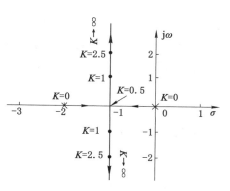

4.1.2　利用根轨迹分析系统性能

　　根据根轨迹图,就可以对系统进行性能分析。下面结合图 4-2 为例进行分析如下：

图 4-2　图 4-1 所示系统根轨迹图

　　① 由于根轨迹全部在 s 平面左侧,因此,系统对所有的 K 值都是稳定的。

　　② 当 $0 < K < 0.5$ 时,闭环特征根为实根,系统呈现过阻尼状态,阶跃响应为非振荡的单调收敛过程。

　　当 $K = 0.5$ 时,系统为临界阻尼状态,此时阶跃响应仍为非振荡的单调收敛过程。

　　当 $K > 0.5$ 时,闭环极点为一对共轭复数极点,系统呈现欠阻尼状态,阶跃响应为衰减振荡过程。

　　③ 系统类型可以根据开环传递函数中积分环节数确定,也可以根据根轨迹图中坐标原点处开环极点数确定,本例为 I 型系统。开环放大系数可在根轨迹相应点上得到,因此,可求出系统的稳态误差。

　　上述作根轨迹图的过程为直接求解闭环特征根,然后逐点描绘出根轨迹图。显然,这种方法对高阶系统是不现实的。根轨迹法则是根据反馈系统中闭环极点与开环零、极点之间的关系,利用开环零、极点的分布直接作闭环系统根轨迹的一种图解方法。

4.1.3　闭环极点与开环零、极点的关系

　　控制系统的一般结构如图 4-3 所示,其开环传递函数为 $G(s)H(s)$。假设

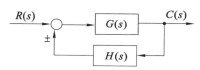

图 4-3　控制系统一般结构图

$$G(s) = \frac{K_G^* \prod\limits_{i=1}^{f}(s-z_i)}{\prod\limits_{x=1}^{g}(s-p_x)} \qquad (4-1)$$

$$H(s) = \frac{K_H^* \prod\limits_{j=1}^{l} (s - z_j)}{\prod\limits_{y=1}^{h} (s - p_y)} \quad\quad (4\text{-}2)$$

因此

$$G(s)H(s) = \frac{K_G^* K_H^* \prod\limits_{i=1}^{f} (s - z_i) \prod\limits_{j=1}^{l} (s - z_j)}{\prod\limits_{x=1}^{g} (s - p_x) \prod\limits_{y=1}^{h} (s - p_y)} = \frac{K^* \prod\limits_{i=1}^{f} (s - z_i) \prod\limits_{j=1}^{l} (s - z_j)}{\prod\limits_{x=1}^{g} (s - p_x) \prod\limits_{y=1}^{h} (s - p_y)} \quad\quad (4\text{-}3)$$

式中，$K^* = K_G^* K_H^*$ 为系统根轨迹增益。

对于 m 个零点、n 个极点的开环系统，则有

$$f + l = m$$
$$g + h = n$$

系统闭环传递函数为

$$M(s) = \frac{G(s)}{1 \pm G(s)H(s)}$$

将式(4-1)、(4-2)代入上式得

$$M(s) = \frac{K_G^* \prod\limits_{i=1}^{f} (s - z_i) \prod\limits_{y=1}^{h} (s - p_y)}{\prod\limits_{x=1}^{g} (s - p_x) \prod\limits_{y=1}^{h} (s - p_y) \mp K^* \prod\limits_{i=1}^{f} (s - z_i) \prod\limits_{j=1}^{l} (s - z_j)} \quad\quad (4\text{-}4)$$

由此可见：

① 系统闭环零点由前向通路传递函数 $G(s)$ 的零点和反馈通路传递函数 $H(s)$ 的极点组成。对于单位反馈系统 $H(s) = 1$，闭环零点就是开环零点。

② 闭环极点(即闭环特征根)与开环零点、开环极点以及根轨迹增益 K^* 均有关。

如何由已知的开环零、极点分布找出闭环极点的分布，并绘制出根轨迹呢？为了解决这个问题，需要进一步讨论根轨迹方程。

4.1.4 根轨迹方程

绘制根轨迹实质上是用图解法求系统特征方程 $1 \pm G(s)H(s) = 0$ 的根。因此，在 s 平面上根轨迹上的点必定满足下式

$$G(s)H(s) = \mp 1 \quad\quad (4\text{-}5)$$

故式(4-5)称为根轨迹方程。

式(4-5)中 $G(s)H(s)$ 是系统的开环传递函数。假设开环传递函数中有 m 个零点，n 个极点，将式(4-5)写成零、极点形式，则

$$\frac{K^* \prod\limits_{j=1}^{m} (s - z_j)}{\prod\limits_{i=1}^{n} (s - p_i)} = \mp 1 \quad\quad (K^* > 0) \quad\quad (4\text{-}6)$$

式(4-6)为矢量方程，可以进一步用幅值方程和幅角方程来表示。

幅值方程(条件)

$$K^* \frac{\prod\limits_{j=1}^{m} |s - z_j|}{\prod\limits_{i=1}^{n} |s - p_i|} = 1 \qquad (4\text{-}7)$$

幅角方程（条件）

$$\sum_{j=1}^{m} \angle(s - z_j) - \sum_{i=1}^{n} \angle(s - p_i) = \begin{cases} (2k+1)\pi & \text{方程右边为} -1 \text{时} \\ 2k\pi & \text{方程右边为} +1 \text{时} \end{cases} \qquad (4\text{-}8)$$

或

$$\sum_{j=1}^{m} \varphi_j - \sum_{i=1}^{n} \theta_i = \begin{cases} (2k+1)\pi & \text{方程右边为} -1 \text{时} \\ 2k\pi & \text{方程右边为} +1 \text{时} \end{cases} \qquad (4\text{-}9)$$

式中，$\varphi_j = \angle(s - z_j)$；$\theta_i = \angle(s - p_i)$；$k = 0, \pm 1, \pm 2, \cdots$

方程(4-7)、(4-9)是根轨迹上每一个点都应同时满足的两个方程，前者简称幅值条件，后者称幅角条件。根据这两个条件，完全可以确定 s 平面上的根轨迹及所对应的 K^* 值。

从这两个方程中还可以看出，幅值条件与 K^* 有关，而幅角条件与 K^* 无关。因此，满足幅角条件的点代入幅值条件中，总可以求得一个对应的 K^* 值。也就是说，如果满足幅角条件的点，则必定也同时满足幅值条件，所以说，幅角条件是决定系统根轨迹的充分必要条件。显然，绘制根轨迹只需要使用幅角条件，而当需要确定根轨迹线上各点的 K^* 值时才使用幅值条件。下面举例说明其应用。

例 4-1　设负反馈系统的开环传递函数为

$$G(s)H(s) = \frac{K^*(s - z_1)}{s(s - p_2)(s - p_3)}$$

其零、极点分布如图 4-4 所示。

在 s 平面上任取一点 s_1，作为根轨迹上的试探点，画出所有开环零、极点到 s_1 点的向量，然后根据幅角条件检验 s_1 点是否属于根轨迹上的点。

其幅角条件为

$$\sum_{j=1}^{m} \varphi_j - \sum_{i=1}^{n} \theta_i = \varphi_1 - (\theta_1 + \theta_2 + \theta_3) = (2k+1)\pi$$

若上式成立，则 s_1 为根轨迹上的一点。该点对应的根轨迹增益 K^* 可根据幅值条件计算如下

$$K^* = \frac{\prod\limits_{i=1}^{n} |(s - p_i)|}{\prod\limits_{j=1}^{m} |(s - z_j)|} = \frac{BCD}{E}$$

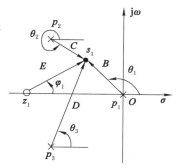

图 4-4　例 4-1 系统开环
极、零点分布图

式中，B、C、D 表示开环各极点到 s_1 点的向量幅值；E 表示开环零点到 s_1 点的向量幅值。

应用幅角条件，可以重复上述过程找到 s 平面上所有的闭环极点。但是在实际绘制根轨迹中，不是采用试探的方法，而是应用以根轨迹方程为基础建立起来的根轨迹法则绘制闭环极点变化的轨迹。

4.2 绘制根轨迹的基本规则

下面讨论系统根轨迹增益 K^* 变化时绘制根轨迹的规则。这些基本规则非常简单,熟练地掌握它,对于分析和设计系统是非常有益的。

4.2.1 180°根轨迹绘制规则

当根轨迹方程满足以下标准形式时,可采用 180°根轨迹绘制规则。

$$K^* \frac{\prod\limits_{j=1}^{m}(s-z_j)}{\prod\limits_{i=1}^{n}(s-p_i)} = -1 \tag{4-10}$$

式中,z_j 为已知的开环零点;p_i 为已知的开环极点;$K^* \in [0, \infty)$。

1. 规则一:根轨迹的起点、终点和分支数

根轨迹起始于开环极点,终止于开环零点。如果开环零点个数 m 少于极点个数 n,则有 $n-m$ 条根轨迹终止于无穷远处。若情况相反,有 $m-n$ 条根轨迹起始于无穷远处。根轨迹的分支数等于 m 和 n 中的较大者。

证明 根轨迹起点是指根轨迹增益 $K^* = 0$ 的根轨迹点,而终点则是指 $K^* \to \infty$ 的根轨迹点。设闭环传递函数为式(4-10)形式,可得闭环系统特征方程

$$\prod\limits_{i=1}^{n}(s-p_i) + K^* \prod\limits_{j=1}^{m}(s-z_j) = 0 \tag{4-11}$$

式中,K^* 可以从零变到无穷大。当 $K^* = 0$ 时,有

$$s = p_i, i = 1, 2, \cdots, n$$

说明 $K^* = 0$ 时,闭环特征方程式的根就是开环传递函数 $G(s)H(s)$ 的极点,所以根轨迹必起于开环极点。

将特征方程(4-11)改写为如下形式

$$\frac{1}{K^*} \prod\limits_{i=1}^{n}(s-p_i) + \prod\limits_{j=1}^{m}(s-z_j) = 0$$

当 $K^* \to \infty$ 时,由上式可得

$$s = z_j, j = 1, 2, \cdots, m$$

所以根轨迹必终于开环零点。

在实际系统中,开环传递函数分子多项式次数 m 与分母多项式次数 n 之间,满足不等式 $m \leqslant n$,因此有 $n-m$ 条根轨迹的终点将在无穷远处。当 $s \to \infty$ 时,式(4-11)的模值关系可以表示为

$$K^* = \lim_{s \to \infty} \frac{\prod\limits_{i=1}^{n}|s-p_i|}{\prod\limits_{j=1}^{m}|s-z_j|} = \lim_{s \to \infty}|s|^{n-m} \to \infty, n > m$$

如果把有限数值的零点称为有限零点,而把无穷远处的零点叫作无限零点,那么根轨迹必终止于开环零点。在把无穷远处看为无限零点的意义下,开环零点数和开环极点数是相等的。

在绘制其他参数变化下的根轨迹时,可能会出现 $m > n$ 的情况。当 $K^* = 0$ 时,必有 $m-n$ 条根轨迹的起点在无穷远处。因为当 $s \to \infty$ 时,有

$$\frac{1}{K^*} = \lim_{s \to \infty} \frac{\prod_{j=1}^{m} |s - z_j|}{\prod_{i=1}^{n} |s - p_i|} = \lim_{s \to \infty} |s|^{n-m} \to \infty, m > n$$

如果把无穷远处的极点看成无穷极点,于是我们同样可以说,根轨迹必起于开环极点。

按照定义,根轨迹是开环系统某一参数从零变到无穷时,闭环特征方程的根在 s 平面上的变化轨迹,因此根轨迹的分支数必与闭环特征方程根的数目相一致。由特征方程(4-11)可见,闭环特征方程根的数目就等于 m 和 n 中的大者,所以根轨迹的分支数必与开环有限零、极点数中的大者相同。

2. 规则二:根轨迹的连续性与对称性

根轨迹的连续性可以用高等数学中的定理得以说明,因为特征根是根轨迹增益 K^* 的函数,K^* 连续,根必然连续。又由于开环传递函数的分子和分母多项式都是实系数多项式,实系数多项式的根要么是实数根,要么是以共轭形式存在的复数根。因此,开环极点和零点只要不在实轴上,总是以共轭的形式出现在 s 平面上,即任何开环共轭复数零点和极点总是对称于实轴,而根轨迹起始于开环极点,终止于开环零点,所以根轨迹也总是对称于实轴,这又称为镜像原理。由此可得,根轨迹是连续且对称于实轴的曲线。

3. 规则三:实轴上的根轨迹

实轴上的根轨迹位于其右侧的开环实数零、极点数之和为奇数的区段。

此结论可用幅角条件来说明:

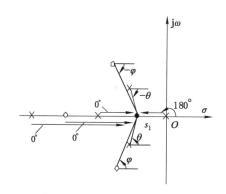

图 4-5　系统开环极、零点分布图

若开环零、极点分布如图 4-5 所示。在实轴上任取一点 s_1,连接所有的开环零、极点。由于复数零点、复数极点都对称于实轴,因此复数零点、复数极点的幅角大小相等,符号相反。可见,它们对于幅角条件没有影响,即复数零、极点对实轴上的根轨迹没有影响。因此只要分析位于实轴上的开环零、极点情况即可。

由于位于 s_1 点左侧的零、极点到 s_1 点的向量,总是指向实轴的正方向,故它们所引起的幅角总为零。只有 s_1 右侧零、极点构成的幅角才为 $-180°$,故根据幅角条件,说明只有实轴上根轨迹区段右侧的开环零、极点数目之和为奇数时,才能满足幅角条件。

4. 规则四:根轨迹的渐近线

当 $n > m$,$K^* \to \infty$ 时,有 $n-m$ 条根轨迹趋于无穷远处,这些根轨迹趋于无穷远处的方位可由渐近线决定。

渐近线与实轴正方向上的夹角 φ_a 为

$$\varphi_a = \frac{(2k+1)\pi}{n-m} \tag{4-12}$$

式中，k 依次取 $k = 0, \pm 1, \pm 2, \cdots$ 直到获得 $n-m$ 个夹角为止。

渐近线与实轴的交点 σ_a 为

$$\sigma_a = \frac{\sum_{i=1}^{n} p_i - \sum_{j=1}^{m} z_j}{n-m} \tag{4-13}$$

证明如下：

根据根轨迹方程(4-10)有

$$\frac{\prod_{i=1}^{n}(s-p_i)}{\prod_{j=1}^{m}(s-z_j)} = -K^*$$

或

$$\frac{s^n - (\sum_{j=1}^{n} p_j)s^{n-1} + \cdots}{s^m - (\sum_{i=1}^{m} z_i)s^{m-1} + \cdots} = -K^*$$

即

$$s^{n-m} - (\sum_{j=1}^{n} p_j - \sum_{i=1}^{m} z_i)s^{n-m-1} + \cdots = -K^*$$

当 K^* 趋于无穷大时，s 也趋于无穷大，此时只研究高次项（即前面两项）已足够准确，考虑 $-1 = e^{j(2k+1)\pi}$，上式又变为

$$s^{n-m} - (\sum_{j=1}^{n} p_j - \sum_{i=1}^{m} z_i)s^{n-m-1} = K^* e^{j(2k+1)\pi}$$

两边开 $n-m$ 次方，并按牛顿二项式公式进行展开，只取其前两项得

$$s\left[1 - \frac{1}{n-m} \cdot \frac{\sum_{j=1}^{n} p_j - \sum_{i=1}^{m} z_i}{s}\right] = K^{*\frac{1}{n-m}} e^{\frac{j(2k+1)}{n-m}\pi}$$

或

$$s = \frac{\sum_{j=1}^{n} p_j - \sum_{i=1}^{m} z_i}{n-m} + K^{*\frac{1}{n-m}} e^{\frac{j(2k+1)}{n-m}\pi} = \sigma_a + K^{*\frac{1}{n-m}} e^{j\varphi_a}$$

式中，$\varphi_a = \dfrac{(2k+1)\pi}{n-m}$ $k = 0, \pm 1, \pm 2, \cdots$

$$\sigma_a = \frac{\sum_{i=1}^{n} p_i - \sum_{j=1}^{m} z_j}{n-m}$$

由此可以求出渐近线方程(4-12)和(4-13)。

复数向量 s-σ_a 如图 4-6 所示。

5. 规则五：根轨迹的分离点和分离角

两条以上根轨迹分支的交点叫作根轨迹的分离点。如果根轨迹位于实轴上两个相邻开环极点之间，则这两个极点之

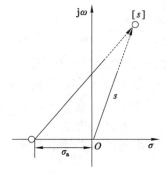

图 4-6 复数向量 $(s$-$\sigma_a)$ 示意图

间至少存在着一个分离点；如果根轨迹位于实轴上两个相邻开环零点之间，则这两个零点之间至少存在着一个分离点；如果根轨迹位于实轴上相邻开环极点与开环零点之间，则在它们之间有可能存在分离点；分离点也有可能以共轭形式成对出现在复平面中。

分离点是当 $K^* > 0$ 时特征方程重根所对应的点。下面介绍求根轨迹分离点和会合点的方法，通常采用重根法。首先把闭环特征方程中的 K^* 分离出来，写成以下形式

$$f(s) = A(s) + K^* B(s) = 0 \qquad (4\text{-}14)$$

式中，$A(s)$ 和 $B(s)$ 为不含 K^* 的 s 多项式，由于分离点和会合点对应特征方程的重根，所以如果方程 $f(s) = 0$ 具有重根 s_1，则必然同时满足 $f(s_1) = 0$ 和 $f'(s_1) = 0$，因为在 $f(s)$ 的一阶导数中，必然包含有重根因子 $(s - s_1)$，所以在重根 $s = s_1$ 点有 $f'(s_1) = 0$。因此，特征方程的重根可由下列联立方程式求解而得

$$\begin{cases} A(s) + K^* B(s) = 0 \\ A'(s) + K^* B'(s) = 0 \end{cases}$$

由上两式消去 K^*，得

$$A(s)B'(s) - A'(s)B(s) = 0 \qquad (4\text{-}15)$$

由式（4-15）得

$$\frac{A'}{A} = \frac{B'}{B}$$

即

$$\frac{\mathrm{d} \ln \prod\limits_{i=1}^{n} (s - p_i)}{\mathrm{d}s} = \frac{\mathrm{d} \ln \prod\limits_{j=1}^{m} (s - z_j)}{\mathrm{d}s}$$

在上式两边相等的情况下，有

$$\sum_{i=1}^{n} \frac{\mathrm{d} \ln (s - p_i)}{\mathrm{d}s} = \sum_{j=1}^{m} \frac{\mathrm{d} \ln (s - z_j)}{\mathrm{d}s}$$

从而可得

$$\sum_{i=1}^{n} \frac{1}{s - p_i} = \sum_{j=1}^{m} \frac{1}{s - z_j} \qquad (4\text{-}16)$$

应当指出，如果上式的阶次较高时，求解过程将较为复杂，而且所求出的重根不一定都是分离点，只有在根轨迹上的重根才是分离点，不在根轨迹上的重根不是分离点。

分离角的定义是根轨迹进入分离点的切线方向与离开分离点的切线方向之间的夹角。当 l 条根轨迹分支进入并立即离开分离点时，分离角 θ_{d} 可由下式确定

$$\theta_{\mathrm{d}} = \frac{(2k+1)\pi}{l} \qquad k = 0, 1, 2, \cdots, l-1 \qquad (4\text{-}17)$$

显然，当 $l = 2$ 时，分离角必为 $90°$。

6. 规 则 六：根 轨 迹 与 虚 轴 的 交 点

根轨迹与虚轴相交，表示系统闭环特征方程式中含有纯虚根 $\pm \mathrm{j}\omega$，系统处于临界稳定状态，因此，将 $s = \mathrm{j}\omega$ 代入特征方程中，得到

$$1 + G(\mathrm{j}\omega)H(\mathrm{j}\omega) = 0$$

或

$$\mathrm{Re}[1 + G(\mathrm{j}\omega)H(\mathrm{j}\omega)] + \mathrm{jIm}[1 + G(\mathrm{j}\omega)H(\mathrm{j}\omega)] = 0$$

令上式实部、虚部分别等于零,得方程组

$$\begin{cases} \text{Re}[1+G(\text{j}\omega)H(\text{j}\omega)] = 0 \\ \text{Im}[1+G(\text{j}\omega)H(\text{j}\omega)] = 0 \end{cases} \tag{4-18}$$

对方程组(4-18)联立求解,即可得到 ω 值及对应的临界开环增益 K(或 K^*)。此外,临界开环增益 K 也可以利用劳斯阵列第一列中包含 K^* 的项等于零求得。因为一对纯虚根是数值相同、符号相异的根,故用求解劳斯阵列中 s^2 行的系数构成的辅助方程求出虚根的数值,该数值即为根轨迹与虚轴相交处的 ω 值。

例 4-2　已知单位负反馈系统开环传递函数为

$$G(s) = \frac{K^*}{s(s+1)(s+4)}$$

试绘制开环根轨迹增益 $K^* \in [0,\infty)$ 变化时系统的根轨迹。

解　(1)作开环零、极点分布图,如图 4-7 所示。图中 $p_1=0$,$p_2=-1$,$p_3=-4$。

(2)根轨迹的起点:$n=3$,故有三个起点,分别起于开环极点$(0,0)$,$(-1,0)$ 和 $(-4,0)$。

(3)实轴上的根轨迹:负实轴的 $[0,-1]$,$[-4,-\infty)$ 区段为根轨迹段。

(4)根轨迹的终点:因为 $m=0$,故 $n-m=3$,有三个终点在无穷远处,即有三条渐近线。

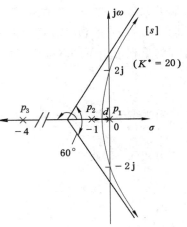

图 4-7　例 4-2 系统的根轨迹

$$\sigma_a = \frac{\sum\limits_{i=1}^{n} p_i - \sum\limits_{j=1}^{m} z_j}{n-m} = \frac{0-1-4}{3} = -\frac{5}{3} \approx -1.7$$

$$\varphi_a = \frac{(2k+1)\pi}{n-m} = 60°、180°、-60°$$

(5)分离点:本例在 p_1,p_2 之间有分离点。

系统的闭环特征方程为

$$f(s) = s^3 + 5s^2 + 4s + K^* = 0$$

分离 K^* 得

$$K^* = -(s^3 + 5s^2 + 4s)$$

将上式关于 s 求导并令其等于零得

$$\frac{dK^*}{ds} = -(3s^2 + 10s + 4) = 0$$

从而解得　　　　　　　　$s_1 = -0.465$,$s_2 = -2.869$

可见 s_2 不在根轨迹线上,故舍弃。$s_1 = -0.465$ 是分离点,分离角为 $\pm 90°$。

(6)根轨迹与虚轴交点:

在系统闭环特征方程中,将 $s=\text{j}\omega$ 代入 $[s(s+1)(s+4)+K^*]|_{s=\text{j}\omega} = 0$,得

$$\begin{cases} -\omega^3 + 4\omega = 0 \\ -5\omega^2 + K^* = 0 \end{cases}$$

解得 $\omega = \pm 2$,$K^* = 20$　　$(K = K^*/4 = 5)$

根据上述计算,可作出根轨迹,如图 4-7 所示。

7. 规则七:根轨迹的出射角、入射角

根轨迹离开开环复数极点处的切线与正实轴的夹角,称为出射角 θ_{p_i};根轨迹进入开环复数零点处的切线与正实轴的夹角,称为入射角 φ_{z_i},它们分别如图 4-8(a)、(b)所示。

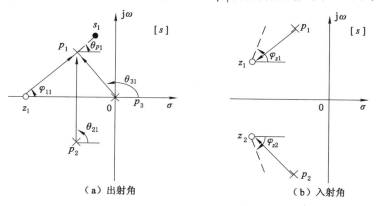

（a）出射角　　　　　　　（b）入射角

图 4-8　出射角和入射角

下面以图 4-8(a)所示的开环零、极点分布为例,说明出射角的求取。在图 4-8(a)根轨迹线上靠近 p_1 点取一点 s_1,根据辐角条件则有

$$\angle(s_1 - z_1) - \angle(s_1 - p_1) - \angle(s_1 - p_2) - \angle(s_1 - p_3)$$
$$= (2k+1)180°$$

当 s_1 无限地靠近 p_1 点时,则各开环零、极点指向 s_1 点的向量就成为各开环零、极点指向 p_1 点的向量,这时 $\angle(s_1 - p_1)$ 即为出射角 θ_{p_1},则有

$$\theta_{p_1} = \varphi_{11} - \theta_{21} - \theta_{31} + (2k+1)180° \tag{4-19}$$

将上面分析结果推广到一般情况有

$$\theta_{p_i} = 180° + \sum_{j=1}^{m} \varphi_{ji} - \sum_{\substack{j=1 \\ j \neq i}}^{n} \theta_{ji} \tag{4-20}$$

根据类似分析,可得到入射角的一般表达式

$$\varphi_{z_i} = 180° + \sum_{\substack{j=1 \\ j \neq i}}^{n} \theta_{ji} - \sum_{j=1}^{m} \varphi_{ji} \tag{4-21}$$

例 4-3　已知控制系统开环传递函数为

$$G(s)H(s) = \frac{K^*(s+2)}{s(s+3)(s^2+2s+2)}$$

试绘制开环根轨迹增益 $K^* \in [0, \infty)$ 变化时系统的根轨迹。

解　（1）作开环零、极点分布如图 4-9 所示。

（2）因为 $n=4$,因此有四条根轨迹分支。

其起点分别为四个开环极点。又因为 $m=1$,故有一条根轨迹分支终止于开环零点;$n-m=3$,故有三条根轨迹分支终止于无穷远处。

（3）渐近线:因为有三条根轨迹分支终止于无穷远处,故有三条渐近线。

$$\sigma_a = \frac{-3-1+j-1-j+2}{3} = -1$$

$$\varphi_a = \frac{(2k+1)180°}{3} = \pm 60°, 180°$$

（4）根轨迹与虚轴交点：令 $s = j\omega$ 代入系统闭环特征方程中，得

$$[s(s+3)(s^2+2s+2)+K^*(s+2)]|_{s=j\omega} = 0$$

分别令上式的实部和虚部等于零，得

$$\begin{cases} \omega^4 - 8\omega^2 + 2K^* = 0 \\ -5\omega^3 + (K^*+6)\omega = 0 \end{cases}$$

解上述方程组，并舍去无意义值，得

$$\omega = \pm 1.61; \quad K^* = 7 \quad (K = 7/3)$$

（5）复数极点的出射角

根据式（4-20）得

$$\theta_{P_3} = 180° + \varphi_{13} - \theta_{13} - \theta_{23} - \theta_{43} \qquad (4-22)$$

在图 4-9 中测量（或计算）得

$$\theta_{13} = 135° \quad \theta_{23} = 22.6°$$

$$\theta_{43} = 90° \quad \varphi_{13} = 45°$$

将这些角度代入公式（4-22）求出

$$\theta_{P_3} = -22.6°$$

利用根轨迹的对称性可知

$$\theta_{P_4} = 22.6°$$

至此，即可绘出概略根轨迹图，如图 4-9 所示。

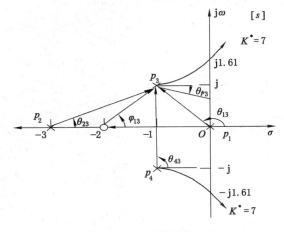

图 4-9　图 4-3 系统根轨迹图

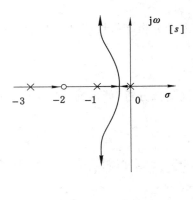

图 4-10　例 4-4 系统根轨迹图

例 4-4　已知控制系统开环传递函数为

$$G(s)H(s) = \frac{K^*(s+2)}{s(s+1)(s+3)}$$

试绘制开环根轨迹增益 $K^* \in [0, \infty)$ 变化时系统的根轨迹。

解　（1）作出开环零、极点分布图如图 4-10 所示。

（2）因为 $n=3$，因此有三条根轨迹分支，其起点分别为三个开环极点。又因为 $m=1$，故有一条根轨迹分支终止于开环零点；$n-m=2$，故有两条根轨迹分支终止于无穷远处。

（3）渐近线：因为有两条根轨迹分支终止于无穷远处，故有两条渐近线

$$\varphi_a = \frac{(2k+1)180°}{2} = \pm 90°$$

$$\sigma_a = \frac{-1-3+2}{2} = -1$$

（4）在实轴上，$[0,-1]$，$[-3,-2]$ 之间是根轨迹线段。

（5）分离点：实轴上两个极点之间若是根轨迹线段，其根轨迹线上必存在分离点。

$$\frac{1}{s} + \frac{1}{s+1} + \frac{1}{s+3} = \frac{1}{s+2}$$

整理得

$$s^3 + 5s^2 + 8s + 3 = 0$$

在两个极点 -1 和 0 之间存在分离点，取二者的中点 -0.5 进行试探，若不是分离点，重新试取并再一次进行试探，经几次试取就可以获得分离点，本例实轴上的 -0.54 是分离点。

至此，即可绘出概略根轨迹图，如图 4-10 所示。

4.2.2　0°根轨迹绘制规则

当根轨迹方程满足以下标准形式时，可采用 0°根轨迹绘制规则。

$$K^* \frac{\prod\limits_{j=1}^{m}(s-z_j)}{\prod\limits_{i=1}^{n}(s-p_i)} = +1 \tag{4-23}$$

式中，z_j 为已知的开环零点；p_i 为已知的开环极点；$K^* \in [0,\infty)$。

需要对根轨迹绘制规则做如下修改：

（1）规则三：实轴上存在根轨迹的条件是其右边的开环零、极点数目之和为偶数。

（2）规则四：渐近线与实轴正方向上的夹角 φ_a 为

$$\varphi_a = \frac{\pm 2k\pi}{n-m}, k=0,1,2,\cdots \tag{4-24}$$

（3）规则七：根轨迹的出射角、入射角的计算公式为

$$\theta_p = \sum_{j=1}^{m}\varphi_{ji} - \sum_{\substack{j=1 \\ j\neq i}}^{n}\theta_{ji} \tag{4-25}$$

$$\varphi_z = \sum_{j=1}^{n}\theta_{ji} - \sum_{\substack{j=1 \\ j\neq i}}^{m}\varphi_{ji} \tag{4-26}$$

除了上述 3 条规则修改外，其他规则均不变。

例 4-5　设正反馈系统的开环传递函数为

$$G(s)H(s) = \frac{K^*}{s(s+1)(s+5)}$$

试绘制开环根轨迹增益 $K^* \in [0,\infty)$ 变化时的根轨迹。

解　由于该正反馈控制系统根轨迹方程满足式（4-23）标准形式，因此当 K^* 从 $0 \rightarrow \infty$ 变化时的根轨迹是 0°根轨迹，则利用 0°根轨迹法则绘制该系统的闭环根轨迹，步骤如下：

（1）根轨迹起点在 0、-1，-5，共有三支，终点均在无穷远处；

（2）渐近线与实轴相交于 -2，夹角由式(4-24)计算，结果为 $0°$，$120°$，$240°$；

（3）实轴上根轨迹的区间为 $[-5,-1]$ 和 $[0,+\infty)$；

（4）根轨迹的分离点由式(4-16)计算得 $s_1=-3.52$ 或 $s_2=-0.48$，由于 -0.48 不在根轨迹上，所以根轨迹分离点为 -3.52，分离角为 $\pm90°$。

该 $0°$ 根轨迹如图 4-11 所示。

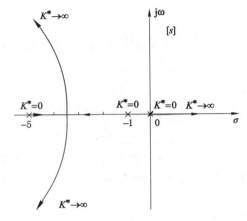

图 4-11　例 4-5 系统根轨迹

若正反馈系统的开环传递函数为

$$G(s)H(s)=K^*\frac{\prod\limits_{j=1}^{m}(s-z_j)}{\prod\limits_{i=1}^{n}(s-p_i)}$$

则根轨迹方程(4-23)可以写为

$$K^*\frac{\prod\limits_{j=1}^{m}(s-z_j)}{\prod\limits_{i=1}^{n}(s-p_i)}=1 \qquad (4-27)$$

与负反馈系统的根轨迹方程(4-10)比较可知，正反馈系统的根轨迹就是开环传递函数相同的负反馈系统当根轨迹增益 K^* 从 $0\rightarrow-\infty$ 时的根轨迹。因此，可将负反馈系统和正反馈系统的根轨迹合并，得到 $K^*\in(-\infty,\infty)$ 整个区间的根轨迹。

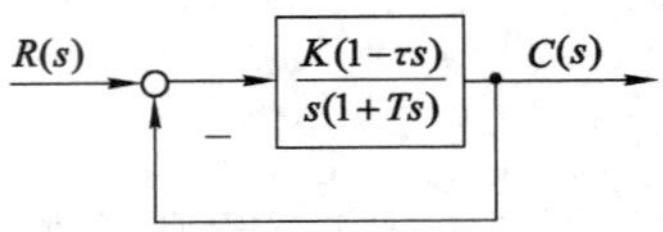

在应用中，除了上述正反馈时用到 $0°$ 根轨迹之外，对于某些负反馈系统作图时，有时也要用到 $0°$ 根轨迹。比如，对于图 4-12 所示的负反馈系统，其开环传递函数为

图 4-12　非最小相位系统

$$G(s)H(s)=\frac{K(1-\tau s)}{s(1+Ts)}=\frac{-K\tau\left(s-\dfrac{1}{\tau}\right)}{s\left(s+\dfrac{1}{T}\right)}=-K^*\frac{(s-z)}{s(s+p)}$$

根据根轨迹方程 $G(s)H(s)=-1$，得

$$K^* \frac{(s-z)}{s(s+p)} = 1$$

上式与式(4-27)有相同的形式,即当 K^* 从 0 变化到 ∞ 时,应采用 0° 根轨迹规则绘制。

4.2.3　特殊形状根轨迹的绘制

需要指出的是,根轨迹绘制规则是工程中绘制根轨迹近似形状的常用方法,但不能确定根轨迹的精确形状。一些特殊形状的根轨迹,我们可以利用幅角条件绘制其精确形状。下面举例说明。

例 4-6　设负反馈系统开环传递函数为

$$G(s)H(s) = \frac{K^*(s+1)}{(s+0.1)(s+0.5)}$$

试绘制开环根轨迹增益 $K^* \in [0,\infty)$ 变化时系统的根轨迹,并证明复平面上的根轨迹是圆。

解　该系统满足180°根轨迹规则,绘制步骤如下:

(1) 根轨迹共有 2 条,起点在开环极点 -0.1、-0.5,一支根轨迹终止于开环零点 -1,另一支根轨迹沿负实轴终止于无穷远处。

(2) 实轴上根轨迹在区间 $(-\infty, -1]$ 和 $[-0.5, -0.1]$。

(3) 实轴上分离点满足

$$\frac{1}{s+0.1} + \frac{1}{s+0.5} = \frac{1}{s+1}$$

解得 $s_1 = -0.33$,$s_2 = -1.67$。

(4) 复平面上的根轨迹是圆。证明如下。

设 s 点在根轨迹上,应满足根轨迹的幅角条件,即

$$\angle(s+1) - \angle(s+0.1) - \angle(s+0.5) = 180°$$

将 $s = \sigma + j\omega$ 代入,得

$$\angle(\sigma + j\omega + 1) - \angle(\sigma + j\omega + 0.1) = 180° + \angle(\sigma + j\omega + 0.5)$$

即:

$$\arctan \frac{\omega}{1+\sigma} - \arctan \frac{\omega}{0.1+\sigma} = 180° + \arctan \frac{\omega}{0.5+\sigma} \qquad (4-28)$$

利用反正切公式,即

$$\arctan x \mp \arctan y = \arctan \frac{x \mp y}{1 \pm xy}$$

式(4-28)可写为

$$\frac{\dfrac{\omega}{1+\sigma} - \dfrac{\omega}{0.1+\omega}}{1 + \dfrac{\omega}{1+\sigma} \cdot \dfrac{\omega}{0.1+\omega}} = \frac{\omega}{0.5+\sigma}$$

化简后可得

$$\frac{(0.1-1)\omega}{(1+\sigma)(0.1+\sigma) + \omega^2} = \frac{\omega}{0.5+\sigma}$$

经整理得

$$(\sigma+1)^2+\omega^2=0.67^2 \tag{4-29}$$

式(4-29)为一个圆的方程,圆心位于$(-1,j0)$点,半径为0.67。此圆与实轴的交点就是根轨迹在实轴上的分离点。完整的根轨迹如图 4-13 所示。

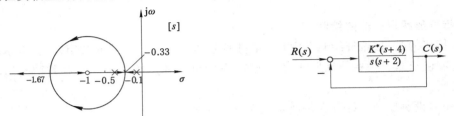

图 4-13 例 4-6 的根轨迹图   图 4-14 例 4-7 系统结构图

例 4-7 已知系统结构图如图 4-14 所示。试画出当 K^* 由 $0\to\infty$ 变化时的闭环根轨迹,并分析 K^* 对系统动态过程的影响。

解 系统开环传递函数有两个极点 $p_1=0,p_2=-2$,有一个零点 $z_1=-4$。可以证明,此类带零点的二阶系统的根轨迹,其复数部分为一个圆,其圆心在开环零点处,半径为零点到分离点的距离。系统根轨迹的分离点为 $d_1=-1.172,d_2=-6.83$,其根轨迹如图 4-15 所示。

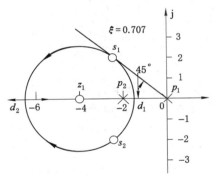

图 4-15 例 4-7 的根轨迹图

利用幅值方程求得 d_1 处对应的开环增益

$$K_1^*=\frac{|d_1||d_1+2|}{|d_1+4|}=\frac{1.172\times0.828}{2.828}=0.343$$

$$K_1=2K_1^*=0.686$$

同样求得 d_2 处对应的开环增益

$$K_2^*=11.7,K_2=23.4$$

当开环增益在$(0\sim0.686)$范围内,闭环为两个负实数极点,系统在阶跃信号作用下,其响应是非周期的。

当开环增益在$(0.686\sim23.4)$范围内,闭环为一对共轭复数极点,其阶跃响应为衰减振荡过程。

当开环增益在$(23.4\sim\infty)$范围内,闭环又为负实数极点,其阶跃响应应为非周期的。

下面求系统最小阻尼比对应的闭环极点。

过原点作与根轨迹圆相切的直线,此切线与负实轴夹角的余弦,即为系统的阻尼比,得

$$\xi = \cos \beta = \cos 45° = 0.707$$

阻尼比 $\xi = 0.707$ 时所对应的闭环极点由图 4-15 求得

$$s_{1,2} = -2 \pm j2$$

由于最小阻尼比为 0.707,故系统阶跃响应具有较好平稳性。

图 4-16 中,列出几种常见的开环零、极点分布图及相应的 180°根轨迹,供绘制根轨迹做参考。

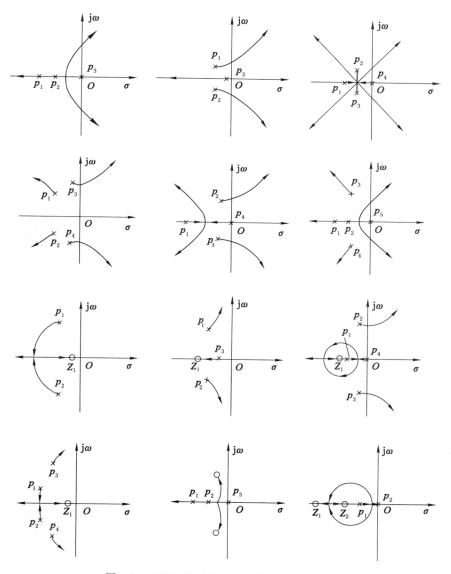

图 4-16　开环零、极点分布及其相应的根轨迹

4.3 参数根轨迹

以上所讨论的是开环根轨迹增益 K^* 变化时系统的根轨迹。在许多控制系统的设计问题中,常常还需研究其他参数变化,例如某些开环零、极点、时间常数、反馈比例系数等作为可变参数所绘制的根轨迹,这种以 K^* 以外的参数作为变量的根轨迹,称为参数根轨迹。绘制参数根轨迹的法则与绘制常规根轨迹的法则完全相同,只要在绘制参数根轨迹之前,引入等效单位反馈系统和等效开环传递函数的概念,则常规根轨迹的所有绘制法则,均适用于参数根轨迹的绘制。为此,需要对闭环特征方程

$$1 \pm G(s)H(s) = 0 \tag{4-30}$$

进行等效变换,将其写为如下形式

$$A \frac{P(s)}{Q(s)} = \mp 1 \tag{4-31}$$

其中,A 为除 K^* 外,系统任意的变化参数,而 $P(s)$ 和 $Q(s)$ 为两个与 A 无关的首一多项式。显然,式(4-31)应与式(4-30)相等,即

$$Q(s) \pm AP(s) = 1 \pm G(s)H(s) = 0 \tag{4-32}$$

根据式(4-32),可得等效单位反馈系统,其等效开环传递函数为

$$G_1(s)H_1(s) = A \frac{P(s)}{Q(s)} \tag{4-33}$$

利用式(4-33)画出的根轨迹,就是参数 A 变化时的参数根轨迹。需要强调指出,等效开环传递函数是根据式(4-32)得来的,因此"等效"的含义仅在闭环极点相同这一点上成立,而闭环零点一般是不同的。由于闭环零点对系统动态性能有影响,所以由闭环零、极点分布来分析和估算系统性能时,可以采用参数根轨迹上的闭环极点,但必须采用原来闭环系统的零点。

4.3.1 开环零点变化时的根轨迹

设负反馈系统的开环传递函数为

$$G(s)H(s) = \frac{K^*(s - z_1)}{s(s^2 + 2s + 1)} \tag{4-34}$$

式中,K^* 为开环根轨迹增益,为已知常数;z_1 是开环零点。

现在要研究当 z_1 从 0 变化到 ∞ 时,系统的闭环根轨迹变化情况。这显然不能直接使用常规根轨迹法,但是考虑到闭环系统常规根轨迹方程是从闭环特征方程推导出来的,由于不管是 K^* 变化还是 z_1 变化,闭环系统特征方程是相同的,这样我们就可以仿照关于 K^* 变化的常规根轨迹方程写出关于 z_1 变化的参数根轨迹方程。首先从特征方程式相同出发,引入等效开环传递函数的概念。然后就可以用常规根轨迹所有法则来绘制参数根轨迹。下面以式(4-34)所描述的具体系统为例,说明什么是等效开环传递函数,以及等效开环传递函数的一般求法。

式(4-34)所对应的闭环特征方程为

$$D(s) = s(s^2 + 2s + 1) + K^* s - K^* z_1 = 0 \tag{4-35}$$

对式(4-35)进行等效变换,可写成

$$\frac{-K^* z_1}{s(s^2 + 2s + 1) + K^* s} + 1 = 0 \tag{4-36}$$

令

$$G_1(s)H_1(s) = \frac{-K^* z_1}{s(s^2 + 2s + 1) + K^* s} \tag{4-37}$$

式(4-37)就是等效开环传递函数。显然,利用式(4-37)就可画出关于零点变化的根轨迹,它就是参数根轨迹。

例 4-8　已知单位负反馈系统的开环传递函数为

$$G(s)H(s) = \frac{5(1 + T_d s)}{s(1 + 5s)}$$

试画出 T_d 从 $0 \to \infty$ 变化时的闭环系统根轨迹。

解　求出等效开环传递函数,闭环特征方程为

$$D(s) = 5s^2 + s + 5T_d s + 5 = 0$$

$$G_1(s)H_1(s) = A \frac{P(s)}{Q(s)} = \frac{T_d s}{s^2 + 0.2s + 1}$$

根据等效开环传递函数,利用常规根轨迹绘制法则,画出 T_d 从 $0 \to \infty$ 变化的参数根轨迹。

(1) $n = 2$,有两条根轨迹。

(2) 两条根轨迹分别起于开环极点 $-0.1 + j0.995$,$-0.1 - j0.995$,终于零点和无穷远处。

(3) 实轴上的根轨迹在 $(-\infty, 0]$ 区间。

(4) 渐近线与实轴的交点和夹角。

$$\sigma_0 = \frac{\sum\limits_{i=1}^{2} p_i - \sum\limits_{j=1}^{1} z_j}{n - m} = \frac{0.1 - j0.995 + 0.1 + j0.995}{2 - 1} = -0.2$$

$$\alpha = \pm \frac{(2k + 1)\pi}{n - m} = \pm \pi \qquad (k = 0)$$

当 $n - m = 1$ 时,根据根轨迹对称性,渐近线一定在实轴上,一般可不必计算 φ_a,σ_0。

(5) 分离点坐标 s。

$$\sum_{i=1}^{2} \frac{1}{s + p_i} = \sum_{j=1}^{1} \frac{1}{s + z_j}$$

$$\frac{1}{s + 0.1 - j0.995} + \frac{1}{s + 0.1 + j0.995} = \frac{1}{s}$$

得　　　　$s_1 = -1$,$s_2 = 1$(舍去)

(6) 出射角。

$$\theta_{p1} = 180° - \theta_{p2} - \varphi_z = 180° - 90° + 95.74° = 185.74°$$

$$\theta_{p2} = -185.74°$$

(7) 根轨迹如图 4-17 所示。不难证明,该根轨迹在复平面上部分是以零点为圆心,以零点到分离点之间距离为半径的圆的一部分。

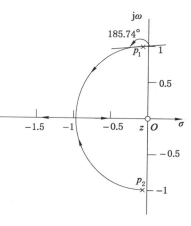

图 4-17　例 4-8 题根轨迹图

4.3.2　开环极点变化时的根轨迹

设单位负反馈系统的开环传递函为

$$G(s)H(s) = \frac{K^*}{s(s+2)(s-p_1)}$$

式中，K^* 为开环根轨迹增益，为已知常数；p_1 是系统的开环极点。现在研究 p_1 从 $0 \to \infty$ 变化的根轨迹，显然这也是参数根轨迹，它的等效开环传递函数为

$$G_1(s)H_1(s) = \frac{-p_1(s^2+2s)}{s^3+2s^2+K^*} \tag{4-38}$$

根据等效开环传递函数式(4-38)可以画出开环极点 p_1 变化时的参数根轨迹。

例 4-9　已知系统的开环传递函数为

$$G(s)H(s) = \frac{K}{s(s+1)(T_a s+1)}$$

试绘制当开环增益 K 为 $\frac{1}{2}$、1、2 时，时间常数 T_a 从 $0 \to \infty$ 变化时的根轨迹。

解　求 T_a 从零变化到无穷时的闭环根轨迹，显然是求参数根轨迹，而且 K 为不同值时，将是一簇参数根轨迹。系统特征方程为

$$D(s) = s(s+1)(T_a s+1) + K = 0$$

等效开环传递函数为

$$G_1(s)H_1(s) = \frac{T_a s^2(s+1)}{s^2+s+K}$$

等效开环传递函数有 3 个零点，即 $z_1=0$、$z_2=0$、$z_3=-1$，有 2 个极点，根据不同的 K 值可计算出极点为

- 取 $K=\frac{1}{2}$，$p_1=-0.5+j0.5$，$p_2=-0.5-j0.5$；
- 取 $K=1$，$p_1=-0.5+j0.87$，$p_2=-0.5-j0.87$；
- 取 $K=2$，$p_1=-0.5+j1.32$，$p_2=-0.5-j1.32$。

然后根据常规根轨迹的绘制法则可绘制出参数根轨迹。

(1) $n=2$，$m=3$，则有 3 条根轨迹。

(2) 起于开环有限极点 p_1、p_2，和无穷远极点，终于开环零点 z_1、z_2、z_3。

(3) 实轴上根轨迹在 $(-\infty, -1]$ 区间。

(4) 求出射角与入射角。当 K 为不同值时，可分别计算出出射角

$$\theta_{p1} = 180° - \theta_{p_2 p_1} + \varphi_{z_1 p_1} + \varphi_{z_2 p_1} + \varphi_{z_3 p_1}$$

- 取 $K=\frac{1}{2}$，$\theta_{p_1}=180°-90°+135°+135°+45°=405°$，$\theta_{p2}=-405°$；
- 取 $K=1$，$\theta_{p1}=180°-90°+119°+119°+60.1°=389.9°$，$\theta_{p2}=-389.9°$；
- 取 $K=2$，$\theta_{p1}=180°-90°+110.76°+110.76°+69.25°=380.77°$，$\theta_{p2}=-380.77°$。

(5) 求与虚轴的交点。当取不同 K 值时，利用 $s=j\omega$ 求解特征方程的解，可求出与虚轴相交时的 T_a 值和 ω 值。系统闭环特征方程为

$$D(s) = T_a s^2(s+1) + s^2 + s + K = 0$$

令 $s=j\omega$，代入上式，可得方程组

$$\begin{cases} -T_a\omega^3 + \omega = 0 \\ -T_a\omega^2 - \omega^2 + K = 0 \end{cases}$$

求解方程组，当

- 取 $K = \dfrac{1}{2}$ 时，T_a 和 ω 无解，则无交点。
- 取 $K = 1$ 时，T_a 和 ω 无解，则无交点。
- 取 $K = 2$ 时，$T_a = 1$，$\omega = \pm 1$。

根轨迹如图 4-18 所示。

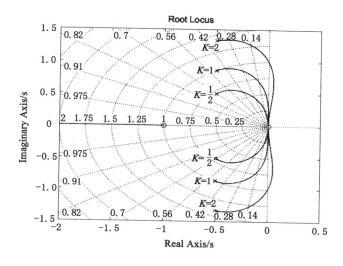

图 4-18　例 4-9 题根轨迹图（MATLAB）

4.4　根轨迹分析法

根轨迹分析法是根据系统的结构和参数绘制出系统的根轨迹图后，利用根轨迹图来对系统进行性能分析的方法。它包括：

（1）由给定参数确定闭环系统零、极点的位置，以确定系统的稳定性；

（2）计算系统的动态性能和稳态性能；

（3）根据性能要求确定系统的参数等。

在对系统进行分析的基础上，还可应用根轨迹法进行系统的设计。现讨论以下几个问题。

4.4.1　闭环零极点与系统性能分析

在经典控制理论中，控制系统设计的重要评价取决于系统的单位阶跃响应。应用根轨迹法，可以迅速确定系统在某一开环增益或某一参数值下的闭环零、极点位置，从而得到相应的闭环传递函数。这时，可以利用拉氏反变换法确定系统的单位阶跃响应，由阶跃响应不难求出系统的各项性能指标。然而，在系统初步设计过程中，重要的方面往往不是如何求出系统的阶跃响应，而是如何根据已知的闭环零、极点去定性地分析系统的性能。

如果闭环系统有两个负实极点 p_1 和 p_2，如图 4-19 所示，那么单位阶跃响应是单调的。

如果两个实极点相距较远,则动态过程主要决定于离虚轴近的极点。一般当 $|p_2| \gg |p_1|$ 时,可忽略极点 p_2 的影响。

如果闭环极点为一对复极点,如图 4-20 所示,那么单位阶跃响应是衰减振荡型的,它由两个特征参数决定,即阻尼比 ξ(或阻尼角 $\theta = \arccos \xi$)和自然振荡角频率 ω_n。

假设 ω_n 不变,则随着阻尼角 θ 的改变,极点将沿着以 ω_n 为半径的圆弧移动。当 $\theta = 0$,$\xi = 1$ 时,一对复极点会合于实轴,出现实数重根,系统工作在临界阻尼状态,没有超调。当 $\theta = 90°$,$\xi = 0$ 时,一对复极点分别到达虚轴,出现共轭虚根,系统呈等幅振荡。复极点的阻尼角决定着二阶系统的超调量,θ 越小(即 ξ 越大),则超调量越小。它和超调量的关系见图 4-21,从图中可以看出,有相同阻尼比的复极点,且位于同一条射线上,如图 4-22 所示的射线称为等阻尼线。在同一条阻尼线上的复极点,将有相同的超调量。

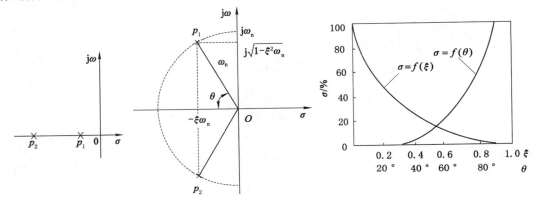

图 4-19　两个负实极点　　　图 4-20　一对复极点　　　图 4-21　σ 与 ξ、θ 的关系

假设 θ 不变,则随着 ω_n 增大,极点将沿矢量方向延伸,于是它的实部 $-\xi\omega_n$ 和虚部 $\sqrt{1-\xi^2}\,\omega_n$ 的模都增大。增大 $\xi\omega_n$ 会加快系统的响应速度,而增大 $\sqrt{1-\xi^2}\,\omega_n$ 会增大系统的阻尼振荡角频率,其结果将促使系统以较快速度到达稳定工作状态。

$\xi\omega_n$ 是表征系统指数衰减的系数,它决定系统的调节时间。有相同 $-\sigma = -\xi\omega_n$ 的系统(见图 4-23),将有相同的衰减速度和大致相同的调节时间。

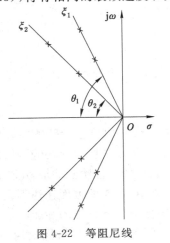
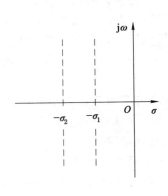

图 4-22　等阻尼线　　　　　　　　图 4-23　等衰减系数线

如果闭环系统除一对复极点外还有一个零点,如图 4-24 所示,则将增大超调量。但是,如果 $\xi \leqslant 0.5, z_1 \geqslant 4\xi\omega_n$,则可以不计零点的影响,直接用二阶系统的指标来分析系统的动态品质。

如果闭环系统除一对复极点外还有一个实极点,如图 4-25 所示,则系统超调量减小,调节时间增长。但是当实极点与虚轴的距离比复极点与虚轴的距离大 5 倍以上时,可以不考虑这一负极点的影响,直接用二阶系统的指标来分析系统的动态品质。

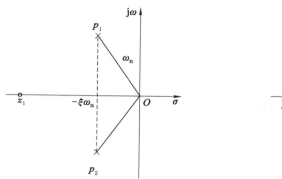

图 4-24　一对复极点和一个零点　　　　　图 4-25　一对复极点和一个实极点

用根轨迹法分析系统动态品质的最大优点是可以看出开环系统放大系数(或其他参数)变化时,系统动态品质怎样变化。以图 4-7 为例:当 $K^* = 20$ 时,闭环系统有一对极点位于虚轴,系统处于稳定边界。当 $K^* = 0.88$ 时,两个极点重合在 $p_{1,2} = -0.476$,这时 $p_3 = -4.07$。当进一步减小 K^*,将有一个极点沿实轴向原点靠拢,动态响应越来越慢。如果给定 $K^* = 3$,这时一对复极点为 $-0.39 \pm j0.745$,另一个极点为 $p_3 = -4.22$。由于 p_3 比复极点的实部大得多,完全可以忽略 p_3 的影响。这样,就可以用二阶系统的指标来分析系统动态品质。由图可得 $\xi\omega_n = 0.39, \omega_n = 0.84$,故阻尼比 $\xi = 0.46$。由二阶系统动态指标可以求得 $\sigma\% = 21\%, t_s = \dfrac{3}{\xi\omega_n} = 7.69$ s。

4.4.2　开环零点对系统根轨迹的影响

增加开环零点将引起系统根轨迹形状的变化,从而影响闭环系统的稳定性及其暂态响应性能,下面以三阶系统为例来说明。

设系统的开环传递函数为

$$G(s)H(s) = \frac{K}{s(T_1 s + 1)(T_2 s + 1)} = \frac{K^*}{s(s + p_1)(s + p_2)} \quad (p_2 > p_1)$$

式中,$p_1 = \dfrac{1}{T_1}, p_2 = \dfrac{1}{T_2}, K^* = \dfrac{K}{T_1 T_2}$。为分析和绘制根轨迹方便,设 $p_1 = 1, p_2 = 2$。该控制系统的根轨迹如图 4-26(a)所示。从图中可以看出,当系统根轨迹增益 K^* 取值超过临界值 $K_1(K_1 = 6)$ 时,系统将变成不稳定。如果在系统中增加一个开环零点,系统的开环传递函数变为

$$G(s)H(s) = \frac{K^*(s + z)}{s(s + p_1)(s + p_2)}$$

下面来研究开环零点在下列三种情况下系统的根轨迹。

(1) $z > p_2 > p_1$。设 $z = 3.6$，则相应系统的根轨迹如图 4-26(b)所示。由于增加一个开环零点，根轨迹相应发生变化。根轨迹仍有三个分支，其中一个分支将始于极点 $-p_2 = -2$，终止于开环零点 $-z = -3.6$；相应渐近线变为 $n-m = 2$ 条，渐近线与实轴正方向的夹角为 $90°$、$270°$，渐近线与实轴的交点坐标为 $(0.3, j0)$，根轨迹与实轴的分离点坐标为 $(-0.46, j0)$；与虚轴的交点坐标为 $(0, \pm j2\sqrt{3})$，相应的 $K_1 = 10$。

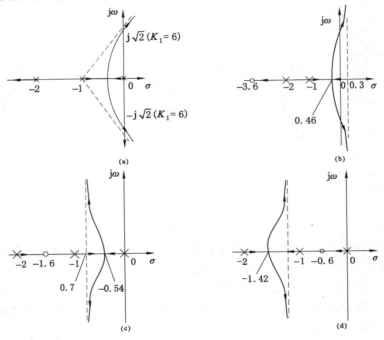

图 4-26 开环零点对根轨迹的影响

从根轨迹形状变化看，系统性能的改善不显著，当系统增益超过临界值时，系统仍将变得不稳定，但临界根轨迹增益和临界频率都有所提高。

(2) $p_2 > z > p_1$。设 $z = 1.6$，相应的根轨迹如图 4-26(c)所示。根轨迹的一条分支始于极点 $-p_2 = -2$，终止于增加的开环零点 $-z = -1.6$；其余两条分支的渐近线与实轴的交点坐标为 $(-0.7, j0)$，渐近线与实轴正方向的夹角仍为 $90°$、$270°$；根轨迹与实轴的分离点坐标为 $(-0.54, j0)$。当根轨迹离开实轴后，由于零点的作用将向左弯曲，此时系统的开环增益取任何值时系统都将稳定。闭环系统有三个极点，如果设计得合适，系统将有两个共轭复数极点和一个实数极点，并且共轭复数极点距虚轴较近，即为共轭复数主导极点。在这种情况下，系统可近似看成一个二阶欠阻尼系统来进行分析。

(3) $p_2 > p_1 > z$。设 $z = 0.6$，相应系统根轨迹如图 4-25(d)所示。根轨迹的一条分支起始于极点 $-p = 0$，终止于新增加的开环零点 $-z = -0.6$；其余两个根轨迹分支的渐近线与实轴的交点坐标为 $(-1.2, j0)$，渐近线与实轴正方向的夹角为 $90°$、$270°$；根轨迹与实轴的分离点坐标为 $(-1.42, j0)$。在此情况下，闭环复数极点距离虚轴较远，而实数极点却距离虚轴较近，这说明系统将有较低的动态响应速度。

从以上三种情况来看,一般第二种情况比较理想,这时系统具有一对共轭复数主导极点,其动态响应性能指标也比较令人满意。

可见,增加开环零点将使系统的根轨迹向左弯曲,并在趋向于附加零点的方向发生变形。如果设计得当,控制系统的稳定性和动态响应性能指标均可得到显著改善。在随动系统中串联超前网络校正,在过程控制系统中引入比例微分调节,即属于此种情况。

4.4.3 开环极点对系统根轨迹的影响

设系统的开环传递函数

$$G(s)H(s) = \frac{K^*}{s(s+p_1)}, p_1 > 0$$

其对应的系统根轨迹如图 4-27(a)所示。

若系统增加开环极点,开环传递函数变为

$$G(s)H(s) = \frac{K^*}{s(s+p_1)(s+p_2)}, p_2 > p_1$$

其相应的根轨迹如图 4-27(b)所示。

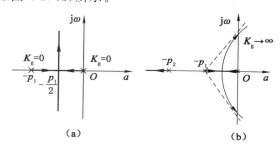

图 4-27 开环极点对系统根轨迹的影响

增加极点使系统的阶次增高,渐近线变为三条,其中两条的倾角由原来的 $\pm 90°$ 变到 $\pm 60°$。实轴上的分离点也发生偏移。当 $p_1 = 1, p_2 = 2$ 时,分离点则从原来的 $(-0.5, j0)$ 变到 $(-0.422, j0)$。由于新极点在 s 平面的任一点上都要产生一个负相角,因而原来极点产生的相角必须改变,以满足相角条件,于是根轨迹将向右弯曲,使对应同一个 K^* 值的复数极点的实数部分和虚数部分数值减小,因而系统的调节时间加长,振荡频率减小。原来的二阶系统无论 K^* 值多大,系统都是稳定的,而增加开环极点后的三阶系统,在 K^* 值超过某一临界值就变得不稳定了,这些都是不希望的。因此,一般不单独增加开环极点。但也有例外,如极点用于限制系统的频带宽度。

4.4.4 开环偶极子对系统性能的影响

在系统的校正中,常在系统中附加一对非常接近坐标原点的偶极子来改善系统的稳态性能。这对零点、极点彼此相距很近,又非常靠近原点,且极点位于零点右边。下面来分析系统中附加偶极子后所产生的影响。

在开环系统中附加下述网络

$$\frac{Ts+1}{\beta Ts+1} = \frac{1}{\beta} \frac{s+\dfrac{1}{T}}{s+\dfrac{1}{\beta T}}$$

如果使上述网络的极点和零点彼此靠得很近,即为开环偶极子,则有

$$\frac{1}{\beta}\frac{s+\dfrac{1}{T}}{s+\dfrac{1}{\beta T}} \approx \frac{1}{\beta}\angle 0° \tag{4-39}$$

这意味着附加开环偶极子对原来系统的根轨迹几乎没有影响,只是在 s 平面的原点附近有较大的变化。它们不会影响系统的主导极点位置,因而对系统的动态响应性能影响很小。但由式(4-39)可以看出,在不影响系统稳定性和动态响应性能指标的情况下,系统的增益却提高了约 β 倍。如果开环偶极子点距原点很近,β 值可以很大。系统开环增益增大意味着稳态误差系数的增大,也即意味着系统稳态性能的改善。

例如图 4-28(a)所示的系统,其开环传递函数为

$$G(s)H(s) = \frac{1.06}{s(s+1)(s+2)}$$

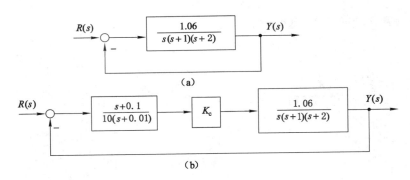

(a)

(b)

图 4-28　闭环系统方框图

相应的闭环传递函数为

$$M(s) = \frac{1.06}{s(s+1)(s+2)+1.06}$$

其闭环极点为

$$s_{1,2} = -0.33 \pm j0.58, s_3 = -2.34$$

可见 $s_{1,2}$ 为闭环主导极点,对应的阻尼比为 $\xi=0.5$,自然振荡角频率为 $\omega_n=0.67$;系统的速度误差系数为 $K_v=0.53$。

如果在系统中附加开环偶极子,如图 4-28(b)所示,相应的新开环传递函数为

$$G'(s)H'(s) = \frac{K^*(s+0.1)}{s(s+0.01)(s+1)(s+2)}$$

$$K^* = \frac{1.06K_c}{10}$$

由于附加的开环零点、极点对距原点非常近,且彼此相距又非常近,所以新系统的根轨迹除 s 平面原点附近外,其他与原系统根轨迹相比无明显变化,如图 4-29 所示。如果新的闭环主导极点仍保持阻尼比

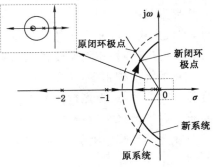

图 4-29　系统附加开环偶
极子对根轨迹的影响

$\xi=0.5$ 不变,则由新系统的根轨迹可求得新的闭环主导极点为

$$s'_{1,2}=-0.28\pm j0.51$$

相应根轨迹点上的增益为

$$K^*=\left|\frac{s(s+0.01)(s+1)(s+2)}{(s+0.1)}\right|_{s=-0.28+j0.51}=0.98$$

相应系统可增加的增益 K_c 为

$$K_c=\frac{10}{1.06}K^*=9.25$$

新系统的另外两个闭环极点可求得如下:

$$s'_3=-2.31,\ s'_4=-0.137$$

因附加开环偶极子而在原点附近增加一个新的闭环极点 $s'_4=-0.137$,它和附加开环零点(也为闭环零点) $s'=-0.1$ 组成一对闭环偶极子,它们对系统动态响应性能影响很小。而极点 $s'_3=-2.31$ 距虚轴距离比主导极点 $s'_{1,2}$ 大得多,故其影响也可以省略。因此 $s'_{1,2}$ 确实是新系统的闭环主导极点,和原系统相比变化不大,即系统动态响应性能指标与原系统差不多($\xi=0.5,\omega_n=0.6$),但稳态误差系数却有明显增加,即

$$K'_v=\lim_{s\to 0}sG'(s)=4.9$$

比原系统增加了 9.25 倍,即系统的稳态性能有明显提高。

从上面的分析中可以看出,在系统中附加开环偶极子可以在基本保持系统的稳定性和动态响应性能不变的情况下显著改善系统的稳态性能。在随动系统的滞后校正中即采用这种方法来提高系统的稳态性能指标。因此,在分析控制系统的稳态性能时,要考虑所有闭环零极点的影响,而决不能忽略像偶极子这样的零点、极点对系统的影响,尽管在分析动态性能指标时可近似认为它们的影响相互抵消。

4.4.5　条件稳定系统的分析

参数在一定的范围内取值才能使系统稳定,这样的系统叫条件稳定系统。条件稳定系统可由根轨迹图确定使系统稳定的取值范围。对于非最小相位系统,在右半 s 平面上具有零点或极点,例如 $G(s)=\dfrac{K^*(s+1)}{s(s-1)(s^2+4s+16)}$ 在右半 s 平面的极点是 $(1,0)$。因此,必有一部分根轨迹在右半 s 平面,也是一种条件稳定系统。

某些系统的内环具有正反馈的结构,作出内环正反馈部分的根轨迹,可知内环部分是条件稳定,即在系统前向通道中将出现右半平面的极点。

条件稳定系统的工作性能往往不能令人满意。在实际工程中,应注意参数的选择或通过适当的校正方法消除条件稳定问题。

例 4-10　设某系统开环传递函数为

$$G(s)H(s)=\frac{K^*(s^2+2s+4)}{s(s+4)(s+6)(s^2+1.4s+1)}$$

试绘制根轨迹图,并讨论使闭环系统稳定时 K 的取值范围。

解　利用绘制根轨迹的规则可绘出 K^* 从 $0\to\infty$ 时系统的根轨迹如图 4-30 所示。由图可见,当 $0<K<14$

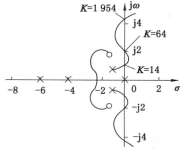

图 4-30　条件稳定
系统根轨迹图

及 $64 < K < 195$ 时,闭环系统是稳定的,但当 $14 < K < 64$ 及 $K > 195$ 时,系统是不稳定的。

4.5 MATLAB 在根轨迹分析法中的应用

根轨迹法是分析和设计线性定常系统的图解方法,它通过开环系统的零极点分布求取闭环系统的根轨迹,并分析闭环系统稳定性和其他性能指标的方法。本节主要讨论如何使用 MATLAB 软件绘制线性系统的根轨迹以及利用根轨迹分析系统性能。MATLAB 中与根轨迹法相关的常用函数如表 4-2 所示。

表 4-2　常用根轨迹函数命令格式及其说明

序号	函数命令格式	功能说明
1	rlocus(G)	绘制闭环系统的根轨迹图,并给出开环传递函数的零、极点的位置。图中,"o"表示开环零点,而"x"表示开环极点
2	R=rlocus(G,Kg)	在给定 G 的 Kg 值下返回对应的闭环根的位置
3	[R,Kg]=rlocus(G)	自动生成 Kg,并同时与对应的闭极点一起返回
4	[Kg,P]=rlocfind(G)	在 rlocus(G)已生成的根轨迹图中,要求用鼠标(人机交互)确定轨迹上的点。一旦选中,将返回对应的 Kg 和闭环极点
5	pzmap(num,den) pzmap(G)	绘制出系统的零极点分布图。在图中,"o"表示开环零点,而"x"表示开环极点
6	[P,Z]=pzmap(num,den) [P,Z]=pzmap(G)	同上,但同时返回开环零、极点向量
7	eig(G)	求传递函数 G 的特征根(极点)
8	roots(P)	求多项式向量 P 的根(可用于求传递函数的零点和极点)
9	sgrid(z,wn)	绘制等阻尼线 z 和等自然角频率 wn 的辐射网络,默认格式为 sgrid,此处与 grid 等效

4.5.1 MATLAB 绘制根轨迹

MATLAB 软件中提供了 rlocus()函数,可以用来绘制给定系统的根轨迹,它的调用格式有以下几种:

```
rlocus(num,den)
rlocus(num,den,K)
rlocus(G)
rlocus(G,K)
```

以上给定命令可以在屏幕上画出根轨迹图,其中 G 为开环传递函数,K 为用户自己选择的增益向量。如果用户不给出 K 向量,则该命令函数会自动选择 K 向量。如果在函数调用中需要返回参数,则调用格式将引入返回变量。如

```
[R,K]=rlocus(G)
```

引入返回变量后屏幕上不显示图形,返回变量 R 为根轨迹各分支线上的点构成的复数矩阵,K 向量的每一个元素对应于 R 矩阵中的一行。

MATLAB 软件中还提供了一个 rlocfind() 函数,该函数允许求取根轨迹上指定点处的开环增益值,并将该增益下所有的闭环极点显示出来,该函数的调用格式为:

[K,P]=rlocfind(G)

运行该函数后,用户可以用鼠标左键点击所关心的根轨迹上的点,可观察选择点对应的开环增益,同时返回的 P 变量则为该增益下所有的闭环极点位置,并自动地将该增益下所有的闭环极点直接在根轨迹曲线上显示出来。

例 4-11　已知开环传递函数为 $G(s) = \dfrac{k(s^2 + 2s + 4)}{s^5 + 11.4s^4 + 39s^3 + 43.6s^2 + 24s}$,使用 MAT-LAB 绘制单位负反馈系统的根轨迹。

编写的程序如下:

```
num=[1 2 4];
den=[1 11.4 39 43.6 24 0];
G=tf(num,den);
rlocus(G); grid                    %调用 MATLAB 自带函数 rlocus 直接绘制根轨迹,并绘制网格
```

程序运行结果如图 4-31 所示。

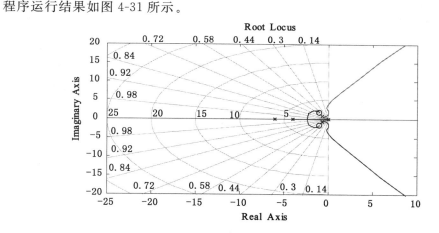

图 4-31　例 4-11 根轨迹曲线图

有关 MATLAB 函数格式说明如下。

① rlocus 函数的格式 1:rlocus(G) 用于绘制单位负反馈系统中开环传递函数为 G 的系统根轨迹,函数默认的参变量是系统的开环根增益,即当 k 变化时闭环特征方程 1+kG(s)=0 根的轨迹,式中 k 的变化范围为 0 到无穷大。

② rlocus 函数的格式 2:rlocus(G,K) 根据定义的增益 K,绘制开环 G 的根轨迹,式中 K 可在不同的间隔区域取值。

③ rlocus 函数格式 3:[R,K]=rlocus(G) 不绘制根轨迹,但返回在不同增益 K 时闭环系统特征根的位置。也可用格式:R=rlocus(G,K);用于对特定的增益 K 计算特征根的位置。

例 4-12 已知系统的开环传递函数模型为

$$G_k(s) = \frac{K}{s(s+1)(s+2)} = KG_0(s)$$

使用 MATLAB 绘制单位反馈系统的根轨迹,并求取系统稳定情况下 K 的取值范围。编写的程序如下:

```
G=tf(1,[conv([1,1],[1,2]),0]);          %调用多项式转换函数 conv 得到分母的系数
rlocus(G);
grid
title('Root_Locus Plot of G(s)=K/[s(s+1)(s+2)]')        %添加坐标系标题
xlabel('real Axis')                                      %添加横坐标标题
ylabel('Imag Axis')                                      %添加纵坐标标题
[K,P]=rlocfind(G)
```

运行程序后,绘制的根轨迹如图 4-32 所示,用鼠标点击根轨迹上与虚轴相交的点(很难精确到实部完全为 0),在命令窗口中可得到如下结果:

```
selected_point = -0.0005 + 1.4012i
K = 5.8880
P =
    -2.9898 + 0.0000i
    -0.0051 + 1.4033i
    -0.0051 - 1.4033i
```

因此,要想使此闭环系统稳定,其增益范围应为 $0 < K < 5.88$。

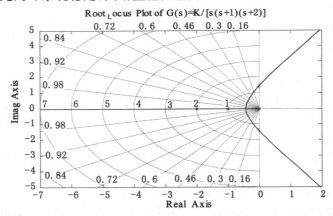

图 4-32 例 4-12 系统的根轨迹图

4.5.2 MATLAB 求解根轨迹上特殊的点和渐近线

1. 根轨迹的分离点

根轨迹的对称性表明根轨迹的分离点位于实轴或发生于共轭复数对中。

根轨迹的分离点是根轨迹方程的重根,但方程的重根不一定都是分离点,只有位于根轨迹上的重根才是根轨迹的分离点。

例 4-13　单位负反馈系统的开环传递函数 $G(s) = k\dfrac{s^2+1}{s^2+2s}$，试绘制系统的根轨迹并求出根轨迹的分离点。

编写的程序如下：

```
num＝[1 0 1];
den＝[1 2 0];
G＝tf(num,den);
rlocus(G);    %调用自编函数求取分离点或汇合点,调用以下函数时,必须先编好 dkds 函数,并放
              %到MATLAB 当前工作目录
[k,s]＝dkds(G)
```

运行后，得到 $k = 1.6180$；$s = -0.6180$，即分离点为 -0.6180，此时 k 的值等于 1.6180，系统的根轨迹如图 4-33 所示。

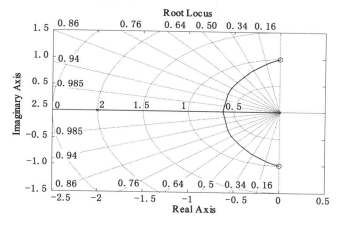

图 4-33　例 4-13 系统的根轨迹图

程序中使用了计算根轨迹分离点或会合点的自编函数 dkds 函数。函数的源代码如下：

```
function [k,s]＝dkds(G)
G＝tf(G);num＝G. num{1};den＝G. den{1};dt＝get(G,'inputdelay');syms nums dens s x;
a1＝conv(den,polyder(num));a2＝conv(num,polyder(den));
a11＝([zeros(1,length(a2)－length(a1)),a1]－a2);a12＝dt * conv(num,den);
ss＝roots([zeros(1,length(a12)－length(a11)),a11]－a12);k＝[];s＝[];
for i=1:length(ss);
    nums＝poly2sym(num,x);
    dens＝poly2sym(den,x);
    kk(i)＝－subs(nums/dens,x,ss(i));
    if kk(i) > 0;
        k＝[k,kk(i)];
        s＝[s,ss(i)];
    end;
end
```

函数 dkds 用于计算分离点或会合点的 s 值和对应的增益 k。实际上,例 4-12 的分离点方程有两个根,其中一个根对应的 k 为负值,因此在 dkds 函数运行时已被删除。dkds 函数的格式:$[k,s]=dkds(G)$。

2. 根轨迹与虚轴的交点

根轨迹与虚轴的交点可有多种方法计算。采用手算的方法有用劳斯判据确定与虚轴交点的方法;用 $s=j\omega$ 代入,并根据实部为 0 来计算获得交点的 ω 和对应的 k 值的方法。

例 4-14 根轨迹与虚轴交点的频率和增益。

编写的程序如下:

```
num=[1 2 4];
den=[1 11.4 39 43.6 24 0];
G=tf(num,den);
rlocus(G);    %调用自编函数求取与虚轴的交点,调用以下函数时,必须先编好 critif 函数,并放到
              MATLAB 当前工作目录。
grid
[K,wcg]=critif(G)
```

运行后,得到

```
K=     15.6153    67.5209    163.5431
wcg=    1.2132     2.1510     3.7551
```

程序只得到根轨迹与虚轴上半部分相交的 ω 值,由根轨迹的对称性易知根轨迹与虚轴下半部分相交的 ω 值即为与虚轴上半部分相交的相反数。

程序中使用了计算根轨迹与虚轴交点的自编函数 critif 函数。函数的源代码如下:

```
function [K,Wcg]=critif(G)
G=tf(G);num=G.num{1};den=G.den{1};
AG=allmargin(G);Wcg=AG.GMFrequency;K=AG.GainMargin;
end
```

critif 函数的格式:$[K,Wcg]=critif(G)$ 已知开环传递函数 G,函数输出系统根轨迹与虚轴交点处的频率 Wcg 和相应的增益 K。

3. 根轨迹的渐近线

例 4-15 根轨迹的渐近线。

编写的程序如下:

```
num=[0 0 0 1];
den=[1 6 25 0];
G=tf(num,den);
rlocus(G);    %调用自编函数绘制根轨迹的渐近线,调用以下函数时,必须先编好 rasymp 函数,并放
              到 MATLAB 当前工作目录。
hold on;
rasymp(G);
```

程序运行结果如图 4-34 所示。

程序调用了绘制根轨迹的渐近线自编函数 rasymp,绘制渐近线(虚线)。rasymp 函数的源代码如下。

```
function sd=rasymp(G)
G=tf(G);num=G. num{1};den=G. den{1};dt=get(G,'inputdelay');p=roots(den);z=roots(num);
n=length(p);m=length(z);
if dt==0,if n>m,sd=(sum(p)-sum(z))/(n-m);ds=[];
   if nargout<1,
for   i=1:n-m,ds=[ds,sd];end;
     Ga=zpk([],ds,1);hold on;[r,k]=rlocus(Ga);
       for i=1:n-m,plot(real(r(i,:)),imag(r(i,:)),':');end;
     end;
else disp('no asymptote!');sd=[];end;
else a=get(gca,'xlim');b=pi/dt;
line(a,[b b],'linesty',':');line(a,[-b -b],'linesty',':');
end
```

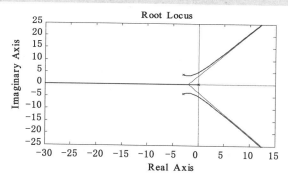

图 4-34　例 4-15 系统的根轨迹及其渐近线

rasymp 函数说明如下:

rasymp 函数格式 1:rasymp(G)用于绘制开环传递函数为 G 的根轨迹渐近线,渐近线为虚线。

rasymp 函数格式 2:sd=rasymp(G)不绘制渐近线,但给出渐近线与实轴的交点 sd。

4.5.3　增加零、极点对系统性能影响的 MATLAB 仿真

由于开环零、极点不但决定了闭环系统极点的初始位置和终止位置,同时也决定了闭环系统极点的轨迹与走向,所以通过对系统零、极点的增减可以达到改变系统性能的目的。以下分别以零、极点对根轨迹的影响作简要分析。

1. 增加零点的影响

设原系统开环传递函数为

$$G(s)H(s)=\frac{K^*}{s^2(s+1)}$$

现增加一个零点 $s=-z,z>0$,则系统开环传递函数变为

$$G(s)H(s) = \frac{K^*(s+z)}{s^2(s+1)}$$

（1）原系统的根轨迹。

```
clear;G=tf(1,[1,1,0,0]);                          %建立原系统模型
rlocus(G);hold on
```

原系统的根轨迹如图 4-35 所示。可见无论 K^* 取何值,存在右半平面根轨迹,所以系统总是不稳定的。

（2）增加一个零点,观察闭环根轨迹的变化情况。

程序如下:

```
z=0.3;                                            %增加的零点值
Gz=tf([1,z],[1,1,0,0]);                           %加零点后的系统模型
rlocus(Gz)                                        %绘制零极点分布图
```

增加零点后系统的根轨迹如图 4-36 所示。由此可见,由于在 s 左半平面增加了一个零点,会使原来的根轨迹向左侧偏转,使闭环系统变得稳定。但需要注意的是,该闭环系统稳定的条件是 $0<z<1$,且零点 z 越小,稳定效果越好。当 $z>1$ 时系统反而更加不稳定。

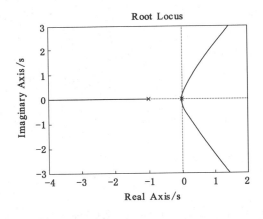

图 4-35　原系统的根轨迹

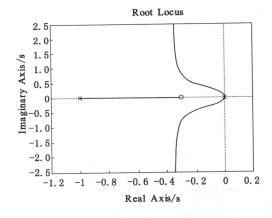

图 4-36　增加一个零点后的根轨迹

2. 增加极点的影响

设原系统开环传递函数为

$$G(s)H(s) = \frac{K^*}{s(s+1)}$$

现增加一个极点 $s=-p, p>0$,则系统开环传递函数变为

$$G(s)H(s) = \frac{K^*}{s(s+1)(s+p)}$$

（1）原系统的根轨迹。

```
clear;G=tf(1,[1,1,0]);                            %建立原系统模型
rlocus(G);hold on                                 %绘制根轨迹图,并保持图形
```

原系统的根轨迹如图 4-37 所示。可见无论 K^* 取何值，系统总是稳定的。

（2）增加一个极点，观察闭环根轨迹的变化情况。程序如下：

```
p=0.3 ;                                          %增加的极点值
Gz=tf([1],[conv([1,1],[1,p]),0]);               %加极点后的系统模型
rlocus(Gz)                                        %绘制零极点分布图
```

增加极点后系统的根轨迹如图 4-38 所示。由图可见，由于在 s 左半平面增加了一个极点，反而使原来的根轨迹向右侧偏转，使闭环系统的稳定性变差。

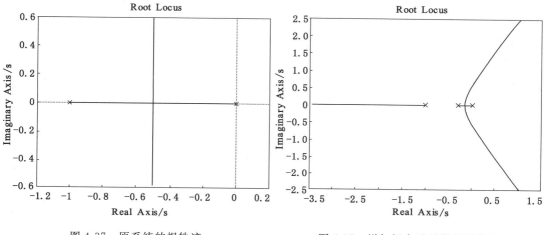

图 4-37　原系统的根轨迹　　　　　　　　图 4-38　增加极点后系统的根轨迹

上述过程说明，合适的零点可使系统的稳定性得到改善，不恰当的极点配置可能使系统的稳定性变差。

习题 4

习题 4-1　某负反馈系统的开环传递函数为

$$G(s)H(s)=\frac{K^*}{(s+1)(s+2)(s+4)}$$

试证明 $s_1=-1+\mathrm{j}\sqrt{3}$ 在根轨迹上，并求出相应的根轨迹增益 K^* 和开环增益 K。

习题 4-2　已知单位负反馈系统的开环传递函数，试绘制 K 或 $K^* \in [0,\infty)$ 变化时系统根轨迹。

$(1)\ G(s)=\dfrac{K}{s(0.2s+1)(0.5s+1)}$　　$(2)\ G(s)=\dfrac{K(s+1)}{s(2s+1)}$

$(3)\ G(s)=\dfrac{K^*(s+5)}{s(s+2)(s+3)}$　　　$(4)\ G(s)=\dfrac{K^*(s+1)(s+2)}{s(s-1)}$

习题 4-3　已知单位负反馈系统的开环传递函数为

$$G(s)=\frac{K}{s(0.02s+1)(0.01s+1)}$$

要求：(1)绘制 $K \in [0,\infty)$ 变化时系统的根轨迹；(2)确定系统临界稳定时开环增益 K

的值;(3)确定系统临界阻尼比时开环增益 K 的值。

习题 4-4 已知某负反馈系统的开环传递函数为

$$G(s)H(s) = \frac{K^*}{s(s^2 + 8s + 20)}$$

要求绘制 $K^* \in [0, \infty)$ 变化时根轨迹并确定系统阶跃响应无超调时开环增益 K^* 的取值范围。

习题 4-5 单位负反馈系统的开环传递函数为

$$G(s) = \frac{K(2s + 1)}{(s + 1)^2(\frac{4}{7}s - 1)}$$

试绘制 $K \in [0, \infty)$ 变化时系统根轨迹,并确定使系统稳定的 K 值范围。

习题 4-6 已知某负反馈控制系统的开环传递函数如下,试绘制 $K^* \in [0, \infty)$ 变化时系统根轨迹(要求求出出射角)。

$$G(s)H(s) = \frac{K^*(s + 2)}{(s^2 + 4s + 9)^2}$$

习题 4-7 已知单位负反馈系统的开环传递函数如下,试求参数 b 从零变化到无穷大时的根轨迹方程,并写出 $b = 2$ 时系统的闭环传递函数。

$$(1)\ G(s) = \frac{20}{(s + 4)(s + b)} \qquad (2)\ G(s) = \frac{10(s + 2b)}{s(s + 2)(s + b)}$$

习题 4-8 已知单位负反馈系统的开环传递函数 $G(s) = \frac{2s}{(s + 4)(s + b)}$,试绘制参数 b 从零变化到无穷大时的根轨迹。

习题 4-9 已知某单位负反馈系统开环传递函数如下,试分别绘制以参数 a 和 T 从零变化到无穷大时的根轨迹。

$$(1)\ G(s) = \frac{1/4(s + a)}{s^2(s + 1)}, a > 0; (2)\ G(s) = \frac{2.6}{s(0.1s + 1)(Ts + 1)}, T > 0$$

习题 4-10 已知单位负反馈系统的开环传递函数如下,试绘出 $K \in [0, \infty)$ 变化时系统的根轨迹,并求出所有根为负实根时开环增益 K 的取值范围及系统稳定时 K 的值。

$$G(s) = \frac{K(s + 1)}{(s - 1)^2(s + 18)}$$

习题 4-11 已知系统结构图如图 4-39 所示,试绘制时间常数 $T(T > 0)$ 变化时系统的根轨迹,并分析参数 T 的变化对系统动态性能的影响。

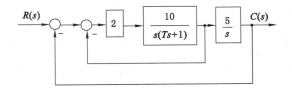

图 4-39 习题 4-11 系统结构图

习题 4-12 控制系统的结构如图 4-40 所示,试绘制其根轨迹($K^* > 0$)。

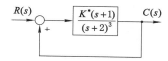

图 4-40　习题 4-12 系统结构图

习题 4-13　设单位负反馈系统的开环传递函数为 $G(s) = \dfrac{K^*(1-s)}{s(s+2)}$，试绘制 $K^* \in [0,\infty)$ 变化时的根轨迹，并求出使系统产生重实根和纯虚根的 K^* 值。

习题 4-14　设单位负反馈系统的开环传递函数为

$$G(s) = \frac{K^*(s+2)}{s(s+1)}$$

试证明根轨迹（$K^* \in [0,\infty)$）在复平面的部分是以（$-2, j0$）为圆心、以 $\sqrt{2}$ 为半径的一个圆。

习题 4-15　设负反馈系统中

$$G(s) = \frac{K^*}{s^2(s+2)(s+5)}, H(s) = 1$$

要求：

（1）绘制 $K^* \in [0,\infty)$ 变化时系统根轨迹图，并判断闭环系统的稳定性；

（2）如果改变反馈通道传递函数，使 $H(s) = 1 + 2s$，试判断 $H(s)$ 改变后的系统稳定性，研究由于 $H(s)$ 改变所产生的效应。

第5章　控制系统的频域分析法

频域分析法是以传递函数为基础的又一图解法。这种方法不仅能根据系统的开环频率特性图形直观地分析闭环系统的响应,而且还能判别某些环节或参数对系统性能的影响,给出改善系统性能的信息。与其他方法相比较,频域分析法具有如下的特点:

(1)利用系统的开环频率特性分析闭环系统的稳定性,而不必求解闭环系统的特征根。

(2)频域分析法具有明显的物理意义,可以用实验的方法确定系统的传递函数。对于难以列写微分方程式的元部件或系统来说,具有重要的实际意义。

(3)对于二阶系统,频域性能指标和时域性能指标具有一一对应的关系。对高阶系统也存在可以满足工程要求的近似关系,很好地将时域分析法的直接性和频域分析法的直观性有机地结合起来。

(4)可以方便地研究系统参数和结构的变化对系统性能指标带来的影响,为系统参数和结构的调整和设计提供了方便而实用的手段,同时可以设计出能有效抑制噪声的系统。

(5)在一定条件下,可推广应用于某些非线性系统。频域分析法不仅适用于线性定常系统分析,而且还适用于传递函数中含有延迟环节和部分非线性环节系统的分析。

5.1　频　率　特　性

5.1.1　频率特性的基本概念

控制系统中的信号可以表示为不同频率正弦信号的合成,控制系统的频率特性反映正弦信号作用下系统响应的性能。应用频率特性研究线性系统的经典方法称为频域分析法。

频率特性和传递函数类似,也是系统的一种数学模型,它不仅可以反映系统的性能,而且还可以反映系统的参数和结构与系统性能的关系。下面由一个例子来了解系统的频率特性。

例 5-1　已知 RC 电路如图 5-1 所示,求正弦激励下的稳态响应。

解　根据电路知识可知 RC 电路的传递函数为

$$G(s) = \frac{U_o(s)}{U_i(s)} = \frac{1}{Ts+1}$$

式中, $T = RC$ 为时间常数。

设输入信号为 $u_i(t) = A\sin \omega t$,其拉氏变换为 $U(s) =$

$\dfrac{A\omega}{s^2 + \omega^2}$,则输出的拉氏变换为

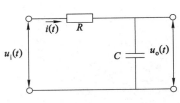

图 5-1　例 5-1 RC 电路

$$U_{\mathrm{o}}(s) = \frac{1}{Ts+1} U_{\mathrm{i}}(s) = \frac{1}{Ts+1} \frac{A\omega}{s^2+\omega^2}$$

$$= \frac{A\omega T}{1+T^2\omega^2} \cdot \frac{1}{s+1/T} - \frac{A\omega T}{1+T^2\omega^2} \cdot \frac{s}{s^2+\omega^2} + \frac{A}{1+T^2\omega^2} \cdot \frac{\omega}{s^2+\omega^2}$$

对应的输出响应为

$$u_{\mathrm{o}}(t) = L^{-1}[U_{\mathrm{o}}(s)] = \frac{A\omega T}{1+T^2\omega^2} \mathrm{e}^{-\frac{t}{T}} - \frac{A\omega T}{1+T^2\omega^2}\cos\omega t + \frac{A}{1+T^2\omega^2}\sin\omega t$$

$$= \frac{A\omega T}{1+T^2\omega^2} \mathrm{e}^{-\frac{t}{T}} + \frac{A}{\sqrt{1+T^2\omega^2}} \left(\frac{1}{\sqrt{1+T^2\omega^2}}\sin\omega t - \frac{\omega T}{\sqrt{1+T^2\omega^2}}\cos\omega t \right)$$

$$= \frac{A\omega T}{1+T^2\omega^2} \mathrm{e}^{-\frac{t}{T}} + \frac{A}{\sqrt{1+T^2\omega^2}}\sin(\omega t - \arctan\omega T)$$

其中,稳态响应为

$$u_{\mathrm{o}}(\infty) = \frac{A}{\sqrt{1+T^2\omega^2}}\sin(\omega t - \arctan\omega T) = B\sin[\omega t + \varphi(\omega)]$$

若令

$$\begin{cases} A(\omega) = \dfrac{B}{A} = \dfrac{1}{\sqrt{1+T^2\omega^2}} \\[3mm] \varphi(\omega) = -\arctan\omega T \end{cases} \tag{5-1}$$

则

$$u_{\mathrm{o}}(\infty) = A \cdot A(\omega)\sin[\omega t + \varphi(\omega)] \tag{5-2}$$

结论:

(1) 稳态响应与输入信号为同一频率的正弦信号;

(2) 当 ω 从 0 向 ∞ 变化时,其幅值之比 $A(\omega)$ 和相位差 $\varphi(\omega)$ 也将随之变化,其变化规律由系统的固有参数 R、C 决定;

(3) 系统稳态响应的幅值之比 $A(\omega)$ 是 ω 的函数,其比值为

$$A(\omega) = \frac{B}{A} = \frac{1}{\sqrt{1+T^2\omega^2}} = \frac{1}{|1+\mathrm{j}\omega T|}$$

(4) $\varphi(\omega)$ 为输出稳态响应与输入信号的相位差,也是 ω 的函数,且为

$$\varphi(\omega) = -\arctan\omega T = \angle\frac{1}{1+\mathrm{j}\omega T}$$

上述结论同样适用于一般系统。设线性定常系统具有如下传递函数

$$M(s) = \frac{b_0 s^m + b_1 s^{m-1} + \cdots + b_{m-1}s + b_m}{s^n + a_1 s^{n-1} + \cdots + a_{n-1}s + a_n} = \frac{b_0 s^m + b_1 s^{m-1} + \cdots + b_{m-1}s + b_m}{\prod\limits_{j=1}^{n}(s+p_j)} \tag{5-3}$$

式中,为不失一般性,假设 $-p_1, -p_2, \cdots, -p_n$ 为传递函数 $G(s)$ 的 n 个互异极点,它们可能是实数或共轭复数。

设输入信号为 $r(t) = A\sin\omega t$,其拉氏变换为 $R(s) = \dfrac{A\omega}{s^2+\omega^2}$。则系统在复频域上的输出输入关系为

$$C(s) = M(s)R(s) = \frac{b_0 s^m + b_1 s^{m-1} + \cdots + b_{m-1}s + b_m}{\prod\limits_{j=1}^{n}(s+p_j)} \cdot \frac{A\omega}{s^2+\omega^2}$$

$$= \sum_{i=1}^{n} \frac{C_i}{(s+p_j)} + \frac{C_0}{s+j\omega} + \frac{C_0^*}{s-j\omega} \tag{5-4}$$

式中，C_i、C_0、C_0^* 均为待定系数。

对(5-4)式进行拉氏反变换，得系统的输出响应为

$$c(t) = \sum_{i=1}^{n} C_i e^{-p_i t} + (C_0 e^{-j\omega t} + C_0^* e^{j\omega t}) = c_t(t) + c_s(t) \tag{5-5}$$

式中，第一项 $c_t(t)$ 由 $C(s)$ 中 $G(s)$ 的极点所决定，是系统的暂态响应分量；第二项 $c_s(t)$ 由 $C(s)$ 中 $R(s)$ 的极点所决定，是系统的稳态响应分量。若系统 $G(s)$ 稳定，其极点 $-p_i$ 均具有负的实部，当时 $t \to \infty$ 时，$c_t(t) \to 0$。因此

$$c_s(t) = \lim_{t \to \infty} c(t) = C_0 e^{-j\omega t} + C_0^* e^{j\omega t} \tag{5-6}$$

式中的 C_0 和 C_0^* 求取如下

$$C_0 = C(s)(s+j\omega)\big|_{s=-j\omega} = G(s)\frac{A\omega}{s^2+\omega^2}(s+j\omega)\big|_{s=-j\omega}$$

$$= G(-j\omega)\frac{A}{-j2} = |G(j\omega)| e^{-j\angle G(j\omega)} \cdot \frac{A}{-j2}$$

$$= A \cdot \frac{|G(j\omega)|}{2} e^{-j[\angle G(j\omega)-\pi/2]}$$

同理可得

$$C_0^* = A \cdot \frac{|G(j\omega)|}{2} e^{j[\angle G(j\omega)-\pi/2]}$$

将 C_0，C_0^* 代入式(5-6)，得

$$c_s(t) = A \cdot \frac{|G(j\omega)|}{2} \left[e^{-j[\omega t+\angle G(j\omega)-\pi/2]} + e^{j[\omega t+\angle G(j\omega)-\pi/2]} \right]$$

$$= A|G(j\omega)|\cos[\omega t + \angle G(j\omega) - \pi/2]$$

$$= A|G(j\omega)|\sin[\omega t + \angle G(j\omega)]$$

$$= A|G(j\omega)|\sin[\omega t + \varphi(\omega)] \tag{5-7}$$

式中，$A|G(j\omega)|$ 为稳态输出的幅值；$\varphi(\omega) = \angle G(j\omega)$ 为稳态输出的相位差。

从式(5-7)可以看出，在正弦信号作用下，线性定常系统输出的稳态分量是与输入同频率的正弦信号。只是稳态输出的幅值和相位与输入信号不同。其输出幅值是输入幅值的 $|G(j\omega)|$ 倍，输出相位与输入相位差为 $\angle G(j\omega)$。

1. 频率特性定义

线性定常系统（或环节）在正弦输入信号的作用下，稳态输出与输入的复数比叫作系统（或环节）的频率特性，记为 $G(j\omega)$。

对式(5-3)的系统，其频率特性为

$$G(j\omega) = \frac{A|G(j\omega)| e^{j\angle G(j\omega)}}{A e^{j0}}$$

$$= \frac{b_0 (j\omega)^m + b_1 (j\omega)^{m-1} + \cdots + b_{m-1} (j\omega) + b_m}{(j\omega)^n + a_1 (j\omega)^{n-1} + \cdots + a_{n-1}(j\omega) + a_n}$$

$$= |G(j\omega)| e^{j\angle G(j\omega)}$$

$$= A(\omega)\angle\varphi(\omega) \tag{5-8}$$

式中 $A(\omega) = |G(j\omega)|$，$\varphi(\omega) = \angle G(j\omega)$。

2. 关于频率特性的几点讨论

① 频率特性 $G(\mathrm{j}\omega)$ 为复数，可以表示为如下形式：

幅频-相频形式：$G(\mathrm{j}\omega) = |G(\mathrm{j}\omega)| \angle G(\mathrm{j}\omega)$；

极坐标形式：$G(\mathrm{j}\omega) = A(\omega) \angle \varphi(\omega)$；

指数形式：$G(\mathrm{j}\omega) = A(\omega)\mathrm{e}^{\mathrm{j}\varphi(\omega)}$；

实频-虚频形式：$G(\mathrm{j}\omega) = U(\omega) + \mathrm{j}V(\omega)$；

三角函数形式：$G(\mathrm{j}\omega) = A(\omega)[\cos \varphi(\omega) + \mathrm{j}\sin \varphi(\omega)]$。

式中 $A(\omega) = |G(\mathrm{j}\omega)|$ 是幅值比，为 ω 的函数，称为幅频特性；

$\varphi(\omega) = \angle G(\mathrm{j}\omega)$ 是相位差，为 ω 的函数，称为相频特性；

$U(\omega)$ 是 $G(\mathrm{j}\omega)$ 的实部，为 ω 的函数，称为实频特性；

$V(\omega)$ 是 $G(\mathrm{j}\omega)$ 的虚部，为 ω 的函数，称为虚频特性。

其关系为

$$\begin{cases} A(\omega) = \sqrt{U^2(\omega) + V^2(\omega)} \\ \varphi(\omega) = \arctan \dfrac{V(\omega)}{U(\omega)} \end{cases} \tag{5-9}$$

② 频率特性与传递函数之间有着非常简单的关系，即

$$G(s)\big|_{s=\mathrm{j}\omega} = G(\mathrm{j}\omega) = |G(\mathrm{j}\omega)|\mathrm{e}^{\mathrm{j}\angle G(\mathrm{j}\omega)} \tag{5-10}$$

因此，与传递函数、微分方程一样，频率特性也是一种数学模型，它包含了系统和元部件全部的结构特性和参数。三者之间存在如图 5-2 所示关系。

③ 有关传递函数的概念和运算法则对频率特性同样适用。

④ 根据 $G(s)\big|_{s=\mathrm{j}\omega} = G(\mathrm{j}\omega)$ 得到的频率特性，在理论上可以推广到不稳定系统。但当系统不稳定时，暂态分量不可能消逝，暂态分量和稳态分量始终存在，所以不稳定系统的频率特性不能观察到，也不能通过实验方法求取。

⑤ 用正弦输入信号稳态解描述系统动态响应过程的理论依据是傅里叶变换。推证如下：

设线性定常系统在零初始条件下，输出和输入的拉氏变换关系为

$$C(s) = G(s)R(s)$$

其拉氏反变换为

$$c(t) = \frac{1}{2\pi\mathrm{j}} \int_{\sigma-\mathrm{j}\infty}^{\sigma+\mathrm{j}\infty} G(s)R(s)\mathrm{e}^{st}\,\mathrm{d}s$$

如系统稳定，可取 $\sigma = 0$，则

$$c(t) = \frac{1}{2\pi\mathrm{j}} \int_{-\mathrm{j}\infty}^{\mathrm{j}\infty} G(s)R(s)\mathrm{e}^{st}\,\mathrm{d}s$$

设 $r(t)$ 的傅氏变换存在，可令 $s = \mathrm{j}\omega$

$$c(t) = \frac{1}{2\pi} \int_{-\infty}^{\infty} G(\mathrm{j}\omega)R(\mathrm{j}\omega)\mathrm{e}^{\mathrm{j}\omega t}\,\mathrm{d}\omega$$

此式正是输出 $c(t)$ 的傅氏反变换式，而式中的 $G(\mathrm{j}\omega)R(\mathrm{j}\omega)$ 是 $c(t)$ 的傅氏变换，所以

$$C(\mathrm{j}\omega) = G(\mathrm{j}\omega)R(\mathrm{j}\omega)$$

因而，得

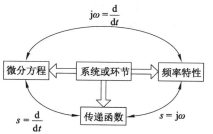

图 5-2　频率特性、传递函数和微分方程三种系统描述之间关系

$$G(\mathrm{j}\omega) = \frac{C(\mathrm{j}\omega)}{R(\mathrm{j}\omega)} \tag{5-11}$$

事实上,当 ω 从 0 向 ∞ 变化时, $G(\mathrm{j}\omega)$ 将对不同的 ω 做出反应,这种反应是由系统自身结构和参数决定的,系统不同的反应特性正好也描述了系统的各种性能。输入信号不仅局限为正弦信号,也可以是非周期信号,这时频率特性正是输出信号的傅里叶变换与输入信号的傅里叶变换之比。

⑥ 频率特性具有明显的物理意义。传递函数表示的是系统或环节传递任意信号的性能,而频率特性则表示系统或环节传递正弦信号的能力,对应电路中的三要素:同频率、变幅值、移相位。因此,对稳定系统可以通过实验的方法求出输出量的各个物理参数。

5.1.2　频率特性的求取

在应用频域分析法对系统进行分析之前,首先应求取系统的频率特性。频率特性可以按定义、解析法和实验法三种方法来求取。

（1）由定义求取

在已知系统传递函数的情况下,先求出系统正弦信号输入的稳态解,然后再求稳态解的复数与输入信号的复数之比,即得频率特性。

（2）解析法

以 $\mathrm{j}\omega$ 取代传递函数 $G(s)$ 或 $G(s)H(s)$ 中的 s,就可求出系统的频率特性,即

$$G(\mathrm{j}\omega) = G(s)\big|_{s=\mathrm{j}\omega} \text{ 或 } G(\mathrm{j}\omega)H(\mathrm{j}\omega) = G(s)H(s)\big|_{s=\mathrm{j}\omega}$$

因此,频率特性又可称为 $\mathrm{j}\omega$ 轴上的传递函数。

（3）实验法

给已知系统输入幅值不变而频率变化的正弦信号,并记录各个频率对应输出信号的幅值和相位,即可得到系统的频率特性。

$$\omega_1 : G(\mathrm{j}\omega_1) \to \big|G(\mathrm{j}\omega_1)\big| \angle \varphi(\omega_1)$$
$$\omega_2 : G(\mathrm{j}\omega_2) \to \big|G(\mathrm{j}\omega_2)\big| \angle \varphi(\omega_2)$$
$$\vdots$$
$$\omega_n : G(\mathrm{j}\omega_n) \to \big|G(\mathrm{j}\omega_n)\big| \angle \varphi(\omega_n)$$

根据各频率所测得的幅频、相频值绘出系统的频率特性曲线,然后再根据特性曲线分析系统的性能,并可求出系统传递函数。

5.1.3　频率特性的几何表示法

频率特性可以用图形表示,根据系统的频率特性曲线可对系统的性能做出明确的判断,并可找出改善系统性能的途径,从而建立一套分析和设计系统的图解分析方法,频率特性常采用三种图形表达形式:

（1）极坐标图,或称奈奎斯特（Nyquist）图;

（2）对数坐标图,或称伯德（Bode）图;

（3）对数幅相图,或称尼柯尔斯（Nichols）图。

这三种图仅是表示形式不同,本质上是一样的。

2. 极坐标图或幅相频率特性（奈奎斯特）曲线

设系统的频率特性

$$G(\mathrm{j}\omega) = A(\omega)\mathrm{e}^{\mathrm{j}\varphi(\omega)}$$

可以用向量来表示某一频率 ω_i 下的 $G(\mathrm{j}\omega_i)$，向量相对于极坐标轴的转角为 $\varphi(\mathrm{j}\omega_i)$，取逆时针为相角变化的正方向，如图 5-3(a) 所示。通常将极坐标重合在直角坐标中，如图 5-3(b) 所示。极点取直角坐标的原点，极坐标轴取直角坐标轴的实轴。这样向量 $G(\mathrm{j}\omega_i)$ 在实轴和虚轴上的投影分别为频率特性的实频 $U(\mathrm{j}\omega_i)$ 和虚频 $V(\mathrm{j}\omega_i)$。

$A(\omega)$ 和 $\varphi(\omega)$ 均是频率 ω 的函数，当 ω 变化时，$G(\mathrm{j}\omega_i)$ 的幅值和相角均随之变化，因而表示它的向量也随之变化。当 ω 从 0 变化到 ∞ 时，这些向量的端点将形成一条曲线，这条曲线即为 $G(\mathrm{j}\omega_i)$ 的极坐标图，或奈奎斯特曲线，如图 5-3(c) 中虚线所示。在极坐标图上用箭头表示 ω 增大的方向。

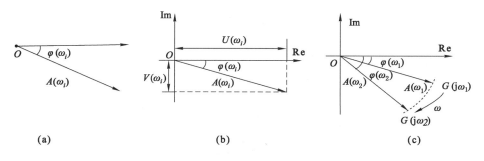

图 5-3　极坐标图

2. 对数坐标图或伯德(Bode)图

对数坐标图由对数幅频特性和对数相频特性两张图组成，其中对数幅频特性图表示幅频特性 $A(\omega)$ 的对数值 $20\lg A(\omega)$ 和频率 ω 的关系曲线，对数相频特性图表示相频特性 $\varphi(\omega)$ 和频率 ω 的关系曲线。为了作图方便，通常在半对数坐标系中绘制，频率采用对数分度，对数幅值采用线性分度，如图 5-4(a) 所示，相角采用线性分度，如图 5-4(b) 所示。图中纵坐标为 $L(\omega)=20\lg A(\omega)$，称为增益，单位为 dB(分贝)，$A(\omega)$ 每增加 10 倍，$L(\omega)$ 增加 20 dB。由于画的是 $L(\omega)$，已经过对数转换，所以纵坐标只需线性刻度。横坐标为角频率 $\omega(\mathrm{rad/s})$，采用对数刻度，每增大 10 倍，横坐标就增加一个单位长度，横坐标上的单位长度表示了频率增大 10 倍的距离，所称为"10 倍频程"(dec)。相频特性的横坐标与对数幅频特性的横坐标相同，也是对数刻度。纵坐标为相角 $\varphi(\omega)$(单位为(°)或 rad)，不取对数，故采用线性刻度。

在绘制对数频率特性时，必须掌握对数刻度的概念。尽管在 ω 坐标轴上标明的数值是 ω 值，但坐标轴上的距离却是按 $\lg\omega$ 的大小进行刻度划分的。例如点 ω_1 和点 ω_2 之间的距离为 $\lg\omega_1-\lg\omega_2$，而不是 $\omega_1-\omega_2$。

采用对数坐标图有以下优点：

(1) 使用对数坐标图表示频率特性可以使幅频特性的乘除运算转化为加减运算，大大简化了系统频率特性的绘制工作。系统一般是由多个环节串联构成，设各个环节的频率特性为

$$G_1(\mathrm{j}\omega)=A_1(\omega)\mathrm{e}^{\mathrm{j}\varphi_1(\omega)}$$

$$G_2(\mathrm{j}\omega)=A_2(\omega)\mathrm{e}^{\mathrm{j}\varphi_2(\omega)}$$

$$\vdots$$

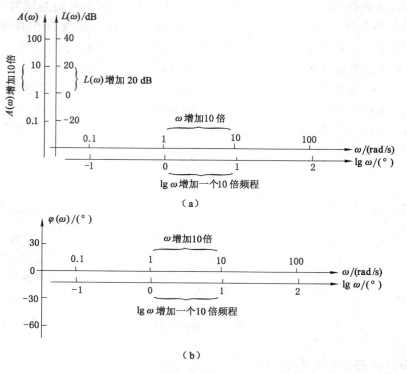

图 5-4 对数幅频特性图的坐标系

$$G_n(j\omega) = A_n(\omega)e^{j\varphi_n(\omega)}$$

则串联后的开环系统频率特性为

$$G(j\omega) = A_1(\omega)e^{j\varphi_1(\omega)} \cdot A_2(\omega)e^{j\varphi_2(\omega)} \cdots A_n(\omega)e^{j\varphi_n(\omega)} = A(\omega)e^{j\varphi(\omega)} \tag{5-12}$$

在绘制系统的对数坐标图时有

$$A(\omega) = A_1(\omega)A_2(\omega)\cdots A_n(\omega)$$

$$L(\omega) = 20\lg A(\omega)$$

$$= 20\lg A_1(\omega) + 20\lg A_2(\omega) + \cdots + 20\lg A_n(\omega)$$

$$= L_1(\omega) + L_2(\omega) + \cdots + L_n(\omega) \tag{5-13}$$

$$\varphi(\omega) = \varphi_1(\omega) + \varphi_2(\omega) + \cdots + \varphi_n(\omega) \tag{5-14}$$

（2）对数坐标图可以用不同频段内的折线渐近线近似表示，简化了图形的绘制。

（3）用实验方法求取频率特性时，将测得的系统（或环节）频率特性数据画在半对数坐标系上，较容易估计被测系统的传递函数。

（4）在研究频率范围很宽的频率特性时，可以在一张图上，画出频率特性的低、中、高频段的特性曲线。

3. 对数幅相图或尼柯尔斯（Nichols）曲线

对数幅相图是以角频率 ω 为参数绘制的，它将对数幅频特性和相频特性组合成一张图，纵坐标为对数幅频幅值（dB），横坐标为相应的相频（度或弧度）。

5.2　极坐标图(奈奎斯特曲线)

开环系统的幅相特性曲线是系统频域分析的依据,根据第 2 章 2.2.2 节内容可知,任何一个系统都可以看成是若干典型环节组成,掌握典型环节的幅相特性是绘制开环系统幅相特性曲线的基础。

5.2.1　典型环节的极坐标图

1. 比例环节

比例环节的传递函数和频率特性为

$$G(s) = K \tag{5-16}$$

$$G(j\omega) = K \tag{5-17}$$

比例环节的幅频特性和相频特性为

$$\begin{cases} A(\omega) = |G(j\omega)| = |K| \\ \varphi(\omega) = 0°(K > 0) \\ \varphi(\omega) = -180°(K < 0) \end{cases} \tag{5-18}$$

由式(5-18)可知,比例环节的幅频特性和相频特性与频率 ω 无关,它的极坐标图是 GH 平面实轴上的一个点,如图 5-5 所示。表明比例环节稳态正弦响应的振幅是输入信号的 K 倍,且 $K>0$ 时响应与输入同相位。

2. 积分环节

积分环节的传递函数和频率特性为

$$G(s) = \frac{1}{s} \tag{5-19}$$

$$G(j\omega) = \frac{1}{j\omega} = \frac{1}{\omega} e^{-j90°} \tag{5-20}$$

积分环节的幅频特性和相频特性为

$$\begin{cases} A(\omega) = \frac{1}{\omega} \\ \varphi(\omega) = -90° \end{cases} \tag{5-21}$$

积分环节的幅值与 ω 成反比,相角恒为 $-90°$。当 $\omega = 0 \to \infty$ 时,极坐标图从虚轴 $-j\infty$ 处出发,沿负虚轴逐渐趋于坐标原点,如图 5-6 所示。

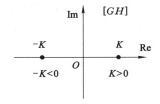

图 5-5　比例环节的极坐标图

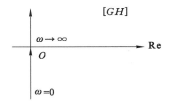

图 5-6　积分环节的极坐标图

3. 惯性环节

惯性环节的传递函数和频率特性为

$$G(s) = \frac{1}{1 + Ts} \tag{5-22}$$

$$G(j\omega) = \frac{1}{1 + j\omega T} \tag{5-23}$$

惯性环节的幅频特性和相频特性为

$$\begin{cases} A(\omega) = \dfrac{1}{\sqrt{1 + \omega^2 T^2}} \\ \varphi(\omega) = - \arctan \omega T \end{cases} \tag{5-24}$$

当 $\omega = 0$ 时，幅值 $A(\omega) = 1$，相角 $\varphi(\omega) = 0°$；当 $\omega \to \infty$ 时，$A(\omega) = 0$，$\varphi(\omega) = -90°$。可以证明，惯性环节极坐标图是一个以 $(1/2, j0)$ 为圆心、$1/2$ 为半径的半圆。如图 5-7 所示。

证明：

因

$$G(j\omega) = \frac{1}{1 + j\omega T} = \frac{1}{1 + (\omega T)^2} - j\frac{\omega T}{1 + (\omega T)^2}$$

设

$$G(j\omega) = U(\omega) + jV(\omega)$$

则

$$U(\omega) = \frac{1}{1 + (\omega T)^2} \tag{5-25}$$

$$V(\omega) = \frac{-\omega T}{1 + (\omega T)^2} = -\omega T U(\omega) \tag{5-26}$$

由式(5-26)可得

$$-\omega T = \frac{U(\omega)}{V(\omega)} \tag{5-27}$$

将式(5-27)代入式(5-25)整理后可得

$$\left[U(\omega) - \frac{1}{2}\right]^2 + [V(\omega)]^2 = \left(\frac{1}{2}\right)^2 \tag{5-28}$$

式(5-28)表明：惯性环节的极坐标图符合圆的方程，圆心在实轴上 $1/2$ 处，半径为 $1/2$。从式(5-27)还可看出，$U(\omega)$ 为正值时，$V(\omega)$ 只能取负值，由式(5-25)可看出 $U(\omega)$ 必为正值，这意味着曲线限于实轴的下方，只是半个圆。另外，当频率较高时，幅值衰减大，相位滞后大，故惯性环节具有明显的低通滤波特性。低频信号容易通过，而高频信号通过后幅值被大大衰减。

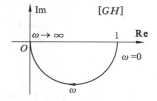

图 5-7　惯性环节的极坐标图

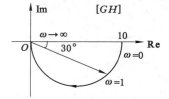

图 5-8　例 5-2 极坐标图

例 5-2　已知某环节的极坐标图如图 5-8 所示，当输入频率 $\omega = 1$ 的正弦信号时，该环节稳态响应的相位滞后 $30°$，试确定环节的传递函数。

解 据极坐标图的形状,可以断定该环节传递函数形式为

$$G(s) = \frac{K}{Ts+1}(0\ 型系统)$$

依题意有

$$A(0) = |G(j0)| = K = 10$$

$$\varphi(1) = -\arctan T = -30°$$

因此得

$$K = 10, T = \sqrt{3}/3$$

4. 振荡环节

振荡环节的传递函数为

$$G(s) = \frac{1}{T^2 s^2 + 2\xi Ts + 1} = \frac{\omega_n^2}{s^2 + 2\xi\omega_n s + \omega_n^2}, 0 < \xi < 1 \qquad (5-29)$$

式中,$\omega_n = 1/T$ 为振荡环节的无阻尼自然频率;ξ 为阻尼比,且 $0 < \xi < 1$。

频率特性为

$$G(j\omega) = \frac{1}{(1 - \frac{\omega^2}{\omega_n^2}) + j2\xi\frac{\omega}{\omega_n}} \qquad (5-30)$$

幅频特性和相频特性为

$$\begin{cases} A(\omega) = \dfrac{1}{\sqrt{(1 - \dfrac{\omega^2}{\omega_n^2})^2 + 4\xi^2\dfrac{\omega^2}{\omega_n^2}}} \\[4mm] \varphi(\omega) = -\arctan\dfrac{2\xi\dfrac{\omega}{\omega_n}}{1 - \dfrac{\omega^2}{\omega_n^2}} \end{cases} \qquad (5-31)$$

分析振荡环节当 $\omega = 0 \to \infty$ 变化时,$A(\omega)$ 和 $\varphi(\omega)$ 的变化规律,就可以绘出 $G(j\omega)$ 的极坐标图。需注意相频特性的变化,即

$$\varphi(\omega) = \begin{cases} -\arctan\dfrac{2\xi\dfrac{\omega}{\omega_n}}{1 - \dfrac{\omega^2}{\omega_n^2}}, \omega \leqslant \omega_n \\[6mm] -\left[\pi - \arctan\dfrac{2\xi\dfrac{\omega}{\omega_n}}{\dfrac{\omega^2}{\omega_n^2} - 1}\right], \omega > \omega_n \end{cases} \qquad (5-32)$$

另外,当 $\omega = \omega_n$ 时,$A(\omega) = 1/2\xi$,其值与 ξ 有关,ξ 越小,$A(\omega)$ 越大。但 $\varphi(\omega)$ 始终不变,为 $-90°$。在每条曲线上有一个对应于 $\omega = \omega_r$ 的谐振峰值 M_r,ω_r 称为谐振频率,其值为

$$\begin{cases} \omega_r = \omega_n\sqrt{1 - 2\xi^2} \\[2mm] M_r = A_{max} = \dfrac{1}{2\xi\sqrt{1 - \xi^2}} \end{cases} \qquad (5-33)$$

由上述分析可知振荡环节极坐标图的形状与 ξ 值有关,当 ξ 值分别取 $0.4, 0.6$ 和 0.8

时,绘制的极坐标图如图 5-9 所示。

5. 微分环节

微分环节的传递函数和频率特性为

$$G(s) = s \tag{5-34}$$

$$G(j\omega) = 0 + j\omega = \omega e^{j90°} \tag{5-35}$$

微分环节的幅频特性和相频特性为

$$\begin{cases} A(\omega) = \omega \\ \varphi(\omega) = 90° \end{cases} \tag{5-36}$$

由式(5-36)可知,微分环节的幅值与 ω 成正比,相角恒为 $90°$。当 $\omega = 0 \to \infty$ 时,极坐标图从 GH 平面的原点起始,一直沿虚轴趋于 $+j\infty$ 处,如图 5-10 所示。

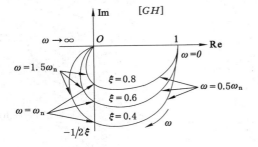

图 5-9 振荡环节的极坐标图

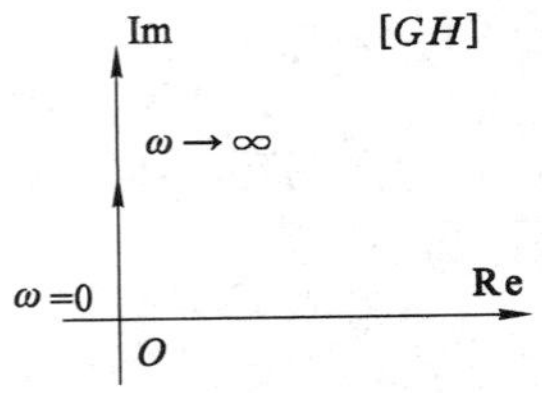

图 5-10 微分环节的极坐标图

6. 一阶微分环节

一阶微分环节 $(1 + Ts)$ 是惯性环节的倒数,其频率特性为

$$G(j\omega) = 1 + j\omega T \tag{5-37}$$

幅频特性和相频特性为

$$\begin{cases} A(\omega) = \sqrt{1 + \omega^2 T^2} \\ \varphi(\omega) = \arctan \omega T \end{cases} \tag{5-38}$$

一阶微分环节极坐标图的实部为常数 1,虚部与 ω 成正比,如图 5-11 曲线所示。

7. 二阶微分环节

二阶微分环节的传递函数为

$$G(s) = T^2 s^2 + 2\xi Ts + 1 = \frac{s^2}{\omega_n^2} + 2\xi \frac{s}{\omega_n} + 1 \tag{5-39}$$

频率特性为

$$G(j\omega) = \left(1 - \frac{\omega^2}{\omega_n^2}\right) + j2\xi \frac{\omega}{\omega_n} \tag{5-40}$$

幅频特性和相频特性为

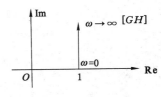

图 5-11 一阶微分环节
的极坐标图

$$\begin{cases} A(\omega) = \sqrt{\left(1 - \frac{\omega^2}{\omega_n^2}\right)^2 + 4\xi^2 \frac{\omega^2}{\omega_n^2}} \\ \varphi(\omega) = \arctan \dfrac{2\xi \dfrac{\omega}{\omega_n}}{1 - \dfrac{\omega^2}{\omega_n^2}} \end{cases} \tag{5-41}$$

极坐标图如图 5-12 所示。

8. 滞后环节

滞后环节的频率特性

$$G(j\omega) = e^{-j\tau\omega} \tag{5-42}$$

幅频特性和相频特性为

$$\begin{cases} A(\omega) = 1 \\ \varphi(\omega) = -\tau\omega \end{cases} \tag{5-43}$$

可见,不论频率 ω 如何变化,幅频特性始终为 1。因此,滞后环节的极坐标图是圆心在原点的单位圆,如图 5-13 所示,ω 值越大,其相位滞后量越大。

5.2.2　开环系统的极坐标图

如果已知开环频率特性 $G(j\omega)H(j\omega)$,可令 ω 由小到大取值,算出 $A(\omega)$ 和 $\varphi(\omega)$ 相应值,在 GH 平面描点绘图可以得到准确的开环系统的极坐标图。

在实际系统分析过程中,往往只需要知道极坐标图的大致图形即可,并不需要绘出准确曲线。因此,通常当 $\omega = 0 \rightarrow \infty$ 变化时,根据幅频特性和相频特性的变化趋势,就可以概略画出开环系统的极坐标图。概略绘制的极坐标图应反映开环频率特性的三个重要因素:

(1) 开环极坐标图的起点($\omega = 0$)和终点($\omega \rightarrow \infty$);

(2) 开环极坐标图与实轴及单位圆的交点;

(3) 开环极坐标图的变化范围(象限、单调性)。

系统如图 5-14 所示:

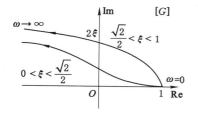
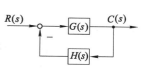

图 5-12　二阶微分环节的极坐标图　　图 5-13　滞后环节的极坐标图　　图 5-14　系统框图

其中开环传递函数 $G(s)H(s)$ 为若干典型环节组成

$$G(s)H(s) = G_1(s)G_2(s)\cdots G_n(s) = \prod_{i=1}^{n} G_i(s) \tag{5-44}$$

令 $s = j\omega$,则开环系统的频率特性为

$$G(j\omega)H(j\omega) = \prod_{i=1}^{n} G_i(j\omega) = U(\omega) + jV(\omega) = \Big[\prod_{i=1}^{n} A_i(\omega)\Big] e^{j\big[\sum_{i=1}^{n}\varphi_i(\omega)\big]} \tag{5-45}$$

于是幅频特性和相频特性为

$$\begin{cases} A(\omega) = \prod_{i=1}^{n} A_i(\omega) \\ \varphi(\omega) = \sum_{i=1}^{n} \varphi_i(\omega) \end{cases} \tag{5-46}$$

取 $\omega = 0 \rightarrow \infty$ 变化时的若干点,根据所取的点,可以绘制出开环频率特性的极坐标图。

例 5-3 已知单位负反馈系统的开环传递函数为

$$G(s) = \frac{10}{(s+1)(0.1s+1)}$$

试绘制极坐标图。

解 开环传递函数由三个环节组成,可写为

$$G(s) = 10 \cdot \frac{1}{s+1} \cdot \frac{1}{0.1s+1} = G_1(s)G_2(s)G_3(s)$$

令 $s = j\omega$,则

$$G(j\omega) = G_1(j\omega)G_2(j\omega)G_3(j\omega) = 10 \cdot \frac{1}{1+j\omega} \cdot \frac{1}{1+j \cdot 0.1\omega}$$

$$= A_1(\omega)A_2(\omega)A_3(\omega) \angle [\varphi_1(\omega) + \varphi_2(\omega) + \varphi_3(\omega)]$$

$$= 10 \cdot \frac{1}{\sqrt{1+\omega^2}} \cdot \frac{1}{\sqrt{1+(0.1\omega)^2}} \angle (0 - \arctan\omega - \arctan 0.1\omega)$$

由此可绘出 $\omega = 0 \to \infty$ 变化时的系统的极坐标图,如图 5-15 所示,这是一个 0 型系统。

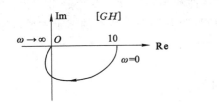

图 5-15 例 5-3 极坐标图

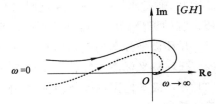

图 5-16 例 5-4 极坐标图

例 5-4 已知系统开环传递函数为

$$G(s) = \frac{K(T_4 s + 1)}{s^2(T_1 s + 1)(T_2 s + 1)(T_3 s + 1)}$$

T_1、T_2、T_3 和 T_4 均为正实数,试绘制极坐标图。

解 开环系统的幅频特性和相频特性为

$$\begin{cases} A(\omega) = K \cdot \frac{1}{\omega^2} \cdot \sqrt{1+(\omega T_4)^2} \cdot \frac{1}{\sqrt{1+(\omega T_1)^2}} \cdot \frac{1}{\sqrt{1+(\omega T_2)^2}} \cdot \frac{1}{\sqrt{1+(\omega T_3)^2}} \\ \varphi(\omega) = -180° + \arctan\omega T_4 - (\arctan\omega T_1 + \arctan\omega T_2 + \arctan\omega T_3) \\ \qquad = -180° + \varphi_4 - (\varphi_1 + \varphi_2 + \varphi_3) \end{cases}$$

根据上式可绘制出该系统的极坐标图,如图 5-16 所示。当 $\varphi_4 < (\varphi_1 + \varphi_2 + \varphi_3)$ 时,极坐标图与负实轴无交点,如图 5-16 实线部分;当 $\varphi_4 > (\varphi_1 + \varphi_2 + \varphi_3)$ 时,极坐标图与负实轴有交点,如图 5-16 虚线部分。

从上述两个例子可以得到一些绘制极坐标图的一些规律。

对不同型别 ν 的系统,当 $\omega \to 0$ 时(低频段),极坐标图的起始角不同。如对 0、Ⅰ、Ⅱ 型系统极坐标图分别起始 $0°$、$-90°$、$-180°$ 方向。当 $\omega \to \infty$ 时,极坐标图均沿着一定的角度趋于原点(高频段)。以例 5-4 来说,开环传递函数中的 $n=5$,$m=1$,而极坐标图是以 $-360° = (n-m) \times (-90°)$ 方向趋于原点。下面对极坐标图的低、高、中频段的波形进行介绍。

(1) 极坐标图的低频段

$$G(\mathrm{j}\omega)H(\mathrm{j}\omega) = \frac{K\prod\limits_{i=1}^{n}(\mathrm{j}\omega\tau_i + 1)}{(\mathrm{j}\omega)^{\nu}\prod\limits_{j=1}^{n-\nu}(\mathrm{j}\omega T_j + 1)} \tag{5-47}$$

其幅频特性和相频特性分别为

$$\begin{cases} A(\omega) = \dfrac{K \cdot \prod\limits_{i=1}^{m}\sqrt{1 + \omega^2\tau_i^2}}{\omega^{\nu}\prod\limits_{j=1}^{m}\sqrt{1 + \omega^2 T_j^2}} \\[4mm] \varphi(\omega) = -\nu \times 90° + \sum\limits_{i=1}^{m}\arctan \omega\tau_i - \sum\limits_{j=1}^{n-\nu}\arctan \omega T_j \end{cases} \tag{5-48}$$

当 $\omega \to 0$ 时,可以确定极坐标图的低频部分为

$$\begin{cases} A(0^+) = \lim\limits_{\omega \to 0+}\dfrac{K}{\omega^{\nu}} \\[3mm] \varphi(0^+) = -\nu \times 90° \end{cases} \tag{5-49}$$

对于 0 型系统,当 $\omega \to 0$ 时,极坐标图起始于 $(K,\mathrm{j}0)$ 点,对于 Ⅰ 型系统,极坐标图由无穷远处趋于一条与负虚轴平行的渐近线;对于 Ⅱ 型系统,极坐标图由无穷远处趋于一条与负实轴平行的渐近线;对于 Ⅲ 型系统,极坐标图由无穷远处趋于一条与正虚轴平行的渐近线,如图 5-17(a)所示。

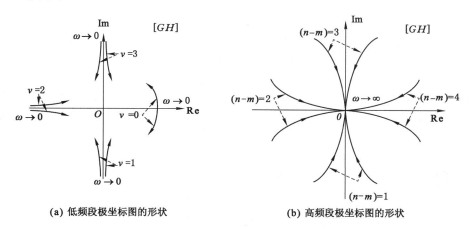

(a) 低频段极坐标图的形状　　　　　　(b) 高频段极坐标图的形状

图 5-17　极坐标图

（2）极坐标图的高频段

将上述开环系统频率特性的一般形式写出展开式,则有

$$G(\mathrm{j}\omega)H(\mathrm{j}\omega) = \frac{b_0(\mathrm{j}\omega)^m + b_1(\mathrm{j}\omega)^{m-1} + \cdots + K}{a_0(\mathrm{j}\omega)^n + a_1(\mathrm{j}\omega)^{n-1} + \cdots + a_{n-\nu-1}(\mathrm{j}\omega)^{\nu-1} + (\mathrm{j}\omega)^{\nu}} \tag{5-50}$$

通常 $n > m$,故当 $\omega \to \infty$ 时,式(5-50)可近似表示为

$$G(\mathrm{j}\omega)H(\mathrm{j}\omega)\Big|_{\omega \to \infty} \approx \frac{b_0}{a_0} \cdot \frac{1}{\mathrm{j}^{n-m}} \cdot \frac{1}{\omega^{n-m}}\Big|_{\omega \to \infty} \tag{5-51}$$

式中

$$\begin{cases} A(\omega) \Big|_{\omega \to \infty} = \dfrac{b_0}{a_0} \cdot \dfrac{1}{\omega^{n-m}} \Big|_{\omega \to \infty} \\ \varphi(\omega) \Big|_{\omega \to \infty} = -90° \times (n-m) \end{cases} \tag{5-52}$$

可见,极坐标图按式(5-51)的角度终止于原点,如图 5-17(b)所示。

(3) 极坐标图与实轴和虚轴的交点

极坐标图与实轴交点处的频率由下式求出,令开环系统频率特性的虚部等于 0,即

$$\mathrm{Im}[G(\mathrm{j}\omega)H(\mathrm{j}\omega)] = 0 \tag{5-53}$$

极坐标图与虚轴交点处的频率由下式求出,令开环系统频率特性的实部等于 0,即

$$\mathrm{Re}[G(\mathrm{j}\omega)H(\mathrm{j}\omega)] = 0 \tag{5-54}$$

(4) 极坐标图的中频段

如果系统没有开环零点,则当 ω 从 $0 \to \infty$ 的变化过程中,频率特性的相位角单调连续减小,极坐标图变化平滑,如图 5-18(a)所示。如果系统有开环零点,则当 ω 从 $0 \to \infty$ 的变化过程中,频率特性的相位角不呈单调连续减小,极坐标图可能出现凹部,其程度取决于开环零点的位置,如图 5-18(b)、(c)所示。

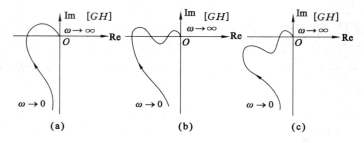

图 5-18　中频段极坐标图的形状

上述极坐标图的高、低频段规则只适合于开环传递函数为最小相位系统。

根据上述规律,再求出与实轴的交点绘制出的系统概略极坐标图,一般可以满足问题分析的要求。

5.3　对数频率特性图(伯德图)

由于对数频率特性图(伯德图)容易绘制且便于估计系统的性能指标,在工程中得到了较为广泛的使用,特别是对数幅频特性的运算可以用叠加原理,这给系统的设计带来了极大的方便。因此,伯德图是频域分析法中十分重要的图示方法之一。

5.3.1　典型环节的伯德图

1. 比例环节

比例环节的对数幅频特性和对数相频特性为

$$\begin{cases} L(\omega) = 20\lg A(\omega) = 20\lg K \\ \varphi(\omega) = 0° \end{cases} \tag{5-55}$$

当 $K > 1$ 时,则 $L(\omega) > 0$,对数幅频特性 $L(\omega)$ 是一条位于 ω 轴上方的平行直线;当 $K = 1$ 时,$L(\omega) = 0$,对数幅频特性 $L(\omega)$ 就是 ω 轴线;当 $0 < K < 1$ 时,则 $L(\omega) < 0$,对数幅

频特性 $L(\omega)$ 是一条位于 ω 轴下方的平行直线。由于 $\varphi(\omega)=0°$，所以 $\varphi(\omega)$ 曲线就是 ω 轴线。如图 5-19 所示。

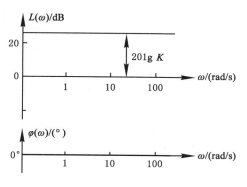

图 5-19　比例环节伯德图

2. 积分环节

积分环节的对数幅频特性和对数相频特性为

$$\begin{cases} L(\omega) = -20\lg \omega \\ \varphi(\omega) = -90° \end{cases} \tag{5-56}$$

由于伯德图的横坐标 $\lg \omega$ 是有刻度的，故式(5-56)可视为自变量为 $\lg \omega$，因变量为 $L(\omega)$ 的关系式，因此该式在伯德图上是一个直线方程式。直线的斜率为 -20 dB/dec。当 $\omega=1$ 时，$-20\lg \omega=0$，即 $L(1)=0$，所以积分环节的对数幅频特性是与 ω 轴相交于 $\omega=1$，斜率为 -20 dB/dec 的直线。积分环节的相频特性是 $\varphi(\omega)=-90°$，相应的对数相频特性是一条位于 ω 轴下方，且平行于 ω 轴的水平直线。如图 5-20 所示。

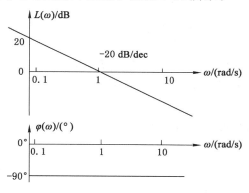

图 5-20　积分环节伯德图

3. 惯性环节

惯性环节的对数幅频特性和对数相频特性为

$$\begin{cases} L(\omega) = 20\lg A(\omega) = 20\lg \dfrac{1}{\sqrt{1+(\omega T)^2}} = -20\lg \sqrt{1+(\omega T)^2} \\ \varphi(\omega) = -\arctan \omega T \end{cases} \tag{5-57}$$

绘制惯性环节的对数幅频特性曲线时，可以将不同的 ω 值代入式(5-57)逐点计算 $L(\omega)$，但通常用渐近线的方法先画出曲线的大致图形，然后再加以精确化修正。

（1）低频段 $\omega T \ll 1$（或 $\omega \ll 1/T$），则由式(5-57)可得

$$L(\omega) = 0(\mathrm{dB}) \tag{5-58}$$

式(5-58)表明,惯性环节低频段的对数幅频特性曲线是一条零分贝的渐近线,它与 ω 轴重合,如图 5-21 中虚线所示。

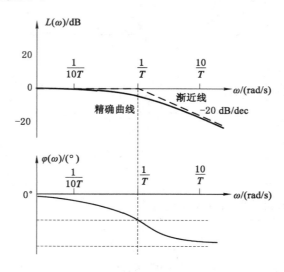

图 5-21　惯性环节伯德图

（2）高频段 $\omega T \gg 1$（或 $\omega \gg 1/T$），则由式(5-57)可得

$$L(\omega) \approx -20\lg \omega T(\mathrm{dB}) \tag{5-59}$$

上式中,当 $\omega T = 1$（或 $\omega = 1/T$）

$$L(\omega) \approx -20\lg \omega T = 0(\mathrm{dB})$$

式(5-59)表明,惯性环节在高频段 $1/T \ll \omega < \infty$ 范围内的对数幅频特性曲线是一条斜率为 -20 dB/dec,且与 ω 轴相交于 $\omega = 1/T$ 的渐近线,它与低频段渐近线也交于 $\omega = 1/T$, $\omega = 1/T$ 称为转折频率。转折频率求出后,就可方便地绘制出低频段和高频段的渐近线。由于渐近线接近于精确曲线,因此,在一些不需要十分精确的场合,就可以用渐近线代替精确曲线进行分析。在要求精确曲线的场合,需要对渐近线进行修正。由于渐近线代替精确曲线的最大误差发生在转折频率处,因此可将 $\omega = 1/T$ 代入式(5-57),可得

精确值为　　　$L(\omega) \approx -20\lg \sqrt{1+1} = -3.01(\mathrm{dB}) \approx -3(\mathrm{dB})$

近似值为　　　$L(\omega) = 0(\mathrm{dB})$

误差值为　　　$\Delta L(\omega) = -3(\mathrm{dB})$

用同样的方法,可以计算出其他频率处的误差值,如图 5-22 所示。由图可以看出,误差值相对于转角频率是对称的。将图 5-22 的误差值加到渐近线上,就可得到图 5-21 粗实线表示的精确的伯德图。

绘制惯性环节的对数相频特性曲线时没有近似的办法,只能用描点的办法进行。给出的 ω 的值,计算出相应的 $\varphi(\omega)$ 值,然后将各点平滑的连接起来即可,如图 5-21 所示。注意到 $\varphi(\omega)$ 是关于 $-45°$ 斜对称的曲线。

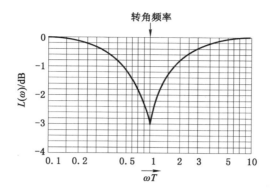

图 5-22　惯性环节近似对数幅频特性误差曲线

4. 振荡环节

当振荡环节的传递函数和频率特性表示为

$$G(s) = \frac{1}{T^2 s^2 + 2\xi T s + 1} \tag{5-60}$$

$$G(j\omega) = \frac{1}{(j\omega T)^2 + j2\xi\omega T + 1} \tag{5-61}$$

幅频特性和相频特性为

$$\begin{cases} A(\omega) = G(j\omega) = \dfrac{1}{\sqrt{(1 - \omega^2 T^2)^2 + 4\xi^2 \omega^2 T^2}} \\[4mm] \varphi(\omega) = \angle G(j\omega) = -\arctan \dfrac{2\xi\omega T}{1 - \omega^2 T^2} \end{cases} \tag{5-62}$$

对数幅频特性和对数相频特性为

$$\begin{cases} L(\omega) = 20\lg A(\omega) = -20\sqrt{(1 - \omega^2 T^2)^2 + 4\xi^2 \omega^2 T^2} \\[4mm] \varphi(\omega) = \angle G(j\omega) = -\arctan \dfrac{2\xi\omega T}{1 - \omega^2 T^2} \end{cases} \tag{5-63}$$

依照惯性环节的求取方法,先求出振荡环节的对数幅频特性的渐近线。

（1）低频段 $\omega T \ll 1$（或 $\omega \ll 1/T$）

则由式(5-63)可得

$$L(\omega) \approx -20\lg 1 = 0(\text{dB}) \tag{5-64}$$

式(5-64)表明,低频段渐近线为一条零分贝的直线,与 ω 轴重合。

（2）高频段 $\omega T \gg 1$（或 $\omega \gg 1/T$）

由式(5-61)可得

$$L(\omega) \approx -20\lg (\omega T)^2 = -40\lg(\omega T)(\text{dB}) \tag{5-65}$$

式(5-65)表明高频段是一条斜率为 $-40\ \text{dB/dec}$,且相交于 $\omega = 1/T$ 的渐近线。

低频段和高频段的渐近线相交 $\omega = 1/T$,此频率称为振荡环节的转折频率。

下面就 $A(\omega)$ 的单调性作讨论,求 $A(\omega)$ 的极值,即

$$\frac{\mathrm{d}A(\omega)}{\mathrm{d}\omega} = 0$$

可得

$$4\xi^2\,\frac{\omega}{\omega_n^2} - 2\,\frac{\omega}{\omega_n^2}\left(1 - \frac{\omega^2}{\omega_n^2}\right) = 0$$

求解上式得极值时的频率及极值存在的条件

$$\omega_r = \omega_n\,\sqrt{1 - 2\xi^2}\qquad(0 < \xi < \sqrt{2}/2)$$

此时的频率称作谐振频率,其存在的条件是 $0 < \xi < \sqrt{2}/2$。将 ω_r 代入 $A(\omega)$,得到谐振峰值

$$M_r = \frac{1}{2\xi\,\sqrt{1 - \xi^2}}$$

当 $0 < \xi < \sqrt{2}/2$,且 $\omega \in (0, \omega_r)$ 时,$A(\omega)$ 单调增;$\omega \in (\omega_r, \infty)$ 时,$A(\omega)$ 单调减。而当 $\sqrt{2}/2 < \xi < 1$ 时,$A(\omega)$ 单调减。

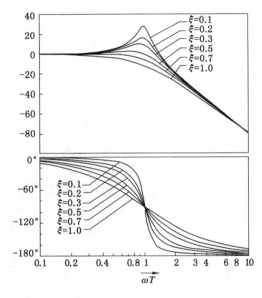

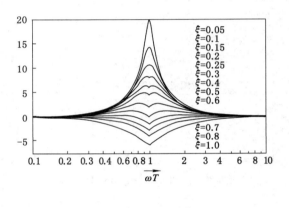

图 5-23　振荡环节伯德图　　　　　图 5-24　振荡环节幅频特性的误差曲线

振荡环节对数幅频特性的精确曲线可以按式(5-63)计算并绘制。显然,精确曲线随阻尼比 ξ 的不同而不同。因此,渐近线的误差也随 ξ 的不同而不同。不同 ξ 值时的精确曲线如图 5-23 所示。从图中可以看出,当 ξ 值在 $0 < \xi < \sqrt{2}/2$ 范围内时,其相应的精确曲线都有峰值。渐近线误差随 ξ 不同而不同的误差曲线如图 5-24 所示。从图 5-24 可以看出,渐近线的误差在 $\omega = 1/T$ 附近为最大,并且 ξ 值越小,误差越大。当 $\xi \to 0$ 时,误差将趋近于无穷大。

振荡环节的相频特性的计算由式(5-63)可知,也和阻尼比 ξ 有关,这些相频特性曲线如图 5-23 所示。由图 5-23 可以看出,它们都是关于以转折频率 $\omega = 1/T$ 处相角为 $-90°$ 的斜对称。

5. 微分环节

微分环节的对数幅频特性和对数相频特性为

$$\begin{cases} L(\omega) = 20\lg \omega \\ \varphi(\omega) = 90° \end{cases} \tag{5-66}$$

从式(5-66)可以看出,微分环节的对数幅频特性和对数相频特性都只与积分环节相差一个"负"号。因而微分环节和积分环节的伯德图对称于 ω 轴,其对数幅频特性是斜率为 20 dB/dec,且过 $\omega = 1$ 的直线。对数相频特性是一条位于 ω 轴上方,且平行于 ω 轴的水平直线。微分环节伯德图如图 5-25 所示。

6. 一阶微分环节

一阶微分环节 $1+Ts$ 是惯性环节的倒数,容易求出它的对数幅频特性和对数相频特性的公式为

$$\begin{cases} L(\omega) = 20\lg \sqrt{1+(\omega T)^2} \\ \varphi(\omega) = \arctan \omega T \end{cases} \tag{5-67}$$

将式(5-67)与式(5-57)对比可知,一阶微分环节与惯性环节的对数幅频特性和相频特性只相差一个"负"号,因而一阶微分环节和一阶惯性环节的伯德图对称于 ω 轴,如图 5-26 所示。

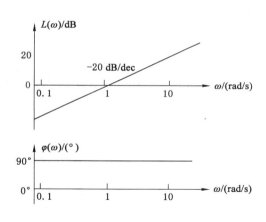

图 5-25　微分环节伯德图

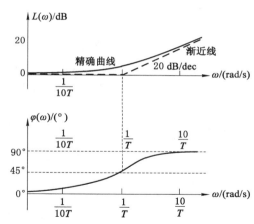

图 5-26　一阶微分环节伯德图

7. 二阶微分环节

二阶微分环节的传递函数和频率特性为

$$G(s) = T^2 s^2 + 2\xi Ts + 1 \quad (0 < \xi < 1) \tag{5-68}$$

$$G(j\omega) = (j\omega T)^2 + j2\xi\omega T + 1 \tag{5-69}$$

可见二阶微分环节和二阶振荡环节的传递函数及频率特性互为倒数,所以其对数幅频特性和相频特性都与二阶振荡环节的特性以 ω 轴对称,很容易绘制,这里不再赘述。

8. 滞后环节

滞后环节的幅频特性和相频特性为

$$\begin{cases} A(\omega) = |G(j\omega)| = |1 \times e^{-j\omega\tau}| = 1 \\ \varphi(\omega) = \angle G(j\omega) = \angle e^{-j\omega\tau} = -\tau\omega(\text{rad}) = -57.3 \times \tau\omega(°) \end{cases} \tag{5-70}$$

对数幅频特性和对数相频特性为

$$\begin{cases} L(\omega) = 20\lg A(\omega) = 0 \text{ dB} \\ \varphi(\omega) = -57.3 \times \tau\omega(°) \end{cases} \tag{5-71}$$

取 $\tau = 0.1$,对应的伯德图如图 5-27 所示。从图 5-27 可以看出,滞后环节的对数幅频特性曲线为 $L(\omega) = 0$ dB 的直线,与 ω 轴重合。相频特性曲线 $\varphi(\omega)$ 当 $\omega \to \infty$ 时,$\varphi(\omega) \to -\infty$。

5.3.2 开环系统的对数频率特性图(伯德图)

控制系统一般情况下由多个环节串联构成,由式(5-12)在绘制控制系统的伯德图时,先将系统传递函数分解成典型环节乘积的形式,逐个绘制,再将幅频特性和相频特性分别进行叠加即可。因此,可以利用叠加原理的方法绘制开环系统的伯德图。

例 5-5 已知系统的开环传递函数为

$$G(s)H(s) = \frac{K}{(T_1 s + 1)(T_2 s + 1)}, T_2 < T_1$$

设 $K = 10, T_1 = 0.5, T_2 = 0.25$,试绘制伯德图。

解 (1)将 $s = j\omega$ 代入已知系统的传递函数,得到系统的频率特性,将其写成乘积的形式。求出幅频特性 $A(\omega)$ 和相频特性 $\varphi(\omega)$ 的表达式,再由小到大排列求出各个环节的转折频率。

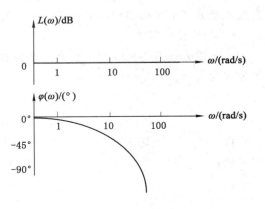

图 5-27 滞后环节伯德图

由已知的传递函数可求得系统频率特性为

$$G(j\omega)H(j\omega) = \frac{K}{(j\omega T_1 + 1)(j\omega T_2 + 1)}$$

幅频特性

$$A(\omega) = 10 \cdot \frac{1}{\sqrt{1 + (0.5\omega)^2}} \cdot \frac{1}{\sqrt{1 + (0.25\omega)^2}}$$

相频特性

$$\varphi(\omega) = 0° - \arctan 0.5\omega - \arctan 0.25\omega$$

从幅频特性和相频特性可知系统由三个典型环节组成,即一个比例环节和两个惯性环节。两个惯性环节的转角频率分别为 $\omega_1 = 1/0.5 = 2, \omega_2 = 1/0.25 = 4$。

(2)绘制各环节的伯德图。对数幅频特性和相频特性为

$$L(\omega) = 20\lg A(\omega) = 20\lg 10 + 20\lg \frac{1}{\sqrt{1 + (0.5\omega)^2}} + 20\lg \frac{1}{\sqrt{1 + (0.25\omega)^2}} = L_1 + L_2 + L_3$$

$$\varphi(\omega) = 0° - \arctan 0.5\omega - \arctan 0.25\omega = \varphi_1 + \varphi_2 + \varphi_3$$

式中,L_1 为比例环节,$L_1 = 20\lg 10 = 20$,相频特性 $\varphi_1 = 0°$,其对数幅频特性是幅值为 20 dB 的水平线;L_2 是转折频率 $\omega_1 = 2$ 的惯性环节,对数幅频特性和相频特性为 $L_2 = -20\lg \sqrt{1 + (0.5\omega)^2}$;$\varphi_2 = -\arctan 0.5\omega$。伯德图的渐近线在 $\omega_1 \ll 2$ 时,$L_2 = 0$,为 0 dB 直线,在 $\omega_1 \gg 2$ 时,$L_2 = -20\lg 0.5\omega$,是一条斜率为 -20 dB/dec 的直线,相交于 $\omega_1 = 2$,此时 $\varphi_2 = -45°$;L_3 是转折频率 $\omega_1 = 4$ 的惯性环节,对数幅频特性和相频特性为 $L_3 =$

$-20\lg\sqrt{1+(0.25\omega)^2}$,$\varphi_3=-\arctan0.25\omega$。伯德图的渐近线在 $\omega_2\ll4$ 时为 0 dB 直线,在 $\omega_2\gg4$ 时是一条斜率为 -20 dB/dec 的直线,相交于 $\omega_2=4$,此时 $\varphi_3=-45°$。

　　按典型环节的方法,分别绘制各环节对数幅频特性的渐近线和相频特性图,如图 5-28 中虚线所示。将各对数幅频特性和相频特性相加即得系统的伯德图,如图 5-28 中实线所示。

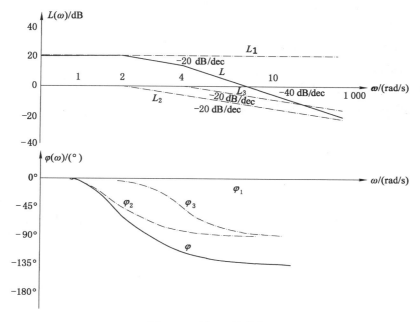

图 5-28　例 5-5 的伯德图

　　若要绘制精确图形,只需在 $\omega_1=1/T_1=2$ 和 $\omega_2=1/T_2=4$ 处进行修正即可。需要说明的是 $\varphi(\omega)$ 也可以通过描点直接画出。

　　通过上述例子可得如下结论:

　　(1) 对数幅频特性是下降的,表明系统具有低通滤波性能。

　　(2) 对数幅频特性的渐进线的斜率都是 20 dB/dec 的整数倍,"一"对应惯性环节和振荡环节,"+"对应一阶和二阶微分环节。

　　(3) 最小相位系统对数幅频特性与相频特性具有一一对应的关系,互相唯一确定。例如在低频段时,当对数幅频特性的渐进线的斜率分别为 0 dB/dec、-20 dB/dec 和 -40 dB/dec 时,对应的相频特性分别为 $0°$,$-90°$ 和 $-180°$。

　　(4) 曲线低频段的高度和斜率取决于比例环节 K 的大小和积分环节的数目 ν。

　　(5) 只要过 $(1,20\lg K)$ 做斜率为 -20ν dB/dec 的直线,即可得到低频段的渐近线。

　　(6) 转折频率处,渐近线斜率发生改变,改变多少取决于典型环节的种类。

　　因此开环系统的伯德图可按以下步骤进行绘制:

　　(1) 将开环传递函数写成典型环节乘积的形式,并将这些典型环节的传递函数化成标准形式,即各典型环节传递函数的常数项为 1。

　　(2) 计算各典型环节的转折频率,并按由小到大的顺序排列。

　　(3) 根据比例环节的 K 值,计算 $20\lg K$,在伯德图上,过点 $(1,20\lg K)$ 做斜率为

—20 υ dB/dec的斜线,其中 υ 为开环系统积分环节的数目或开环系统的型号。

（4）低频段的曲线一直画到第一个转折频率 ω_1 处,从 ω_1 开始由小到大按下列原则依次改变 $L(\omega)$ 的斜率：

过惯性环节的转折频率,斜率增加—20 dB/dec；

过一阶微分环节的转折频率,斜率增加 20 dB/dec；

过振荡环节的转折频率,斜率增加—40 dB/dec。

过二阶微分环节的转折频率,斜率增加 40 dB/dec。

（5）相频特性可按描点的方法绘制。

（6）如果需要绘制精确图形,对渐近线进行修正。

例 5-6 最小相位系统的开环对数幅频特性曲线如图 5-29 所示,试确定系统的开环传递函数。

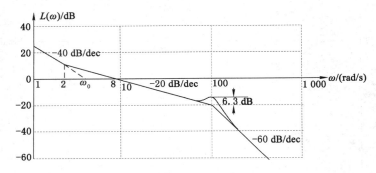

图 5-29 例 5-6 的开环对数幅频特性曲线

解 根据 $L(\omega)$ 曲线,可以写出

$$G(s)H(s) = \frac{K(\frac{s}{2}+1)}{s^2\left[(\frac{s}{100})^2 + 2\xi\,\frac{s}{100} + 1\right]}$$

式中,K 和 ξ 待定。对于振荡环节中的阻尼比 ξ,根据 $L(\omega)$,有

$$20\lg M_r = 6.3 \ (\text{dB})$$

$$M_r = \frac{1}{2\xi\,\sqrt{1-\xi^2}} = 10^{\frac{6.3}{20}} = 2.065\ 5$$

解出

$$\xi = 0.25$$

系统的开环增益 K,有不同的解法。

解法 1:将 $L(\omega)$ 曲线第一个转折频率 $\omega = 2$ 左边的线段延长至频率轴,与 0 dB 线交点处的频率设为 ω_0,则 $K = \omega_0^2$。利用对数频率特性横坐标等距等比的特点,可以写出 $\frac{8}{\omega_0} = \frac{\omega_0}{2}$,所以有 $K = \omega_0^2 = 16$。

解法 2:设系统截止频率为 ω_c^*,则有

$$G(j\omega_c^*)H(j\omega_c^*) = \frac{K\left|\dfrac{j\omega_c^*}{2} + 1\right|}{\omega_c^{*2}\left|\left[1 - \left(\dfrac{\omega_c^*}{100}\right)^2\right] + j2\xi\dfrac{\omega_c^*}{100}\right|} = 1$$

图 5-29 中给出渐近对数幅频特性曲线 $L(\omega)$ 与 0 dB 线交点频率 $\omega_c = 8 \approx \omega_c^*$。注意 $\omega_c = 8$ 与其他转折频率的大小关系,同时考虑绘制渐近对数幅频特性曲线时的近似条件。略去上式各环节取模运算中实部、虚部中较小者,有

$$\left|G(j\omega_c)H(j\omega_c)\right| = \frac{K \times \dfrac{\omega_c}{2}}{\omega_c^2 \times 1} = \frac{K}{\omega_c \times 2}\bigg|_{\omega_c=8} = \frac{K}{16} = 1$$

可得 $K = 16$,最后得出

$$G(s)H(s) = \frac{16\left(\dfrac{s}{2} + 1\right)}{s^2\left[\left(\dfrac{s}{100}\right)^2 + 0.5\dfrac{s}{100} + 1\right]} = \frac{80\,000(s+2)}{s^2\left[s^2 + 50s + 10\,000\right]}$$

在由伯德图确定传递函数时,可以根据具体情况求取开环增益,方法可以灵活多变。

5.3.3　最小相位和非最小相位系统

从以上所举的例子可以看出,伯德图中各典型环节的对数幅频特性与相频特性有一一对应的关系,如惯性环节,在 $\omega = 1/T$ 左右的对数幅频特性为 0 dB 线和 -20 dB/dec 线,对应的相频特性为 $0°$ 和 $-90°$,而一阶微分环节则为 0 dB、20 dB/dec 和 $0°$、$90°$,对振荡环节也有同样的结果。这是因为在开环传递函数中,不论是开环极点,还是开环零点,都位于左半 s 平面,即开环系统传递函数不含右半 s 平面的零、极点。

所谓最小相位系统,即指开环传递函数在 s 右半平面无零、极点的系统,而在右半 s 平面内只要有一个开环零点或开环极点的系统统称为非最小相位系统。如 $G(s) = \dfrac{1 - \tau s}{1 + Ts}$,$G(s) = \dfrac{K(T_3 s - 1)}{(T_1 s + 1)(T_2 s + 1)}$ 和 $G(s) = \dfrac{K}{(T_1 s + 1)(T_2 s + 1)}e^{-\tau s}$ 均为非最小相位系统。

例 5-7　已知系统的传递函数为 $G_1(s) = \dfrac{\tau s + 1}{Ts + 1}$ 和 $G_2(s) = \dfrac{1 - \tau s}{1 + Ts}$,$(\tau, T > 0)$ 试绘制伯德图。

解　$G_1(s) = \dfrac{\tau s + 1}{Ts + 1}$ 为最小相位系统,而 $G_2(s) = \dfrac{1 - \tau s}{1 + Ts}$ 为非最小相位系统,但它们具有相同的幅频特性,即

$$A_1(\omega) = A_2(\omega) = \frac{\sqrt{1 + (\omega\tau)^2}}{\sqrt{1 + (\omega T)^2}}$$

而相频特性分别为

$$\varphi_1(\omega) = \arctan \omega\tau - \arctan \omega T$$

$$\varphi_2(\omega) = -\arctan \omega\tau - \arctan \omega T$$

伯德图如图 5-30 所示。

从以上例子分析可知,系统虽然具有相同的对数幅频特性,但相频特性已经不再有对应关系了。而对具有相同幅频特性的系统来说,最小相位系统具有最小的滞后相角。在工程中,滞后角越大,对系统的稳定性越不利,因此要尽量减小滞后环节的影响和尽可能避免非

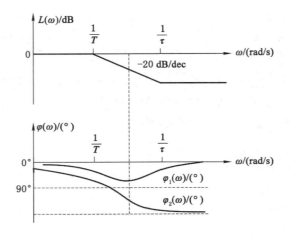

图 5-30　例 5-7 系统伯德图

最小相位特性的元器件。

　　由于最小相位系统的幅频特性与相频特性有确定关系,所以在大多数情况下可不用绘制相频特性图,这使得用频率特性法分析、设计系统更简洁和方便。另一方面,如果系统为最小相位系统,那么只要已知系统的伯德图,也可较方便地求出系统的开环传递函数。

　　例 5-8　已知某最小相位系统的开环对数幅频特性如图 5-31 所示,试求系统的开环传递函数 $G(s)H(s)$。

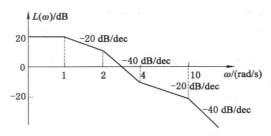

图 5-31　例 5-8 的对数幅频特性曲线

　　解　(1)低频段:由已知对数幅频特性可看出,该系统为 0 型系统,故比例环节的 K 可以由式 $20\lg K=20$ 求得: $K=10$。

　　(2)转折频率:从图中可以求得各转折频率为 $\omega_1=1$, $\omega_2=2$, $\omega_3=4$ 及 $\omega_4=10$。

　　当 $\omega=\omega_1=1$ 时,伯德图的斜率为 -20 dB/dec,表明这是一个惯性环节,其传递函数为

$$G_2(s)=\frac{1}{1+\dfrac{s}{\omega_1}}=\frac{1}{1+s}$$

　　当 $\omega=\omega_2=2$ 时,伯德图的斜率是 -40 dB/dec,曲线在原 -20 dB/dec 的基础上又下降 -20 dB/dec,表明这也是一个惯性环节,它的传递函数为

$$G_3(s)=\frac{1}{\dfrac{s}{\omega_2}+1}=\frac{1}{0.5s+1}$$

　　当 $\omega=\omega_3=4$ 时,伯德图的斜率变为 -20 dB/dec,表明有一个 $+20$ dB/dec 的曲线与之

叠加，是一阶微分环节，其传递函数为

$$G_4(s)=\frac{s}{\omega_3}+1=0.25s+1$$

当$\omega=\omega_4=10$ 时，伯德图的斜率变为-40 dB/dec，说明又有一个惯性环节与之叠加，其传递函数为

$$G_5(s)=\frac{1}{\dfrac{s}{\omega_4}+1}=\frac{1}{0.1s+1}$$

综上可得系统开环传递函数为

$$\begin{aligned}G(s)H(s)&=G_1(s)G_2(s)G_3(s)G_4(s)G_5(s)\\&=\frac{10(0.25s+1)}{(s+1)(0.5s+1)(0.1s+1)}\end{aligned}$$

5.4　奈奎斯特稳定判据

在工程设计中，总希望稳定判据不仅能判断系统的绝对稳定性(即判断系统是否稳定)，还希望能确定出系统的稳定程度，对于不稳定系统，希望能指出如何改进(包括改变系统参数或改变系统的结构)使其稳定。用频率特性判稳的奈奎斯特稳定判据就具有上述优点。除此之外，它还能用来研究滞后系统的稳定性。

奈奎斯特稳定判据可以根据系统的开环频率特性判断闭环系统的稳定性，因而使用比较方便。

奈奎斯特稳定判据的数学基础是复变函数理论中的幅角原理。

5.4.1　幅角原理

1. 复变函数 $F(s)$

已知系统如图5-32所示。

设

$$G(s)=\frac{M_1(s)}{N_1(s)}\quad H(s)=\frac{M_2(s)}{N_2(s)}$$

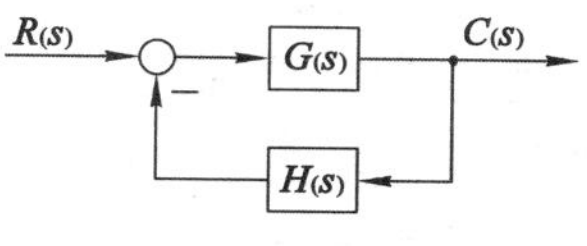

图5-32　系统框图

如果 $G(s)$和 $H(s)$没有零点和极点对消，则系统的开环传递函数为

$$G(s)H(s)=\frac{M_1(s)M_2(s)}{N_1(s)N_2(s)}\tag{5-72}$$

闭环传递函数为

$$M(s)=\frac{M_1(s)M_2(s)}{N_1(s)N_2(s)+M_1(s)M_2(s)}\tag{5-73}$$

特征多项式为

$$D(s)=N_1(s)N_2(s)+M_1(s)M_2(s)\tag{5-74}$$

引入复变函数

$$F(s)=1+G(s)H(s)=\frac{N_1(s)N_2(s)+M_1(s)M_2(s)}{N_1(s)N_2(s)}\tag{5-75}$$

可得：

（1）开环极点就是特征多项式 $F(s)$ 的极点；

（2）闭环极点就是特征多项式 $F(s)$ 的零点；

（3）稳定条件是特征多项式 $F(s)=0$ 的所有零点（即闭环极点）全部位于左半 s 平面。

2. 映射

复变函数 $F(s)$ 的分子是图 5-32 所示系统的闭环特征多项式，分母则是系统开环特征多项式。一般而言，闭环传递函数的分母多项式的阶数大于或等于分子多项式的阶数。因此，可将 $F(s)$ 写成零、极点形式，即

$$F(s) = \frac{\prod_{i=1}^{n}(s-z_i)}{\prod_{i=1}^{n}(s-p_i)} \tag{5-76}$$

因为 s 为复数，故 $F(s)$ 为复变函数。式中 p_i 为 $F(s)$ 的极点，即为开环系统的极点。z_i 为 $F(s)$ 的零点，即为闭环系统的极点。

设 $F(s)$ 为一单值复变函数，$F(s)$ 在 s 平面上除奇点外，处处解析，即要求 $F(s)$ 不通过 s 平面上的任一极点和零点，当 s 在 s 平面上取点 s_1 或绕一封闭曲线 Γ_s 变化时，$F(s)$ 在 $F(s)$ 平面上将如何变化呢？有如下结论：

（1）对应于 s 平面上的解析点 s_1，在 $F(s)$ 平面上就有一点 $F(s_1)$ 与之对应；

（2）如果 s_1 在 s 平面上沿任一条封闭曲线 Γ_s 连续变化时，则 $F(s)$ 在 $F(s)$ 平面上就有一条封闭曲线 Γ_F 与之对应。

（3）上述对应关系称为映射，曲线 Γ_F 称为曲线的像，而曲线 Γ_s 称为原像。只要函数 $F(s)$ 在曲线 Γ_s 内及曲线 Γ_s 上是解析的，且曲线 Γ_s 满足 $F'(s) \neq 0$，这种映射称为保角映射。

显然，s 平面上 $F(s)$ 的零点映射到 $F(s)$ 平面上的原点，s 平面上的 $F(s)$ 极点映射到 $F(s)$ 平面上为无穷远点。

3. 幅角原理

如果函数 $F(s)$ 在 s 平面的封闭曲线 Γ_s 上解析，且不为零，在曲线 Γ_s 内除有限个极点外，也处处解析，当曲线 Γ_s 包围有 $F(s)$ 的 Z 个零点及 P 个极点（可以有多重极点和多重零点，但曲线 Γ_s 不能通过 $F(s)$ 的任何极点和零点）时，那么当动点 $s=s_1$ 沿闭合曲线 Γ_s 顺时针方向环绕一周时，映射曲线 Γ_F 顺时针方向包围 $F(s)$ 平面原点的周数为

$$N = Z - P \tag{5-77}$$

式中　N ——曲线 Γ_F 包围 $F(s)$ 平面原点的周数；

　　　Z ——曲线 Γ_s 包围 $F(s)$ 的零点数；

　　　P ——曲线 Γ_s 包围 $F(s)$ 的极点数。

几点讨论：

（1）$N>0$，表示向量 $F(s)$ 沿曲线 Γ_F 顺时针绕 $F(s)$ 平面原点的周数，此时曲线 Γ_s 包围 $F(s)$ 的零点数大于极点数；

（2）$N=0$，表示向量 $F(s)$ 的曲线 Γ_F 既不包围 $F(s)$ 平面的原点，也不包围无限远点，此时曲线 Γ_s 包围 $F(s)$ 的零点数等于极点数；

（3）$N<0$，表示向量 $F(s)$ 沿曲线 Γ_F 逆时针绕 $F(s)$ 平面原点的周数。此时曲线 Γ_s 包围 $F(s)$ 的极点数大于零点数；

（4）此定理只能表示 N、P 和 Z 三者之间的关系,并不能指出 P 个极点和 Z 个零点在 s 平面的位置。

（5）曲线 Γ_s,Γ_F 的形状并不影响定理的应用及对问题的分析,曲线 Γ_F 绕 $F(s)$ 平面原点的周数仅由曲线 Γ_s 内所包围的 $F(s)$ 零、极点的数目决定。

（6）由（5）的讨论可知,曲线 Γ_s 可以选择在 s 平面上的任何位置,但解析点 $s=s_1$ 须按约定的方向沿顺时针方向移动。

5.4.2　奈奎斯特稳定判据

设辅助函数 $F(s)$ 具有特殊形式,即为闭环系统的特征多项式,表示为

$$F(s) = 1 + G(s)H(s) \tag{5-78}$$

式中,$G(s)H(s)$ 为系统开环传递函数。

因此,幅角原理中的各量即可表示为

$$N = Z - P$$

式中　N——特征多项式 $F(s)$ 包围 $F(s)$ 平面原点的周数;

　　　　Z——包围在曲线 Γ_s 内的闭环极点数;

　　　　P——包围在曲线 Γ_s 内的开环极点数。

1. 曲线 Γ_s 的选取

对一个闭环系统,如果能求出位于右半 s 平面的闭环极点数,就可判别闭环系统的稳定性。由于曲线 Γ_s 的选择是任意的,所以可人为地选取整个右半 s 平面为曲线 Γ_s。这样,$F(s)$ 所有位于右半 s 平面的零极点都被包围在曲线 Γ_s 内。因此当曲线 Γ_s 选定后,就可以确定向量 $F(s)$ 绕 $F(s)$ 原点的周数 N,而 $F(s)$ 位于右半 s 平面的极点数 P,即开环传递函数的极点数是已知的,由此可以求出 Z,进而可判定系统的稳定性。

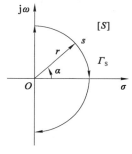

（1）开环传递函数 $G(s)H(s)$ 不含积分环节

选取曲线 Γ_s 由 $s=r\,\mathrm{e}^{\mathrm{j}\alpha}(r \to \infty, -90° \leqslant \alpha \leqslant 90°)$ 和虚轴组成,且动点 s 沿曲线 Γ_s 顺时针方向移动,如图 5-33 所示。则曲线 Γ_s 可分为如下三部分:

图 5-33　$G(s)H(s)$ 不含
积分环节的封闭曲线 Γ_s

i. s 沿负虚轴,即 $s=\mathrm{j}\omega(\omega \in (-\infty,0))$ 或 $s=-\mathrm{j}\omega(\omega \in (0, \infty))$;

ii. s 沿正虚轴,即 $s = \mathrm{j}\omega(\omega \in (0,+\infty))$;

iii. s 沿以原点为圆心,半径无穷大的半圆变化,即 $s = r\,\mathrm{e}^{\mathrm{j}\alpha}(r \to \infty, -90° \leqslant \alpha \leqslant 90°)$。

映射到 $F(s)$ 平面上对应的三个部分分别为

$$\begin{aligned}
F(s)\big|_{s=\mathrm{j}\omega(\omega<0)} &= 1 + G(s)H(s)\big|_{s=\mathrm{j}\omega(\omega<0)} = 1 + G(-\mathrm{j}\omega)H(-\mathrm{j}\omega) \\
&= 1 + \big|G(\mathrm{j}\omega)H(\mathrm{j}\omega)\big|\,\mathrm{e}^{-\mathrm{j}\angle G(\mathrm{j}\omega)H(\mathrm{j}\omega)}
\end{aligned} \tag{5-79}$$

$$\begin{aligned}
F(s)\big|_{s=\mathrm{j}\omega(\omega>0)} &= 1 + G(s)H(s)\big|_{s=\mathrm{j}\omega(\omega>0)} = 1 + G(\mathrm{j}\omega)H(\mathrm{j}\omega) \\
&= 1 + \big|G(\mathrm{j}\omega)H(\mathrm{j}\omega)\big|\,\mathrm{e}^{\mathrm{j}\angle G(\mathrm{j}\omega)H(\mathrm{j}\omega)}
\end{aligned} \tag{5-80}$$

$$F(s)\big|_{s=r\mathrm{e}^{\mathrm{j}\alpha}(r \to \infty)} = 1 + G(s)H(s)\big|_{s=r\mathrm{e}^{\mathrm{j}\alpha}(r \to \infty)} = 常数（或 0）\ (n \geqslant m) \tag{5-81}$$

从曲线 Γ_s 映射到曲线 Γ_F 的三个部分说明,当 s 在无穷大半圆上变化时,$F(s)$ 的值保持不变,为 $F(s)$ 平面上的一个点,对系统的稳定性分析没有提供任何有用的信息。s 沿曲线 Γ_s 变化一周时,相当于 s 从 $-\mathrm{j}\omega$ 变化到 $+\mathrm{j}\omega$ 的实际效果。因此当 s 沿曲线 Γ_s 顺时针方向变化一周时,映射到 $F(s)$ 平面上的 Γ_F 就由 $F(s)\big|_{s=\mathrm{j}\omega}=F(\mathrm{j}\omega)=1+G(\mathrm{j}\omega)H(\mathrm{j}\omega)$,当 ω 从 $-\infty$ 变化

到 $+\infty$ 来决定。

（2）开环传递函数 $G(s)H(s)$ 含有积分环节

为避开 $s=0$ 的极点，在原点附近，选取半径为无穷小，圆心在原点的半圆作为曲线 Γ_s 在原点附近的部分，即 $s=\varepsilon\,e^{j\alpha_1}$（$0^- < \varepsilon < 0^+$，$-90° \leqslant \alpha_1 \leqslant 90°$），如图 5-34 中 ABC 部分。

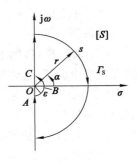

图 5-34　$G(s)H(s)$ 含积分环节的封闭曲线 Γ_s

因此，曲线 Γ_s 由四个部分组成，如图 5-34 所示，即

i. 正虚轴（$\omega \in (0, \infty)$）；

ii. 负虚轴（$\omega \in (-\infty, 0)$）；

iii. 无穷大半圆（$s=r\,e^{j\alpha}$，$r \to \infty$，$-90° \leqslant \alpha \leqslant 90°$）；

iv. 无穷小半圆（$s=\varepsilon\,e^{j\alpha_1}$，$\varepsilon \to 0$，$-90° \leqslant \alpha_1 \leqslant 90°$）。

可见，除无穷小半圆外，其他部分同不含积分环节情况（1）。

在曲线 Γ_s 上，动点 s 仍按顺时针方向变化。

此时

$$F(s) = 1 + G(s)H(s) = \frac{K_F \prod_{i=1}^{n}(s-z_i)}{s^\nu \prod_{i=1}^{n-\nu}(s-p_i)} \tag{5-82}$$

在 s 平面中，曲线 Γ_s 上的无穷小半圆映射到 $F(s)$ 平面上，曲线 Γ_F 求取如下。

当 $\varepsilon \to 0$ 时，将 $s=\varepsilon\,e^{j\alpha_1}$ 代入式（5-82），得到

$$F(s) = \left.\frac{K'_F}{s^\nu}\right|_{s=\varepsilon e^{j\alpha_1}} = K'_F \frac{1}{\varepsilon^\nu e^{j\nu\alpha_1}} = \infty\,e^{-j\nu\alpha_1} \tag{5-83}$$

而

$$\begin{cases} A_F = \left| F(s) \right|_{\varepsilon \to 0} = \infty \\ \varphi_F = -\nu \times \alpha_1 \end{cases} \tag{5-84}$$

对应图 5-33 中 A、B、C 各点的情况为

	s	α_1	$-\nu \times \alpha_1$	φ_F	A_F
A 点	$j0^-$	$-90°$	$\nu \times 90°$	$\nu \times 90°$	∞
B 点	0	$0°$	$-\nu \times 0°$	$0°$	∞
C 点	$j0^+$	$90°$	$-\nu \times 90°$	$-\nu \times 90°$	∞

因此，当 s 点沿曲线 Γ_s 的无穷小半圆从 $j0^-$ 变化到 $j0^+$ 时，Γ_F 则为无穷远处从 $\nu \times 90°$ 变化到 $-\nu \times 90°$ 方向，即顺时针方向围绕的角度为 $\nu \times 180°$。图 5-35 对应于 $\nu=1$ 的情况，从 $\omega=0^-$ 到 $\omega=0^+$ 顺时针方向绘制无穷大半圆，变化的角度为 $180°$。

2. 奈奎斯特稳定判据

从以上两种情况的分析可知，在 s 平面上，当动点 s 沿封闭曲线 Γ_s 变化一周时，只有 s 平面上的虚轴（$s=j\omega$，$-\infty < \omega < \infty$）或原点附近无穷小半圆（$s=\varepsilon\,e^{j\alpha_1}$，$\varepsilon \to 0$，$-90° \leqslant \alpha_1 \leqslant 90°$ 和 $s=j\omega$，ω 从 $-\infty$ 变化到 0^-，再从 0^+ 变化到 $+\infty$）和除原点以外的虚轴映射到 $F(s)$ 平面上形成封闭曲线 Γ_F，而对应于封闭曲线 Γ_s 上的无穷大半圆对封闭曲线 Γ_F 没有影响。如果单独考虑曲线 Γ_s 上的无穷小半圆的情况，曲线 Γ_F 就是向量 $F(s)|_{s=j\omega}$，即 $F(j\omega)$

在 ω 从 $-\infty$ 变化到 ∞ 的轨迹。所以,在实际应用中,因 $F(j\omega)=1+G(j\omega)H(j\omega)$, $F(j\omega)$ 和 $1+G(j\omega)H(j\omega)$ 只相差 1,只要将 $F(s)$ 平面的纵坐标向右移一个单位,就变成了 GH 平面,曲线 Γ_F 对 $F(s)$ 平面原点的包围就变成了对 GH 平面 $(-1,j0)$ 点的包围,绘制 $F(j\omega)$ 曲线 就变成了绘制 $G(j\omega)H(j\omega)$ 曲线 ,这正是开环频率特性的极坐标图。需要说明的是,用于稳定判据的极坐标图 ω 从 $-\infty$ 变化到 ∞ ,通常只绘制正频部分,如图 5-36 所示,负频部分根据与正频部分对称于实轴补充上去。

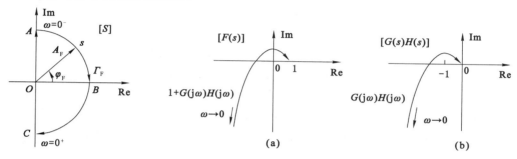

图 5-35　积分环节与封闭曲线 Γ_F　　　　图 5-36　$F(j\omega)$ 和 $1+G(j\omega)H(j\omega)$ 的关系图

奈奎斯特稳定判据叙述如下:

i. 若 $P=0$,即开环系统稳定,则当 ω 从 $-\infty\to+\infty$ 时,开环系统频率特性的幅相曲线必须不包围 $(-1,j0)$ 点,其闭环系统才是稳定的$(N=0)$,否则是不稳定的。即当 $P=0$,若 $Z=0$,则 $N=0$,系统是稳定的,否则是不稳定的。

ii. 若 $P\neq0$,即开环系统不稳定,则当 ω 从 $-\infty\to+\infty$ 时,开环系统频率特性的幅相曲线必须逆时针方向包围 $(-1,j0)$ 点 P 次,闭环系统才是稳定的,否则是不稳定的。即当 $P\neq0$,若 $Z=0$,则 $N=-P$,系统是稳定的,否则是不稳定的。

例 5-9　已知系统开环传递函数为

$$G(s)H(s)=\frac{K}{(T_1s+1)(T_2s+1)}$$

其中, $T_1>0$, $T_2>0$, $K>0$,试应用奈奎斯特稳定判据分析该系统的稳定性。

解　开环频率特性的概略极坐标图绘制如图 5-37 实线所示。

因为已知的开环传递函数没有位于右半 s 平面的极点,故 $P=0$,由图 5-37 可知, $G(j\omega)H(j\omega)$ 不包围 $(-1,j0)$ 点, $N=0$,所以 $Z=P+N=0$,因此闭环系统稳定。实际上,这样的二阶系统总是稳定的,可用根轨迹法加以验证。

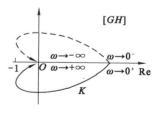

图 5-37　例 5-9 图

例 5-10　已知系统开环传递函数为

$$G(s)H(s)=\frac{K}{(T_1s+1)(T_2s+1)(T_3s+1)}$$

其中, $T_1>0$, $T_2>0$, $T_3>0$, $K>0$,试判断闭环系统的稳定性。

解　根据开环放大系数 K 的取值大和小,绘制开环频率特性的概略极坐标图如图 5-38(a)和图 5-38(b)所示。

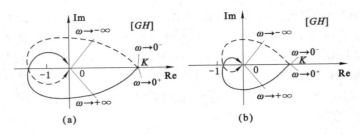

图 5-38　例 5-10 图

图 5-38(a)所示 $G(j\omega)H(j\omega)$ 顺时针方向包围 $(-1, j0)$ 点两次，$N=2$；而图 5-38(b)所示 $G(j\omega)H(j\omega)$ 不包围 $(-1, j0)$ 点，$N=0$。由于开环传递函数 $G(s)H(s)$ 没有右半 s 平面的极点，即 $P=0$。因此，根据 $Z-P=N$ 的关系，图 5-38(a)对应的系统是不稳定的（$Z=2$），而图 5-38(b)对应的系统是稳定的（$Z=0$）。可以看出，对三阶及以上的系统，其稳定性与增益 K 有关。

例 5-11　已知系统开环传递函数为

$$G(s)H(s) = \frac{K}{s(T_1 s + 1)(T_2 s + 1)}$$

其中，$T_1 > 0$，$T_2 > 0$，$K > 0$，试判断闭环系统的稳定性。

解　本题也是 Ⅰ 型系统，当 K 值不同 $G(j\omega)H(j\omega)$ 包围 $(-1, j0)$ 点的情况不同，如图 5-39 所示。

由图 5-39 可知，对应大的 K 值时，系统不稳定，而 K 值较小时系统是稳定的，当 $G(j\omega)H(j\omega)$ 通过 $(-1, j0)$ 点时，系统是临界稳定的。因此，可以求出临界稳定时的 ω 和 K 值。

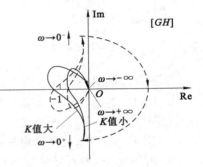

图 5-39　例 5-11 图

将 $G(j\omega)H(j\omega)$ 写成如下形式

$$G(j\omega)H(j\omega) = \frac{K(T_1 + T_2)}{(\omega^2 T_1^2 + 1)(\omega^2 T_2^2 + 1)} - j\frac{K(1 - \omega^2 T_1 T_2)}{\omega(\omega^2 T_1^2 + 1)(\omega^2 T_2^2 + 1)} \tag{5-85}$$

在 $(-1, j0)$ 点处有

$$\begin{cases} \dfrac{K(T_1 + T_2)}{(\omega^2 T_1^2 + 1)(\omega^2 T_2^2 + 1)} = -1 \\[3mm] \dfrac{K(1 - \omega^2 T_1 T_2)}{\omega(\omega^2 T_1^2 + 1)(\omega^2 T_2^2 + 1)} = 0 \end{cases} \tag{5-86}$$

解式(5-86)得到

$$\begin{cases} \omega = \dfrac{1}{\sqrt{T_1 T_2}} \\[3mm] K = \dfrac{T_1 + T_2}{T_1 T_2} \end{cases} \tag{5-87}$$

系统稳定的条件是

$$0 < K < \frac{T_1 + T_2}{T_1 T_2} \tag{5-89}$$

5.4.3　对数稳定判据

系统的频域分析和设计通常是在伯德图上进行的,因此将奈奎斯特稳定判据引申到伯德图上,以伯德图的形式表现出来,就成为对数稳定判据。在伯德图上运用奈奎斯特稳定判据的关键在于如何确定 $G(j\omega)H(j\omega)$ 包围点 $(-1,j0)$ 的圈数 N。

系统开环频率特性的奈奎斯特曲线与伯德图之间存在一定的映射关系,如图 5-40 所示。

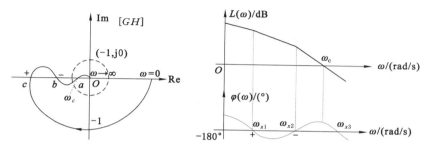

图 5-40　奈奎斯特曲线与伯德图对应关系

（1）奈奎斯特曲线上 $|G(j\omega)H(j\omega)|=1$ 的单位圆与伯德图上的 0dB 线相对应。单位圆外部对应于 $L(\omega)>0$,单位圆内部对应于 $L(\omega)<0$。

（2）奈奎斯特曲线上的负实轴对应于伯德图上的 $\varphi(\omega)=-180°$ 线。

在奈奎斯特曲线中,如果开环幅相特性曲线在点 $(-1,j0)$ 以左穿过负实轴,则称为“穿越”。若沿 ω 增加方向,曲线自下而上穿过点 $(-1,j0)$ 以左的负实轴,这种穿越与规定的正方向(顺时针方向)一致,则称为正穿越;反之,曲线自上而下(逆时针方向)穿过点 $(-1,j0)$ 以左的负实轴,则称为负穿越,如图 5-40(a)所示。如果沿 ω 增加方向,幅相特性曲线自点 $(-1,j0)$ 以左的负实轴上某点开始向上（下）离开,或从负实轴下（上）方趋近到点 $(-1,j0)$ 以左的负实轴上的某点,则称为半次正（负）穿越。

在伯德图上,对应在 $L(\omega)>0$ 的频段范围内沿 ω 增加方向,对数相频特性曲线自上向下穿过 $-180°$ 线称为正穿越;反之,曲线自下而上穿过 $-180°$ 线称为负穿越。同理,在 $L(\omega)>0$ 的频段范围内,对数相频特性曲线沿 ω 增加方向自 $-180°$ 线开始向下（上）离开,或从上（下）方趋近到 $-180°$ 线,则称为半次正（负）穿越,如图 5-40(b)所示。

在奈奎斯特曲线上,正穿越一次,对应于幅相特性曲线顺时针包围点 $(-1,j0)$ 一圈,而负穿越一次,对应于逆时针包围点 $(-1,j0)$ 一圈,因此幅相特性曲线包围点 $(-1,j0)$ 的次数等于正、负穿越次数之差,即

$$N = N_+ - N_- \tag{5-90}$$

式中,N_+ 是正穿越次数,N_- 是负穿越次数。在伯德图上可以应用此方法方便地确定 N。

例 5-12　已知单位负系统开环传递函数为

$$G(s) = \frac{K^*\left(s+\dfrac{1}{2}\right)}{s^2(s+1)(s+2)}$$

当 $K^*=0.8$ 时,判断闭环系统的稳定性。

解　首先计算 $G(j\omega)$ 曲线与实轴交点坐标。

$$G(j\omega) = \frac{0.8(\frac{1}{2} + j\omega)}{-\omega^2(1+j\omega)(2+j\omega)}$$

$$= \frac{-0.8[1 + \frac{5}{2}\omega^2 + j\omega(\frac{1}{2} - \omega^2)]}{\omega^2[(2-\omega^2)^2 + 9\omega^2]}$$

令

$$\mathrm{Im}[G(j\omega)] = 0$$

解出 $\omega = 1/\sqrt{2}$。计算相应实部的值

$$\mathrm{Re}[G(j\omega)] = -0.5333$$

由此可画出开环幅相特性和开环对数频率特性曲线分别如图 5-41(b)、(c)所示。系统是Ⅱ型的,相应在 $G(j\omega)$,$\varphi(\omega)$ 上补上 180°大圆弧,如图 5-41(b)、(c)中虚线所示。应用对数稳定判据,在 $L(\omega) > 0$ 的频段范围($0 \sim \omega_c$)内,$\varphi(\omega)$ 在 $\omega = 0^+$ 处有负、正穿越各 1/2 次,所以

$$N = N_+ - N_- = 1/2 - 1/2 = 0$$

$$Z = P - 2N = 0 - 2 \times 0 = 0$$

可知闭环系统是稳定的。

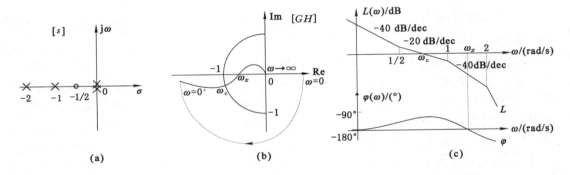

图 5-41 例 5-12 所示系统

5.5 控制系统的相对稳定性

判别控制系统的稳定性可以用前面介绍的劳斯稳定判据和奈奎斯特稳定判据,但这些方法只能判别系统是否稳定,不能判断系统的稳定程度,稳定与否是系统的绝对稳定性问题,稳定程度则是系统的相对稳定性问题。在分析或设计一个实际生产过程中的控制系统时,只知道系统是否稳定是不够的,一个受到微扰就会不稳定的系统是不能投入实际应用的。因此人们总是希望所设计的控制系统不仅是稳定的,而且具有一定的稳定裕量,即需要知道系统的稳定程度是否符合生产过程的要求。本节介绍表征系统稳定程度的衡量指标,且常作为频域法校正的两个指标量:增益裕量 h 和相角裕度 γ。

奈奎斯特稳定判据是基于 $G(j\omega)H(j\omega)$ 对 GH 平面(-1,j0)点包围情况做出的,如果 $G(j\omega)H(j\omega)$ 曲线不包围(-1,j0)点,且越远离此点,其系统的稳定性就越好。图 5-42 给出了几种 $G(j\omega)H(j\omega)$ 曲线与单位阶跃响应曲线对应关系示意图。假定图中各系统的开环传递函数没有右半 s 平面的极点。

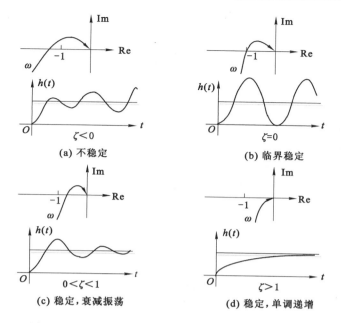

图 5-42　$G(j\omega)H(j\omega)$ 曲线与单位阶跃响应曲线对应关系

图 5-42（a）和图 5-42（b）对应于大的开环放大系数和临界开环放大系数，$G(j\omega)H(j\omega)$ 曲线包围和通过（-1，j0）点，阶跃响应是发散和等幅振荡的，系统为不稳定和临界稳定；图 5-42（c）和 5-42（d）对应于小的开环放大系数，$G(j\omega)H(j\omega)$ 曲线不包围（-1，j0）点，阶跃响应是衰减幅振荡的，系统是稳定的。但随着 $G(j\omega)H(j\omega)$ 曲线远离（-1，j0）点程度的不同，振荡次数和超调量不同，越远离（-1，j0）点，振荡就越小，当远离的距离足够大时，响应曲线变为单调上升，不出现超调。因此 $G(j\omega)H(j\omega)$ 曲线对（-1，j0）点的接近程度完全描述了控制系统的稳定程度，通常用增益裕量和相角裕度描述。

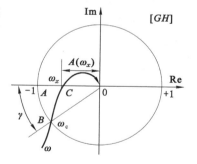

图 5-43　开环频率特性

设开环系统频率特性的 $G(j\omega)H(j\omega)$ 曲线如图 5-43 所示。过 GH 平面的原点作一单位圆，它交负实轴于 A 点，即（-1，j0）点。与 $G(j\omega)H(j\omega)$ 曲线相交于 B 点，与 B 点对应的频率 ω_c 称为增益截止频率。$G(j\omega)H(j\omega)$ 曲线与负实轴交与 C 点，与 C 点对应的频率 ω_x 称为相角交界频率。

5.5.1　增益裕量

在相角交界频率 ω_x 处，系统不稳定时，开环频率特性的幅值还可以增加的倍数定义为增益裕量，用字母 h 表示，则

$$h = \frac{1}{|OC|} = \frac{1}{|G(j\omega_x)H(j\omega_x)|} = \frac{1}{A(\omega_x)} = \frac{1}{|U(\omega_x)|} \tag{5-91}$$

由 $\angle G(j\omega_x)H(j\omega_x) = (2k+1)\pi, k = 0, \pm 1\cdots$ 可求出 ω_x。h 表示开环频率特性的极坐标图离（-1，j0）点的远近程度。

在对数幅频特性中定义增益裕量用 $20\lg h$ 表示，则

$$20\lg h = -20\lg |G(j\omega_x)H(j\omega_x)| \tag{5-92}$$

5.5.2 相角裕度

在增益截止频率ω_c处，使系统达到不稳定时所需要附加相角的滞后量定义为相角裕度，用字母γ表示。则

$$\gamma = 180° + \angle G(j\omega_c)H(j\omega_c) \tag{5-93}$$

γ表示系统达到临界稳定时尚可增加的滞后相角。由$|G(j\omega_c)H(j\omega_c)| = 1$可求出$\omega_c$。

由上述定义可知：最小相位系统稳定时，$\gamma > 0°$，$h > 1$；系统临界稳定时，$\gamma = 0°$，$h = 1$；系统不稳定时，$\gamma < 0°$，$h < 1$。表征系统的相对稳定程度时，必须用γ和h同时衡量，仅用其中一个量是不能确切地、全面地描绘系统的相对稳定性，如图5-44所示。

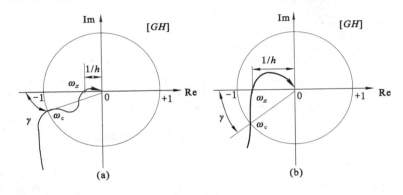

图 5-44　系统开环频率特性

图5-44(a)的增益裕量h很大，但相角裕度γ小；图5-44(b)相角裕度γ很大，但增益裕量h却很小。若前者按增益裕量来衡量，而后者按相角裕度来衡量，两个系统都具有较好的性能。但实际上，两系统的性能都不是很好，因此衡量一个系统的性能指标，必须全面衡量。对于如图5-45所示的两种特殊情况，通常做以下处理。

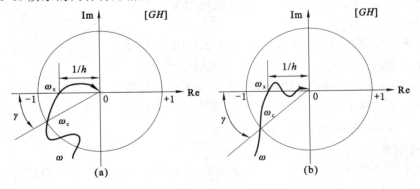

图 5-45　系统开环频率特性

在图5-45(a)中，$G(j\omega)H(j\omega)$曲线与单位圆有三个交点，其相角裕度γ的值各不相同；在图5-45(b)中，$G(j\omega)H(j\omega)$曲线与负实轴有三个交点，其幅值裕度h的值也各不相同，对以上两种特殊情况，一般以最坏情况考虑。

5.5.3　相对稳定性与对数幅频特性中频段关系

对数幅频特性的中频段一般指增益截止频率 ω_c 附近的线段,它表征系统相对稳定性的优劣。通常增益截止频率 ω_c 不能过低,以满足调节时间 t_s 的要求,在其附近应有 -20 dB/dec 斜率的渐近线,且所占的频程越宽,系统的平稳性越好,振荡和超调也越小。

根据相对稳定性的定义,很容易求出极坐标图与对数坐标图之间的关系。当最小相位系统稳定时,$\gamma > 0°,h > 1$;系统临界稳定时,$\gamma = 0°,h = 1$ 和系统不稳定时,$\gamma < 0°,h < 1$。图 5-46 所示为这三种情况所对应的对数坐标图。

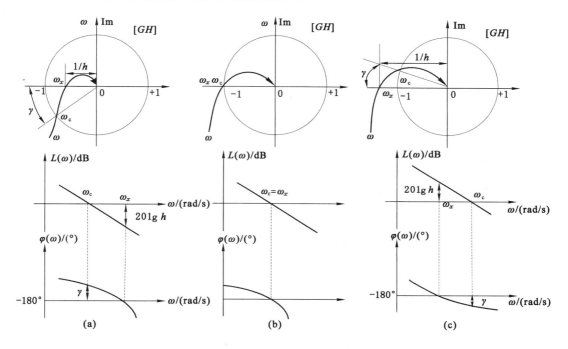

图 5-46　极坐标图与对数坐标图

(1) 对于图 5-46(a),$G(\mathrm{j}\omega)H(\mathrm{j}\omega)$ 曲线先过 ω_c 后过 ω_x,即 $\omega_x > \omega_c$,此时 $\gamma > 0°,h > 1$,而相角的绝对值 $|\varphi(\omega_c)| < 180°$,$20\lg h > 0$,系统是稳定的。

(2) 对于图 5-46(b),$G(\mathrm{j}\omega)H(\mathrm{j}\omega)$ 曲线同时过 ω_c 和 ω_x,即 $\omega_x = \omega_c$,此时,$\gamma = 0°,h = 1$,相角的绝对值 $|\varphi(\omega_c)| = 180°$,$20\lg h = 0$,系统是临界稳定的。

(3) 对于图 5-46(c),$G(\mathrm{j}\omega)H(\mathrm{j}\omega)$ 曲线先过 ω_x 后过 ω_c,即 $\omega_x < \omega_c$,此时 $\gamma < 0°,h < 1$,相角的绝对值 $|\varphi(\omega_c)| > 180°$,$20\lg h < 0$,系统是不稳定的。

根据上述三种情况,可以从对数坐标图上直接判断系统的稳定性。对于最小相位系统,如果对数坐标图上的相角裕度 γ 和增益裕量 $20\lg h$ 均为正的,系统一定是稳定的。通常 γ 在 $30°\sim60°$ 之间,$20\lg h$ 在 $6\sim10$ dB 之间系统将具有较满意的暂态响应性能。

由于对数幅频特性和相频特性有一一对应的关系,且相互唯一确定,因此可以根据对数幅频特性的斜率来唯一地确定最小相位系统的相角裕度。如果对数坐标幅频特性在增益截止频率处 ω_c 的斜率为 -20 dB/dec,则系统一定是稳定的,并且相角裕度 γ 也较大;如果对数坐标幅频特性在增益截止频率处的斜率为 -40 dB/dec,则系统可能是稳定的,也可能是不稳定的,即使是稳定的,相角裕度 γ 也不大;如果对数坐标幅频特性在增益截止频率处的斜率大于 -60 dB/dec,则系统一定是不稳定的。在设计系统时,为了获得足够大的相角裕度 γ,开环对数幅频特性在增益截止频率 ω_c 处的斜率应设计为 -20 dB/dec,且频程应不小于 5。

例 5-13 设单位反馈系统的开环传递函数为

$$G(s) = \frac{K}{s(s+1)(s+5)}$$

试求 $K=10$ 时系统的相角裕度和增益裕量。

解 将 $K=10$ 代入给定传递函数,并写成标准形式得

$$G(s) = \frac{2}{s(s+1)(0.2s+1)}$$

(1)用解析法求解

$$A(\omega_c) = \frac{2}{\omega_c \sqrt{\omega_c^2+1}\sqrt{(0.2\omega_c)^2+1}} = 1$$

即

$$\omega_c \sqrt{\omega_c^2+1}\sqrt{(0.2\omega_c)^2+1} = 2$$

解得

$$\omega_c \approx 1.5$$

而

$$\gamma = 180° + \angle G(j\omega_c) = 180° - 90° - \arctan \omega_c - \arctan 0.2\omega_c$$
$$= 90° - 53.47° - 15.11° = 21.42°$$

又由

$$180° + \angle G(j\omega_x) = 180° - 90° - \arctan \omega_x - \arctan 0.2\omega_x = 0°$$

有

$$\arctan \omega_x + \arctan 0.2\omega_x = 90°$$

等式两边取正切

$$\frac{\omega_x + 0.2\omega_x}{1 - 0.2\omega_x^2} = \tan 90° = \infty$$

得 $1 - 0.2\omega_x^2 = 0$,即 $\omega_x = \sqrt{5} = 2.236$

所以

$$h = \frac{1}{A(\omega_x)} = \frac{\omega_x \sqrt{\omega_x^2+1}\sqrt{(0.2\omega_x)^2+1}}{2} = 2.793$$

或

$$20\lg h = 20\lg 2.793 = 8.92 \text{ (dB)}$$

(2)图解法求解

在实际工程设计中,只要绘出开环系统的对数幅频特性,直接在图上量得数据即可。

绘制开环增益 $K' = 0.2 \times K = 2$ 时的开环系统的对数幅频特性如图 5-47 所示。从图上可直接读出相应指标。

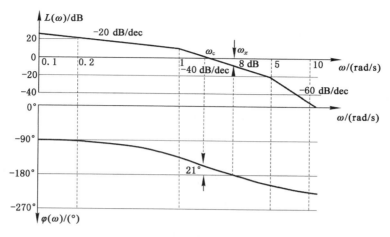

图 5-47　$K' = 2$ 时的开环系统的对数幅频特性

5.6　基于频域分析法的系统性能分析

5.6.1　由对数频率特性分析系统的稳态性能

系统的静态误差系数 K_p、K_v、K_a 描述了系统减少或消除误差的能力,系统的型号愈大,系统的稳态准确度也愈高。为了分析系统的稳态误差,常需要确定不同类型系统的静态误差系数。系统的开环对数幅频特性低频段的斜率与系统类型有关,低频渐近线的位置与误差系数的大小有关。因此,控制系统对给定的输入信号是否引起稳态误差以及误差的大小都可通过分析开环对数幅频特性低频段的特性来确定。

ν 型系统的开环频率特性为

$$G(j\omega)H(j\omega) = \frac{K \displaystyle\prod_{j=1}^{m}(j\omega\tau_j + 1)}{s^\nu \displaystyle\prod_{i=1}^{n-\nu}(j\omega T_i + 1)}, n > m$$

下面分别讨论 0 型、Ⅰ 型、Ⅱ 型系统开环对数幅频特性低频段特征及静态误差系数的确定。

1. 0 型系统

0 型系统开环对数幅频特性如图 5-48 所示。在低频段有

$$\lim_{\omega \to 0} G(j\omega)H(j\omega) = K_p$$

0 型系统开环对数幅频特性在低频段是一条水平线,水平线的高度为 $20\lg K = 20\lg K_p$。

当系统开环对数幅频特性低频段是水平线时,系

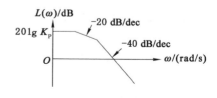

图 5-48　0 型系统开环对数幅频特性

统是静态有差系统,跟随阶跃输入信号时有稳态误差,误差大小与开环对数幅频特性低频段的高度有关。

2. Ⅰ型系统

某Ⅰ型系统开环对数幅频特性如图 5-49 所示。由于 $\omega \ll \omega_2$（ω_2 为转角频率）时有：

$$G(j\omega) = \frac{K}{j\omega} \quad (\omega \ll \omega_2)$$

低频渐近线为

$$L(\omega) = 20\lg K - 20\lg \omega \tag{5-94}$$

对于Ⅰ型系统 $K_\nu = K$。当 $\omega = 1$ 时，由式(5-91)有

$$L(\omega)\big|_{\omega=1} = 20\lg K_\nu$$

当 $L(\omega) = 0$ 时，由式(5-94)有 $\omega = K_\nu$。

由以上讨论可知：

(1) Ⅰ型系统开环对数幅频特性起始段的斜率为 -20 dB/dec。

(2) 当 $\omega = 1$ 时，开环对数幅频特性低频渐近线（在开环对数幅频特性起始段或其延长线上）的高度为 $20\lg K_\nu$。

(3) 开环对数幅频特性低频渐近线与 0 dB 水平线的交点频率 $\omega_1 = K_\nu$。

当系统开环对数幅频特性起始段斜率为 -20 dB/dec 时，系统为Ⅰ型系统，为一阶无差系统，跟随斜坡输入时有固定稳态误差，误差大小与低频渐近线在 $\omega = 1$ 时的高度有关，系统不能跟随抛物输入信号。

3. Ⅱ型系统

某Ⅱ型系统的开环对数幅频特性如图 5-50 所示。与Ⅰ型系统类似的分析可得

$$G(j\omega)H(j\omega) = \frac{K}{(j\omega)^2}, (\omega < \omega_1)$$

式中，ω_1 为转角频率。

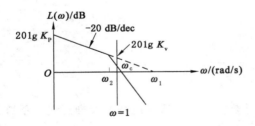

图 5-49　Ⅰ型系统开环对数幅频特性

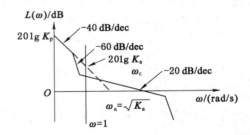

图 5-50　Ⅰ型系统开环对数幅频特性

Ⅱ型系统的低频渐近线为

$$L(\omega) = 20\lg K_a - 40\lg \omega \tag{5-95}$$

当 $\omega = 1$ 时，由式(5-95)，有

$$L(\omega)\big|_{\omega=1} = 20\lg K_a$$

当 $\omega = \omega_a$ 时，有 $L(\omega_a) = 0$，因而有

$$K_a = \omega_a^2 \ 或 \ \omega_a = \sqrt{K_a}$$

通过以上讨论可知：

(1) Ⅱ型系统低频段斜率为 -40 dB/dec；

(2) 开环对数幅频特性低频渐近线上 $\omega = 1$ 处的 $L(\omega)$ 值为 $20\lg K_a$；

（3）开环对数幅频特性低频渐近线（起始段或其延长线）与 0 dB 水平线的交点频率在数值上等于 $\sqrt{K}$ 。

当系统的开环对数幅频特性起始段斜率为 -40 dB/dec 时，则系统为 Ⅱ 型系统。在跟随阶跃给定和斜坡给定信号时，无稳态误差，跟随抛物线给定信号时，有固定稳态误差，其值与 K 大小有关，K 值可由低频渐近线上求得。

5.6.2　由频域响应和时域响应的对应关系分析系统的动态性能

在时域分析中，我们用瞬态响应指标来评价系统品质。在频域分析中，也希望有频域指标来评价系统的品质。频率法的优点是当系统的频率特性不满足性能指标的要求时，可以直接从频率特性上分析如何改变系统的结构或参数来满足时域指标（瞬态响应指标），因此，还要研究频率指标和时域指标的对应关系。

1. 闭环频域指标与时域指标的关系

一般来说，如果系统闭环谐振峰值 M_r 愈高，时域响应的振荡性愈强，如果系统的频带愈宽，即 ω_b 愈大，则时域响应的快速性愈好，系统复现输入信号的能力也愈强。

因此，定性分析时可认为频率特性上谐振峰值 M_r 的大小，反映了系统时域响应的振荡性，频带宽度 ω_b 的大小，反映了时域响应的快速性。在定量分析时，对于二阶系统可以求出频域指标和时域指标之间严格的数学关系。

二阶系统频域指标和时域指标的关系主要是通过阻尼比 ξ 与各项频域指标的关系来联系的。

二阶系统闭环传递函数的标准式是

$$M(s) = \frac{\omega_n^2}{s^2 + 2\xi\omega_n s + \omega_n^2} \tag{5-96}$$

式中，$G(s)$ 为闭环传递函数；ξ 为阻尼比；ω_n 为无阻尼自然频率。

相应的开环传递函数为

$$G(s) = \frac{\dfrac{\omega_n}{2\xi}}{s\left(\dfrac{1}{2\xi\omega_n}s + 1\right)} \tag{5-97}$$

二阶系统 M_r 与超调量 σ_p 的关系可推导如下：

由式（5-33）已求得闭环谐振峰值 M_r 与阻尼比 ξ 之间的关系

$$M_r = \frac{1}{2\xi\sqrt{1-\xi^2}}, 0 \leqslant \xi < 0.707$$

由此可以看出 M_r 仅与阻尼比有关，因此 M_r 可以反映系统的阻尼比 ξ，超调量 σ_p 也仅取决于阻尼比 ξ，将 M_r 与 σ_p 及 ξ 的关系都画在图 5-51 上。由图 5-51 看出，在 $\xi < 0.4$ 时，谐振峰值 M_r 很快增加，这时超调量 σ_p 也很大，一般这样的系统不符合瞬态响应指标的要求。而在 $\xi > 0.4$ 后，M_r 与 σ_p 的变化趋势基本一致，因此二阶系统中 M_r 愈大，瞬态响应超调量也 σ_p 愈大。当 $\xi > 0.707$ 时无谐振峰，M_r 与 σ_p 的对应关系不再存在，

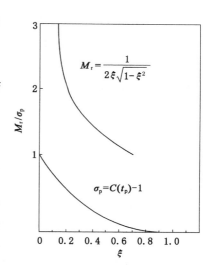

图 5-51　二阶系统的 M_r、σ_p 与 ξ 的关系曲线

通常设计时,取 ξ 在 $0.4\sim0.7$ 之间时,M_r 在 $1\sim1.4$ 之间。

若给定了系统的 σ_p,可由图 5-51 求得相应的 ξ,从而求出相应的 M_r 值。

二阶系统频带宽度与瞬态响应的关系:闭环频率特性幅值不低于 -3 dB 的频率范围 $0\leqslant\omega\leqslant\omega_b$,称为系统的带宽。$\omega_b$ 为系统的带宽频率,可以由它的定义求得,即

$$M(\omega_b) = 0.707$$

由式(5-96),闭环系统的频率特性为

$$M(\mathrm{j}\omega) = \frac{\omega_n^2}{(\omega_n^2 - \omega^2) + \mathrm{j}2\xi\omega_n\omega}$$

闭环系统频率特性幅值为

$$|M(\mathrm{j}\omega)| = \frac{\omega_n^2}{\sqrt{(\omega_n^2 - \omega^2)^2 + 4\xi^2\omega_n^2\omega^2}}$$

令 $M(\omega_b) = 0.707$,代入上式,解得

$$\frac{\omega_b}{\omega_n} = \sqrt{1 - 2\xi^2 + \sqrt{2 - 4\xi^2 + 4\xi^4}} \tag{5-98}$$

式(5-98)说明当 ξ 一定时,ω_b 正比于 ω_n,而调节时间 t_s 的近似式为

$$t_s \approx \frac{4}{\xi\omega_n}$$

因此当 ξ 一定时,t_s 与 ω_b 成反比,即带宽愈大,响应愈快。同时为了使输出量准确地复现输入量,应使系统的带宽略大于输入量的带宽。但带宽过大则系统抗高频干扰的性能下降,而且带宽大的系统实现起来也要困难些,所以带宽也不宜过大。

高阶系统中,要求的频域指标和时域指标的对应关系比较复杂,很难用严格的解析式来表达。工程上往往根据一些近似计算和大量的经验数据求出一些经验公式,利用这些经验公式可进行时域与频域指标的转换。

高阶系统的谐振峰值可表示为

$$M_r = \frac{1}{\sin\gamma} \tag{5-99}$$

超调量与谐振峰值之间存在:

$$\sigma_p = 0.16 + 0.4(M_r - 1), 1 \leqslant M_r \leqslant 1.8 \tag{5-100}$$

调节时间可表示为

$$t_s = \frac{k\pi}{\omega_c} \tag{5-101}$$

开环增益表示为

$$K = 2 + 1.5(M_r - 1), 1 \leqslant M_r \leqslant 1.8 \tag{5-102}$$

当高阶系统有一对共轭复主导极点时,二阶系统频域指标和时域指标间的对应关系可以推广应用到高阶系统中去,但数据略有修改。例如在高阶系统中当 $M_r = 1.3$ 时,超调量 $\sigma_p\%$ 不超过 30%,当取 $M_r = 1\sim1.3$ 时,瞬态响应比较稳定。工程上一般取 $M_r = 1.3\sim1.7$。如相对稳定性要求高时,则 M_r 取更小的数值。

2. 开环频率特性与时域响应的关系

求开环频率特性比求闭环频率特性方便,而且在最小相位系统中,幅频特性和相频特性之间有确定的对应关系,因此在工程上常用开环对数频率特性来分析和设计系统。

开环频率特性与时域响应的关系通常分为三个频段来加以分析。一般来说低频段的频率特性形状主要影响系统瞬态响应的结尾段,即影响系统的稳态指标;频率特性的高频段主要影响瞬态响应的起始段;频率特性的中频段主要影响态响应的中间段,时域响应的动态指标主要是由中频段的形状所决定的。

低频段一般是指折线对数幅频特性在第一个转折频率以前的频段,系统的稳态指标主要是由这个频段幅频特性的高度和斜率所决定的中频段是指开环截止频率 ω_c 附近的频段,有的认为是 $L(\omega)$ 从 $+30$ dB 下降到 -15 dB 的一段,一般是指折线对数幅频特性 ω_c 前后转折频率之间的一段。

由于闭环截止频率 ω_b 往往与开环截止频率 ω_c 相近,闭环谐振频率 ω_r 又略小于闭环截止频率 ω_b,因此在闭环频率特性上有谐振峰的一段为中频段。前面已经指出,谐振峰值的高低决定了时域响应的振荡性,闭环截止频率的大小决定了时域响应的快速性。也就是说时域响应的动态指标取决于中频段的形状。

高频段是指开环对数幅频特性在中频段以后的频段。高频段的形状主要影响时域响应的起始段,由于高频段一般均为迅速衰减的特性,通过系统的高频分量被大大衰减。在时域响应中高频分量的影响很小,且高频段远离开环截止频率 ω_c,因此它对 $\varphi(\omega_c)$ 也就是对 γ 的影响很小,所以在分析时常对高频段作近似处理。

5.7　MATLAB 在频域分析法中的应用

控制系统的频率响应是控制系统对正弦输入信号的稳态响应。本节主要讨论如何使用 MATLAB 绘制线性系统的极坐标曲线和对数坐标曲线,以及对系统进行频域特性分析。表 5-1 列出了常用频率特性函数命令格式及其功能。

表 5-1　常用频率特性函数命令格式及其功能

序号	函数命令格式	功能说明
1	bode(G) bode(num,den) bode(G,w) bode(G,{wmin,wmax})	绘制传递函数的伯德图。其中,G 为传递函数模型,如: tf( ),zpk( ),ss( )。num,den 分别为传递函数的分子与分母多项式; w 为伯德图的指定频率范围,可由 w=logspace(a,b,n)给出, 表示 $10^a \sim 10^b$ 的 n 个点,给出对数等分的 w 值; wmin,wmax 分别为伯德图的指定频率范围的下限和上限
	[mag,phase]=bode(G,w) [mag,phase,w]=bode(G)	返回 G Bode 图对应的幅频特性向量 mag,相频特性向量 phase,w 可以指定也可以为返回频率向量。返回值可用于绘制伯德图,如对数幅频曲线绘制:subplot(211); semilogx(w,20 * log10(mag)),相频曲线绘制:subplot(211);semilogx(w,phase)
	bode(G1,G2,…,Gn) bode(G1,G2,…,Gn,w) bode(G1,'plotstyle1',G2, 'plotstyle2',…,Gn, 'plotstylen')	在一个图形窗口同时绘制 n 个系统 Gi,i=1,2,…,n 的伯德图 w 为指定伯德图的对数频率范围; 'plotstyle *' 为指定图形参数:颜色线型和标识类型。以下类似于 bode(G1,G2,…,Gn)格式的均可扩展为带指定的图形参数

表 5-1(续)

序号	函数命令格式	功能说明
2	nyquist(G) nyquist(G,w) nyquist(G1,G2,…,Gn) nyquist(G1,G2,…,Gn,w)	绘制 G 的奈奎斯特曲线。w 为指定奈奎斯特图的频率范围,可用 w=w1: Δw:w2; 当传递函数串有积分环节时 ω=0 处会出现幅频特性为无穷大的情况,可 用命令 axis()改变坐标显示范围,自定义图形显示范围,避开无穷大点,如 axis([0.1,1,1.5,−2,2])
	[re,im,w]= nyquist(G) [re,im]= nyquist(G,w)	返回参数:re 为频率响应实部,im 为频率响应虚部
3	margin(G); [Gm,Pm,Wcg,Wcp]=margin(G) [Gm,Pm,Wcg,Wcp] =margin(num,den)	直接求出系统 G 的幅值裕度和相角裕度。其中: Gm 幅值裕度;Pm 相位裕度;Wcg 幅值裕度处对应的频率 ωc; Wcp 相位裕度处对应的频率 ωg
4	semilogx(w,20 * log10(mag)); semilogx(w,phase * 180/pi)	绘制半对数坐标下的幅频特性曲线; 绘制半对数坐标下的相频特性曲线
5	abs(G);angle(G); real(G);imag(G);	求确定参数下传递函数 G 的模值;求 G 的相角; 求 G 的实部;求 G 的虚部

5.7.1　用 MATLAB 作奈奎斯特曲线

奈奎斯特曲线(Nyquist Diagram)又称为极坐标图(Polar Plot)。由于系统频率特性采用复数描述,因此,在复平面上用实部和虚部表示频率特性的图形表示法称为极坐标图,绘制的频率特性曲线称为极坐标曲线。

控制系统工具箱中提供了一个 MATLAB 函数 nyquist(),该函数可以用来直接求解奈奎斯特阵列或绘制奈奎斯特曲线。当命令中不包含左端返回变量时,nyquist()函数仅在屏幕上产生奈奎斯特图,函数的调用格式为:

```
nyquist(num,den)
nyquist(num,den,W)
```

或者

```
nyquist(G)
nyquist(G,W)
```

该指令可画出开环系统传递函数的奈奎斯特曲线。

例 5-14　考虑下列开环传递函数

$$G(s) = \frac{1}{s^2 + 0.8s + 1}$$

试利用 MATLAB 画出奈奎斯特曲线。

因为系统已经以传递函数形式给出,所以利用 nyquist(num,den)指令画出奈奎斯特曲线。

MATLAB Program 5-1 产生的奈奎斯特曲线如图 5-52。

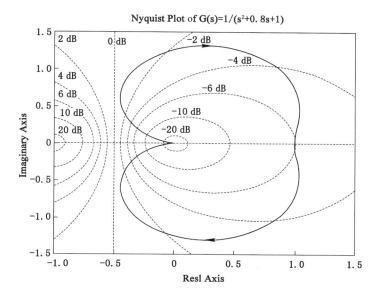

图 5-52　例 5-14 的奈奎斯特曲线

```
MATLAB Program 5-1
num ＝[0 0 1];
den=[1 0.8 1];
nyquist(num,den)
grid
title('Nyquist Plot of G(s)＝1/(s~2＋0.8s＋1)')
```

在画奈奎斯特曲线时,如果 MATLAB 运算中包含"被零除",则得到的奈奎斯特曲线可能是错误的。例如,如果传递函数已知为:

$$G(s) = \frac{1}{s(s+1)}$$

则 MATLAB 程序如下。

```
num ＝[0 0 1];
den=[1 1 0];
nyquist(num,den)
```

将产生一个错误的奈奎斯特曲线。当这种错误的奈奎斯特曲线出现在计算机上时,如果给定 axis(v),则可以对该图进行修正。例如,如果在计算机中输入 axis 指令,即输入

```
v=[−2 2 −5 5];
axis(v)
```

则可以获得正确的奈奎斯特曲线如图 5-53 所示,详见 MATLAB Program5-2。

```
MATLAB Program 5-2
num=[0 0 1];
den=[1 1 0];
nyquist(num,den)
```

```
v=[-2 2 -5 5];
axis(v)
grid
title('Nyquist Plot of G(s)=1/[s(s+1)]')
```

从图 5-52 和 5-53 可以看出,在 MATLAB 中绘制的极坐标曲线频率 ω 的范围是从 $-\infty$ 到 ∞,手工作图时只画了 ω 从 0 到 ∞ 的部分,这一点必须注意。

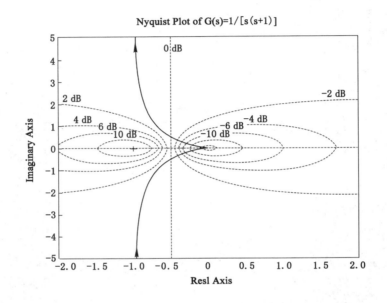

图 5-53　Program 5-2 的奈奎斯特曲线

5.7.2　用 MATLAB 作伯德图

伯德图用两张图来描述系统的频率特性。其中,一张图描述系统输出与输入振幅之比与频率的关系,称为幅频特性图;另一张图描述系统输出与输入相位之差与频率的关系,称为相频特性图。通常,伯德图的频率坐标采用对数坐标,因此,伯德图又称为对数坐标图。

控制系统工具箱里提供的 bode() 函数可以直接求取和绘制给定线性系统的伯德图。

指令 bode 可以计算连续线性定常系统频率响应的幅值和相角。当把指令 bode(不带左方变量)输入计算机后,MATLAB 可以在屏幕上产生伯德图。

当包含左方变量时,即

[mag,phase,w]=bode[num,den,w]

指令 bode 将把系统的频率响应转变为 mag、phase 和 W 三个矩阵,这时在屏幕上不显示频率响应图。矩阵 mag 和 phase 包含系统频率响应的幅值和相角,这些幅值和相角值是在用户指定的频率点上计算得到的。这时的相角以度来表示。利用下列表达式可以将幅值变成分贝

magdB=20 * log 10(mag)

为了指明频率范围,采用指令 $logspace(d_1,d_2)$ 或 $logspace(d_1,d_2,n)$。$logspace(d_1,d_2)$

在两个十进制数 10_1^d 和 10_2^d 之间产生一个由 50 个点组成的向量,这 50 个点彼此在对数上有相等的距离。例如,为了在 0.1～100rad/s 之间,产生 50 个点,可以输入指令

w＝logspace(－1,2)

logspace(d_1,d_2,n)在十进制数 10_1^d 和 10_2^d 之间,产生 n 个在对数上相等距离的点。例如,为了在 1～1 000 rad/s 之间产生 100 个点,输入下列指令

w＝logspace(0,3,100)

当画伯德图时,为了将这些频率点包括进去,可以采用指令 bode(num,den,w)。

例 5-15　用 MATLAB 画出下面传递函数对应的伯德图:

$$G(s) = \frac{25}{s^2 + 4s + 25}$$

解　当定义上述系统具有下列形式时:

$$G(s) = \frac{num(s)}{den(s)}$$

可以采用指令 bode(num,den)画伯德图。MATLAB Program5-3 为画该系统伯德图的程序。用此程序画出的伯德图如图 5-54 所示。

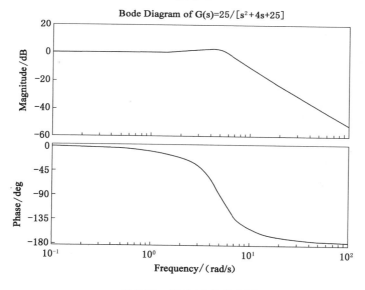

图 5-54　例 5-15 的伯德图

MATLAB Program 5-3

```
clear all;
num＝[0 0 25];
den＝[1 4 25];
sys＝tf(num,den);
bode(sys)
grid on;
title('Bode Diagram of G(s)＝25/(s^2+4s+25)')
```

绘制伯德图时,bode( )指令与 margin( )指令的作用一样,只不过 margin( )能进一步显示出幅值裕度和相角裕度。

例 5-16 用 MATLAB 画出下面传递函数对应的伯德图

$$G(s) = \frac{16}{s(s^2 + 4s + 16)}$$

MATLAB Program 5-4

```
clear all;
num=[0 0 16];
den=[1 4 16 0];
sys=tf(num,den);
bode(sys)
margin(sys)
title('Bode Diagram of G(s)=16/(s^3+4s^2+16s)')
```

对应的伯德图如图 5-55 所示。

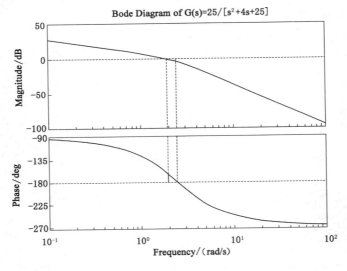

图 5-55   例 5-16 的伯德曲线

5.7.3   用 MATLAB 进行频率特性分析

1. 求取谐振峰值 M_r 和谐振频率 ω_r

例 5-17   确定谐振峰值 M_r 和谐振频率 ω_r。

程序 prg5_4 如下：

```
figure('pos',[30 100 260 400],'color','w');
axes('pos',[0.15 0.2 0.7 0.7]);
G=tf(1.5*[1],[1 1 3]);bode(G)
```

程序运行如图 5-56 所示,可从伯德图中直接获取谐振峰值 M_r 和谐振频率 ω_r,方法是：用鼠标右键点击频率响应图内部空白处,从弹出的菜单中选择"Characteristics",并选中弹出的"Peak Response"选项,如图 5-57 所示,便可从图中读取数据。

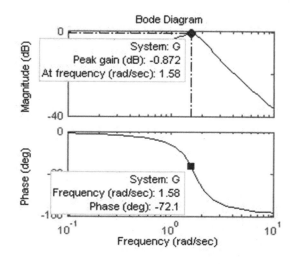

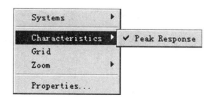

图 5-57　图形性能弹出对话框

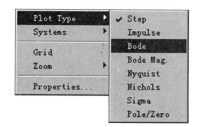

图 5-56　伯德图上获得谐振振幅和相位角　　　　图 5-58　系统选择的对话框

另外,从 LTI Viewer 图上获得系统的谐振峰值 M_r 和谐振频率 ω_r。LTI Viewer 是功能强大的应用工具,它不仅能用于系统的时域响应分析,也能用于系统的频率特性分析。具体操作方法可参考第 3 章的内容,只需要选择绘制系统的伯德图,如图 5-58 所示,这里不再赘述。

2. 求取稳定裕度

控制系统工具箱中提供了 margin()函数来求取给定线性系统幅值裕量和相位裕量,该函数可以由下面格式来调用:

[Gm, Pm, Wcg, Wcp]＝margin(G);

例 5-18　已知三阶系统开环传递函数为:

$$G(s) = \frac{7}{2(s^3 + 2s^2 + 3s + 2)}$$

利用下面的 MATLAB 程序,画出系统的奈奎斯特图,求出相应的幅值裕量和相位裕量,并求出闭环单位阶跃响应曲线。

```
G＝tf(3.5,[1,2,3,2]);                          %得到系统的传递函数
subplot(1,2,1);              %将一个图形分为两幅子图,并在第一幅子图绘制 nyquist 曲线
nyquist(G);                                   %绘制 nyquist 曲线
grid
xlabel('Real Axis')
ylabel('Imag Axis')
[Gm,Pm,Wcg,Wcp]＝margin(G)         %求取幅值余度和相角余度以及对应的频率
G_c＝feedback(G,1);                        %构造单位反馈系统
subplot(1,2,2);                    %第二幅子图绘制单位阶跃响应曲线
step(G_c)
grid
xlabel('Time(secs)')
ylabel('Amplitude')
```

显示结果：

Gm＝1.1433　　Pm＝7.1688　　Wcg＝1.7323　　Wcp＝1.6541

求出了幅值裕量和相位裕量以及对应的角频率，系统的奈奎斯特图以及阶跃相应曲线如图 5-59 所示。

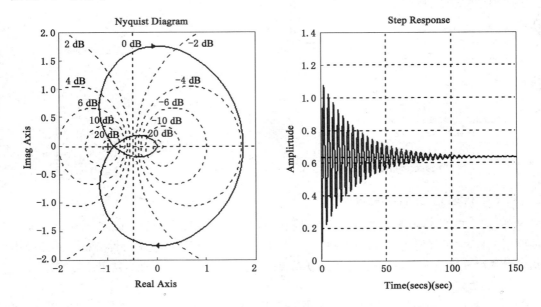

图 5-59　三阶系统的奈氏图和阶跃响应图

由奈奎斯特曲线可以看出，奈氏曲线并不包围（－1,j0）点，故闭环系统是稳定的。由于幅值裕量虽然大于 1，但很接近 1，故奈氏曲线与实轴的交点离临界点（－1,j0）很近，且相位裕量也只有 7.168 8°，所以系统尽管稳定，但其性能不会太好。观察闭环阶跃响应图，可以看到波形有较强的振荡。

习题 5

习题 5-1　设单位负反馈控制系统的开环传递函数为

$$G(s) = \frac{10}{s+1}$$

试求当输入信号为

（1）$r(t) = \sin(t + 30°)$

（2）$r(t) = 2\cos(t - 45°)$

（3）$r(t) = \sin(2t + 45°) - 2\cos(5t - 45°)$

时，系统的稳态输出。

习题 5-2　设系统的闭环传递函数为

$$\frac{C(s)}{R(s)} = \frac{K(T_2 s + 1)}{T_1 s + 1}$$

试求输入信号为 $r(t) = R\sin \omega t$ 时,系统的稳态输出。

习题 5-3　试证明

$$G(s) = \frac{Ts+1}{\alpha Ts+1} \qquad (\alpha > 1 \text{ 或 } \alpha < 1)$$

的极坐标图是一个半圆,并求出半圆的圆心和半径。

习题 5-4　设单位负反馈控制系统的开环传递函数为

$$G(s) = \frac{1}{s+1}$$

试确定输入信号 $r(t) = \sin(t + 30°) - 2\cos(2t - 45°)$ 作用下系统的稳态误差。

习题 5-5　设单位负反馈控制系统的开环传递函数为

(1) $G(s) = \dfrac{2}{(0.1s+1)(0.5s+1)}$

(2) $G(s) = \dfrac{10}{s(0.01s+1)(0.1s+1)}$

(3) $G(s) = \dfrac{s+0.2}{s(s+0.02)}$

(4) $G(s) = \dfrac{75(0.2s+1)}{s^2(0.025s+1)(0.006s+1)}$

(5) $G(s) = \dfrac{2s^2}{(0.04s+1)(0.4s+1)}$

(6) $G(s) = \dfrac{7.5(0.2s+1)(s+1)}{s(s^2+16s+100)}$

试绘制控制系统的开环概略极坐标图和渐近对数坐标图。

习题 5-6　已知单位负反馈系统的开环传递函数为

$$G(s) = \frac{K(-\tau s+1)}{s(Ts+1)} \qquad K,\tau,T > 0$$

当输入正弦频率 $\omega = 1$ 时,$\varphi(\omega) = -180°$。当输入单位斜坡信号时,系统稳态误差为 0.1,试计算 K,τ,T,并写出系统开环特性表达式。

习题 5-7　试绘制以下开环系统的对数坐标图

(1) $G(s) = \dfrac{T_1 s+1}{T_2 s+1}, (T_1 > T_2 > 0)$

(2) $G(s) = \dfrac{T_1 s-1}{T_2 s+1}, (T_1 > T_2 > 0)$

(3) $G(s) = \dfrac{-T_1 s+1}{T_2 s+1}, (T_1 > T_2 > 0)$

习题 5-8　已知单位负反馈控制系统的开环传递函数为

$$G(s) = \frac{2(s+0.5)}{s(s^2+0.5s+1)}$$

试分别计算 $\omega = 0.8 \text{ rad/s}$ 和 $\omega = 2 \text{ rad/s}$ 时的 $\varphi(\omega)$ 和 $G(\omega)$。

习题 5-9　试确定习题 5-5 中各个系统的稳定性以及稳定系统的开环频率响应性能指标。

习题 5-10　单位负反馈系统的开环传递函数为

$$G(s) = \frac{K(T_a s + 1)(T_b s + 1)}{s^2 (T_1 s + 1)}$$

试画出下面两种情况：

(1) $T_a > T_b > 0, T_b > T_1 > 0$

(2) $T_1 > T_a > 0, T_1 > T_b > 0$

的极坐标图。

习题 5-11　设单位负反馈系统的开环传递函数为

$$G(s) = \frac{as + 1}{s^2}$$

试确定使相角裕量等于 $45°$ 的 α 值。

习题 5-12　单位负反馈系统具有的开环传递函数为

$$G(s)H(s) = \frac{K}{s^2(T_1 s + 1)}$$

的系统是固有不稳定系统。这个系统可通过加入比例-微分控制使其稳定。试画出具有比例-微分控制和不具有比例-微分控制的开环传递函数的极坐标图。

习题 5-13　已知最小相位系统的对数幅频特性如图 5-60 所示，试确定其传递函数

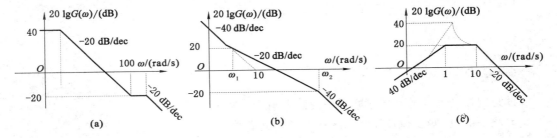

图 5-60　习题 5-13 的伯德曲线

习题 5-14　设负反馈控制系统的开环传递函数

$$G(s)H(s) = \frac{10(1 + \tau s)}{s(s - 1)}$$

试绘制概略极坐标图，并利用奈奎斯特稳定判据确定闭环系统稳定时 τ 的临界值。

习题 5-15　设负反馈系统的开环传递函数

$$G(s)H(s) = \frac{2\sqrt{3}\, \mathrm{e}^{-\tau s}}{s(s + 1)}$$

试确定使系统稳定的滞后时间最长的 τ 值。

习题 5-16　设负反馈系统的开环传递函数

$$G(s)H(s) = \frac{5s\mathrm{e}^{-\tau s}}{(s + 1)^2}$$

试确定使系统稳定的滞后时间 τ 值范围。

习题 5-17　设二阶系统的闭环谐振峰值 $M_r = 3$，谐振频率 $\omega_r = 15$。求该系统在阶跃输入作用下瞬态响应的超调量，调节时间。

第6章 控制系统的频域校正

　　前几章介绍了控制系统的3种基本分析方法:时域分析法、根轨迹法和频域分析法,利用这些方法能够在系统结构和参数确定的情况下,计算或者估算系统的性能指标,这类问题是系统的分析问题。但是,在实际应用中常常会提出相反的要求,即在被控对象已知,预先给定性能指标的前提下,要求设计者选择控制器的结构和参数,使控制器和被控对象组成一个性能满足指标要求的系统。当被控对象确定后,对系统的设计实际上就归结为对控制器的设计,这项工作被称为控制系统的校正。

　　常用的校正方法有根轨迹法和频率特性法。本章只讨论频率特性设计方法。

6.1　系统校正的基本概念

6.1.1　校正的基本概念

　　控制系统的一个合理的设计方案通常来自对多种可行性方案的全面分析,即从技术性能、经济指标、可靠性等方面进行全面比较,权衡利弊后得出。当设计方案一旦确定后,就会根据被控对象的参数合理选择执行机构、功率放大器、检测元件等系统的各个组成部件,这样就形成了系统的原有部分(不变部分) $G_0(s)H(s)$,如图 6-1 所示。

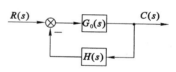

图 6-1　控制系统
原有部分结构图

　　一般来说,图 6-1 所示系统虽然具有自动控制的功能,但其性能却难以全面满足设计的要求。例如:若要满足稳态精度的要求,就必须增大系统的开环增益,而开环增益的增大,必然会导致系统动态性能的恶化,如振荡剧烈,超调量增大,甚至会产生不稳定现象。为使系统同时满足稳态和动态性能指标的要求,就需要在系统中引入一个专门用于改善系统性能的附加装置,这个附加装置就是校正装置,从而使系统性能全面满足设计要求,这就是控制系统设计中的校正。

　　可见,校正就是在系统原有部分,也称为未校正部分的基础上,加入一些参数或结构可根据需要改变的校正装置,使系统整个特性发生变化,从而满足给定的各项性能指标的要求。

6.1.2　控制系统的性能指标

　　设计自动控制系统的目的是完成某一特定的任务,设计过程会对系统的控制精度、相对稳定性和响应速度等都提出具体的要求,这些要求通常以稳态和瞬态响应的各项性能指标给出,所以性能指标是校正系统的依据。

　　控制系统的性能指标通常包括稳态和暂态两个方面。稳态性能是指系统的稳态误差,

它表征系统的控制精度。暂态性能指标是表征系统瞬态响应的品质,它一般以下两种形式给出:

① 时域性能指标:超调量 σ_p,调节时间 t_s,峰值时间 t_p,上升时间 t_r,阻尼比等;

② 频域性能指标:相角裕度 γ,幅值裕度 h,谐振峰值 M_r,幅值截止频率 ω_c、谐振频率 ω_r,频带宽度 ω_b 等。

在控制系统设计中,采用的设计方法一般依据性能指标的形式而定。如果性能指标以单位阶跃响应的峰值时间、调节时间、超调量、阻尼比、稳态误差等时域特征量给出时,一般采用时域法校正;如果性能指标以系统的相角裕度、幅值裕度、谐振峰值、闭环带宽等频域特征量给出时,一般采用频率法校正。目前,工程技术界多习惯采用频率法,故通常通过近似公式进行两种指标的互换。由本书 5.6 节公式可知,时域性能指标与频域性能指标之间有如下关系。

(1) 二阶系统频域指标与时域指标的关系

谐振峰值
$$M_r = \frac{1}{2\xi\sqrt{1-\xi^2}}, \xi \leqslant 0.707 \qquad (6-1)$$

谐振频率
$$\omega_r = \omega_n\sqrt{1-2\xi^2}, \xi \leqslant 0.707 \qquad (6-2)$$

带宽频率
$$\omega_b = \omega_n\sqrt{1-2\xi^2+\sqrt{2-4\xi^2+4\xi^4}} \qquad (6-3)$$

截止频率
$$\omega_c = \omega_n\sqrt{\sqrt{1+4\xi^4}-2\xi^2} \qquad (6-4)$$

相角裕度
$$\gamma = \arctan\frac{2\xi}{\sqrt{\sqrt{1+4\xi^4}-2\xi^2}} \qquad (6-5)$$

超调量
$$\sigma_p\% = e^{-\xi\pi/\sqrt{1-\xi^2}} \times 100\% \qquad (6-6)$$

调节时间
$$t_s = \frac{3.5}{\xi\omega_n}(\Delta=5\%) \text{ 或 } t_s = \frac{4.5}{\xi\omega_n}(\Delta=2\%) \qquad (6-7)$$

(2) 高阶系统频域指标与时域指标的关系

谐振峰值
$$M_r = \frac{1}{|\sin\gamma|} \qquad (6-8)$$

超调量
$$\sigma_p = 0.16 + 0.4(M_r-1), \quad 1 \leqslant M_r \leqslant 1.8 \qquad (6-9)$$

调节时间
$$t_s = \frac{K_0\pi}{\omega_c}(\Delta=5\%) \qquad (6-10)$$

其中,$K_0 = 2 + 1.5(M_r-1) + 2.5(M_r-1)^2, 1 \leqslant M_r \leqslant 1.8$

6.1.3 PID 控制规律

确定校正装置的具体形式时,应先了解校正装置所需提供的控制规律,以便选择相应的元件。包含校正装置在内的控制器,常常采用比例、微分、积分等基本控制规律或者采用这些基本控制规律的某些组合,如比例-微分、比例-积分、比例-积分微分等组合控制规律,利用它们的相位超前、增益放大等作用以实现对被控对象的有效控制。

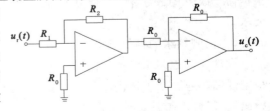

图 6-2 比例调节器电路图

1. 比例（P）控制规律

图 6-2 所示为比例控制器的电路，对应的
传递函数为：

$$G_c(s) = \frac{R_2}{R_1} = K_P \tag{6-11}$$

图中第二级运放作为反向器，它仅改变第一级运放输出的符号。比例控制器实际上是一种增益可调的放大器，比例系数 K_P 值的大小直接改变系统开环增益的值。增大 K_P 既能使系统的稳态误差减小，提高系统的控制精度，还可以加快系统的响应速度；但与此同时，会导致系统稳定性降低，甚至使系统变得不稳定。下面以 I 型二阶系统为例来说明。

设一反馈控制系统如图 6-3 所示，图 6-4 所示为该系统当 $K_p = 1$ 和 $K_p = 10$ 时的伯德图。

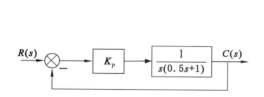

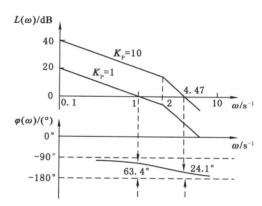

图 6-3　二阶控制系统结构图

图 6-4　图 6-3 系统伯德图

由图 6-4 可直观地看到 $K_p = 1$ 时，截止频率 $\omega_c = 1$，相角裕度 $\gamma = 63.4°$；当 $K_p = 10$ 时，$\omega_c = 4.47$，$\gamma = 24.1°$，这表示 K_p 的增大产生了如下的作用：

（1）系统跟踪斜坡输入信号的稳态误差 e_{ss} 减小，$K_p = 10$ 时的 e_{ss} 值仅为 $K_p = 1$ 时的 $1/10$；

（2）系统的截止频率 ω_c 由 1 增大到 4.47，这表示 K_p 的增大使系统的频带变宽，使暂态响应的速度变快；

（3）系统的相角裕度 γ 由 $63.4°$ 降低到 $24.1°$，这表明随着 K_p 值的增大，使系统的稳定性变差。

由此可知，系统的稳态精度与稳定性对 K_p 值的要求是相矛盾的。如果本系统为三阶或三阶以上的系统，则当 K_p 值增大到一定程度后，系统就变为不稳定了。显然，只采用 P 调节器一般难以同时满足系统对动、静态性能的要求。在控制工程中，一般把 P 调节器与其他的控制规律组合起来应用。基于反馈控制系统是按偏差进行调节，而比例控制作用贯穿在系统整个控制的始终，因此，在任何控制器 $G_c(s)$ 中都必须有比例的控制作用。

2. 积分（I）控制规律

具有积分控制作用的控制器又名 I 调节器，图 6-5 所示为积分器的电路图。它的传递函数为

$$G_c(s) = \frac{U_c(s)}{U_r(s)} = \frac{1}{T_i s} \qquad (6\text{-}12)$$

即

$$u_c(t) = \frac{1}{T_i} \int_0^t u_r(\tau) d\tau \qquad (6\text{-}13)$$

式中，$T_i = RC$ 为可调的积分时间常数。

由式(6-13)可知，积分器的输出是对输入信号$u_r(t)$的积累，只要$u_r(t) \neq 0$，其输出将随时间 t 的增长而不断变化，一直到 $u_r(t) = 0$ 时，积分作用才停止，输出量为一定值。正是由于积分器有这样一个特殊的性质，因而可用于消除系统的稳态误差。

若令 $RC = 2$ s，$u_r(t)$ 为一方波信号，如图 6-6 所示。由式(6-13)可知，当 $t < T_i$ 时，积分器的输出$u_c(t)$呈线性增长；当 $t = T_i$ 时，$u_r(t) = 0$，积分作用消失，此时电路中电容 C 两端的电压就是积分器的稳态输出值。

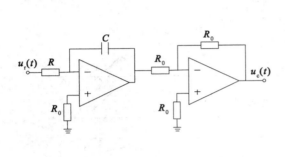

图 6-5　积分调节器电路图

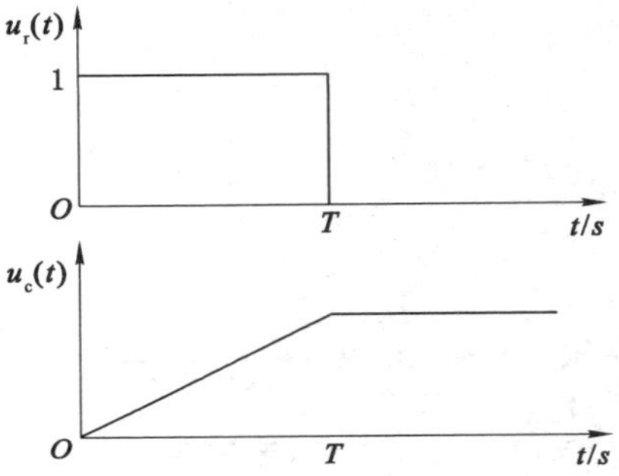

图 6-6　积分调节器的输出

在控制系统中，若只采用积分控制器，虽能提高被控系统的型别，消除或减小系统的稳态误差，但它却有如下的不足之处。

(1) 积分器的引入会降低系统的稳定性。例如在图 6-3 所示的系统中，若令 $G_c(s) = \frac{1}{T_i s}$，则系统的特征方程为

$$0.5 T_i s^3 + T_i s^2 + 1 = 0$$

由于上式不满足系统稳定的必要条件，这表示引入积分控制器后，系统就变为不稳定了。关于系统中引入积分器会降低其稳定性的原因，可由频率法或根轨迹法对此作出解释。如果在图 6-3 所示的系统中采用比例-积分控制器，则不仅能提高系统的型别，而且还可使系统保持良好的稳定运行状态。

(2) 由于积分器的输出只能随着积分时间的增长而逐渐跟踪输入信号的变化，因而系统难于实现快速控制。

3. 微分(D)控制规律

微分控制器又称 D 调节器，它的传递函数为

$$G_c(s) = \frac{U_c(s)}{U_r(s)} = T_d s \qquad (6\text{-}14)$$

或写作

$$u_c(t) = T_d \frac{\mathrm{d}u_r(t)}{\mathrm{d}t} \tag{6-15}$$

式中，T_d 为微分时间常数。由式(6-15)可知，微分控制器的输出与其输入信号的变化率成正比，它将输入信号的变化趋势及时反映到输出量上，使对系统的控制作用提前产生。采用微分控制器能增大系统的阻尼，从而可以改善系统的相对稳定性。由于这种控制器只有在输入信号 $u_r(t)$ 发生变化的过程中才起作用，当 $u_r(t)$ 信号趋于定值或作缓慢变化时，它的作用就会消失，其输出为零值。因此，微分控制器不能在系统中单独使用。在实际应用中总是以比例-微分或比例-积分-微分的控制形式出现。微分控制器的缺点是会放大信号中的噪声，使系统抗高频干扰的能力降低。此外，还有可能导致执行机构产生饱和的现象。

4. 比例-微分(PD)控制规律

图 6-7 所示为 PD 调节器的电路图，它的传递函数为

$$G_c(s) = \frac{U_c(s)}{U_r(s)} = \frac{R_2}{R_1}(1 + R_1 C s) = K_p(1 + T_d s) \tag{6-16}$$

或写作

$$u_c(t) = K_p u_r(t) + K_p T_d \frac{\mathrm{d}u_r(t)}{\mathrm{d}t} \tag{6-17}$$

式中，$K_p = \frac{R_2}{R_1}$，$T_d = R_1 C$，它们都是可调参数。若令 $K_p = 1$，则其对数幅频和相频特性的表达式分别为 $L_c(\omega) = 20\lg \sqrt{1 + \left(\frac{\omega}{1/T_d}\right)^2}$ 和 $\varphi_c(\omega) = \arctan T_d \omega$。据此，画出如图 6-8 所示的伯德图。

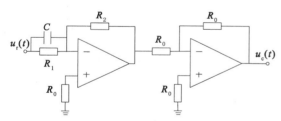

图 6-7　PD 调节器电路图

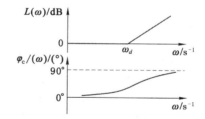

图 6-8　PD 调节器的伯德图

由图 6-8 可知，当 $\omega > 0$ 时，$\varphi_c(\omega) > 0°$，表明 PD 调节器能增加系统的阻尼、改善系统的稳定性，加快系统的响应，但它不能提高系统的稳态精度。此外，T_d 不能过大，否则由于转折频率 ω_d 过小，使微分对输入信号中的噪声分量产生明显的放大作用。下面举例说明 PD 调节器对系统的校正作用。设一控制系统如图 6-9 所示，显然该系统是不稳定的。如果把该系统中的 K_p 改为 PD 调节器，不难证明，只要 $T_d > 0.5$ s，就能使该系统稳定运行，并能实现在阶跃和斜坡激励作用下，系统的稳态误差为零。

5. 比例积分(PI)控制规律

比例-积分控制器又名 PI 调节器，图 6-10 所示为 PI 调节器的电路图。由图可知

$$G_c(s) = \frac{U_c(s)}{U_r(s)} = \frac{R_2}{R_1}(1 + \frac{1}{R_2 C s}) = \frac{K_p(T_i s + 1)}{T_i s} \tag{6-18}$$

或写作

$$u_c(t) = K_p u_r(t) + \frac{K_p}{T_i} \int_0^t u_r(\tau) d\tau \tag{6-19}$$

式中，$K_p = R_2/R_1$，$T_i = R_2C$。图 6-11 所示为 PI 调节器的伯德图。由图可见，当 $0 < \omega < \infty$ 时，$\varphi_c(\omega) < 0°$，PI 调节器可视为由一个积分器与一个 P 调节器串联组成，因而它兼有两者的优点。积分器提高了系统的型别，即提高了系统的稳态精度，这体现在校正后系统开环对数幅频性的低频段；而 P 调节器具有改善系统动态性能的作用，它可抵消由积分器产生对动态部分的不利影响，从而使校正后的系统同时具有良好的动态和稳态性能。

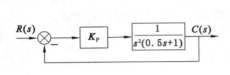

图 6-9　控制系统结构图

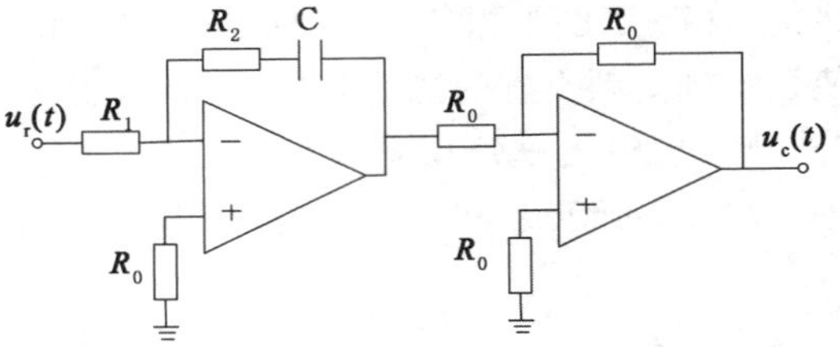

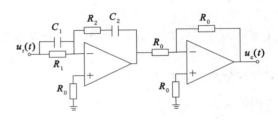

图 6-10　PI 调节器电路图

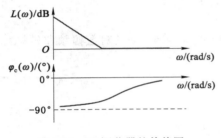

图 6-11　PI 调节器的伯德图

图 6-12　PID 调节器电路图

PI 调节器的可调参数是 K_p 和 T_i。如果仅从系统稳定性这个角度去考虑，显然 T_i 越大和 K_p 越小越好。但如果 T_i 值太大，K_p 值过小，则使 P 调节器的控制作用不灵敏，它的输出就不能及时地反映输入量 $u_r(t)$ 的变化，从而导致系统的输出响应缓慢。尤其是当系统突加负载时，会产生输出幅度较大的动态速降。因此，对 PI 调节器参数的调整应根据对系统性能的实际要求进行。

6. 比例积分微分（PID）控制规律

图 6-12 所示为 PID 调节器的电路图，它的传递函数为

$$\begin{aligned}
G_c(s) &= \frac{U_c(s)}{U_r(s)} = \frac{R_2 R_4}{R_1 R_3} \frac{(R_1 C_1 s + 1)(R_2 C_2 s + 1)}{R_2 C_2 s} \\
&= \frac{R_2 R_4}{R_1 R_3} \left(\frac{R_1 C_1 + R_2 C_2}{R_2 C_2 s} + \frac{1}{R_2 C_2 s} + R_1 C_1 s \right) \\
&= \frac{R_4 (R_1 C_1 + R_2 C_2)}{R_1 R_3 C_2} \left(1 + \frac{1}{(R_1 C_1 + R_2 C_2) s} + \frac{R_1 C_1 R_2 C_2}{R_1 C_1 + R_2 C_2} s \right) \\
&= K_p \left(1 + \frac{1}{T_i s} + T_d s \right) \tag{6-20}
\end{aligned}$$

式中

$$K_p = \frac{R_4 (R_1 C_1 + R_2 C_2)}{R_1 R_3 C_2}$$

$$T_i = R_1 C_1 + R_2 C_2$$

$$T_d = \frac{R_1 C_1 R_2 C_2}{R_1 C_1 + R_2 C_2}$$

K_p、T_i 和 T_d 都为可调参数,若选取合适的 T_i 和 T_d 的值,使 $G_c(s)$ 含有两个相异的实数零点,则式(6-20)可改写为

$$G_c(s) = K_p \frac{(T_1 s + 1)(T_2 s + 1)}{T_i s} = \frac{K(T_1 s + 1)(T_2 s + 1)}{s} \tag{6-21}$$

若令上式中的 $K = 2$、$T_1 = 1 \text{ s}$,$T_2 = 0.1 \text{ s}$,则相应 PID 调节器的传递函数为

$$G_c(s) = \frac{2 \times (s + 1)(0.1s + 1)}{s}$$

相应的伯德图如图 6-13 所示。由该图可知,PID 调节器同时具有 PI 和 PD 两种调节器的作用,前者用于提高系统的稳态精度;后者用于改善系统的动态性能,两者相辅相成,使校正后的系统具有更优良的性能。

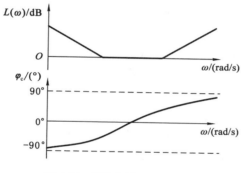

图 6-13　PID 调节器的伯德图

6.1.4　基本校正方式

根据校正装置在控制系统中的位置,控制系统的校正方式可以分为多种,其中最基本的有串联校正、反馈校正。

(1) 串联校正

串联校正将校正装置 $G_c(s)$ 接在系统比较装置与放大器之间,串接在前向通道之中,如图 6-14 (a)所示。串联校正简单,较易实现,利用串联校正可以实现各种控制规律,以改善系统的控制性能。

串联校正的接入位置应视校正装置的物理特性和原系统的结构而定。一般,体积小、重量轻、容量小的校正装置(电器装置居多),常加在系统信号容量不大的地方,即比较靠近输入信号的前向通道中。体积、重量、容量较大的校正装置(如液压、机械、气动装置等),常串接在容量较大的部位,即比较靠近输出信号的前向通道中。

(2) 反馈校正

从某些元件或被控对象引出反馈信号形成局部反馈回路,并在该反馈回路内设置校正装置 $G_c(s)$,称为反馈校正,如图 6-14(b)所示。反馈校正具有减小参数的变化和非线性因素对系统性能影响的作用,因而可以提高系统相对稳定性。

由于反馈校正装置的输入端信号取自原系统的输出端或原系统前向通道中某个环节的

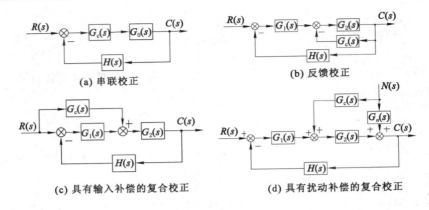

(a) 串联校正　　　　　　　　　(b) 反馈校正

(c) 具有输入补偿的复合校正　　　(d) 具有扰动补偿的复合校正

图 6-14　控制系统中常用的校正方式

输出端,信号功率一般比较大,因此,在校正装置中不需要设置放大电路,有利于校正装置的简化,但由于输入信号的功率比较大,校正装置的容量和体积相应要大些。

（3）复合校正

在一些既要求稳态误差小,同时又要求暂态响应平稳、快速的系统中,复合校正经常被使用,如图 6-14(c)、(d) 所示。复合校正是在反馈控制回路之外加入前馈校正的一种校正方式。

前馈校正装置接在输入信号与主反馈作用点之间的前向通道上,其作用相当于对输入信号进行整形或滤波,以形成附加的对输入影响进行补偿的控制。前馈校正装置如果接在系统可测扰动输入和误差测量点之间,对扰动信号进行直接或间接变换后接入系统,就可以形成一条附加的对扰动影响进行补偿的控制。

校正方式的选取,取决于原系统的结构、所需满足的性能指标、系统中信号的性质及功率等级、可供选择的元件、经济性以及设计者的经验等因素。

6.2　校正装置

常用的连续时间系统的校正装置有无源和有源两种,本节分别介绍两种校正装置的电路构成、传递函数、对数频率特性及极零点分布,在实际控制系统校正中,可以根据实际情况选择使用。

6.2.1　无源校正装置

常见的无源校正装置是一个 R-C 网络,优点是电路结构简单、无须外加电源;缺点是前后环节相连存在负载效应,且其本身没有增益,信号通过校正网络会出现衰减。为了消除负载效应,通常要加隔离放大器。

1. 无源超前校正装置

正弦输出信号的相位超前于正弦输入信号相位的网络称为相位超前装置,其无源相位超前装置的电路如图 6-15 所示。

相位超前装置的传递函数为

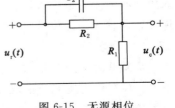

图 6-15　无源相位
超前装置电路图

$$G_c(s) = \frac{U_c(s)}{U_r(s)} = \frac{1}{\alpha} \frac{Ts+1}{\frac{T}{\alpha}s+1} = \frac{s+\frac{1}{T}}{s+\frac{\alpha}{T}} \quad (\alpha > 1) \tag{6-22}$$

式中，$T = R_2 C_2$，$\alpha = (R_1 + R_2)/R_1$。其极零点分布、奈奎斯特曲线和伯德图如图 6-16 所示。

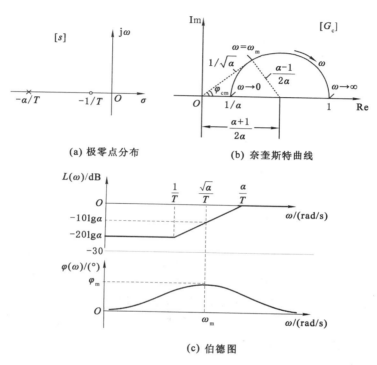

(a) 极零点分布　　　(b) 奈奎斯特曲线

(c) 伯德图

图 6-16　相位超前装置极零点分布、奈奎斯特曲线和伯德图

由图 6-16(a)可以看出，当 T 为常数时，随着 α 的增大，相位超前装置的极点将沿着负实轴远离坐标原点。从根轨迹的角度看，超前校正所利用的是相位超前装置使系统增加了一对零、极点，会使系统的根轨迹向左偏移。

相位超前装置的频率特性为

$$G_c(j\omega) = \frac{1}{\alpha} \frac{j\omega T+1}{j\frac{\omega T}{\alpha}+1} = \frac{1}{\alpha} \frac{\sqrt{(\omega T)^2+1}}{\sqrt{\left(\frac{\omega T}{\alpha}\right)^2+1}} e^{j(\arctan\omega T - \arctan\frac{\omega T}{\alpha})} \quad (\alpha > 1) \tag{6-23}$$

可以证明，相位超前校正装置的奈奎斯特曲线是位于实轴上方的半圆，如图 6-16(b)所示。其圆心为 $((\alpha+1)/2\alpha, j0)$，半径为 $(\alpha-1)/2\alpha$，对于一定的 T 和 α，存在着一个最大超前相角 φ_m。同样，根据简单的几何关系，可得最大超前相位为

$$\varphi_m = \arctan \frac{\alpha-1}{2\sqrt{\alpha}} = \arcsin \frac{\alpha-1}{\alpha+1} \tag{6-24}$$

式(6-24)表明，最大超前相角 φ_m 仅与 α 值有关。α 值选得越大，则超前校正的微分效应越强。为了保持较高的信噪比，实际选用的 α 值一般不大于 20。由图 6-16(c)可以求出 ω_m

处的对数幅频值为

$$L_c(\omega_m) = 10\lg\alpha \tag{6-25}$$

φ_m 和 $10\lg\alpha$ 随 α 变化的关系曲线如图 6-17 所示。

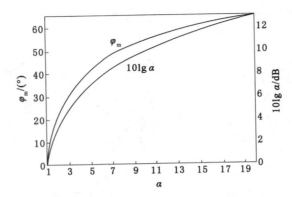

图 6-17　相位超前装置 φ_m 和 $10\lg\alpha$ 与 α 的关系曲线

由 φ_m 求导可得最大超前相位 φ_m 时的频率

$$\omega_m = \frac{\sqrt{\alpha}}{T} \tag{6-26}$$

由图 6-16(c)可以看出，在 $0 < \omega < 1/T$ 时，$20\lg|G_c(j\omega)| \approx 20\lg\alpha$；在 $1/T < \omega < \alpha/T$ 时，$20\lg|G_c(j\omega)|$ 是斜率为 20 dB/dec 的直线；在 $\alpha/T < \omega < \infty$ 时，$20\lg|G_c(j\omega)| \approx 0$；并且由式(6-26)可以看出，$\omega_m$ 为转角频率 $1/T$ 和 α/T 的几何中心。

上述分析表明，相位超前装置同时具有低频增益衰减和相位超前的作用。从频率响应的角度看，超前校正也称具有高频限幅的 PD 校正，超前校正所利用的正是相位超前装置在 $1/T \sim \alpha/T$ 频率范围内的相位超前作用，而低频增益的衰减在实际系统设计中是不期望的。为了达到最佳补偿效果，校正后的截止频率 $\omega_c \approx \omega_m$。同时为了补偿相位超前校正装置的低频增益衰减作用，在校正装置中总是串联一个增益为 α 的放大器，对应校正装置的传递函数变为

$$G_c(s) = \frac{U_c(s)}{U_r(s)} = \frac{Ts+1}{\frac{T}{\alpha}s+1} = \alpha\frac{s+\frac{1}{T}}{s+\frac{\alpha}{T}} \tag{6-27}$$

相位超前装置的电路参数 (R_1, R_2, C_2) 通常是根据指定的 T 和 α，按式(6-22)选取。

2. 无源滞后校正装置

正弦输出信号的相位滞后于正弦输入信号相位的网络称为相位滞后装置，其无源相位滞后装置的电路如图 6-18 所示。

相位滞后装置的传递函数为

$$G_c(s) = \frac{U_c(s)}{U_r(s)} = \frac{Ts+1}{\alpha Ts+1} = \frac{1}{\alpha}\frac{s+\frac{1}{T}}{s+\frac{1}{\alpha T}} \quad (\alpha > 1) \tag{6-28}$$

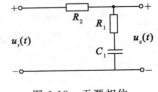

图 6-18　无源相位
滞后装置电路图

式中，$T = R_1 C_1$，$\alpha = (R_1 + R_2)/R_1$。其极零点位置、极坐标图和

对数坐标图分别如图 6-19(a)、(b)、(c)所示。

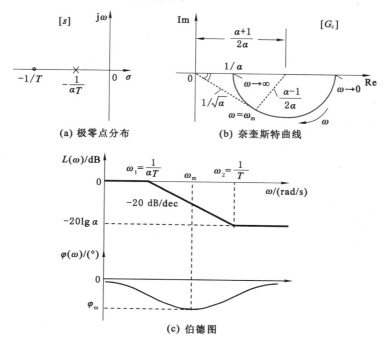

图 6-19　相位滞后装置极零点分布、奈奎斯特曲线和伯德图

由图 6-19(a) 可以看出,当 T 为常数时,随着 α 的增大,相位滞后装置的极点将沿着负实轴逐渐趋向于坐标原点。从根轨迹的角度看,滞后校正所利用的是相位滞后装置能提供一对靠近原点的开环偶极子,从而大大提高系统的稳态精度,而又不影响远离偶极子处的根轨迹。

相位滞后装置的频率特性为

$$G_c(j\omega) = \frac{j\omega T + 1}{j\alpha\omega T + 1} = \frac{\sqrt{(\omega T)^2 + 1}}{\sqrt{(\alpha\omega T)^2 + 1}} e^{j(\arctan\omega T - \arctan\alpha\omega T)} \quad (\alpha > 1) \tag{6-29}$$

可以证明,式(6-29)相位滞后装置的奈奎斯特曲线为实轴下方的半圆,其圆心为 $((\alpha+1)/2\alpha, j0)$,半径为 $(\alpha-1)/2\alpha$。由图 6-19(b)可见,对于一定的 T 和 α,存在着一个最大滞后相角 φ_m,满足

$$\sin \varphi_m = -\frac{\dfrac{\alpha-1}{2\alpha}}{\dfrac{\alpha+1}{2\alpha}} = \frac{1-\alpha}{\alpha+1} \tag{6-30}$$

即

$$\varphi_m = \arcsin \frac{1-\alpha}{\alpha+1} \tag{6-31}$$

由式(6-29)可知相位滞后装置的相频特性为

$$\varphi_c(\omega) = \arctan \omega T - \arctan \alpha\omega T \tag{6-32}$$

由上式求导可得最大滞后相角 φ_m 时的频率

$$\omega_{\mathrm{m}} = \sqrt{\frac{1}{\alpha T}\frac{1}{T}} = \frac{1}{\sqrt{\alpha}T} \tag{6-33}$$

式中，$1/T$ 和 $1/(\alpha T)$ 分别是滞后装置的两个转角频率，而 ω_{m} 为两个转角频率的几何中心。此时最大滞后角对应的模值为

$$\left| G_{\mathrm{c}}(\omega_{\mathrm{m}}) \right| = \sqrt{\frac{1 + (\omega_{\mathrm{m}}T)^2}{1 + (\alpha\omega_{\mathrm{m}}T)^2}} = \frac{1}{\sqrt{\alpha}} \tag{6-34}$$

由图 6-16(c)可以看出，在 $0 < \omega < 1/(\alpha T)$ 时，$20\lg\left| G_{\mathrm{c}}(\mathrm{j}\omega) \right| \approx 0$；在 $1/(\alpha T) < \omega < 1/T$ 时，$20\lg\left| G_{\mathrm{c}}(\mathrm{j}\omega) \right|$ 是斜率为 -20 dB/dec 的直线；在 $1/T < \omega < \infty$ 时，$20\lg\left| G_{\mathrm{c}}(\mathrm{j}\omega) \right| \approx -20\lg\alpha$；并且由式(6-33)可以看出，$\omega_{\mathrm{m}}$ 为转角频率 $1/(\alpha T)$ 和 $1/T$ 的几何中心。

上述分析表明，相位滞后装置具有高频衰减和相位滞后的作用。从频率响应的角度看，滞后校正也称具有低频限幅的 PI 校正，所利用的正是相位滞后装置的高频衰减作用，而相位滞后作用是不期望的。相位滞后装置的电路参数 (R_1, R_2, C_2) 通常是根据指定的 T 和 α，按式(6-28)选取。

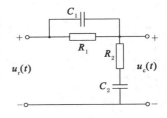

图 6-20 无源相位滞后-超前装置电路图

3. 无源相位滞后-超前校正装置

正弦输出信号的相位在低频段滞后而在高频段超前于正弦输入信号相位的网络称为相位滞后-超前装置，其电路图如图 6-20 所示。

相位滞后-超前网络的传递函数为

$$G_{\mathrm{c}}(s) = \frac{U_{\mathrm{c}}(s)}{U_{\mathrm{r}}(s)} = \frac{T_1 T_2 s^2 + (T_1 + T_2)s + 1}{T_1 T_2 s^2 + (T_1 + T_2 + T_{21})s + 1} \tag{6-35}$$

式中 $T_1 = R_1 C_1$，$T_2 = R_2 C_2$，$T_{21} = R_2 C_1$。根据对相位滞后-超前装置的要求(即定义中所阐述的网络作用)，可以设定 $T_2 < T_1$。容易看出，式(6-35)具有两个负实数零点。根据其分子与分母的二次项和常数项系数相同，分母一次项系数比分子大，可推断式(6-35)必定有两个负实数极点；并且绝对值大的极点比绝对值大的零点大 $\alpha(\alpha > 1)$ 倍，绝对值小的极点比绝对值小的零点小 $\alpha(\alpha > 1)$ 倍，于是可以假设

$$\alpha T_1 + \frac{T_2}{\alpha} = T_1 + T_2 + T_{21} \quad (\alpha > 1) \tag{6-36}$$

则式(6-36)可以表述为

$$G_{\mathrm{c}}(s) = \frac{T_1 s + 1}{\alpha T_1 s + 1} \cdot \frac{T_2 s + 1}{\frac{T_2}{\alpha}s + 1} = \frac{s + \frac{1}{T_1}}{s + \frac{1}{\alpha T_1}} \cdot \frac{s + \frac{1}{T_2}}{s + \frac{\alpha}{T_2}} \quad (\alpha > 1) \tag{6-37}$$

相位滞后-超前装置的极零点分布，奈奎斯特曲线以及伯德图如图 6-21 所示。由图 6-21(a)可以看出，当 T_1 和 T_2 为常数时，随着 α 的增大，极点 $-1/\alpha T_1$ 和 $-\alpha/T_2$ 将分别沿负实轴逐渐趋向和远离坐标原点。从根轨迹的角度看，滞后-超前校正是综合利用相位滞后-超前装置的极零点 $-1/\alpha T_1$ 和 $-1/T_1$ 的滞后校正作用、$-\alpha/T_2$ 和 $-1/T_2$ 的超前校正作用。

相位滞后-超前装置的频率特性为

$$G_c(j\omega) = \frac{j\omega T_1 + 1}{j\alpha\omega T_1 + 1} \cdot \frac{j\omega T_2 + 1}{j\dfrac{\omega T_2}{\alpha} + 1} \quad (\alpha > 1) \tag{6-38}$$

即

$$G_c(\omega) = \frac{\sqrt{(\omega T_1)^2 + 1}}{\sqrt{(\alpha\omega T_1)^2 + 1}} \cdot \frac{\sqrt{(\omega T_2)^2 + 1}}{\sqrt{\left(\dfrac{\omega T_2}{\alpha}\right)^2 + 1}} \quad (\alpha > 1) \tag{6-39}$$

$$\varphi_c(\omega) = \arctan T_1\omega + \arctan T_2\omega - \arctan \alpha T_1\omega - \arctan \frac{T_2\omega}{\alpha} \quad (\alpha > 1) \tag{6-40}$$

可以证明,相位滞后-超前装置的奈奎斯特曲线是一个圆,如图 6-21(b)所示。其圆心为 $[(2(T_1 + T_2) + T_{21}]/2(T_1 + T_2 + T_{21}), j0)$,半径为 $T_{12}/(T_1 + T_2 + T_{21})$。根据几何关系,首先可以求出在 $\varphi_c = 0$ 时的频率 ω_m,利用 $\arctan T_1\omega + \arctan T_2\omega = 90°$ 及 $\arctan \alpha T_1\omega + \arctan \dfrac{T_2\omega}{\alpha} = 90°$ 得

$$\omega_m = \frac{1}{\sqrt{T_1 T_2}} \tag{6-41}$$

与 ω_m 对应的幅值为

$$G_c(\omega_m) = \frac{T_1 + T_2}{T_1 + T_2 + T_{21}} \tag{6-42}$$

其次,在 $T_2 \ll T_1$ 的条件下,可近似求出最大滞后相角及所对应的频率分别为

$$\varphi_{m1} = \arcsin \frac{1 - \alpha}{\alpha + 1} \tag{6-43}$$

$$\omega_{m1} = \frac{1}{\sqrt{\alpha} T_1} \tag{6-44}$$

同样,在 $T_2 \ll T_1$ 的条件下,可近似求出最大超前相角及所对应的频率分别为

$$\varphi_{m2} = \arcsin \frac{\alpha - 1}{\alpha + 1} \tag{6-45}$$

$$\omega_{m2} = \frac{\sqrt{\alpha}}{T_2} \tag{6-46}$$

由式(6-44)和(6-46)还可以看出,ω_{m1} 和 ω_{m2} 亦为相应转角频率的几何平均值。

由图 6-21(c)可以看出,在 $0 < \omega < 1/\alpha T_1$ 时,$20\lg|G_c(j\omega)| \approx 0$;在 $1/\alpha T_1 < \omega < 1/T_1$ 时,$20\lg|G_c(j\omega)|$ 是斜率为 -20 dB/dec 的直线;在 $1/T_1 < \omega < 1/T_2$ 时,$20\lg|G_c(j\omega)| \approx -20\lg\alpha$;在 $1/T_2 < \omega < \alpha/T_2$ 时,$20\lg|G_c(j\omega)|$ 是斜率为 20 dB/dec 的直线;在 $\alpha/T_2 < \omega < \infty$ 时,$20\lg|G_c(j\omega)| \approx 0$。

以上分析表明,相位滞后-超前装置在低频段,即在 $0 < \omega < \omega_m$ 时,呈现出滞后网络的性质;在高频段,即在 $\omega_m < \omega < \infty$ 时,呈现出超前网络的性质。从频率响应的角度看,滞后-超前校正也称带高低频限幅的 PID,它综合利用网络在 $1/\alpha T_1 < \omega < 1/T_1$ 范围内的幅值衰减作用,以及在 $1/T_2 < \omega < \alpha/T_2$ 范围的相角超前作用,全面改善系统的控制性能。

相位滞后-超前装置的电路参数(R_1, R_2, C_1, C_2)通常是根据指定的 T_1、T_2 和 α 按式(6-35)和式(6-36)来选取。应该指出,相位滞后-超前校正装置,也可用相位超前装置、放大器和相位滞后装置的串联代替,且两个装置的 α 值可以不同,使用上也更加灵活。

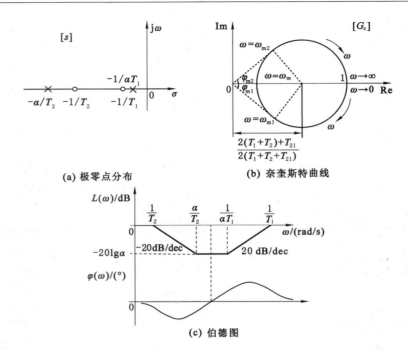

(a) 极零点分布   (b) 奈奎斯特曲线

(c) 伯德图

图 6-21   相位滞后-超前装置极零点分布、奈奎斯特曲线和伯德图

无源校正装置广泛应用于反馈系统的串联校正和反馈校正。用于串联校正时，由于无源装置的输入阻抗低，输出阻抗高，为了避免信号源内阻抗和负载阻抗的影响，通常需要在装置的输入端和输出端引入隔离放大器，并提供所需的增益。相位滞后、超前和滞后-超前网络用于串联校正时，可以产生近似的 PI、PD 和 PID 的控制作用。

6.2.2   有源校正装置

无源网络作为串联校正网络接入系统时，常会因负载效应而影响校正的效果。因此，在实际工业系统中经常会采用以运算放大器构成的具有超前、滞后或滞后-超前特性的有源校正装置，实现系统要求的控制规律。

串联校正常由低能量向高能量部位传递信号，加上校正装置本身的能量损耗，必须进行能量补偿。因此，串联校正装置常由有源网络或元件构成，即需要放大元件。有源校正装置通常由运算放大器和无源网络组成，被称为控制器或调节器。

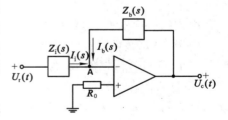

图 6-22   有源校正装置电路图

控制器中的运算放大器多采用反相输入形式，其基本电路如图 6-22 所示，图中输入网络和反馈网络通常都是无源二端口网络。

对于如图 6-22 所示有源网络，由运算放大器电路分析中"虚地"的概念和复阻抗的概念，可求出其传递函数为

$$G_c(s) = \frac{U_c(s)}{U_r(s)} = -\frac{Z_b(s)}{Z_i(s)} \tag{6-47}$$

式中 $Z_i(s)$——输入回路的传递阻抗；

$Z_b(s)$——反馈回路的传递阻抗。

式(6-47)即为控制器或有源校正装置传递函数的一般表达式。

有源校正装置具有输入阻抗高,输出阻抗低,可以提供所需要的增益,以及设计、调整方便、使用灵活等一系列优点,因此广泛应用于反馈控制系统的串联校正中。表 6-1 给出了常见的几种有源校正装置的电路图、极零点分布图、奈奎斯特曲线、伯德图以及它们的传递函数以供参考。

表 6-1 有源校正网络

序号及名称	电路图及极零点分布图	传递函数	对数坐标图	特点
(1) PI 调节器		$G_c(s) = K_p \dfrac{\tau_i s + 1}{\tau_i s}$ $K_P = -\dfrac{R_1}{R_0}$ $\tau_i = R_1 C_1$		
(2) 具有低频增益限定的 PI 调节器		$G_c(s) = K_p \dfrac{\tau_i s + 1}{\alpha_i \tau_i s + 1}$ $K_P = -\dfrac{R_1 + R_4}{R_0}$ $\alpha_i = 1 + \dfrac{R_4}{R_1}$ $\tau_i = \dfrac{R_1 R_4}{R_1 + R_4} C_1$ $\alpha_i \tau_i = R_4 C_1$		因低频增益低,降低了稳态精度,但滞后相角小,提高了相对稳定性
(3) PD 调节器		$G_c(s) = K_P(\tau_d s + 1)$ $K_P(s) = -\dfrac{R_1 + R_2}{R_0}$ $\tau_d = \dfrac{R_1 R_2}{R_1 + R_2} C_2$		
(4) 具有高频增益限定的 PD 调节器		$G_c(s) = K_p \dfrac{\tau_d s + 1}{\dfrac{\tau_d}{\alpha_d} s + 1}$ $K_P = -\dfrac{R_1 + R_2}{R_0}$ $\alpha_d = 1 + \dfrac{R_1 R_2}{R_3(R_1 + R_2)}$ $\tau_d = \left(R_3 + \dfrac{R_1 R_2}{R_1 + R_2}\right) C_2$ $\dfrac{\tau_d}{\alpha_d} = R_3 C_2$		因高频增益低,抑制了高频噪声;但超前相角小,改善相对稳定性的作用减小

表 6-1(续)

序号及名称	电路图及极零点分布图	传递函数	对数坐标图	特点
(5) PID 调节器		$G_c(s) =$ $\dfrac{(\tau_i s + 1)(\tau_d s + 1)}{\tau_i s}$ $K_P = -\dfrac{R_1}{R_0}$ $\tau_i = R_1 C_1$ $\tau_d = R_2 C_2$ $(R_2 << R_1)$		
(6) 具有高频增益限定的 PID 调节器		$G_c(s) =$ $K_P \dfrac{(\tau_i s + 1)(\tau_d s + 1)}{\tau_i s(\frac{\tau_d}{\alpha_d}s + 1)} K_P$ $= -\dfrac{R_1}{R_0}$ $\tau_i = R_1 C_1$ $\alpha_d = 1 + \dfrac{R_2}{R_3}$ $\tau_d = (R_2 + R_3)C_2$ $\dfrac{\tau_d}{\alpha_d} = R_3 C_2$ $(R_2 << R_1)$		可抑制高频噪声
(7) 具有高、低频增益限定的 PID 调节器		$G_c(s) =$ $\dfrac{(\tau_i s + 1)(\tau_d s + 1)}{(\alpha_i \tau_i s + 1)(\frac{\tau_d}{\alpha_d}s + 1)} K_P$ $= -\dfrac{R_1 + R_4}{R_0} \quad \alpha_i = 1 + \dfrac{R_4}{R_1}$ $\alpha_d = 1 + \dfrac{R_2}{R_3}$ $\tau_i = \dfrac{R_1 R_4}{R_1 + R_4} C_1$ $\alpha_i \tau_i = R_4 C_1$ $\tau_d = (R_2 + R_3)C_2$ $\dfrac{\tau_d}{\alpha_d} = R_3 C_2$ $(R_2 << R_1)$		抑制高频噪声，减小滞后相角
(8) 机电式 D 调节器		$G_c(s) = K_d s K_d$ 为测速发电机输出斜率		

6.3　串　联　校　正

　　根据所用校正装置的频率特性不同,常分为串联超前、串联滞后和串联滞后—超前校正三种方式。频率法串联校正的实质是利用校正装置改变系统的开环频率特性,使之符合系统设计性能指标对三频段的要求,从而达到改善系统性能的目的。

6.3.1　预期的开环对数频率特性

　　系统开环对数频率特性一般可以划分为三个频段,即低频段、中频段、高频段。

　　1. 低频段

　　通过第五章的分析我们知道,开环对数频率特性的低频段表征系统的稳态特性。低频段对数频率特性曲线的形状取决于系统的类型以及开环放大系数,即系统稳态精度要求。因此,它仅与开环传递函数串联积分环节的个数 ν 及开环放大系数 K 有关。在系统校正时,应根据系统稳态精度要求选定系统类型及误差系数,从而可以获得校正后的开环对数频率特性的预期低频段。

　　2. 中频段

　　开环对数频率特性的中频段表征系统的暂态特性和稳定性。中频段的特征参数有:截止频率 ω_c,相角裕量 γ,幅值裕量 h,频率特性在截止频率处的斜率以及中频宽 H。系统校正时,通常希望获得 2-1-2 型的中频段,其特点是:开环对数频率特性在截止频率 ω_c 处的斜率为 -20 dB/dec,而其与低频段及高频段连接的过渡频率段的斜率都是 -40 dB/dec。需要指出,所谓 2-1-2 型,是特指中频段所具有的参数特征,而对低频段和高频段对数频率特性的形状没有限制。这种模式的中频段便于计算,设计灵活方便,容易满足性能指标要求,所以也称它为 2-1-2 型预期频率响应。2-1-2 型系统又分为 2-1-2(γ_{max}) 和 2-1-2(M_{rmin}) 型两种,前者具有最大的相角裕量,后者具有最小的谐振峰值,从而分别具有良好的动态跟随特性和动态抗扰特性,2-1-2 型中频段的伯德图如图 6-23 所示。

　　其相应的传递函数、幅频特性和相频特性分别为

$$G(s) = \frac{K(\frac{s}{\omega_2}+1)}{s^2(\frac{s}{\omega_3}+1)} \tag{6-48}$$

$$|G(j\omega)| = \frac{K\sqrt{(\frac{\omega}{\omega_2})^2+1}}{\omega^2\sqrt{(\frac{\omega}{\omega_3})^2+1}} \tag{6-49}$$

$$\varphi(\omega) = -180° + \arctan\frac{\omega}{\omega_2} - \arctan\frac{\omega}{\omega_3} \tag{6-50}$$

　　由对超前校正装置的分析可以知道当 $\omega_c = \sqrt{\omega_2\omega_3}$ 时,具有最大超前相角,此时系统相角裕量最大

$$\gamma_{max} = \arcsin\frac{H-1}{H+1} \tag{6-51}$$

式中,$H = \omega_3/\omega_2$,称为中频宽。由式(6-51)可知,中频

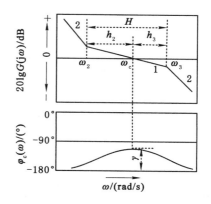

图 6-23　2-1-2 型中频段的伯德图

宽越宽,系统相角裕量越大,当在系统校正时若选择 $\omega_c = \sqrt{\omega_2 \omega_3}$,称之为按相角裕量最大准则进行设计。

此外,在系统稳定的条件下,M_r 的大小正比于闭环系统阶跃响应的最大超调量 $\sigma_p\%$,M_r 越小,$\sigma_p\%$ 也越小,系统的相对稳定性越好。当中频宽 H 一定,改变开环频率特性的截止频率 ω_c(即改变开环增益 K),闭环频率特性的谐振峰值 M_r 也会发生变化。对于 2-1-2 型系统,可以证明当 ω_c 符合式(6-52)或式(6-53)关系式时,相应的 M_r 值最小。

$$\frac{\omega_c}{\omega_2} = \frac{H+1}{2} \tag{6-52}$$

$$\frac{\omega_3}{\omega_c} = \frac{2H}{H+1} \tag{6-53}$$

这时,最小的 M_r 值与 H 有如下关系

$$M_{rmin} = \frac{H+1}{H-1} \tag{6-54}$$

或

$$H = \frac{M_r+1}{M_r-1} \tag{6-55}$$

按照式(6-52)、式(6-53)频比关系为准则设计的 2-1-2 型系统,称作最小谐振峰值准则设计。将式(6-55)代入(6-52)、(6-53),同时考虑参数选择的灵活性,转角频率可以表示为

$$\omega_2 \leqslant \omega_c \frac{M_r-1}{M_r} \tag{6-56}$$

$$\omega_3 \geqslant \omega_c \frac{M_r+1}{M_r} \tag{6-57}$$

3. 高频段

开环对数频率特性的高频段表征闭环系统的复杂性和高频抑噪能力。因此对系统高频段的要求较为简单,只需要具有幅值衰减特性即可。故对于一般的工业控制系统,对频率特性高频段的设计没有特殊要求。

6.3.2 串联超前校正

串联超前校正设计的基本原理:利用超前装置的相位超前特性,为获得最大的相位超前量,应使最大相位超前角 φ_m 叠加在校正后系统的幅值截止频率处,即 $\omega_m = \omega_c$,使校正后系统的相角裕量得到提高,从而改善系统的暂态性能。

设原系统的开环传递函数为 $G_0(s)$,要求的稳态误差、截止频率、相角裕度和幅值裕量指标分别表示为 e_{ss}^*,ω_c^*,γ^* 和 h^*,设计超前校正的一般步骤可归纳如下:

① 根据性能指标对稳态误差的要求,确定开环增益 K。

② 由确定的开环增益 K 绘制原系统的开环伯德图,求出原系统的截止频率 ω_{c0} 和相角裕度 γ_0,当 $\omega_{c0} < \omega_c^*$,$\gamma_0 < \gamma^*$ 时,首先考虑使用超前校正。

③ 按照系统要求的相角裕度 γ^*,确定校正装置所应提供的最大相角超前量 φ_m,即

$$\varphi_m = \gamma^* - \gamma_0 + (5° \sim 15°) \tag{6-58}$$

式中,补偿角 $(5° \sim 15°)$ 是为了补偿因校正后截止频率的增大而引起 γ_0 的损失量。若原系统的对数幅频特性在截止频率处的斜率为 -40 dB/dec,并不再向下转折时,补偿角可取为 $(5° \sim 8°)$;若该频段斜率从 -40 dB/dec 继续转折为 -60 dB/dec,甚至更小时,则补偿角应

适当取大些。注意,如果 $\varphi_m > 60°$ 则一级超前校正不能达到要求的 γ^* 指标。

④ 按式(6-59)计算超前校正装置的参数 α。

$$\alpha = \frac{1 + \sin \varphi_m}{1 - \sin \varphi_m} \tag{6-59}$$

⑤ 选定校正后系统的截止频率 ω_c。在原系统的 $L_0(\omega)$ 中找出幅频值为 $-10\lg \alpha$ 所对应的角频率,以该频率作为校正后系统的截止频率 ω_c,即 ω_m。值得注意的是,若该频率小于性能指标要求的 ω_c^*,校正后系统的截止频率可取为 $\omega_m = \omega_c = \omega_c^*$,并以 $L_0(\omega_c^*) = -10\lg \alpha$ 重新修正 α 值。

⑤ 确定校正装置的参数。根据选定的 ω_m 和 α,由式(6-22)确定校正装置的参数 T:

$$T = \frac{1}{\omega_m \sqrt{\alpha}} \tag{6-60}$$

此时超前网络的两个转折频率分别为 $1/T$ 和 $1/(\alpha T)$。

⑦ 画出校正后系统的伯德图,校验全部性能指标是否满足要求。若不满足,必须适当增加相角补偿量,从第③步开始重新设计直到满足要求。当通过调整相角补偿量不能达到设计指标时,应改变校正方案。

下面举例说明相位超前校正设计的具体过程。

例 6-1　设原反馈系统的开环传递函数 $G_0(s) = \dfrac{K}{s(s+1)}$,试设计校正装置 $G_c(s)$,使校正后系统满足指标:静态速度误差系数 $K_v = 12 \text{ s}^{-1}$,开环系统截止频率 $\omega_c^* \geqslant 6 \text{ rad/s}$,相角裕度 $\gamma^* \geqslant 60°$,幅值裕度 $h^* \geqslant 10 \text{ dB}$。

解　(1)根据静态误差系数的要求,确定开环增益 K

$$K_v = \lim_{s \to 0} s G_0(s) = K = 12$$

(2)绘制原系统开环伯德图

如图 6-5 中的 L_0 和 φ_0。求出校正前系统的性能指标 $\omega_{c0} = 3.5 \text{ rad/s} < \omega_c^*$,相角裕度 $\gamma_0 = 16° < \gamma^*$,可考虑采用超前校正。

(3)确定需要增加的相位超前角 φ_m

$$\varphi_m = \gamma^* - \gamma_0 + 6° = 60° - 16° + 6° = 50°$$

(4)确定 α 值

$$\alpha = \frac{1 + \sin 50°}{1 - \sin 50°} = 7.55$$

(5)确定校正后幅值截止频率 ω_c

确定原系统对数幅频特性 $L_0(\omega) = -10\lg \alpha$ 对应的频率值为校正后幅值截止频率 ω_c。由对数幅频特性渐近线斜率的特点,在 L_0 中有 $-10\lg \alpha = -40\lg \omega_c/\omega_{c0}$,解得 $\omega_c = 5.8 \text{ rad/s}$。

考虑到求得的 ω_c 小于性能指标要求的 ω_c^*,取校正后系统的截止频率 $\omega_c = \omega_c^* = 6 \text{ rad/s}$,并对 α 的值进行相应的调整。在 L_0 中求出 $\omega = 6 \text{ rad/s}$ 的幅值

$$L_0(\omega_c^*) = -40\lg \frac{\omega_c^*}{\omega_{c0}} = -40\lg \frac{6}{3.5} = -9.36 \text{ (dB)}$$

为使校正后 $L(\omega)$ 在 $\omega = 6 \text{ rad/s}$ 时穿越 0 dB 线,令

$$L_0(\omega_c^*) = -10\lg \alpha$$

考虑 $\omega_c = \omega_c^* = 6 \text{ rad/s}$ 后,调整的超前校正装置参数 $\alpha = 8.63$,且 $\omega_m = \omega_c^* = 6 \text{ rad/s}$。

（6）确定校正装置传递函数

由式（6-10）得

$$T = \frac{1}{\omega_m \sqrt{\alpha}} = \frac{1}{6\sqrt{8.63}} = 0.057, \alpha T = 0.49$$

$$\omega_1 = \frac{1}{\alpha T} = 2.04, \omega_2 = \frac{1}{T} = 17.5$$

超前校正装置的传递函数

$$G_c(s) = \frac{\alpha T s + 1}{T s + 1} = \frac{0.49 s + 1}{0.057 s + 1}$$

（7）画出校正后系统的伯德图，校验性能指标

校正后系统的开环传递函数为

$$G(s) = G_0(s)G_c(s) = \frac{12(0.49 s + 1)}{s(s + 1)(0.057 s + 1)}$$

画出校正网络及校正后系统的伯德图如图 6-24 中 $L_c(\omega)$、$\varphi_c(\omega)$、$L(\omega)$、$\varphi(\omega)$ 所示。

校正后系统的截止频率 $\omega_c = \omega_c^* = 6 \text{ rad/s}$

相角裕量

$\gamma = 180° + \varphi(\omega_c)$

$= 180° + (-90° + \arctan 0.49\omega_c - \arctan \omega_c - \arctan 0.057\omega_c)$

$= 61.8°$

幅值裕量 $\qquad\qquad\qquad h \rightarrow \infty > 10 \text{ dB}$

满足设计要求。

由图 6-24 可见，校正前 $L_0(\omega)$ 曲线以 -40 dB/dec 斜率穿过 0 dB 线，相角裕度不足，校正后 $L(\omega)$ 曲线以 -20 dB/dec 斜率穿过 0 dB 线，并且在 $\omega_c = 6 \text{ rad/s}$ 附近保持了较宽的频段，相角裕度有了明显的增加。

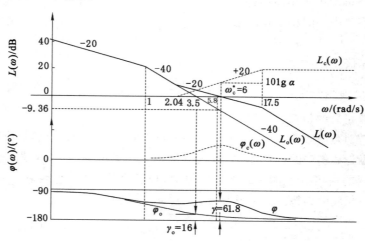

图 6-24　例 6-1 串联超前校正系统伯德图

从以上的分析设计中可归纳出串联超前校正的特点：

　　① 超前校正是利用超前校正装置的超前相位来提高系统的相角裕度,降低了系统响应的超调量,提高了系统的相对稳定性;

　　② 超前校正使幅值截止频率 ω_c 增大,增加了系统的带宽,使系统的响应速度加快;

　　③ 超前校正网络是一个高通滤波器,校正后使系统的高频段幅值提高了 $20\lg\alpha$,使系统抑制高频噪声干扰的能力减弱,这是对系统不利的一面。通常,为了使系统保持较高的信噪比,一般取 $\alpha=(5°\sim20°)$,即用超前校正补偿的相角一般不超过 $60°$。

　　在有些情况下,串联超前校正的应用会受到限制。例如,若原系统的相频特性曲线在截止频率 ω_c 附近急剧下降时,或者说相角 $\varphi(\omega)$ 在 ω_c 附近低于 $-180°$ 太多,采用串联超前校正的效果不大。这是因为校正后系统的截止频率会向高频段移动,在新的截止频率处,由于未校正系统的相位滞后量过大,所以用单级超前校正网络难以获得所要求的相角裕度。此时可以考虑由两级或者三级超前网络构成校正装置或采用其他校正方法。

6.3.3　串联滞后校正

　　串联滞后校正设计的基本原理:利用相位滞后装置的高频幅值衰减特性,将系统的中频段压低,使校正后系统的截止频率 ω_c 减小,利用系统自身的相角储备来满足校正后系统的相角裕量要求。另外,为了避免滞后网络的滞后相位角对校正后系统相角裕度的影响,在选择滞后装置的参数时,应考虑选取转折频率 $\omega_2\ll\omega_c$。

　　设计滞后校正装置的一般步骤可归纳如下:

　　① 根据性能指标对稳态误差的要求,确定开环增益 K。

　　② 根据已确定的开环增益 K,绘制原系统的开环伯德图,求出原系统的截止频率 ω_{c0} 和相角裕度 γ_0。

　　③ 确定校正后系统的截止频率 ω_c。在原系统的开环相频特性曲线上,找出能够满足下式要求的频率作为幅值截止频率 ω_c。

$$\gamma_0(\omega_c)=180°+\varphi_0(\omega_c)=\gamma^*+\Delta \tag{6-61}$$

式中,Δ 是为了补偿滞后装置在校正后截止频率 ω_c 处产生的滞后相角,通常取 $\Delta=(5°\sim12°)$。

　　④ 确定参数 α。为了使校正后系统的对数幅频特性在选定的 ω_c 处穿越 0 dB 线,在原系统的对数幅频特性上读取或计算选定 ω_c 处的对数幅值 $L_0(\omega_c)$,并令 $20\lg\alpha=L_0(\omega_c)$,确定参数 α。

　　⑤ 确定转折频率 ω_2 及滞后装置 $G_c(s)$。为了防止由滞后校正所产生的相位滞后的不良影响,取转折频率 $\omega_2=1/T=(1/10\sim1/5)\omega_c$。一般转折频率 ω_2 的取值是与步骤③中 Δ 的取值对应,当 Δ 较小时,转折频率 ω_2 应更远离 ω_c。

　　⑥ 画出校正后系统的伯德图,校验全部性能指标是否满足要求,如不满足,则返回③重选 ω_c,并重新进行计算,直至全部性能指标都得到满足。

　　另外,滞后校正还具有改善控制系统稳态性能的作用。对于暂态性能已满足设计要求,即频率特性的中高频区达到期望要求,而稳态性能不能满足要求的系统,可以考虑串入滞后校正网络的同时串入一个增益为 α 的放大器,该滞后校正装置的对数幅频特性如图 6-25 所示。可见,它的中高频增益为 0 dB,而低频段提高了

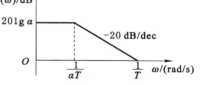

图 6-25　放大 α 倍的滞后装置的对数幅频特性

$20\lg \alpha$,这样就可以在不改变原系统的中高频特性,即不影响系统的暂态性能的情况下改善系统的稳态性能。

一般情况下,滞后校正的设计问题就是讨论在稳态性能的条件要求下改善暂态性能的设计方法,以下举例说明滞后校正的设计过程。

例 6-2 设原反馈系统的开环传递函数为

$$G_0(s) = \frac{K}{s(s+1)(0.5s+1)}$$

性能指标要求:静态速度误差系数 $K_v = 5 \text{ s}^{-1}$,$\gamma^* \geqslant 40°$,$h^* \geqslant 10$ dB,试设计滞后校正装置 $G_c(s)$。

解 (1) 确定开环增益 K

$$K_v = \lim_{s \to 0} sG_0(s) = K = 5 \text{ s}^{-1}$$

(2) 画出 $K = 5 \text{ s}^{-1}$ 时原系统伯德图,见图 6-26 中 L_0、φ_0。求得原系统的幅值截止频率 $\omega_{c0} = 2.1$ rad/s,相角裕度 $\gamma_0 = -20°$,系统不稳定。

(3) 确定校正后系统的截止频率 ω_c。由式(6-12)有

$$\gamma_0(\omega_c) = 180° + \varphi_0(\omega_c) = \gamma^* + \Delta = 45° \sim 52°(\Delta = 5° \sim 12°)$$

采用试探法 $\qquad\qquad \omega = 0.6$ rad/s,有 $\gamma_0(0.6) = 42.3°$

$$\omega = 0.5 \text{ rad/s, 有 } \gamma_0(0.5) = 49.4°$$

可见,选取 $\omega = 0.5$ rad/s 为截止频率时可以满足对 γ^* 的设计要求,取 $\omega_c = 0.5$ rad/s。

(4) 确定参数 α

由原系统的对数幅频特性渐近线特性,有

$$L_0(0.5) - 20\lg 5 = -20\lg \frac{0.5}{1}, L_0(0.5) = 20 \text{ dB}$$

令 $20\lg \alpha = L_0(0.5) = 20$ dB,得 $\alpha = 10$。

(5) 确定转折频率 ω_2 及滞后装置 $G_c(s)$,取

$$\omega_2 = \frac{1}{T} = (\frac{1}{10} \sim \frac{1}{5})\omega_c = (0.05 \sim 0.1) \text{ rad/s}$$

考虑到已取 $\Delta = 9.4°$,可取 $\omega_2 = 1/T = 0.08$ rad/s,得

$$T = 12.5, \alpha T = 125$$

滞后校正装置的传递函数为

$$G_c(s) = \frac{12.5s + 1}{125s + 1}$$

画出校正装置的伯德图如图 6-26 中 $L_c(\omega)$、$\varphi_c(\omega)$所示。

(6) 检验性能指标

校正后系统的开环传递函数

$$G(s) = G_0(s)G_c(s) = \frac{5(12.5s + 1)}{s(125s + 1)(s + 1)(0.5s + 1)}$$

绘出校正后系统的伯德图如图 6-26 中 $L(\omega)$、$\varphi(\omega)$所示。

相角裕度为

$$\gamma = 180° - 90° - \arctan 125\omega_c - \arctan \omega_c - \arctan 0.5\omega_c + \arctan 12.5\omega_c = 41.3°$$

并可求得 $h \geqslant 11.2$ dB,$K_v = 5$。所以,系统完全满足设计要求。

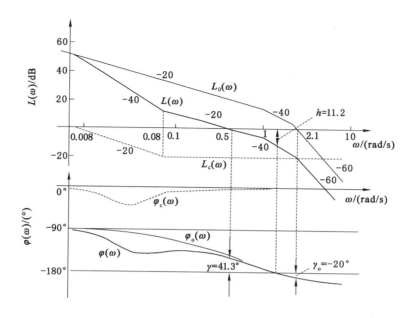

图 6-26　例 6-2 系统滞后校正伯德图

由图 6-26 可见,校正前 $L_0(\omega)$ 以 -60 dB/dec 的斜率穿过 0 dB 线,系统不稳定;校正后 $L(\omega)$ 则以 -20 dB/dec 的斜率穿过 0 dB 线,γ 明显增加,系统相对稳定性得到显著改善;然而校正后 ω_c 比校正前 ω_{c0} 降低。因此,滞后校正是以降低快速性来获取稳态性能的改善。

由以上分析可知串联滞后校正具有以下特点:

① 滞后校正实质上是一个低通滤波器,它是利用滞后校正装置的高频衰减特性使截止频率 ω_c 减小来提高相角裕度。

② 由于滞后校正使校正后系统 $L(\omega)$ 曲线高频段降低,抗高频干扰能力提高。增强了系统的抗扰能力。

③ 串联滞后校正降低系统的幅值截止频率 ω_c,使系统的频带变窄,导致动态响应时间增大,响应速度变慢。

④ 通过调整放大系数,可以对低频信号有较高的增益,在相对稳定性不变的情况下提高系统的稳态精度。

可见,串联滞后校正比较适合原系统的 ω_c 附近相位变化急剧,以致难于采用串联超前校正,且对频宽与快速性要求不太高的系统。而且,只有那些原系统的低频段具有满足性能要求的相角储备的系统才能采用滞后校正。

6.3.4　串联滞后-超前校正

滞后-超前校正兼有滞后校正和超前校正的优点,即校正后系统的响应速度较快,超调量较小,抑制高频噪声的性能也较好。当待校正系统不稳定,且要求校正后系统的响应速度、相角裕度和稳态精度较高时,以采用串联滞后-超前校正为宜。其基本原理是利用滞后-超前装置的超前部分来增大系统的相角裕度,同时利用滞后部分来改善系统的稳态性能。

滞后-超前校正装置的设计步骤如下:

① 根据稳态误差或静态误差系数的要求确定系统的开环增益 K。

② 根据已确定的开环增益 K,绘制待校正系统的对数频率特性曲线 $L_0(\omega)$、$\varphi_0(\omega)$,计算其稳定裕度 γ_0、h_0。

③ 在待校正系统的对数频率特性曲线上,选择斜率从 -20 dB/dec 变为 -40 dB/dec 的转折频率作为校正装置超前部分的第一个转折频率 $\omega_3 = 1/T_2$,ω_3 的这种选法,可以降低校正后系统的阶次,且可以保证中频段斜率为 -20 dB/dec,并占据较宽的频带。

④ 根据响应速度的要求,选择系统的截止频率 ω_c' 及校正装置的参数 α,要保证校正后系统的截止频率为所选择的 ω_c',下列等式应成立

$$20\lg\alpha = L_0(\omega_c') + 20\lg\frac{\omega_c'}{\omega_3} \qquad (6\text{-}62)$$

利用式(6-62)可计算校正装置的参数 α,相应超前部分的第二个转折频率 $\omega_4 = \alpha/T_2$ 也就随之确定了。

⑤ 确定滞后部分的转折频率,一般在下列范围内选取滞后部分的第二个转折频率

$$\omega_2 = \frac{1}{T_1} \approx \left(\frac{1}{10} \sim \frac{1}{5}\right)\omega_c' \qquad (6\text{-}63)$$

再根据已求得的 α 值,就可确定滞后部分的第一个转折频率 $\omega_1 = 1/(\alpha T_1)$。

⑥ 绘制校正后系统的伯德图,校验全部性能指标是否满足要求,如不满足,应重新进行滞后部分的计算,必要时应重新进行全部校正的计算,直至全部性能指标都得到满足为止。

例 6-3 设原系统的开环传递函数为

$$G_0(s) = \frac{K}{s(0.5s+1)(0.167s+1)}$$

要求设计滞后-超前校正装置,使系统满足:$K_v = 180$ s^{-1},$\gamma \geqslant 45°$,$t_s \leqslant 3$ s。

解 (1)确定开环增益,并绘制原系统伯德图。

由题意,有

$$K = K_v = 180 \text{ s}^{-1}$$

所以,待校正系统的开环传递函数为

$$G_0(s) = \frac{180}{s(0.5s+1)(0.167s+1)}$$

画出原系统的伯德图,如图 6-27 中 $L_0(\omega)$、$\varphi_0(\omega)$ 所示。可计算出校正前系统幅值截止频率 $\omega_{c0} = 12.6$ rad/s,相角裕度 $\gamma_0 = -55.5°$,表明原系统不稳定。

(2)选取校正装置超前部分的第一个转折频率为

$$\omega_3 = \frac{1}{T_2} = 2 \text{ rad/s}$$

(3)选择系统的截止频率 ω_c' 和校正装置参数 α 值。根据 $\gamma \geqslant 45°$ 和 $t_s \leqslant 3$ s 的指标要求,利用式(6-8)和(6-10)可算出

$$\omega_c = \frac{\pi[2 + 1.5(1.414-1) + 2.5(1.414-1)^2]}{3} = 3.2 \text{ rad/s}$$

故 ω_c' 应在 $3.2 \sim 6$ rad/s 范围内选取。由于 -20 dB/dec 斜率线的中频区应占据一定的宽度,故选 $\omega_c' = 3.5$ rad/s,相应的 $L_0(\omega_c') + 20\lg(\omega_c'/\omega_3) = 34$ dB,由式(6-62)可求得 $\alpha = 50$。

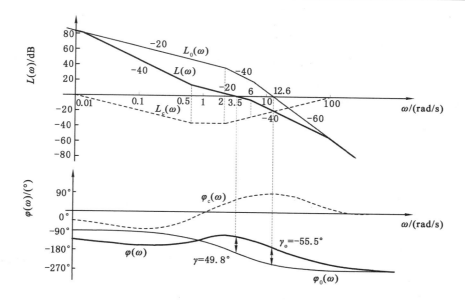

图 6-27　例 6-3 串联滞后-超前校正系统伯德图

超前部分的第二个转折频率为

$$\omega_4 = \frac{\alpha}{T_2} = 100 \text{ rad/s}$$

（4）确定滞后部分的转折频率为

$$\omega_2 = \frac{1}{T_1} = \frac{1}{7}\omega_c' = 0.5 \text{ rad/s}$$

$$\omega_1 = \frac{1}{\alpha T_1} = 0.01 \text{ rad/s}$$

（5）校验校正后系统的各项性能指标，具体如下。

滞后-超前校正装置的传递函数为

$$G_c(s) = \frac{(0.5s+1)(2s+1)}{(0.01s+1)(100s+1)}$$

作出校正装置的伯德图为图 6-27 中 $L_c(\omega)$、$\varphi_c(\omega)$。

串联校正后系统的传递函数为

$$G(s) = G_0(s)G_c(s) = \frac{180(2s+1)}{s(0.01s+1)(0.167s+1)(100s+1)}$$

由 $\omega'_c = 3.5$ rad/s 可算出校正后系统的相角裕度为

$\gamma = 180° + \varphi(\omega_c') = 180° - 90° + \arctan 2 \times 3.5 -$

　　$\arctan 0.01 \times 3.5 - \arctan 0.167 \times 3.5 - \arctan 100 \times 3.5 = 49.8° > 45°$

系统的调节时间为

$$t_s = \frac{\pi[2 + 1.5(1.31-1) + 2.5(1.31-1)^2]}{3.5} = 2.2 \text{ (s)} < 3 \text{ (s)}$$

校正后系统的伯德图为图 6-27 中 $L(\omega)$、$\varphi(\omega)$，满足设计要求。

6.3.5　串联综合法（期望特性法）校正

对控制系统在频域中进行设计可以采用分析法和综合法。分析法又称为试探法，以上串联超前、串联滞后以及串联滞后-超前三种校正装置的设计都属于分析法,设计过程比较直观,在物理上易于实现,但要求设计者有一定的工程设计经验,设计过程带有试探性。

除此之外,对校正装置的设计还可以利用综合法实现。综合法也称为期望特性法,这种设计方法从闭环系统性能与系统开环对数频率特性密切相关这一思路出发,根据期望的性能指标要求,确定系统期望的开环对数幅频特性曲线形状,然后与系统原有开环对数幅频特性曲线相比较,从而确定校正方式、校正装置的形式和参数。这种方法只适用于最小相位系统。

综合法校正步骤如下:

(1) 绘制待校正系统的对数幅频特性曲线 $L_0(\omega)$,并校验原系统的性能指标。为简化设计过程,通常按照已满足系统稳态性能的要求而绘制 $L_0(\omega)$ 曲线。

(2) 根据性能指标的要求,绘制系统的期望对数幅频特性曲线 $L(\omega)$。

① 低频段按稳态误差确定开环增益 K 和积分环节的数目 ν;

② 中频段按给定的时域性能指标(如超调量 $\sigma_p\%$ 和调节时间 t_s)获取相应的谐振峰值 M_r,从而进一步计算相应的确定 ω'_c 和 ω_3;

③ 高频段无特殊要求可保持原系统的斜率不变;

④ 低中频连接段与中频的连接频率 ω_2 不能靠近 ω'_c,可取 $\omega_2 = (0.1 \sim 0.2)\omega'_c$;

(3) 确定串联校正装置的传递函数。将期望对数幅频特性减去待校正系统的对数幅频特性,可求得串联校正装置的对数幅频特性。即可求得串联校正装置的传递函数。

(4) 校验校正后系统的性能指标是否满足要求。

(5) 确定串联校正装置的结构参数。

例 6-4 设系统的开环传递函数为

$$G_0(s) = \frac{K}{s(0.1s+1)(0.025s+1)}$$

对系统提出的要求为:静态速度误差系数为 $K_\nu = 200$,最大超调量 $\sigma_p\% \leqslant 30\%$,$t_s \leqslant 0.6$ s。试用期望特性法确定系统的校正装置。

解 (1) 原系统是 Ⅰ 型系统,开环增益为 $K = K_\nu = 200$,则系统的开环传递函数为

$$G_0(s) = \frac{200}{s(0.1s+1)(0.025s+1)}$$

对应校正前系统的伯德如图 6-28 中 $L_0(\omega)$ 曲线所示。可计算出校正前系统幅值截止频率 $\omega_{c0} = 43$ rad/s,相角裕度 $\gamma_0 = -37°$,表明待校正系统是不稳定的。

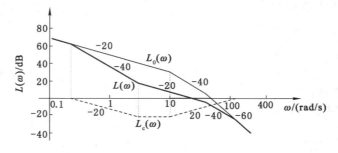

图 6-28　例 6-4 系统校正前后伯德图

(2) 绘制期望特性曲线 $L(\omega)$。

① 低频段按稳态性能的要求绘制。由于校正后系统要求仍为 I 型,故可与待校正系统采用相同的低频段特性。

② 中频段按超调量 $\sigma_p\%$ 和调节时间 t_s 确定截止频率 ω'_c。

根据 $\sigma_p\% \leqslant 30\%$ 的指标要求,利用式(6-9)可求得 $M_r \leqslant 1.35$,再利用式(6-8)求得 $\gamma \geqslant 47.8°$;取 $\gamma = 50°$,则有 $M_r = 1.3$,$\sigma_p\% \leqslant 28\%$。因此,根据 $t_s \leqslant 0.6$ s 的指标要求,利用式(6-12)可求得

$$\omega_c = \frac{\pi[2 + 1.5(1.3 - 1) + 2.5(1.3 - 1)^2]}{0.6} = 14 \text{ (rad/s)}$$

取 $\omega'_c = 15$ rad/s。

③ 确定 ω_2 和 ω_3。

为方便起见,取 $\omega_3 = 40$ rad/s,且满足 $\omega_3 \geqslant 2\omega'_c$ 的要求。按式(6-63)计算 ω_2

$$\omega_2 = \frac{1}{5}\omega'_c = 0.2 \times 15 = 3 \text{ rad/s}$$

④ 从 ω_2 向左作斜率为 -40 dB/dec 的线段交 $L_0(\omega)$ 曲线于 ω_1:$\omega_1 = 0.24$ rad/s;

⑤ 从 ω_3 向右作斜率为 -40 dB/dec 的线段交 $L_0(\omega)$ 曲线于 ω_4:$\omega_4 = 125$ rad/s,最后得到期望幅频特性曲线 $L(\omega)$ 如图 6-28 所示。

(3) 确定串联校正装置的传递函数。

由 $L_c(\omega) = L(\omega) - L_0(\omega)$,绘出串联校正装置的幅频特性曲线 $L_c(\omega)$,如图 6-28 所示,因而可求得串联校正装置的传递函数为:

$$G_c(s) = \frac{(\frac{s}{3} + 1)(\frac{s}{10} + 1)}{(\frac{s}{0.024} + 1)(\frac{s}{125} + 1)} = \frac{(0.33s + 1)(0.1s + 1)}{(4.12s + 1)(0.008s + 1)}$$

(4) 校验校正后系统的性能指标。校正后系统的相角裕度为

$$\gamma = 180° + \varphi(\omega'_c)$$
$$= 180° - 90° + \arctan(0.33 \times 15) - \arctan(4.12 \times 15) - \arctan(0.008 \times 15) - \arctan(0.025 \times 15) = 52.2°$$

利用式(6-8)可知系统的谐振峰值为 $M_r \approx 1.2656$,由式(6-9)可知系统的超调量为

$$\sigma_p\% = 0.16 + 0.4(1.2656 - 1) \times 100\% = 26.6\% < 30\%$$

故满足指标要求,由式(6-10)系统的调节时间为

$$t_s = \frac{\pi[2 + 1.5(1.2656 - 1) + 2.5(1.2656 - 1)^2]}{15} = 0.539 \text{ (s)} < 0.6 \text{ (s)}$$

因此,也满足指标要求。

6.4 反馈校正

在控制工程的实践中,为了改善控制系统的性能,除了采用串联校正方式外,也常采用反馈校正方式。常见的反馈校正有速度负反馈、加速度反馈和复杂系统的中间量反馈等。反馈校正不仅可以实现串联校正的功能,还可以明显减弱和消除系统元部件参数波动和非

线性因数对系统性能的不利影响。

6.4.1 反馈校正的基本原理

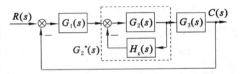

图 6-29 具有局部反馈
校正的反馈控制系统

反馈校正也称局部反馈校正,是将校正装置接于系统局部闭环的反馈通道之中,用以改善系统的控制性能。由于存在局部闭环,反馈校正计算要比串联校正复杂。因此,通常采用工程近似计算的方法,即在具有局部反馈校正的情况下采用近似的闭环传递函数,以便于校正计算。

下面介绍近似闭环传递函数的概念及应用条件。图 6-29 所示为具有局部反馈校正的反馈控制系统。

原系统由 $G_1(s)$、$G_2(s)$ 和 $G_3(s)$ 三部分组成。反馈校正装置 $H_c(s)$ 包围了 $G_2(s)$,形成局部闭环。设局部闭环的传递函数为 $G_2^*(s)$,则

$$G_2^*(s) = \frac{G_2(s)}{1 + G_2(s) H_c(s)} \tag{6-64}$$

相应的频率特性为

$$G_2^*(j\omega) = \frac{G_2(j\omega)}{1 + G_2(j\omega) H_c(j\omega)} \tag{6-65}$$

如果局部闭环稳定,若满足 $|G_2(j\omega) H_c(j\omega)| \gg 1$,则有

$$G_2^*(j\omega) \approx \frac{1}{H_c(j\omega)} \tag{6-66}$$

此时,局部闭环的频率特性近似等于 $H_c(j\omega)$ 的倒数,与被包围环节 $G_2(s)$ 几乎无关。若满足 $|G_2(j\omega) H_c(j\omega)| \ll 1$ 时,则有

$$G_2^*(j\omega) \approx G_2(j\omega) \tag{6-67}$$

此时局部闭环的频率特性与 $H_c(j\omega)$ 几乎无关,即反馈校正不起作用。

一般将满足式(6-66)的频率范围称为被校正频段,满足式(6-67)的频率范围称为不被校正频段。式(6-66)及式(6-67)的近似关系在 $|G_2(j\omega) H_c(j\omega)| = 1$ 的附近的频段内会产生较大的误差,但从系统的频率特性来看,对暂态响应起决定性作用的中频段,式(6-66)要求的条件通常能得到较好的满足。

因此,当待校正系统中存在对系统性能有重大妨碍作用的某些环节时,可以用反馈校正包围它,形成局部反馈回路,在局部反馈回路的开环幅值远大于 1 的条件下,局部反馈回路的特性主要取决于反馈校正装置,而与被包围部分无关,适当选择反馈校正装置的形式和参数,就可以使系统获得满意的性能。

6.4.2 速度反馈校正

在第 3 章控制系统暂态性能分析中,二阶系统性能改善采用的输出量的速度负反馈控制就是局部反馈校正,其结构如图 6-30 所示。

图 6-30 中,原二阶系统的开环传递函数,即被局部反馈包围的环节传递函数为

$$G_0(s) = \frac{K_1}{s(T_1 s + 1)} \tag{6-68}$$

局部反馈采用微分环节,即速度负反馈

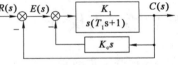

图 6-30 具有速度负反馈
控制二阶系统

$$H_c(s) = K_c s \qquad (6\text{-}69)$$

则局部反馈部分的开环传递函数为

$$G_0(s)H_c(s) = \frac{K_1 K_c}{(T_1 s + 1)} \qquad (6\text{-}70)$$

根据式(6-68)～式(6-70)，可绘制出 $G_0(j\omega)$、$H_c(j\omega)$ 和 $G_0(j\omega)G_c(j\omega)$ 的对数幅频特性曲线，如图 6-31 中的 $L_0(\omega)$、$L_c(\omega)$ 和 $L_0(\omega)L_c(\omega)$ 所示。

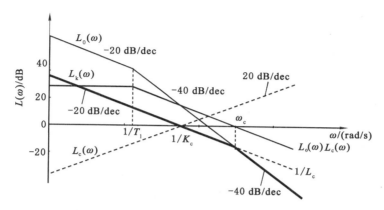

图 6-31　具有速度负反馈控制系统的伯德图

由图 6-31 易求得 $L_0(\omega)L_c(\omega)$ 曲线与 0 dB 的交点频率

$$\omega_c = \frac{K_1 K_c}{T_1} \qquad (6\text{-}71)$$

当 $\omega < \omega_c$，即 $|G_2(j\omega)H_c(j\omega)| > 1$ 时，式(6-66)得

$$G_k(s) = \frac{C(s)}{E(s)} \approx \frac{1}{H_c(s)} = \frac{1}{K_c s} \qquad (6\text{-}72)$$

当 $\omega > \omega_c$，即 $|G_2(j\omega)H_c(j\omega)| < 1$ 时，由式(6-67)得

$$G_k(s) = \frac{C(s)}{E(s)} \approx G_0(s) = \frac{K_1}{s(T_1 s + 1)} \qquad (6\text{-}73)$$

即，引入速度负反馈控制后系统的开环对数幅频特性曲线如图 6-31 中的 $L_k(\omega)$ 所示，该曲线在 $\omega = \omega_c$ 处斜率由 -20 dB/dec 转为 -40 dB/dec。不难由 $L_k(\omega)$ 得对应的传递函数

$$G_k(s) = \frac{C(s)}{E(s)} = \frac{K}{s(Ts + 1)} \qquad (6\text{-}74)$$

式中，$K = K_1/(K_1 K_c) = 1/K_c$，$T_c = 1/\omega_c$，$T = T_1/T_1 T_c$。

由式(6-74)可见，采用输出量的速度负反馈控制，即局部反馈校正后系统仍具有相同数目的积分环节，并没有改变开环传递函数的形式，但改变了系统的参数，开环放大系数和时间常数都减小到了原来的 $1/(K_1 K_c)$。局部反馈校正最明显的作用是：时间常数的减小使转折频率增大，对数幅频特性曲线穿越 0 dB 线的斜率由 -40 dB/dec 改变成 -20 dB/dec，相角裕度 γ 增大，改善了系统的相对稳定性；但减少了稳态误差系数，会使系统的稳态性能变差，为了避免这种影响须同时增大放大系数。

6.4.3　反馈校正设计

反馈校正的目的是根据给定的系统性能指标，确定局部闭环反馈通道中校正装置的传递函数,即校正装置的结构和参数。下面介绍反馈校正的设计方法。

图 6-29 所示系统的开环频率特性为

$$G_k(j\omega) = G_1(j\omega) \frac{G_2(j\omega)}{1+G_2(j\omega)H_c(j\omega)} G_3(j\omega) = \frac{G_0(j\omega)}{1+G_2(j\omega)H_c(j\omega)} \quad (6-75)$$

式中,$G_0(j\omega)$ 为原系统的开环频率特性。

根据反馈校正的概念,对于不被校正频段 $|G_2(j\omega)H_c(j\omega)| \ll 1$,即 $20\lg|G_2(j\omega)H_c(j\omega)| \ll 0$ 内,由式(6-75)可得校正后系统的近似开环对数幅频特性为

$$20\lg|G_k(j\omega)| = 20\lg|G_0(j\omega)| \quad (6-76)$$

而在 $|G_2(j\omega)H_c(j\omega)| \gg 1$,即 $20\lg|G_2(j\omega)H_c(j\omega)| \gg 0$ 的校正频段内,由式(6-75)得校正后系统的近似开环对数幅频特性为:

$$20\lg|G_k(j\omega)| = 20\lg|G_0(j\omega)| - 20\lg|G_2(j\omega)H_c(j\omega)| \quad (6-77)$$

则有

$$20\lg|G_2(j\omega)H_c(j\omega)| = 20\lg|G_0(j\omega)| - 20\lg|G_k(j\omega)| \quad (6-78)$$

且

$$20\lg|G_k(j\omega)| < 20\lg|G_0(j\omega)| \quad (6-79)$$

如果已知 $20\lg|G_0(j\omega)|$ 和校正后系统的期望开环对数幅频特性 $20\lg|G_k(j\omega)|$,则可由式(6-78)确定被校正频段内局部闭环部分的开环对数幅频特性曲线 $20\lg|G_2(j\omega)H_c(j\omega)|$。而对于不被校正频段,由于 $20\lg|G_k(j\omega)|$ 完全与 $H_c(j\omega)$ 无关,因此在该频段 $20\lg|G_2(j\omega)H_c(j\omega)|$ 可以任取。为使 $H_c(j\omega)$ 具有最简单的形式,通常会将校正频段内的 $20\lg|G_2(j\omega)H_c(j\omega)|$ 斜率不改变地延伸到不受校正频段。

当 $20\lg|G_2(j\omega)H_c(j\omega)|$ 曲线确定,就可由该对数幅频特性曲线求得相应的传递函数 $G_2(s)H_c(s)$。由于 $G_2(s)$ 已知,校正装置的传递函数 $H_c(s)$ 就可以从 $G_2(s)H_c(s)$ 中分离出来,即

$$H_c(s) = \frac{G_2(s)H_c(s)}{G_2(s)} \quad (6-80)$$

例 6-5 具有反馈校正的控制系统如图 6-29 所示。已知

$$G_1(s) = K_1, G_2(s) = \frac{5}{s(0.1s+1)(0.025s+1)}, G_3(s) = 1$$

试设计反馈校正装置 $H_c(s)$,使系统满足性能指标:静态速度误差系数 $K_v \geqslant 200$;单位阶跃输入的超调量 $\sigma_p\% \leqslant 30\%$;调节时间 $t_s \leqslant 0.5$ s。

解 (1)绘制原系统的开环对数幅频特性曲线

取 $K_1 = 40$,则满足 $K_v \geqslant 200$,原系统开环传递函数为

$$G_0(s) = G_1(s)G_2(s)G_3(s) = \frac{200}{s(0.1s+1)(0.025s+1)}$$

绘制原系统开环对数幅频特性如图 6-32 中的 $L_0(\omega)$ 曲线所示 $\omega_{c0} = 43$ rad/s,$\gamma_0 = -34°$,系统不稳定。

(2)确定并绘制系统的期望开环对数幅频特性曲线 $L_k(\omega)$

低频段:由于 $L_0(\omega)$ 的低频段满足期望特性的要求,所以 $L_k(\omega)$ 的低频段与 $L_0(\omega)$ 的低频段重合。

中频段:将 $\sigma_p\%$ 和 t_s 按式(6-8)~(6-10)转换为相应的频域指标为

$$\gamma \geqslant 48°, M_r = 1.35, \omega_c \geqslant 17.8 \text{ rad/s}$$

取 $\omega_c = 18$ rad/s。由 $M_r = 1.35$，依据谐振峰值最小法则，初定中频段宽度 $H = 10$，中频段与低、高频段的交接频率 $\omega_2 \leqslant 3.3$ rad/s，$\omega_3 \geqslant 33$ rad/s。

过 $\omega_c = 18$ rad/s 作斜率为 -20 dB/dec 直线，为使校正装置简单，将 $L_k(\omega)$ 中频段特性线延长使之与 $L_0(\omega)$ 相交，取该交点频率为 ω_3。由对数幅频特性 $L_k(\omega_3) = L_0(\omega_3)$，有

$$-20 \lg \frac{\omega_c}{\omega_3} = -60 \lg \frac{\omega_{c0}}{\omega_3}$$

得

$$\omega_3 = 66.4 \text{ rad/s}$$

取 $L_k(\omega)$ 中频段与低频段的交接频率为 $\omega_2 = 3$ rad/s，则实际的中频段宽度 $H = \omega_3/\omega_2 = 22$。在 $L_k(\omega)$ 中 $\omega_2 = 3$ rad/s 处，转折成斜率为 -40 dB/dec 直线在 $\omega_1 = 0.27$ rad/s 处与 $L_0(\omega)$ 相交。

高频段：当 $\omega > \omega_3$ 时，期望特性与原系统特性重合。

综上所述，得到系统期望开环对数幅频特性曲线 $L_k(\omega)$ 如图 6-32 所示。由此可得系统期望开环传递函数为

$$G_k(s) = \frac{200\left(\frac{1}{3}s + 1\right)}{s\left(\frac{1}{0.27}s + 1\right)\left(\frac{1}{66.4}s + 1\right)^2}$$

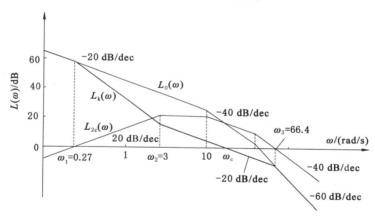

图 6-32　例 6-5 反馈校正系统的对数幅频特性曲线

（3）确定 $20 \lg |G_2(j\omega) H_c(j\omega)|$ 曲线 L_{2c}

由原系统特性 $L_0(\omega)$ 和系统期望开环对数幅频特性 $L_k(\omega)$ 可见，$\omega_1 \sim \omega_3$ 为被校正频段。由式（6-78），在 $\omega_1 \sim \omega_3$ 频段由 $L_0(\omega) - L_k(\omega)$ 绘制出局部闭环的开环对数幅频特性曲线 L_{2c}。为使校正装置简单，将 L_{2c} 按原斜率延长到不被校正频段，即延长到 $\omega < 0.27$ rad/s 和 $\omega > 66.4$ rad/s 频段，如图 6-32 所示。

（4）确定反馈校正装置的传递函数

由局部闭环的开环对数幅频特性 $L_{2c}(\omega)$ 图，得其传递函数为

$$G_2(s)H_c(s) = \frac{K_{2c}s}{(0.33s + 1)(0.1s + 1)(0.025s + 1)}$$

式中，$K_{2c} = 3.7$，可由 L_{2c} 在 $\omega = 1$ rad/s 时的幅值 $20 \lg K_{2c}$ 求得。

反馈校正网络的传递函数 $H_c(s)$ 按式(6-80)求出

$$H_c(s) = \frac{G_2(s)H_c(s)}{G_2(s)} = \frac{\dfrac{3.7s}{(0.33s+1)(0.1s+1)(0.025s+1)}}{\dfrac{5}{s(0.1s+1)(0.025s+1)}} = \frac{0.74s^2}{0.33s+1}$$

（5）校验性能指标

在 $\omega = \omega_3 = 66.4$ rad/s 时，$G_2(s)H_c(s)$ 的相角裕度为

$$\gamma(\omega_3) = 180° + 90° - \arctan 0.33\omega_3 - \arctan 0.1\omega_3 - \arctan 0.025\omega_3 = 42.5°$$

局部闭环是稳定的。

在 $\omega_c = 18$ rad/s 处，$20\lg|G_2(j\omega)H_c(j\omega)| = 15.9$ dB，基本满足 $|G_2(j\omega)H_c(j\omega)| \gg 1$ 的要求，近似程度较高，可直接用期望特性来验算。经验算，可知

$$K_v = 200 \text{ s}^{-1}, \gamma = 51°, M_r = 1.29, \sigma\% = 27.5\%, t_s = 0.38 \text{ s}$$

满足全部性能指标要求。

反馈校正的设计是在对数幅频特性曲线上进行的，因此只适合最小相位系统。

6.5 复合校正

提高系统的控制精度是控制系统设计的一个重要目标。通过对控制系统稳态误差的分析和计算，我们知道可以通过提高系统的型别和提高系统的开环放大系数来减小稳态误差，改善系统的控制精度。事实上，考虑到系统的稳定性和动态品质，由增加积分环节的个数或增大放大系数来提高系统的稳态精度的方法是有限制的。

实际工程中，对于控制系统中存在强扰动，尤其是低频强扰动，或者对系统稳态精度和响应速度要求很高时，常采用在反馈控制系统中引入与给定或扰动作用有关的前馈补偿，构成复合控制系统，即复合校正来提高系统的控制精度。

复合校正中的前馈装置是按不变性原理进行设计的，可分为按扰动补偿和按参考输入补偿两种方式。

6.5.1 按参考输入补偿的复合校正

按参考输入补偿的复合校正系统如图 6-33 所示，其中 $G_c(s)$ 为前馈补偿装置。

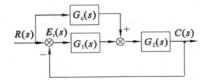

图 6-33　按参考输入补偿的复合控制系统

引入前馈补偿后，参考输入作用下的误差为

$$E_r(s) = R(s) - C(s) = \left[1 - \frac{C(s)}{R(s)}\right]R(s)$$

$$= \left[1 - \frac{G_1(s)G_2(s) + G_c(s)G_2(s)}{1 + G_1(s)G_2(s)}\right]R(s)$$

$$= \frac{1 - G_c(s)G_2(s)}{1 + G_1(s)G_2(s)} R(s) \qquad (6\text{-}81)$$

若选择前馈补偿装置的传递函数为

$$G_c(s) = \frac{1}{G_2(s)} \qquad (6\text{-}82)$$

就可以实现系统的输出量复现输入量,即 $C(s) = R(s)$,前馈补偿装置能够完全消除误差,故工程上称式(6-82)为输入信号的全补偿条件。

6.5.2　按扰动补偿的复合控制

按扰动补偿的复合控制系统如图 6-34 所示,其中 $N(s)$ 为可测量扰动,$G_c(s)$ 为前馈补偿装置。

引入扰动补偿后,扰动作用下的误差为

$$E_n(s) = R(s) - C(s) = -C(s)$$

式中,$C(s)$ 为扰动信号作用下的输出,即

$$E_n(s) = -\frac{G_2(s) + G_c(s)G_1(s)G_2(s)}{1 + G_1(s)G_2(s)} N(s) \qquad (6\text{-}83)$$

显然,选择前馈补偿装置的传递函数为

$$G_c(s) = -\frac{1}{G_1(s)} \qquad (6\text{-}84)$$

这时有 $C(s) = 0$ 及 $E(s) = 0$,即扰动对系统的输出和误差无影响。因此,称式(6-84)为对扰动的误差全补偿条件。

采用前馈补偿控制并没有改变系统的特征方程,但可以减轻反馈控制的负担,适当降低反馈控制系统的增益,有利于系统的稳定。前馈补偿通过预先产生一个补偿信号去抵消由原信号通道产生的误差,以实现消除系统误差的目的。

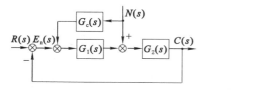

图 6-34　按扰动补偿的复合控制系统

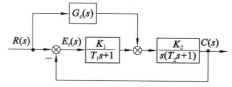

图 6-35　例 6-6 系统结构图

但是,由于物理系统传递函数的分母阶数总是大于分子的阶数,按式(6-82)、式(6-84)实现误差全补偿的条件在物理上往往无法准确实现。因此在实际应用中,为了使补偿装置的结构简单,容易实现,并不要求实现全补偿,只需采用主要频段内近似全补偿或稳态全补偿。

例 6-6　复合控制系统结构图如图 6-35 所示,图中 K_1, K_2, T_1, T_2 是大于零的常数。当输入 $r(t) = V_0 t \cdot 1(t)$ 时,选择补偿装置 $G_c(s)$,使得系统的稳态误差为 0。

解　由式(6-81)有

$$E_r(s) = \frac{1 - \dfrac{K_2}{s(T_2 s+1)}G_c(s)}{1 + \dfrac{K_1 K_2}{s(T_1 s+1)(T_2 s+1)}} \cdot R(s) = \frac{s(T_1 s+1)(T_2 s+1) - K_2 G_c(s)(T_1 s+1)}{s(T_1 s+1)(T_2 s+1) + K_1 K_2} R(s)$$

又 $R(s) = V_0 / s^2$，所以

$$e_{sr} = \lim_{s \to 0} sE(s) = \lim_{s \to 0} s \cdot \frac{s(T_1 s + 1)(T_2 s + 1) - K_2 G_c(s)(T_1 s + 1)}{s(T_1 s + 1)(T_2 s + 1) + K_1 K_2} \cdot \frac{V_0}{s^2}$$

$$= \lim_{s \to 0} \frac{V_0}{K_1 K_2} \left[1 - \frac{K_2 G_c(s)}{s} \right]$$

要使 $e_{sr} = 0$，则 $G_c(s)$ 的最简单的式子应为

$$G_c(s) = \frac{s}{K_2}$$

可见，引入输入信号的微分作为前馈补偿后，完全消除了斜坡信号作用时的稳态误差。这就是所谓稳态全补偿，它在物理上更易于实现。

6.6 MATLAB 在控制系统校正中的应用

6.6.1 PID 控制规律的 MATLAB 仿真

通过 6.1.3 节的学习我们知道在系统校正中采用 PID 控制规律可以有效地改善系统的暂态和稳态性能，下面我们通过 Matlab 程序来说明 P、PI、PD 和 PID 在控制系统中的作用。

例 6-7 设被控对象模型为

$$G(s) = \frac{1}{(s+1)^3}$$

试采用比例控制律 P 观察不同比例值时系统的单位阶跃响应情况及分析 P 的作用。

解 采用 P 控制模型 $G_c(s) = K_p$，并与被控对象 $G(s)$ 组成单位闭环系统；由小到大改变 K_p 值，观察系统的单位阶跃响应情况，并绘制单位阶跃响应曲线。程序如下：

```
Clear;
G=tf([1],[1,3,3,1]);Kp=[0.1:1.2:5];          %取一组比例值向量 Kp=[0.1:1.2:5]
for i=1:length(Kp)                            %循环方式绘制不同 Kp 时的闭环系统的单位阶跃响应
Gb=feedback(Kp(i)*G,1);
step(Gb);hold on
end
grid
```

运行结果如图 6-36 所示。由图可见，K_p 越小，过渡过程越慢，稳态误差越大。反之，K_p 越大，过渡过程越快，即动态性能越好，稳态误差也越小。但当 K_p 太大时系统动态振荡加剧，趋于不稳定。以下绘制系统的根轨迹，并确定临界稳定增益。

```
rlocus(G); grid;                              %绘制开环系统根轨迹
axis([-2 0.2 -2 2]);                          %设置坐标轴
```

得到系统的根轨迹，如图 6-37 所示。

```
Kpc=rlocfind(G)                               %移动鼠标至根轨迹与虚轴交点确定临界稳定的 Kp 值
```

运行结果：

selected_point＝

0.0006＋1.7261i

Kpc＝

7,9423

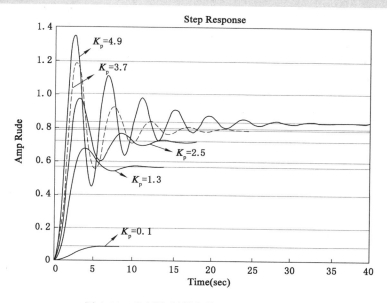

图 6-36　比例控制器参数对系统响应的影响

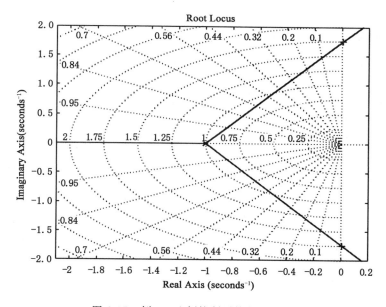

图 6-37　例 6-7 比例控制系统的根轨迹

　　由上述结果可以看出，当 $K_p > 7.9423$ 时闭环系统将变得不稳定。所以，比例控制的作用主要是：增大 K_p 可以提高系统的快速性，减小稳态误差，但 K_p 过大会导致系统不稳定。

　　比例控制器的作用主要是用来提高系统的快速性，减小稳态误差。

例 6-8 被控对象模型与例 6-8 相同。试采用比例积分控制律 PI 观察不同 T_i 值时系统单位阶跃响应情况并分析 PI 的作用。

解 采用 PI 控制模型 $G_c(s) = K_p \dfrac{T_i s + 1}{T_i s}$ 与被控对象 $G(s)$ 组成单位闭环系统；取 K_p 为任意常数，改变 T_i 值，观察统的单位阶跃响应情况，并绘制单位阶跃响应曲线。程序如下：

```
clear; G=tf([1],[1,3,3,1]);
Kp=1;Ti=[0.8:0.8:4];                            %取一组积分时间常数值向量
for i=1:length(Ti)                              %循环方式绘制不同 Kp 时闭环系统的阶跃响应
Gc=tf(Kp*[Ti(i),1],[Ti(i),0]);                  %PI 控制器模型
Gb=feedback(Gc*G,1);step(Gb,'k');
hold on
end
axis([0,60,0,1.8])
```

运行结果如图 6-38 所示。由图可见，T_i 越大，响应过程越慢，但过渡过程越短。反之，T_i 越小，响应过程越快，但超调量越大，系统动态振荡加剧，振荡过大会使系统趋于不稳定。另外，本系统开环为 I 型系统，所以在稳定情况下，对于恒值给定，系统的稳态误差总是零。图 6-39 给出 $T_i = 1.6$ s 时，不同 K_p 的单位阶跃响应情况。K_p 的作用如前所述一致。

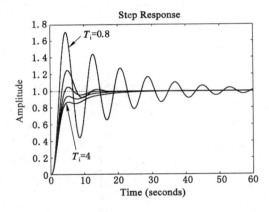

图 6-38 PI 控制器 T_i 参数对系统输出的影响

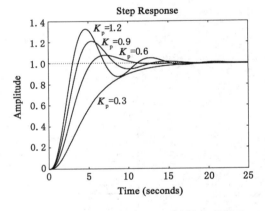

图 6-39 PI 控制器 K_p 对系统输出的影响

PI 控制的主要作用是消除静态无差（即稳态误差为零）。其中 P 用于提高控制器对误差信号的灵敏度，增大控制强度，提高动态响应速度；I 用于消除误差。积分时间常数 T_i 越小，积分作用越强，控制作用越大。但当 T_i 过小时，可能产生积分饱和，因而超调量反而会增大，甚至出现不稳定。

例 6-9 被控对象模型与例 6-7 相同。试采用比例微分控制律 PD 观察不同 T_d 时系统的单位阶跃响应情况，并分析 PD 的作用。

解 采用 PD 控制模型 $G_c(s) = K_p(T_d s + 1)$，并与被控对象 $G(s)$ 组成单位闭环系统；取 K_p 为任意常数，改变 T_d 值，观察系统的单位阶跃响应情况，并绘制单位阶跃响应曲线。程序如下：

```
clear;G＝tf([1],[1,3,3,1]);
Kp＝1;Td＝[0.7:0.7:3.5];                              ％取一组积分时间常数向量
for i＝1:length(Td)                ％循环方式绘制不同 Kp 时的闭环系统的单位阶跃响应
    Gc＝tf(Kp＊[Td(i),1],[1]);                          ％PD 控制器模型
    Gb＝feedback(Gc＊G ,1);
    step(Gb);
    hold on
end
```

结果如图 6-40 所示。由图可以看出，T_d 越大，系统响应速度越快，但超调量也随之增大。T_d 过大时，会引起振荡，调节时间反而会增长。图 6-41 给出在 T_d 为常数时，K_p 对系统响应的影响。另外表明，对于 0 型系统，PD 控制的稳定性完全由 K_p 决定，系统存在稳态误差，只有增加 K_p 值才能减小稳态误差。

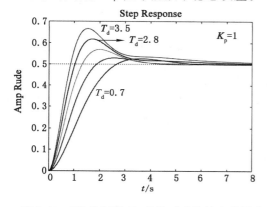

图 6-40　PD 控制器 T_d 参数对系统输出的影响

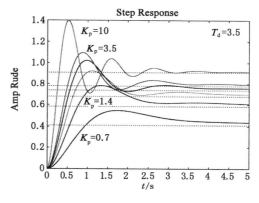

图 6-41　PD 控制器 K_p 对系统 输出的影响

PD 控制的主要作用是：提高系统的快速性，缩短调节时间。微分的作用就是对误差的变化率进行放大，即在误差值未变大，但有增大的趋势时，就施以控制，因而可以提前抑制和消除误差。所以，微分 D 具有预测误差和提前控制的作用。微分控制有利于提高系统的稳定度（抗干扰能力），改善动态特性。但 T_d 过大反而会引起系统的不稳定。

例 6-10　被控对象模型 $G_c(s) = K_p \dfrac{T_i T_d s^2 + T_i s + 1}{T_i s}$，并与被控对象 $G(s)$ 组成单位闭环系统；取 K_p 为任意常数。取一组 T_i 和一组 T_d 值，观察系统的单位阶跃响应情况，并绘制单位阶跃响应曲线。程序如下：

```
clear;G＝tf([1],[1,3,3,1]);
Kp＝1;Ti＝[0.8:0.8:4];Td＝[0.7:0.7:3.5];          ％取一组积分和微分时间常数值向量
for i＝1:length(Td)          ％循环方式绘制不同 Ti 和 Td 同时增加时系统的单位阶跃响应
Gc＝tf(Kp＊[Ti(i)＊Td(i),Ti(i),1],[Ti(i),1]);          ％PID 控制器模型
Gb＝feedback(Gc＊G,1);
step(Gb);hold on
end
```

结果如图 6-42 所示。T_i 和 T_d 同时增加意味着分子上二阶微分系数增加，所以易于产生

振荡。

图 6-43 显示的是 T_i 和 T_d 反向增加，即 $T_i = [4:-0.8:0.8]$；$T_d = [0.7:0.7:3.5]$，意味着分子上二阶微分系数变化不大；而一阶微分减小，所以不易产生振荡。

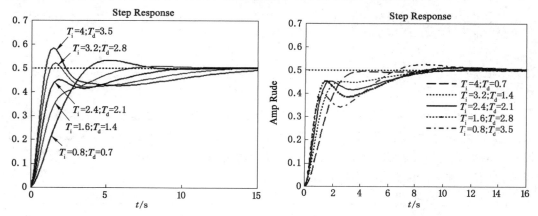

图 6-42　PID 控制器 T_i、T_d 同向增加时输出响应　　图 6-43　PID 控制器 T_i、T_d 反向增加时输出响应

PID 综合了 P、PI 和 PD 的控制特点，通过对 PID 参数的合理组合可实现对不同特性系统的有效控制。但由于控制器参数增多，在实际的系统设计与施加控制时不易实现参数的最佳组合及系统的最优控制，所以 PID 参数的优化设计一直很受关注。

6.6.2　串联校正的 MATLAB 仿真

例 6-11　已知单位反馈系统的开环传递函数为

$$G_0(s) = \frac{K}{s(0.5s+1)}$$

试设计超前校正装置，使校正后的系统具有静态速度误差系数 $K_v \geqslant 20 \text{ s}^{-1}$，相角裕量 $\gamma \geqslant 45°$。

解　用超前校正方法设计 chqjzh( ) 函数程序如下：

```
function gc=chqjzh(g0,kc,dpm)
[mag,phase,w]=bode(g0 * kc);                          %求原系统幅频特性和相频特性
bode(g0 * kc);hold on                                 %作原系统伯德图
Mag=20 * log10(mag);                                  %求原系统对数幅频特性
[Gm,Pm,Wcg,Wcp]=margin(g0 * kc);                      %计算原系统相角裕度 Pm
phi=(dpm−Pm) * pi/180;                                %确定 φm
a=(1+sin(phi))/(1−sin(phi));                          %求 α
mm=−10 * log10(a);
Wc=spline(Mag,w,mm);                        %在原系统找幅高为−10lgα 频率 ωm，即 ωc
T=1/(Wc * sqrt(a));                                   %求 T
nc=[a * T,1];dc=[T,1];
gc=tf(nc,dc);                                         %确定校正装置
bode(gc);hold on                                      %作校正装置伯德图
bode(g0 * kc * gc);grid;                              %作校正后伯德图
[gm,pm,wcg,wcp]=margin(g0 * kc * gc)                  %检验校正结果
```

在 MATLAB 命令窗口输入原系统模型、要求指标,并调用 chqjzh 函数:

```
n0=1;d0=[1 1 0]; g0=tf(n0,d0);
kc=10;
dpm=45+10;                         %相角裕度加 10°的补偿
chqjzh(g0,kc,dpm)
```

执行命令后得到系统的开环伯德图如图 6-44 所示。并给出校正装置的传递函数为

```
0.4536 s + 1
————————————
0.1126 s + 1
```

计算出校正后系统的相角裕度为

```
pm=
    49.7706
```

满足设计要求。

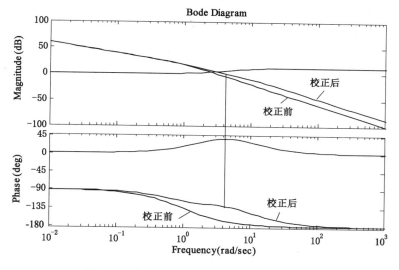

图 6-44　例 6-11 中系统校正前、后的伯德图

例 6-12　设单位反馈控制系统的开环传递函数为:

$$G_0(s) = \frac{K}{s(s+1)(0.5s+1)}$$

要求设计滞后校正装置,使校正后系统的静态速度误差系数 $K_v \geq 5\ \mathrm{s}^{-1}$,相角裕量 $\gamma \geq 45°$。

解　用滞后校正方法设计 zhhjzh()函数程序如下:

```
function gc=zhhjzh(g0,kc,dpm)
[mag,phase,w]=bode(g0*kc);              %求原系统幅频特性和相频特性
bode(g0*kc);hold on                     %作原系统伯德图
Mag=20*log10(mag);                      %求原系统对数幅频特性
pm=-180+dpm+10;                         %求 φ₀(ωc),加 10° 滞后影响的补偿
Wc=spline(phase,w,pm);                  %在原系统相频特性中找满足 φ₀(ωc)的频率
```

```
m_Wc=spline(w,Mag,Wc);                               %求 L₀(ωc)
b=10^(− m_Wc/20);                                    %求 β
w2=0.1 * Wc;                                          %取滞后校正装置的转折频率
T=1/(b * w2);                                         %求 T
nc=[b * T,1];dc=[T,1];
gc=tf(nc,dc);                                         %确定校正装置
bode(gc);hold on                                     %作校正后伯德图
bode(g0 * kc * gc);grid;
[gm,pm,wcg,wcp]=margin(g0 * kc * gc)                 %检验校正结果
```

在 MATLAB 命令窗口输入原系统模型、要求指标,并调用 zhhjzh 函数。

```
n0=1;d0=conv([1,0],conv([1,1],[0.5,1]));
g0=tf(n0,d0);
kc=5;
dpm=45;
gc=zhhjzh (g0,kc,dpm)
```

执行命令后得到系统的开环伯德图如图 6-45 所示。并给出校正装置的传递函数为

$$\frac{23.55\ s + 1}{249.6\ s + 1}$$

校正后系统的相角裕度

```
pm =
    49.7186
```

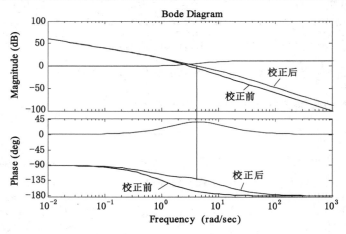

图 6-45 例 6-12 中系统校正前、后的伯德图

6.6.3 用 MATLAB 进行校正检验

将 MATLAB 应用到经典理论的校正方法中,可以很方便地校验系统校正前后的性能

指标。通过反复试探不同校正参数对应的不同性能指标,最终能够设计出最佳的校正装置。

例 6-13　采用串联校正后系统结构如图 6-46 所示。使系统满足幅值裕量大于 10 dB,相角裕度大于 45°,现采用串联校正装置

$$G_c(s) = \frac{0.025s + 1}{0.01s + 1}$$

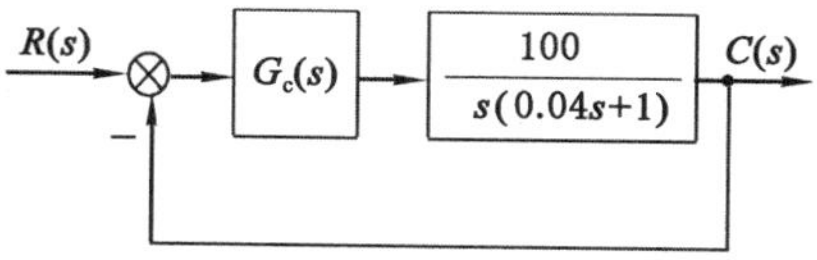

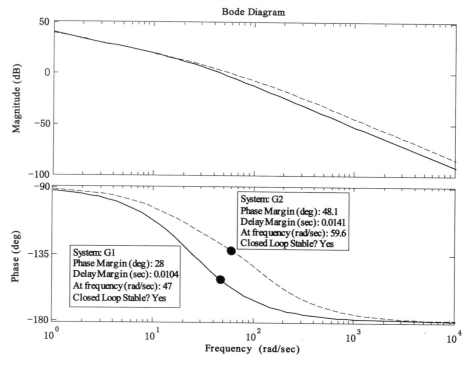

图 6-46　串联校正后系统结构图

试用 MATLAB 检验是否满足设计要求。

解　首先用下面的 MATLAB 语句得出未校正系统的幅值裕量与相角裕度。

```
G=tf(100, [0.04, 1, 0]);                          %得到系统的传递函数
[Gm, Pm, Wcg, Wcp]=margin(G);                     %调用 margin 函数得到系统的幅值裕度和相角裕度。
```

显示结果如下:

```
Gm = Inf    Pm = 28.0243    Wcg = Inf    Wcp = 46.9701
```

可见未校正系统有无穷大的幅值裕量,其幅值截止频率 $W_{cp} = 46.970\,1$ rad/s,相角裕度 $\gamma = 28.0243°$,不满足系统性能要求。

我们可以通过下面的 MATLAB 语句得出校正前后系统的伯德图如图 6-47 所示,校正前后系统的阶跃响应图如图 6-48 所示。其中 ω_1(程序中频率用 W 表示)、γ_1、t_{s1} 分别为校正前系统的幅值截止频率、相角裕量和调节时间,ω_2(程序中频率用 W 表示)、γ_2、t_{s2} 分别为校正后系统的幅值截止频率、相角裕量、调节时间。

图 6-47　校正前后系统的伯德图

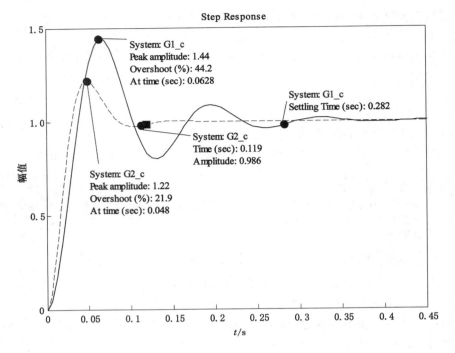

图 6-48　校正前、后系统的阶跃响应

编写的程序 prg6_9 如下：

```
G1＝tf(100,[0.04,1,0]);
G2＝tf(100 * [0.025,1],conv([0.04,1,0],[0.01,1]))
bode(G1)
hold
bode(G2,'－－')                                    ％用虚线绘制 G2 传递函数的 bode 图
figure
G1_c＝feedback(G1,1)                              ％构造校正前的单位反馈系统
G2_c＝feedback(G2,1)                              ％构造校正后的单位反馈系统
step(G1_c)
hold
step(G2_c,'－－')                                 ％用虚线绘制 G2_c 传递函数的单位响应曲线
```

可以看出，串入校正装置后，系统的相角裕度由 28°增加到 48.1°，调节时间由 0.28 s 减少到 0.08 s，系统的超调量由原来的 44.2％降低到了 21.9％，系统的性能有了明显的提高，满足了设计要求。

习题 6

习题 6-1　设开环传递函数

$$G(s) = \frac{K}{s(s+1)(0.01s+1)}$$

若要求单位斜坡输入 $R(t)=t$ 时产生稳态误差 $e_{ss} \leqslant 0.062\,5$，校正后相角裕量 $\gamma \geqslant 45°$，截止频率 $\omega_c > 2$ rad/s，试设计校正装置。

习题 6-2　设单位反馈系统的开环传递函数

$$G(s) = \frac{K}{s(s+1)(0.2s+1)}$$

试设计串联滞后校正装置，使系统满足 $K_v = 8$、相角裕度 $\gamma \leqslant 40°$。

习题 6-3　设单位反馈系统的开环传递函数

$$G(s) = \frac{K}{s(0.1s+1)(0.01s+1)}$$

试设计一串联校正装置，使得

（1）静态速度误差系数 $K_v \geqslant 256$ s^{-1}；

（2）截止频率 $\omega_c \geqslant 30$ rad/s，相角裕量 $\gamma \geqslant 45°$。

习题 6-4　设单位负反馈系统的开环传递函数为

$$G(s) = \frac{K(s+1)}{s^2(0.1s+1)}$$

要求已校正系统调节时间小于 1 s，超调量小于 20%，加速度误差系数 $K_a \geqslant 20$ s^{-2}，试判断系统能否满足要求，若不满足，请选择校正方式和校正装置参数。

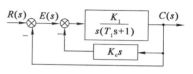

图 6-49　习题 6-5 图

习题 6-5　某系统的开环对数幅频特性曲线如图 6-49 示，其中虚线 $L_0(\omega)$ 表示原系统的特性曲线，实线 $L(\omega)$ 表示校正后的特性曲线。

（1）确定所用的是何种串联校正，并写出校正装置的传递函数 $G_c(s)$；

（2）确定校正后系统稳定时开环增益的调节范围；

（3）当开环增益 $K=1$ 时，求校正后系统的相角裕度 γ，幅值裕量 h。

习题 6-6　已知单位反馈控制系统的原开环传递函数 $G_0(s)$ 和串联校正装置 $G_c(s)$ 的对数幅频特性分别如图 6-50 中 $L_0(\omega)$、$L_c(\omega)$ 所示。

（1）出校正后各系统的开环对数幅频特性 $L(\omega)$ 并求出开环传递函数；

（2）析各 $G_c(s)$ 对系统的作用，并比较其优缺点。

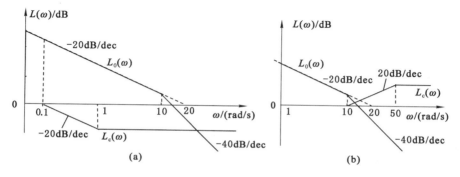

图 6-50　习题 6-6 系统伯德图

习题 6-7　某小功率角度随动系统的等效结构如图 6-51 所示。为使系统速度误差系数

$K_v \geqslant 200 \ \mathrm{s}^{-1}$，最大超调量 $\sigma_\mathrm{p}\% \leqslant 25\%$，调节时间 $t_\mathrm{s} \leqslant 0.5 \ \mathrm{s}$，试设计局部反馈校正装置 $H(s)$。

习题 6-8　采用局部反馈控制系统的结构如图 6-52 所示，其中

$$G_\mathrm{o}(s) = \frac{100}{s(0.25s+1)(0.0625s+1)}, G_\mathrm{c}(s) = \frac{0.25s^2}{1.25s+1}$$

试比较校正前后系统的相角裕量。

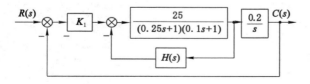

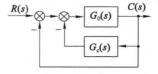

图 6-51　习题 6-7 系统结构图　　　　　　图 6-52　习题 6-8 系统结构图

习题 6-9　复合控制系统如图 6-53 所示，当 $r(t) = t \cdot 1(t)$ 时，为使 $e_\mathrm{ss} = 0$，试求 τ 值。

习题 6-10　设复合控制系统如图 6-54 示，图中 $G_\mathrm{n}(s)$ 为前馈传递函数，$G_\mathrm{c}(s) = k_\mathrm{t}'s$ 为测速电机及分压器的传递函数，$G_1(s)$ 和 $G_2(s)$ 为前向通路中环节的传递函数，$N(s)$ 为可测量的干扰。若 $G_1(s) = k$，$G_2(s) = 1/s^2$，试确定 $G_\mathrm{n}(s)$，$G_\mathrm{c}(s)$ 和 k_1，使系统输出量完全不受干扰 $n(t)$ 的影响，且单位阶跃响应的超调量等于 25%，峰值时间为 $2 \ \mathrm{s}$。

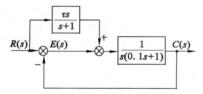

图 6-53　习题 6-9 系统结构图

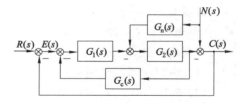

图 6-54　习题 6-10 系统结构图

第7章 非线性控制系统的分析

在前面各章中,我们对线性定常系统的分析和校正做了比较详细的讨论。但是,实际中完全线性的系统是不存在的,任何系统都不同程度地带有非线性的性质。线性数学模型只是在模型的简化性和分析结果的准确性之间做折中。实践证明,对于大多数常见的系统,在一定工作范围内,线性模型所给出的结果是足够精确的,可以指导工程实践,这就是线性化和线性理论的现实意义。但是,对于另外一些系统,由于非线性严重,以致无论在多么小的工作范围内,任何有意义的线性化都是不可能的,这样的非线性特性称为本质非线性,例如继电特性就是典型的本质非线性。本章研究非线性系统的分析方法。

7.1 非线性系统概述

非本质非线性经过线性化处理,可以应用线性理论进行研究。如果系统中存在本质非线性,线性理论不但给不出正确的结果,甚至会引出错误的结论。

应该指出,只要系统中含有一个本质非线性元件则该系统属于非线性控制系统。非线性系统与线性系统的本质区别在于这种系统的响应不能满足叠加原理。由于这个原因,线性系统中许多行之有效的方法都不能直接应用于非线性系统。因此,必须建立研究非线性系统的理论。

7.1.1 非线性系统的数学模型

一般 n 阶集中参数的系统或环节可用常微分方程来描述,即

$$F\left[\frac{\mathrm{d}^n c(t)}{\mathrm{d}t^n},\ldots,\frac{\mathrm{d}c(t)}{\mathrm{d}t},c(t),\frac{\mathrm{d}^m r(t)}{\mathrm{d}t^m},\ldots,\frac{\mathrm{d}r(t)}{\mathrm{d}t},r(t),t\right]=0 \qquad (7\text{-}1)$$

式(7-1)为已知函数,其中 $c(t)$ 为输出量,$r(t)$ 为输入量,t 为时间。如果式(7-1)为非线性函数,则称系统为非线性系统。对于非线性系统来说,如果式(7-1)中不显含 t,则称系统为非线性时不变系统;如果式(7-1)中显含 t,则称为非线性时变系统。

显然,非线性环节或元件也可用式(7-1)来描述。应该指出,只要系统中含有一个非线性元件,系统就一定是非线性系统。最常见的非线性元件的数学模型是不显含 t 的非线性代数方程,即所谓的静态非线性方程

$$y = f(x) \qquad (7\text{-}2)$$

式中,x 及 y 分别是非线性元件的输入和输出信号。

非线性微分方程没有一般的解法,不能建立传递函数和频率特性的概念,线性系统的分析和校正方法都不能生搬硬套地应用于非线性系统。

7.1.2 非线性系统中特有的现象

为了初步认识非线性系统和线性系统动态过程之间的本质差异,这里介绍几种非线性系统中特有的现象。

① 在线性系统中,输出暂态响应曲线的形状与输入信号的幅值无关;在非线性系统中,暂态响应曲线的形状则是与输入信号的幅值有关,这是由于非线性系统不适用叠加原理的缘故。

② 线性系统的稳定性只取决于系统的结构和参数,与输入信号的形式、幅值以及初始条件无关;在非线性系统中,运动的稳定性不仅取决于系统的结构和参数,而且与输入信号的形式、幅值以及初始条件有关。

③ 在线性系统中,互换两个串联环节的位置对系统的时间响应是没有影响的,在非线性系统中,一个非线性环节与另一个相串联的线性或非线性环节互换位置,必将导致系统的暂态响应发生改变。

④ 在线性系统中,理论上持续振荡是存在的,并且其振幅和相位由初始条件决定,但在实际的物理系统中是不可实现的;在非线性系统中,持续振荡在实际的物理系统中是可实现的,并且其振幅是确定的,与初始条件无关。

⑤ 线性系统在正弦输入信号作用下的稳态输出是同频率的正弦信号;正弦信号作用下的非线性系统,其稳态输出可能包含频率或周期为输入信号频率或周期整数倍的所谓倍频振荡或为输入信号频率或周期分数倍的所谓分谐波振荡,甚至可能不包含输入信号频率的正弦分量。

非线性系统中的这些特有现象都无法用线性理论加以解释。

7.1.3 研究非线性系统的方法

迄今为止还没有一个普遍有效地研究非线性系统的方法,通常只能根据一个或一类问题的特点,采用一种适合于其特点的方法。常用的研究非线性系统的方法有:

(1) 描述函数法

这是一种等效线性化方法,它适用于任何阶次的、非线性程度较低的非线性系统。

(2) 相平面法

这是一种图解方法,它只适用于一阶和二阶系统,但不受非线性程度的限制。

(3) 李亚普诺夫第二法

它适用于任何线性或非线性系统的稳定性分析。但是寻求复杂非线性系统的李亚普诺夫函数是十分困难的。

(4) 计算机仿真

这是研究非线性系统的一种新的方法,对于复杂的非线性系统它几乎是唯一有效的方法。但是,它只能给出特定的解,而不能对所有可能的运动作出定性结论。

本章将主要讨论描述函数和相平面的概念,以及分析非线性系统的描述函数法、相平面法和计算机仿真法。

7.2 描述函数的概念及常见非线性元件的描述函数

描述函数的概念是线性系统理论中频率特性的概念在非线性系统理论中的推广,它是描述函数法分析的基础,为此我们首先讨论描述函数的概念及常见非线性元件的描述函数。

7.2.1　描述函数的概念

描述函数是根据非线性元件对正弦输入信号的响应来描述非线性元件特性的。在描述函数法中,假设被研究的非线性系统满足以下条件:

① 非线性元件的输入-输出特性是时不变的。

② 在正弦输入信号作用下,非线性元件的输出具有同频基波的周期信号,并且除一次谐波和高次谐波分量外,不包含直流分量和任何分谐波振荡。

③ 非线性系统中的线性部分具有良好的低通滤波性能,足以使非线性元件输出信号中的高次谐波分量充分地衰减,只留下一次谐波。

在满足以上条件下,当非线性元件的输入信号为

$$x(\omega t) = X \sin \omega t \tag{7-3}$$

时,其输出信号可展开为傅氏级数

$$y(\omega t) = \frac{A_0}{2} + \sum_{n=1}^{\infty} (A_n \cos n\omega t + B_n \sin n\omega t) = \frac{A_0}{2} + \sum_{n=1}^{\infty} Y_n \sin(n\omega t + \varphi_n) \tag{7-4}$$

式中,
$$\begin{cases} A_n = \dfrac{1}{\pi} \displaystyle\int_0^{2\pi} y(\omega t) \cos n\omega t \, \mathrm{d}(\omega t) & (n = 0, 1, \cdots) \\[2mm] B_n = \dfrac{1}{\pi} \displaystyle\int_0^{2\pi} y(\omega t) \sin n\omega t \, \mathrm{d}(\omega t) & (n = 1, 2, \cdots) \\[2mm] Y_n = \sqrt{A_n^2 + B_n^2} \\[2mm] \varphi_n = \arctan \dfrac{A_n}{B_n} \end{cases} \tag{7-5}$$

显然,根据假设有 $A_0 = 0$。同时考虑非线性输出高次谐波幅值小、且线性部分具有良好的低通滤波性能,只需要考虑一次谐波分量即可。非线性输出信号的一次谐波分量为

$$y(\omega t) = A_1 \cos \omega t + B_1 \sin \omega t = Y_1 \sin(\omega t + \varphi_1) \tag{7-6}$$

式中

$$\begin{cases} Y_1 = \sqrt{A_1^2 + B_1^2} \\[2mm] \varphi_1 = \arctan \dfrac{A_1}{B_1} \end{cases} \tag{7-7}$$

非线性元件输出信号一次谐波分量的复振幅与输入正弦信号的复振幅的比值称为非线性元件的描述函数,记为 $N(X, \omega)$,即

$$N(X, \omega) = |N(X, \omega)| \mathrm{e}^{\mathrm{j}\angle N(X,\omega)} = \frac{Y_1 \mathrm{e}^{\mathrm{j}\varphi_1}}{X} = \frac{B_1}{X} + \mathrm{j} \frac{A_1}{X} \tag{7-8}$$

非线性元件的描述函数倒数的负值,即

$$-\frac{1}{N(X, \omega)} = \left| \frac{1}{N(X, \omega)} \right| \mathrm{e}^{\mathrm{j}\left[\pi - \angle N(X,\omega)\right]} \tag{7-9}$$

式(7-9)称为非线性元件的负倒描述函数。在非线性系统的稳定性分析中,负倒描述函数是一个十分重要的概念。

由定义可以看出,描述函数法分析非线性系统必须满足两个条件。一是"非线性程度较低",即非线性特性高次谐波分量的振幅比一次谐波分量的振幅小得多;其次,线性部分具有良好的低通滤波性能。只有满足以上两个条件,利用描述函数法分析非线性系统得到的结果的准确度才有保证。

尽管描述函数从等效近似的观点出发实现非线性元件特性的线性化(也称为谐波线性化)。然而,描述函数就是非线性元件的数学模型,它不仅是输入正弦信号频率的函数,而且也是输入信号振幅的函数,这正是元件的非线性性质的一种反映。

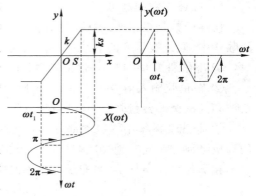

图 7-1 饱和非线性元件的输入-输出
特性曲线及其输入和输出波形

7.2.2 常见非线性元件的描述函数

常见的非线性元件都属于静态非线性,并且其输入-输出特性曲线是斜对称的(关于原点对称),即 $f(x)=-f(-x)$,因此满足描述函数法的假设条件①和②。以后对这些假设条件不再一一赘述。

1. 饱和非线性

饱和非线性元件的输入-输出特性曲线如图 7-1 所示,其函数关系式为

$$y = \begin{cases} kx & |x| \leqslant S \\ kS\,\text{sgn}(x) & |x| > S \end{cases} \tag{7-10}$$

式中 k——线性部分的斜率;

S——线性范围的宽度;

$kS\,\text{sgn}(x)$——表示 kS 的符号与 x 相同。

在正弦信号的作用下,输入和输出波形如图 7-1 所示。由图可得

$$y(\omega t) = \begin{cases} kX\sin\omega t & 0 \leqslant \omega t \leqslant \omega t_1 \\ kS & \omega t_1 < \omega t \leqslant \pi - \omega t_1 \\ kX\sin\omega t & \pi - \omega t_1 < \omega t \leqslant \pi + \omega t_1 \\ -kS & \pi + \omega t_1 < \omega t \leqslant 2\pi - \omega t_1 \\ kX\sin\omega t & 2\pi - \omega t_1 < \omega t \leqslant 2\pi \end{cases} \tag{7-11}$$

式中

$$\sin\omega t_1 = \frac{S}{X} \tag{7-12}$$

则有

$$A_1 = \frac{1}{\pi}\int_0^{2\pi} y(\omega t)\cos\omega t\,\text{d}(\omega t) = 0 \tag{7-13}$$

$$B_1 = \frac{1}{\pi}\int_0^{2\pi} y(\omega t)\sin\omega t\,\text{d}(\omega t) = \frac{4}{\pi}\left[\int_0^{\omega t_1} kX\sin^2\omega t\,\text{d}(\omega t) + \int_{\omega t_1}^{\frac{\pi}{2}} kS\sin\omega t\,\text{d}(\omega t)\right]$$

$$= \frac{2kX}{\pi}\left[\arcsin\frac{S}{X} + \frac{S}{X}\sqrt{1-\left(\frac{S}{X}\right)^2}\right] \tag{7-14}$$

因此,饱和非线性元件的描述函数为

$$N(X) = \frac{B_1}{X} = \frac{2k}{\pi}\left[\arcsin\frac{S}{X} + \frac{S}{X}\sqrt{1-\left(\frac{S}{X}\right)^2}\right] \tag{7-15}$$

由式(7-15)可见,饱和非线性元件的描述函数仅为输入正弦信号振幅的函数,与其频率无关,并且是一个实函数,即不会引起任何相位移。

式(7-15)中,若令 $K_0 = k$,$X_0 = X/S$,可得

$$N_0(X_0) = \frac{N(X_0)}{K_0} = \frac{2}{\pi}\left[\arcsin\frac{1}{X_0} + \frac{1}{X_0}\sqrt{1-(\frac{1}{X_0})^2}\right] \tag{7-16}$$

称为饱和非线性元件的标称描述函数。而把

$$-\frac{1}{N_0(X_0)} = -\frac{\pi}{2}\left[\arcsin\frac{1}{X_0} + \frac{1}{X_0}\sqrt{1-(\frac{1}{X_0})^2}\right]^{-1} \tag{7-17}$$

称为饱和非线性元件的负倒标称描述函数。饱和非线性元件的 $N_0(X_0)$ 与 X_0 的关系曲线以及 $-1/N_0(X_0)$ 在复平面上的曲线分别如图 7-2(a)和(b)所示。当 X_0 由 1 增大到 ∞ 时,$-1/N_0(X_0)$ 沿实轴由 -1 延伸到 $-\infty$。显然,对于一种类型的非线性元件,其标称或负倒标称描述函数以及它们的曲线是通用的,因此这里不再给出负倒描述函数的表达式。

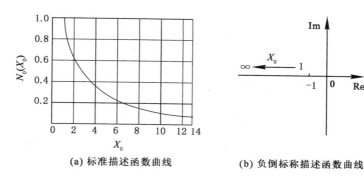

(a) 标准描述函数曲线　　　　(b) 负倒标称描述函数曲线

图 7-2　饱和非线性的标称和负倒标称描述函数曲线

2. 死区非线性

死区非线性元件的输入-输出特性曲线如图 7-3 所示,其函数关系式为

$$y = \begin{cases} 0 & |x| \leqslant D \\ k[x - D\mathrm{sgn}(x)] & |x| > D \end{cases} \tag{7-18}$$

式中　k——线性部分的斜率;

D——死区范围的宽度。

在正弦信号作用下,其输入和输出波形如图 7-3 所示。由图可得

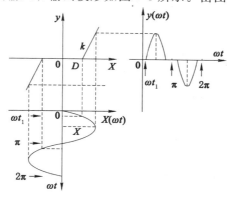

图 7-3　死区非线性元件的输入-输出特性曲线及其输入和输出波形

$$y(\omega t) = \begin{cases} 0 & 0 \leqslant \omega t \leqslant \omega t_1 \\ k(X\sin \omega t - D) & \omega t_1 < \omega t \leqslant \pi - \omega t_1 \\ 0 & \pi - \omega t_1 < \omega t \leqslant \pi + \omega t_1 \\ k(X\sin \omega t + D) & \pi + \omega t_1 < \omega t \leqslant 2\pi - \omega t_1 \\ 0 & 2\pi - \omega t_1 < \omega t \leqslant 2\pi \end{cases} \quad (7\text{-}19)$$

式中

$$\sin \omega t_1 = \frac{D}{X} \quad (7\text{-}20)$$

可得

$$A_1 = \frac{1}{\pi} \int_0^{2\pi} y(\omega t)\cos \omega t \, \mathrm{d}(\omega t) = 0 \quad (7\text{-}21)$$

$$B_1 = \frac{1}{\pi} \int_0^{2\pi} y(\omega t)\sin \omega t \, \mathrm{d}(\omega t) = \frac{4}{\pi} \int_{\omega t_1}^{\frac{\pi}{2}} k(X\sin \omega t - D)\sin \omega t \, \mathrm{d}(\omega t)$$

$$= \frac{2kX}{\pi}\left[\frac{\pi}{2} - \arcsin\frac{D}{X} - \frac{D}{X}\sqrt{1 - \left(\frac{D}{X}\right)^2}\right] \quad (7\text{-}22)$$

因此,死区非线性元件的描述函数为

$$N(X) = \frac{B_1}{X} = \frac{2k}{\pi}\left[\frac{\pi}{2} - \arcsin\frac{D}{X} - \frac{D}{X}\sqrt{1 - \left(\frac{D}{X}\right)^2}\right] \quad (7\text{-}23)$$

由式(7-23)看出,死区非线性元件的描述函数仅为输入正弦信号振幅的函数,与其频率无关,并且是一个实函数,即不会引起任何相位移。

在式(7-23)中,若令 $K_0 = k$,$X_0 = X/D$,则可得死区非线性元件的标称和负倒标称描述函数分别为

$$N_0(X_0) = \frac{N(X_0)}{K_0} = \frac{2}{\pi}\left[\frac{\pi}{2} - \arcsin\frac{1}{X_0} - \frac{1}{X_0}\sqrt{1 - \left(\frac{1}{X_0}\right)^2}\right] \quad (7\text{-}24)$$

$$-\frac{1}{N_0(X_0)} = -\frac{\pi}{2}\left[\frac{\pi}{2} - \arcsin\frac{1}{X_0} - \frac{1}{X_0}\sqrt{1 - \left(\frac{1}{X_0}\right)^2}\right]^{-1} \quad (7\text{-}25)$$

$N_0(X_0)$ 与 X_0 的关系曲线以及 $-\dfrac{1}{N_0(X_0)}$ 在复平面上的曲线分别如图 7-4(a)和(b)所示。当 X_0 由 1 增大到 ∞ 时,$-\dfrac{1}{N_0(X_0)}$ 沿实轴由 $-\infty$ 延伸到 -1。

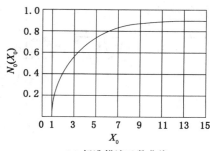
(a) 标准描述函数曲线

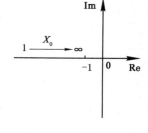
(b) 负倒标称描述函数曲线

图 7-4 死区非线性的标称和负倒标称描述函数曲线

3. 间隙非线性

间隙非线性元件的输入-输出特性曲线如图 7-5 所示,其函数关系式为

$$y = \begin{cases} k(x-D) & \Delta x > 0, y \leqslant k(x-D) \\ k(x+D) & \Delta x < 0, y \geqslant k(x-D) \\ y_0 & \text{不满足上述条件} \end{cases} \quad (7\text{-}26)$$

式中　k——线性部分的斜率;

　　　y_0——原来输出值;

　　　D——间隙的宽度。

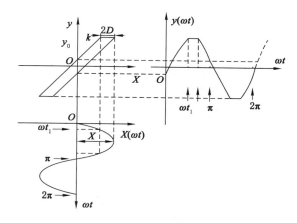

图 7-5　间隙非线性元件的输入-输出特性曲线及其输入输出波形

在正弦信号的作用下,其输入与输出波形如图 7-5 所示。由图可得

$$y(\omega t) = \begin{cases} k(X\sin \omega t - D) & 0 \leqslant \omega t \leqslant \dfrac{\pi}{2} \\ k(X - D) & \dfrac{\pi}{2} < \omega t \leqslant \pi - \omega t_1 \\ k(X\sin \omega t + D) & \pi - \omega t_1 < \omega t \leqslant \dfrac{3\pi}{2} \\ -k(X - D) & \dfrac{3\pi}{2} < \omega t \leqslant 2\pi - \omega t_1 \\ k(X\sin \omega t - D) & 2\pi - \omega t_1 < \omega t \leqslant 2\pi \end{cases} \quad (7\text{-}27)$$

式中

$$\sin \omega t_1 = 1 - \frac{2D}{X} \quad (7\text{-}28)$$

于是

$$A_1 = \frac{1}{\pi}\int_0^{2\pi} y(\omega t)\cos \omega t\, \mathrm{d}(\omega t) = \frac{2}{\pi}\Big[\int_0^{\frac{\pi}{2}} k(X\sin \omega t - D)\cos \omega t\, \mathrm{d}(\omega t) +$$

$$\int_{\frac{\pi}{2}}^{\pi-\omega t_1} k(X - D)\cos \omega t\, \mathrm{d}(\omega t) + \int_{\pi-\omega t_1}^{\pi} k(X\sin \omega t + D)\cos \omega t\, \mathrm{d}(\omega t)\Big]$$

$$= \frac{4kD}{\pi}\Big(\frac{D}{X} - 1\Big) \quad (7\text{-}29)$$

$$B_1 = \frac{1}{\pi} \int_0^{2\pi} y(\omega t) \sin \omega t \, \mathrm{d}(\omega t) = \frac{2}{\pi} \Big[\int_0^{\frac{\pi}{2}} k(X \sin \omega t - D) \sin \omega t \, \mathrm{d}(\omega t) +$$

$$+ \int_{\frac{\pi}{2}}^{\pi - \omega t_1} k(X - D) \sin \omega t \, \mathrm{d}(\omega t) + \int_{\pi - \omega t_1}^{\pi} k(X \sin \omega t + D) \sin \omega t \, \mathrm{d}(\omega t) \Big]$$

$$= \frac{kX}{\pi} \Big[\frac{\pi}{2} + \arcsin(1 - \frac{2D}{X}) + (1 - \frac{2D}{X}) \sqrt{1 - (1 - \frac{2D}{X})^2} \Big] \qquad (7\text{-}30)$$

因此，间隙非线性元件的描述函数为

$$N(X) = \frac{B_1}{X} + \mathrm{j} \frac{A_1}{X}$$

$$= \frac{k}{\pi} \Big[\frac{\pi}{2} + \arcsin(1 - \frac{2D}{X}) + (1 - \frac{2D}{X}) \sqrt{1 - (1 - \frac{2D}{X})^2} \Big] + \mathrm{j} \frac{4k}{\pi} \Big[\frac{D}{X}(\frac{D}{X} - 1) \Big]$$

$$(7\text{-}31)$$

由式(7-31)看出，间隙非线性元件的描述函数仅为输入正弦信号振幅的函数，而与其频率无关。但它是一个复函数，它将使输出一次谐波分量的相角滞后于输入信号的相角。

在式(7-31)中，若令 $K_0 = k$，$X_0 = X/D$，则得间隙非线性元件的标称和负倒标称描述函数为

$$N_0(X_0) = \frac{N(X_0)}{K_0}$$

$$= \frac{1}{\pi} \Big[\frac{\pi}{2} + \arcsin(1 - \frac{2}{X_0}) + (1 - \frac{2}{X_0}) \sqrt{1 - (1 - \frac{2}{X_0})^2} \Big] + \mathrm{j} \frac{4}{\pi} \Big[\frac{1}{X_0}(\frac{1}{X_0} - 1) \Big] \quad (7\text{-}32)$$

$$- \frac{1}{N_0(X_0)} = -\pi \Big\{ \Big[\frac{\pi}{2} + \arcsin(1 - \frac{2}{X_0}) + (1 - \frac{2}{X_0}) \sqrt{1 - (1 - \frac{2}{X_0})^2} \Big] + \mathrm{j} \frac{4}{\pi} \Big[\frac{1}{X_0}(\frac{1}{X_0} - 1) \Big] \Big\}^{-1}$$

$$(7\text{-}33)$$

$N_0(X_0)$ 与 X_0 的关系曲线如图 7-6(a)所示，其中 $\angle N_0(X_0)$ 为负值，这表明输出一次谐波分量的相角将滞后于输入信号的相角。$-1/N_0(X_0)$ 在复平面上的曲线如图 7-6(b)所示，当 X_0 由 1 增大到 ∞ 时，$-1/N_0(X_0)$ 在第三象限内由无穷远处延伸到点 $(-1, \mathrm{j}0)$。

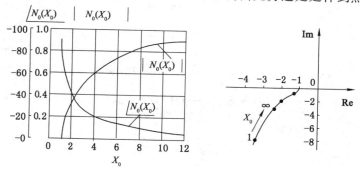

图 7-6　间隙非线性原件的标称和负倒标称描述函数曲线

4. 继电非线性

含有死区和滞环的继电非线性元件的输入-输出特性曲线如图 7-7(a)所示，其函数关系式为

$$
y = \begin{cases}
M & x \geqslant D;\, x \geqslant mD,\, \dot{e} < 0 \\
-M & x \leqslant -D;\, x < -mD,\, \dot{e} > 0 \quad |m| \leqslant 1 \\
0 & \text{不满足上述条件}
\end{cases}
\tag{7-34}
$$

式中，M 为继电非线性元件的输出值。

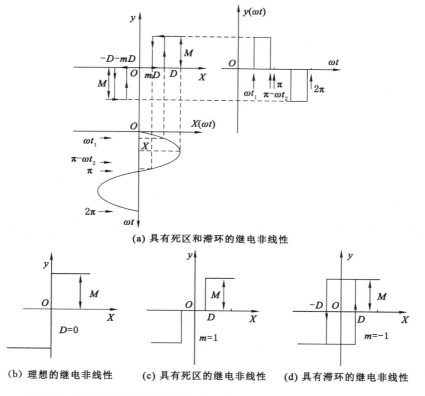

(a) 具有死区和滞环的继电非线性

(b) 理想的继电非线性　　**(c) 具有死区的继电非线性**　　**(d) 具有滞环的继电非线性**

图 7-7　继电非线性元件的输入-输出特性曲线及其输入和输出波形

　　当 $D=0$ 时，继电非线性特性曲线如图 7-7(b)所示，称为理想的继电非线性；当 $m=1$ 时，继电非线性特性曲线如图 7-7(c)所示，称为含有死区的继电非线性；当 $m=-1$ 时，继电非线性特性曲线如图 7-7(d)所示，称为含有滞环的继电非线性。而含有死区和滞环的继电非线性是继电非线性的一般形式，它在正弦信号的作用下，其输入和输出波形如图 7-7(a)所示。

　　由图 7-7(a)可得

$$
y(\omega t) = \begin{cases}
0 & 0 \leqslant \omega t \leqslant \omega t_1 \\
M & \omega t_1 < \omega t \leqslant \pi - \omega t_2 \\
0 & \pi - \omega t_2 < \omega t \leqslant \pi + \omega t_1 \\
-M & \pi + \omega t_1 < \omega t \leqslant 2\pi - \omega t_2 \\
0 & 2\pi - \omega t_2 < \omega t \leqslant 2\pi
\end{cases}
\tag{7-35}
$$

式中

$$
\sin \omega t_1 = \frac{D}{X},\ \sin \omega t_2 = \frac{mD}{X}
\tag{7-36}
$$

于是

$$A_1 = \frac{1}{\pi}\int_0^{2\pi} y(\omega t)\cos\omega t\, \mathrm{d}(\omega t) = \frac{2}{\pi}\int_{\omega t_1}^{\pi-\omega t_2} M\cos\omega t\, \mathrm{d}(\omega t)$$

$$= \frac{2MD}{\pi X}(m-1) \tag{7-37}$$

$$B_1 = \frac{1}{\pi}\int_0^{2\pi} y(\omega t)\sin\omega t\, \mathrm{d}(\omega t) = \frac{2}{\pi}\int_{\omega t_1}^{\pi-\omega t_2} M\sin\omega t\, \mathrm{d}(\omega t)$$

$$= \frac{2m}{\pi}\left[\sqrt{1-\left(\frac{MD}{X}\right)^2} + \sqrt{1-\left(\frac{D}{X}\right)^2}\right] \tag{7-38}$$

因此,继电非线性元件的描述函数为

$$N(X) = \frac{B_1}{X} + \mathrm{j}\frac{A_1}{X}$$

$$= \frac{2M}{\pi D}\frac{D}{X}\left[\sqrt{1-\left(\frac{mD}{X}\right)^2} + \sqrt{1-\left(\frac{D}{X}\right)^2}\right] + \mathrm{j}\frac{2M}{\pi D}\left[\left(\frac{D}{X}\right)^2(m-1)\right] \tag{7-39}$$

由式(7-39)看出,继电非线性元件的描述函数仅为输入正弦信号振幅的函数,与其频率无关,但它也是一个复函数,也将使输出一次谐波分量的相角滞后于输入信号的相角。

在式(7-39)中,若令 $K_0 = \dfrac{M}{D}$,$X_0 = \dfrac{X}{D}$,则得继电非线性元件的标称和负倒标称描述函数为

$$N_0(X_0) = \frac{2}{\pi}\frac{1}{X_0}\left[\sqrt{1-\left(\frac{m}{X_0}\right)^2} + \sqrt{1-\left(\frac{1}{X_0}\right)^2}\right] + \mathrm{j}\frac{2}{\pi}\left[\left(\frac{1}{X_0}\right)^2(m-1)\right] \tag{7-40}$$

$$-\frac{1}{N_0(X_0)} = -\frac{\pi}{2}\left\{\frac{1}{X_0}\left[\sqrt{1-\left(\frac{m}{X_0}\right)^2} + \sqrt{1-\left(\frac{1}{X_0}\right)^2}\right] + \mathrm{j}\left[\left(\frac{1}{X_0}\right)^2(m-1)\right]\right\}^{-1}$$

$$\tag{7-41}$$

值得注意的是,$X_0 = 1$,对于任何 m 值均有

$$-\frac{1}{N_0(1)} = -\frac{\pi}{4}\sqrt{\frac{1+m}{1-m}} - \mathrm{j}\frac{\pi}{4} \tag{7-42}$$

这表明所有的负倒标称描述函数曲线都起始于复平面上 $\mathrm{Im}[-1/N_0(X_0)] = -\mathrm{j}\pi/4$ 的水平线上。

对于含有滞环的继电非线性 $m = -1$,式(7-41)变为

$$-\frac{1}{N_0(X_0)} = -\frac{\pi}{4}\sqrt{X_0^2-1} - \mathrm{j}\frac{\pi}{4} \tag{7-43}$$

当 X_0 由 1 增大到 ∞ 时,负倒标称描述函数曲线是一条由点 $(0, -\mathrm{j}\pi/4)$ 延伸到 $(-\infty, -\mathrm{j}\pi/4)$,且平行于实轴的直线。

对于含有死区的继电非线性($m = 1$),式(7-41)变为

$$-\frac{1}{N_0(X_0)} = -\frac{\pi}{4}\left[\frac{X_0^2}{\sqrt{X_0^2-1}}\right] \tag{7-44}$$

容易证明,当 $X_0 = 1$ 或 ∞ 时,$-1/N_0(X_0) = -\infty$;当 $X_0 = \sqrt{2}$ 时,负倒标称描述函数取得极大值 $-\dfrac{1}{N_0(X_0)} = -\dfrac{\pi}{2}$。据此,当 X_0 由 1 增大到 ∞ 时,负倒标称描述函数曲线是实轴上一条由负无穷远处延伸到 $-\pi/2$,再由 $-\pi/2$ 延伸到负无穷远处的直线(注意,这时 $N_0(X_0)$ 和

$-1/N_0(X_0)$ 不是复函数)。

不同 m 值的继电非线性元件 ($D \neq 0$) 的标称和负倒标称描述函数曲线如图 7-8(a)和 (b)所示。其中 $\angle N_0(X_0)$ 为负值,这表明输出一次谐波分量的相角滞后于输入信号的相角。

对于理想的继电非线性($D=0$),由式(7-39)可得其描述函数和负倒描述函数为

$$N(X) = \frac{4M}{\pi X} \tag{7-45}$$

和

$$-\frac{1}{N(X)} = -\frac{\pi X}{4M} \tag{7-46}$$

当 X 由 0 增大到 ∞ 时,负倒标称描述函数是实轴上的一条由坐标原点延伸到负无穷远处的直线,如图 7-8(c)所示。

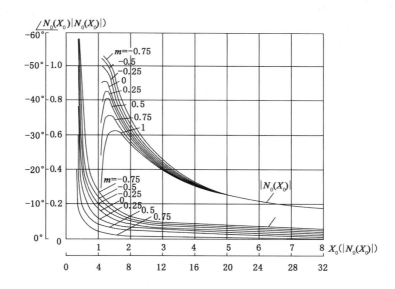

(a) 标称描述函数曲线 $D \neq 0$

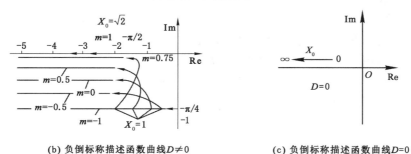

(b) 负倒标称描述函数曲线 $D \neq 0$ 　　　　(c) 负倒标称描述函数曲线 $D=0$

图 7-8　继电非线性元件的标称和负倒标称描述函数曲线

在上述讨论的基础上,可以归纳如下:一切具有单值斜对称输入-输出特性曲线的静态非线性元件的描述函数都是输入正弦信号振幅的实函数;一切具有非单值(滞环)斜对称输

入-输出特性曲线的非线性元件的描述函数都是输入正弦信号振幅的复函数;一切静态非线性的描述函数都只是正弦输入信号振幅的函数,而与其频率无关;只有含有储能部分的非线性元件的描述函数才是输入正弦信号振幅和频率的函数。

7.3　非线性控制系统的描述函数法分析

非线性系统的描述函数法分析建立在图 7-9 所示的典型结构基础上。当系统由多个非线性环节和多个线性环节组合而成时,有必要通过等效变换,使系统简化为典型结构形式。

7.3.1　非线性系统结构图的标准化

等效变换的原则是变换前后输入-输出关系不变。非线性特性的串、并联关系,通过简化等效为一个非线性环节,线性部分的等效简化和第 2 章的方法类似。

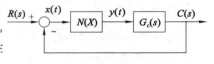

图 7-9　非线性控制系统的方框图

1. 非线性特性的并联

非线性特性的并联即两个非线性特性输入相同,输出相加、减,则等效非线性特性为两个非线性特性的叠加。图 7-10 为死区继电非线性和死区非线性并联的情况。

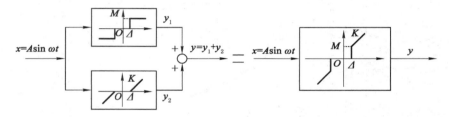

图 7-10　非线性特性并联时的等效非线性特性

由描述函数定义可以知道,并联等效非线性特性的描述函数为各非线性特性描述函数的代数和。在实际应用中,一个复杂的非线性特性描述函数可以由几个简单的非线性特性描述函数叠加获得。

2. 非线性特性的串联

非线性特性的串联即一个非线性特性的输出为另一个非线性特性的输入,其简化方法可采用图解法。以图 7-11 为例介绍图解法化简。

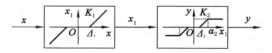

图 7-11　非线性特性串联

这是一个死区非线性和死区-饱和非线性特性串联的例子。通常,先将两个非线性特性按图 7-12(a)、(b)形式放置,根据非线性特性确定等效的非线性特性如图 7-12(c)所示。确定等效非线性特性 Δ,a,K 参数的方法为,将 Δ_2,a_2 这些特殊点在图 7-12(b)上找到相应的 x_1 点,再从图 7-12(b)上找到相应的 Δ,a。

由图可知：

(1) $\Delta_2 = K_1(\Delta - \Delta_1)$，得 $\Delta = \Delta_1 + \dfrac{\Delta_2}{K_1}$

(2) $a_2 = K_1(a - \Delta_1)$，得 $a = \Delta_1 + \dfrac{a_2}{K_1}$

(3) 当 $\Delta < |x| < a$，有

$$
\begin{aligned}
y &= K_2[K_1(x - \Delta_1) - \Delta_2] \\
&= K_2[K_1(x - \Delta_1) - K_1(\Delta - \Delta_1)] \\
&= K_1 K_2(x - \Delta)
\end{aligned}
$$

可得 $K = K_1 K_2$。

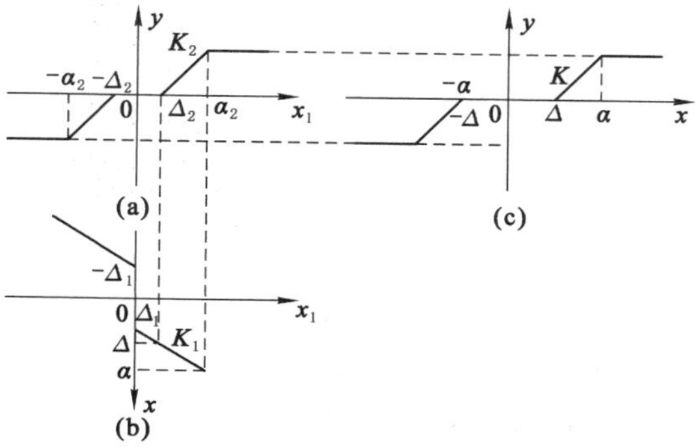

应该指出，两个非线性环节串联，等效特性取决于其前后次序，描述函数需按等效非线性环节的特性计算。

图 7-12　非线性串联简化的图解方法

3. 线性部分的等效变换

考虑图 7-9 所示的典型结构，对于线性部分的等效变换的原则是，不考虑原系统的输入和输出，以非线性的输出作为线性部分的输入，非线性的输入是线性部分的输出，再考虑一个负号，即可以求得线性部分的传递函数。具体计算是将原系统输入输出和非线性环节去掉，对线性部分确定新的输入输出，然后可以采用结构图化简，也可以利用梅森公式。

以图 7-13(a) 为例，线性部分的结构图如 7-13(b) 所示，$G(s) = -\dfrac{C(s)}{R(s)}$，有一条前向通路和一条回路，其线性部分传递函数可以求得

$$
G(s) = \frac{G_3(s)G_2(s)}{1 + G_1(s)G_2(s)}
$$

等效后的系统结构图如图 7-13(c) 所示。

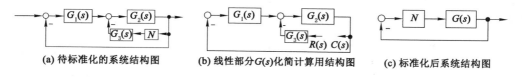

(a) 待标准化的系统结构图　　**(b) 线性部分 $G(s)$ 化简计算用结构图**　　**(c) 标准化后系统结构图**

图 7-13　非线性系统结构图等效变换

7.3.2　稳定性判据

描述函数法主要用于非线性控制系统的运动稳定性分析、极限环的稳定性分析以及确定稳定极限环的振幅和频率，它适用于任何阶次的系统，但是不能给出确切的时间响应信息。

很多非线性控制系统，通过适当地简化，都可以化为图 7-9 所示的非线性部分和线性部分相串联的形式。在下面的讨论中，假设系统满足描述函数法所要求的条件，高次谐波已被充分地衰减，且其线性部分 $G(s)$ 是最小相位的；同时非线性部分的描述函数仅为输入正弦信号振幅的函数，即 $N(X, \omega) = N(X)$。则描述函数 $N(X)$ 可以作为一个实（或复）变量的放大系数。对于图 7-9 所示系统的闭环频率特性为

$$M(\mathrm{j}\omega) = \frac{N(X)G(\mathrm{j}\omega)}{1+N(X)G(\mathrm{j}\omega)} \tag{7-47}$$

其特征方程式为

$$1+N(X)G(\mathrm{j}\omega) = 0 \tag{7-48}$$

或

$$G(\mathrm{j}\omega) = -1/N(X) \tag{7-49}$$

对于线性系统，$N(X)=1$。因此，对于最小相位系统来说，$(-1,\mathrm{j}0)$点是判断稳定的参考点，如果 $G(\mathrm{j}\omega)$ 曲线穿过 $(-1,\mathrm{j}0)$ 点，则表明线性系统在理论上存在等幅持续振荡。对于非线性系统来说，判断稳定的参考点不再是 $(-1,\mathrm{j}0)$ 点，而是一条参考线，即负倒描述函数曲线 $-1/N(X)$。与线性系统的频率域稳定性判据相似，如果 $G(\mathrm{j}\omega)$ 曲线包围 $-1/N(X)$ 线，表明系统不稳定；$G(\mathrm{j}\omega)$ 曲线不包围 $-1/N(X)$ 线，表明系统稳定；$G(\mathrm{j}\omega)$ 曲线与 $-1/N(X)$ 线相交，则表明系统可能产生不衰减的等幅振荡即极限环。

根据描述函数与标称描述函数的关系，式(7-49)可以改写为

$$K_0G(\mathrm{j}\omega) = -1/N_0(X_0) \tag{7-50}$$

因此，上述关于非线性系统稳定性的分析同样可以采用负倒标称描述函数进行分析。

7.3.3　非线性自激振荡(极限环)的稳定性

频率特性 $K_0G(\mathrm{j}\omega)$ 曲线与负倒标称函数曲线 $-1/N_0(X_0)$ 线相交，表明系统自激振荡(极限环)存在的可能性，然而振荡能否存在，还必须判断它是否具有收敛或是发散的特性。

所谓稳定的自激振荡(极限环)，是指系统受轻微扰动作用偏离原来的运动状态，在扰动消失后，系统的运动能重新收敛于原来的等幅持续振荡；反之，所谓不稳定的极限环是指系统的运动不能重新收敛于原来的等幅持续振荡。

在图 7-14 所示的系统中，两条曲线的交点 A 和 B 分别确定了极限环，其振幅由 $-1/N_0(X_0)$ 曲线在交点上的 X_0 值确定，其频率由 $K_0G(\mathrm{j}\omega)$ 曲线在交点上的 ω 确定。假设系统原来工作在 A 点，受轻微扰动作用后，非线性元件输入信号的振幅增大，工作点由 A 点移向 C 点。由于 C 点被 $K_0G(\mathrm{j}\omega)$ 曲线所包围，系统的运动是发散的，因此非线性元件输入信号的振幅进一步增大，工作点偏离 A 点愈来愈远。反之，如果扰动作用使非线性元件输入信号的振幅减少，工作点由 A 点移向 D 点。由于 D 点不被 $K_0G(\mathrm{j}\omega)$ 曲线所包围，系统的运动是衰减的，因此非线性元件输入信号的振幅进一步减小，于是工作点偏离 A 点也愈来愈远，直至振荡消失为止。所以 A 点所确定的极限环是不稳定的。不稳定的极限环在实验中是观察不到的，因为不可避免的扰动作用，或者使振荡的振幅愈来愈大，或者使振荡归于消失。

又假设系统原来工作在 B 点，轻微扰动作用使工作点由 B 点移向 E 点。由于 E 点不被 $K_0G(\mathrm{j}\omega)$ 曲线所包围，系统的运动是衰减的，因此又重新收敛于原来的等幅持续振荡。反之，如果扰动作用使工作点由点 B 移向 F 点，则由于 F 点被 $K_0G(\mathrm{j}\omega)$ 曲线所包围，系统的运动是发散的，因此也重新收敛于原来的等幅持续振荡。所以 B 点所确定的极限环是稳定的。稳定的极限环在实验中是能够观察到的，扰动消失后，系统的

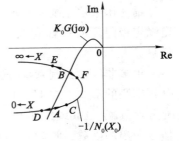

图 7-14　非线性自激振荡的
稳定性判断

运动总是重新收敛于极限环。其振幅值是确定的,与初始条件无关。

上述分析表明,对于图 7-14 所示的系统,在初始条件为较小值时,系统的运动收敛于零;为较大值时,系统的运动收敛于极限环。应该强调,运动的稳定性与初始条件有关,是非线性系统中的特有现象。严格地说,对于非线性系统,不存在"系统稳定性"的笼统概念,只有"某一运动稳定性"的概念;只在系统的所有受扰运动都收敛于唯一的一个未扰运动时,才能说"系统是稳定的"。

一般,如果随着 X 的增大,$-1/N_0(X_0)$ 曲线从不稳定区域穿过 $K_0G(\mathrm{j}\omega)$ 进入稳定区域,那么极限环就是稳定的;反之,极限环就是不稳定的。这里的稳定或是不稳定区域指的是极坐标平面上不被或者被 $K_0G(\mathrm{j}\omega)$ 曲线所包围的区域。

应该指出,由式(7-49)所表示的是极限环存在条件及极限环振荡幅值和频率值基本运算公式,它们的值是确定的,与初始条件无关。极限环通常不是正弦波,但近似于正弦波;因此用描述函数法分析极限环是否存在,以及确定极限环的振幅和频率是可以保证所需的准确度。并且系统线性部分的阶次愈高,低通滤波性能愈好,准确度也愈高。如果 $-1/N_0(X_0)$ 曲线与 $K_0G(\mathrm{j}\omega)$ 曲线几乎是垂直相交的,则准确度往往是较好的;如果它们几乎相切,准确度是很差的。

极限环是非线性系统中特有的现象,在线性系统中是不可能出现的。根据线性理论线性系统中持续振荡的振幅是由初始条件决定的,任何振荡幅值都能满足持续振荡的条件 $G(\mathrm{j}\omega)$,因此不可避免的扰动将使持续振荡的振幅从一个值变为另一个值,从而不可能有振幅恒定的振荡。

7.3.4　非线性控制系统的描述函数法分析

1. 含有饱和非线性的控制系统

假设含有饱和非线性的控制系统线性部分的传递函数为

$$G(s) = \frac{K}{s(T_1 s + 1)(T_2 s + 1)} \tag{7-51}$$

那么,相应的 $-1/N_0(X_0)$ 曲线和 $K_0G(\mathrm{j}\omega)$ 曲线将如图 7-15(a)所示,其中 $K_0G(\mathrm{j}\omega)$ 曲线 1 的 K 值较曲线 2 为小。图中曲线表明,如果不存在饱和非线性时,系统是稳定的,则存在饱和非线性时,系统仍然是稳定的;如果不存在饱和非线性时,系统是不稳定的,那么存在饱和非线性时,系统中将出现稳定的极限环。这种无论初始条件为多么小的值,都必定产生极限环的现象称为软自激。

又假设线性部分的传递函数为

$$G(s) = \frac{K(\tau_1 s + 1)(\tau_2 s + 1)}{s(T_1 s + 1)(T_2 s + 1)(T_3 s + 1)(T_4 s + 1)} \quad (T_4 < T_3 < \tau_2 < \tau_1 < T_2 < T_1)$$
$$\tag{7-52}$$

相应的 $-1/N_0(X_0)$ 曲线和 $K_0G(\mathrm{j}\omega)$ 曲线将如图 7-15(b)所示。图中曲线表明,不存在饱和非线性时,系统是条件稳定的,存在饱和非线性时,系统中将出现极限环;其中 A 点所确定的极限环是不稳定的,B 点所确定的极限环是稳定的;在初始条件为较小值时,系统的运动收敛于零,为较大值时,系统的运动收敛于极限环。这种在初始条件为较大时,才会产生极限环的现象称为硬自激。

饱和非线性一般不破坏系统的稳定性,它使一切不稳定系统的运动收敛于极限环。饱

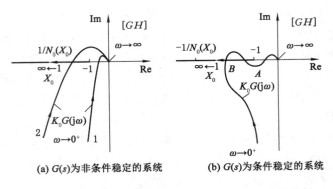

(a) $G(s)$ 为非条件稳定的系统　　　**(b) $G(s)$ 为条件稳定的系统**

图 7-15　含有饱和非线性的控制系统的描述函数法分析

和非线性限制了系统的控制作用,从而使响应时间和稳态速度误差增大。但是,饱和非线性可以用来实现位置、速度、加速度、电压和电流限制,以保证系统运行在安全范围内,这就是饱和非线性的有益应用。

2. 含有死区非线性的控制系统

假设含有死区非线性的控制系统线性部分的传递函数仍为式(7-51),相应的 $-1/N_0(X_0)$ 曲线和 $K_0G(j\omega)$ 曲线 $K_0G(j\omega)$ 将如图 7-16(a)所示,其中 $K_0G(j\omega)$ 曲线 1 的 K 值较曲线 2 为小。图中曲线表明,如果不存在死区非线性时,系统是稳定的,存在死区非线性时,系统仍然是稳定的。如果不存在死区非线性时,系统是不稳定的,那么存在死区非线性时,系统中将出现不稳定的极限环;在初始条件为较小值时,系统的运动收敛于零,为较大值时,系统的运动是发散的。

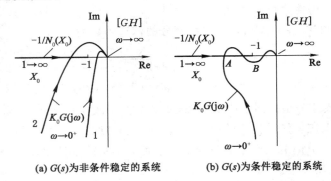

(a) $G(s)$ 为非条件稳定的系统　　　**(b) $G(s)$ 为条件稳定的系统**

图 7-16　含有死区非线性的控制系统的描述函数法分析

又假设线性部分的传递函数为式(7-52),则相应的 $-1/N_0(X_0)$ 曲线和 $K_0G(j\omega)$ 曲线将如图 7-16(b)所示。图中曲线表明,不存在死区非线性时,系统是条件稳定的。存在死区非线性时,系统中将出现极限环;其中 A 点所确定的极限环是不稳定的,B 点确定的极限环是稳定的;在初始条件为较小值时,系统的运动收敛于零,为较大值时,收敛于极限环。

死区非线性一般不破坏系统的稳定性,增大系统的稳态位置或速度误差是死区非线性的不利影响;提高系统的抗干扰能力是死区非线性的有益应用。

3. 含有间隙非线性的控制系统

假设含有间隙非线性的控制系统线性部分的传递函数为

$$G(s) = \frac{K}{s(T^2s^2 + 2\xi Ts + 1)} \tag{7-53}$$

相应的 $-1/N_0(X_0)$ 曲线和 $K_0G(\mathrm{j}\omega)$ 曲线将如图 7-17 所示,其中 $K_0G(\mathrm{j}\omega)$ 曲线 1、2 和 3 的 K 值是依次递增的。对于曲线 1,系统是稳定的;对于曲线 2,系统运动或者收敛于零,或者收敛于稳定的极限环;对于曲线 3,系统运动或者收敛于零,或者是发散的(极限环是不稳定的)。由此可见,如果不存在间隙非线性时,系统是稳定的,存在间隙非线性时,系统可能稳定,也可能出现稳定的极限环;如果不存在间隙非线性时,系统是不稳定的。存在间隙非线性时,很小的扰动就会使系统的运动成为发散的(在某些情况下,可能出现稳定的极限环)。

4. 含有继电非线性的控制系统

假设含有继电非线性的控制系统线性部分的传递函数仍为式(7-51),那么相应的 $-1/N_0(X_0)$ 曲线和 $K_0G(\mathrm{j}\omega)$ 曲线将如图 7-18 所示,其中 $K_0G(\mathrm{j}\omega)$ 曲线 1 的 K_0K 值较曲线 2 为小。图中曲线表明,首先,对于给定的 $K_0G(\mathrm{j}\omega)$ 随着 m 值的不同,系统可以是稳定的,也可以出现稳定的极限环;并且 m 值愈小,系统愈趋向于产生极限环。其次,对于给定的 m 值,随着 K_0K 值的不同,系统可以是稳定的,也可以出现稳定的极限环;并且 K_0K 值愈大,系统愈趋向于产生极限环。在出现极限环的情况下,随着 K_0K 值的不同,极限环的振幅和频率也是不同的。

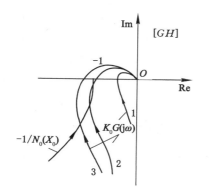

图 7-17　含有间隙非线性的
控制系统的描述函数法分析

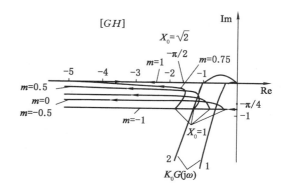

图 7-18　含有继电非线性的
控制系统的描述函数法分析

当 $m = -1$,即含有滞环继电非线性时,对于线性部分含有积分环节的系统,不论线性部分的参数如何,系统中必然出现稳定的极限环。

当 $m = 1$,即含有死区继电非线性时,随着 $K_0G(\mathrm{j}\omega)$ 的不同,系统可以是稳定的,也可以出现稳定的极限环。应该注意,在出现极限环的情况下,$K_0G(\mathrm{j}\omega)$ 曲线和 $-1/N_0(X_0)$ 曲线有两个交点。这两个交点在复平面上是重合的,其中一个交点对应于较小的 X_0 值,这时 $-1/N_0(X_0)$ 曲线从稳定区域穿过 $K_0G(\mathrm{j}\omega)$ 曲线进入不稳定区域,因此极限环是不稳定的;另一个交点对应于较大的 X_0 值,这时 $-1/N_0(X_0)$ 曲线从不稳定区域穿过 $K_0G(\mathrm{j}\omega)$ 曲线进入稳定区域,因此极限环是稳定的。显然,在线性部分 $G(s)$ 的阶次不超过 2 时,系统肯定是稳定的。

当 $D=0$，即含有理想继电非线性时，由图 7-18 容易推知，对于任何三阶和三阶以上的系统，必然出现稳定的极限环，只有二阶和二阶以下的系统才是稳定的。

在系统线性部分给定的条件下，非线性参数 M 和 D 愈大，极限环的振幅 X 愈大；M 愈大，D 愈小，即 K_0 愈大，极限环的频率便愈高。

继电非线性通常是人为引入的，目的是构成体积小、重量轻、简单、经济的控制系统。在实际应用中通常调整参数 m 和 D 或 M，以消除系统中出现的极限环或改变极限环的振幅和频率。

例 7-1 假设含有滞环继电非线性的控制系统其线性部分的传递函数为

$$G(s) = \frac{50}{(s+1)(s^2 + 6s + 13)}$$

试确定 $M=1,D=1$；$M=1,D=1/2.4$ 和 $M=2.4,D=1$ 时极限环的振幅和频率。

解 由上面的讨论可知，系统中必然出现稳定的极限环。在 $M=1,D=1$ 时，$K_0 = M/D = 1$，相应的 $-1/N_0(X_0)$ 曲线和 $K_0G(j\omega)$ 曲线如图 7-19 中的曲线 1 所示。利用公式 (7-43) 和 (7-50) 可以求出，$X_0 = 1.41$，即 $X = X_0D = 1.41$，$\omega = 2.5$ rad/s。

在 $M=1,D=1/2.4$ 时，$K_0 = M/D = 2.4$，相应的 $-1/N_0(X_0)$ 曲线和 $K_0G(j\omega)$ 曲线如图 7-19 中的曲线 2 所示。利用公式 (7-43) 和 (7-49) 可以求出，$X_0 = 2.3$，即 $X = X_0D = 0.96$，$\omega = 3.2$ rad/s。

在 $M=2.4,D=1$ 时，$K_0 = M/D = 2.4$，相应的 $-1/N_0(X_0)$ 曲线和 $K_0G(j\omega)$ 曲线亦如图 7-19 中的曲线 2 所示。利用公式 (7-43) 和 (7-49) 可以求出，$X_0 = 2.3$，即 $X = X_0D = 2.3$，$\omega = 3.2$ rad/s。

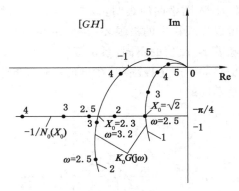

图 7-19　含有滞环非线性的控制系统的描述函数法分析

由此可见，在系统线性部分给定的条件下，非线性参数 M 和 D 愈大，极限环的振幅 X 也愈大；M 愈大，D 愈小，即 K_0 愈大，极限环频率愈高。

7.4　相平面的概念及相轨迹的作图方法

相平面法实质上是一种求解二阶线性或非线性常微分方程的图解方法。为此常从二阶常微分方程入手引出相平面的一些有关概念，然后讨论相轨迹的作图方法，时间响应的求法以及奇点和极限环的分类等，为非线性系统的相平面法分析提供准备。

7.4.1　相平面的概念

输入信号为零的二阶时不变系统一般可以用常微分方程来描述。

$$\ddot{x} + f(x,\dot{x}) = 0 \tag{7-54}$$

其中 x 描述系统运动状态的一个变量，它可以是系统的输出量，也可以不是系统的输出量。$f(x,\dot{x})$ 是 x 和 $\dot{x}$ 的解析函数，它可以是线性的（线性系统），也可以是非线性的（非线

性系统）。如果令

$$\begin{cases} x_1 = x \\ x_2 = \dot{x} \end{cases} \tag{7-55}$$

则式(7-55)可以表示为常微分方程组

$$\begin{cases} \dot{x}_1 = x_2 \\ \dot{x}_2 = -f(x_1, x_2) \end{cases} \tag{7-56}$$

根据微分方程组解的存在与唯一性定理可知,只要 $f(x_1, x_2)$ 是解析的,那么对于任一初始条件,解存在、且唯一。

系统的运动状态可以用 $x(t)$ 与 t 的关系图来表示,也可以把 t 作为参变量,用 $x_1(t) = x(t)$ 与 $x_2(t) = \dot{x}(t)$ 的关系图来表示,而把 $x_1(t) = x(t)$ 与 $x_2(t) = \dot{x}(t)$ 称为系统的状态变量。于是可以从几何观点引出以下概念。

（1）相平面

以 $x(t)$ 为横坐标轴, $\dot{x}(t)$ 为纵坐标轴的直角坐标平面称为相平面或状态平面。

（2）相轨迹

以时间 t 为参变量的、由表示运动状态的动点 $[x(t), \dot{x}(t)]$ 所描绘出的曲线称为相轨迹。相轨迹的起始点由初始条件确定。

（3）相平面图

给出一个初始条件,便有一条对应的相轨迹曲线,给出一系列可能的初始条件,便有一簇对应的相轨迹曲线;由相轨迹曲线簇构成的图称为相平面图。

（4）奇点或平衡点

相轨迹上的某一点同时满足以下条件,即

$$\begin{cases} \dot{x}_1(t) = \dot{x}(t) = 0 \\ \dot{x}_2(t) = \ddot{x}(t) = -f(x, \dot{x}) = 0 \end{cases} \tag{7-57}$$

则该点称为奇点或平衡点。显然,在奇点上 $x(t)$ 和 $\dot{x}(t)$ 都没有发生变化的趋势,因此系统处于平衡状态。如果一个奇点的邻近没有其他的奇点,则称该奇点为孤立奇点;非孤立奇点常构成一条直线,称为奇线。

7.4.2　相轨迹和相平面图的性质

1. 相轨迹的斜率

由式(7-54)有

$$\frac{d\dot{x}}{dx} = \frac{\dfrac{d\dot{x}}{dt}}{\dfrac{dx}{dt}} = \frac{\ddot{x}}{\dot{x}} = -\frac{f(x, \dot{x})}{\dot{x}} \tag{7-58}$$

这是一个关于 x 和 $\dot{x}$ 的一阶微分方程,它给出了相轨迹曲线在点 $(x, \dot{x})$ 上的斜率。微分方程式(7-58)的解就是相轨迹曲线方程,可表示为

$$\dot{x} = \varphi(x) \tag{7-59}$$

上式包含着初始条件。对于每一组初始条件, $\dot{x} = \varphi(x)$ 就规定了一条由初始条件所确定的起始点的相轨迹曲线。

2. 相平面图上的奇点与普通点

相平面上奇点以外的任何其他点称为普通点。由式(7-58)可以看出,在普通点上 $\dfrac{\mathrm{d}\dot{x}}{\mathrm{d}x}$ 是确定的。这说明在任意一个普通点上只有唯一的一条相轨迹通过,对应于不同初始条件的相轨迹不会相交。

在奇点处,该点的斜率为

$$\frac{\mathrm{d}\dot{x}}{\mathrm{d}x} = \frac{0}{0}$$

上式的值是不定的,这说明可以有无穷多条相轨迹逼近或离开某个奇点。即相轨迹曲线可以相交于奇点。

在相轨迹与 x 轴的交点上,有 $\dot{x} = 0$,因此只要交点不是奇点,则相轨迹便与 x 轴垂直相交。

3. 相轨迹的变化趋势

在相平面的上半平面,$\dot{x}(t) > 0$,因此 $x(t)$ 随着时间 t 的增大而增大,即相轨迹向右运动;在相平面的下半平面,$\dot{x}(t) < 0$,因此 $x(t)$ 随着时间 t 的增大而减小,即相轨迹向左运动。

4. 相平面图的对称性

相平面图可以对称于 x 轴、$\dot{x}$ 轴或对称于原点。弄清相平面图的对称性有助于简化和加快相轨迹的作图过程。如果对于所有的点 $(x, \dot{x})$ 和 $(x, -\dot{x})$ 相轨迹的斜率大小相等、符号相反,则相平面图对称于 x 轴,由式(7-58)可以导出对称 x 轴的条件是

$$\frac{f(x, \dot{x})}{\dot{x}} = -\frac{f(x, -\dot{x})}{-\dot{x}}$$

或

$$f(x, \dot{x}) = f(x, -\dot{x}) \tag{7-60}$$

即 $f(x, \dot{x})$ 是 $\dot{x}$ 的偶函数。显然,当 $f(x, \dot{x})$ 中不含 $\dot{x}$ 时,相平面图一定对称于 x 轴。

如果对于所有的点 $(x, \dot{x})$ 和 $(-x, \dot{x})$ 相轨迹的斜率大小相等、符号相反,则相平面图对称于 $\dot{x}$ 轴,对称于 $\dot{x}$ 轴的条件是

$$f(x, \dot{x}) = -f(-x, \dot{x}) \tag{7-61}$$

即 $f(x, \dot{x})$ 是 x 的奇函数。显然,当 $f(x, \dot{x})$ 中不含 x 时,相平面一定对称于 $\dot{x}$ 轴。

如果对于所有的点 $(x, \dot{x})$ 和 $(-x, -\dot{x})$,相轨迹的斜率大小相等、符号相同,则相平面图对称于原点。类似地,对称于原点的条件是

$$f(x, \dot{x}) = -f(-x - \dot{x}) \tag{7-62}$$

7.4.3　相轨迹的作图方法

在相平面法中,相轨迹可以用解析法作出,也可以用图解法或实验的方法作出。当系统的微分方程是简单的或为分段线性的方程式时,可以采用解析法;当系统的微分方程用解析法求解比较复杂、困难或不可能时,应采用图解法。图解法在绘制非线性系统的相轨迹时得到广泛应用。

1. 解析法

求取相轨迹的解析法有两种。一种方法是求解微分方程(7-58),求出相轨迹曲线方

程式(7-59)后,就可作出相轨迹曲线。这种方法只在式(7-58)可以直接积分时才适用。另一种方法是求解微分方程式(7-54),求出时间解 $x(t)$ 及导数 $\dot{x}(t)$ 后,消去时间 t 即可获得相轨迹曲线的方程式,从而可以作出相轨迹曲线。如果消去时间 t 很困难,则可以 t 为参变量作出轨迹曲线。这种方法往往不太使用,因为求出了系统的时间响应,就没有必要再作它的相平面图了。下面举两个线性系统相平面图的例子。

无阻尼二阶线性系统的微分方程为

$$\ddot{x} + \omega_n^2 x = 0 \tag{7-63}$$

如果采用第一种解析法,那么,由式(7-58)可得描述相轨迹曲线的微分方程为

$$\frac{\mathrm{d}\dot{x}}{\mathrm{d}x} = -\frac{f(x,\dot{x})}{\dot{x}} = -\frac{\omega_n^2 x}{\dot{x}} \tag{7-64}$$

式中,$f(x,\dot{x}) = \omega_n^2 x$,显然有 $\qquad \omega_n^2 x = -[\omega_n^2(-x)]$

即 $\qquad\qquad f(x,\dot{x}) = -f(-x,-\dot{x})$

由式(7-62)可知,相平面图对称于原点。

根据式(7-64)可得

$$\dot{x}\mathrm{d}\dot{x} = -\omega_n^2 x \mathrm{d}x$$

两边积分得相轨迹曲线方程为

$$\dot{x}^2 + \omega_n^2 x^2 = \omega_n^2 A^2 \tag{7-65}$$

式中,A 为由初始条件确定的常数。显然,无阻尼二阶线性系统在 x-$\dot{x}$ 平面上的相轨迹曲线是对称于原点的一簇椭圆。

如果将式(7-65)改写

$$\frac{\dot{x}^2}{\omega_n^2} + x^2 = A^2 \tag{7-66}$$

那么,在 $x - \dfrac{\dot{x}}{\omega_n}$ 平面上相轨迹曲线就是一簇圆,如图 7-20 所示。$x - \dfrac{\dot{x}}{\omega_n}$ 平面称为标称化相平面。

如果采用第二种解析法,则求解式(7-63)可得

$$\begin{cases} x(t) = A\sin(\omega_n t + \varphi) \\ \dot{x}(t) = \omega_n A\cos(\omega_n t + \varphi) \end{cases} \tag{7-67}$$

式中,A,φ 是取决于初始条件的常数。

在式(7-67)中消去 t,同样可得相轨迹曲线方程式(7-65)。

欠阻尼二阶线性系统的微分方程为

$$\ddot{x} + 2\xi\omega_n\dot{x} + \omega_n^2 x = 0 \quad (\xi < 1) \tag{7-68}$$

其中 $f(x,\dot{x}) = 2\xi\omega_n\dot{x} + \omega_n^2 x$,显然有

$$2\xi\omega_n\dot{x} + \omega_n^2 x = -[2\xi\omega_n(-\dot{x}) + \omega_n^2(-x)]$$

即 $\qquad\qquad f(x,\dot{x}) = -f(-x,-\dot{x})$

由式(7-62)可知,相平面图对称于原点。

采用第二种解析法,容易求出系统的时间响应为

$$x(t) = A\mathrm{e}^{-\xi\omega_n t}\sin(\omega_n\sqrt{1-\xi^2}\,t + \varphi) \tag{7-69}$$

式中,A、φ 是由初始条件决定的常数。

对 $x(t)$ 求导,得

$$\dot{x}(t) = -\xi\omega_{n}Ae^{-\xi\omega_{n}t}\sin(\omega_{n}\sqrt{1-\xi^{2}}\,t+\varphi)+\omega_{n}\sqrt{1-\xi^{2}}Ae^{-\xi\omega_{n}t}\cos(\omega_{n}\sqrt{1-\xi^{2}}\,t+\varphi)$$

$$(7\text{-}70)$$

对于任一初始条件,每给出一个 t 即可求出对应的 $x(t)$ 和 $\dot{x}(t)$,从而可以绘制系统的相平面图如图 7-21 所示。在原点上有 $\dot{x}=0,\ddot{x}=-f(x,\dot{x})=-(2\xi\omega_{n}\dot{x}+x)=0$。因此坐标原点为奇点。图 7-21 表明,在普通点上所有的相轨迹都不相交,所有的相轨迹都收敛于奇点,相轨迹与 x 轴垂直相交的。

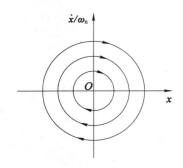
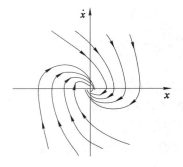

图 7-20　无阻尼二阶线性系统的相平面图　　　　图 7-21　欠阻尼二阶线性系统的相平面图

2. 图解法

常用的作相轨迹的图解法有两种,即等倾线法和圆弧近似(δ)法,本书仅讨论等倾线法。

任何一条曲线都可以用有限段足够短的线段来逼近。等倾线法就是一种用一系列相互衔接的短线段来近似一条光滑曲线的图解法。相轨迹的斜率由式(7-58)确定

$$\frac{\mathrm{d}\dot{x}}{\mathrm{d}x} = -\frac{f(x,\dot{x})}{\dot{x}} \tag{7-71}$$

相轨迹曲线簇上所有斜率相等的点的连线称为等倾线。在式(7-71)中令 $\mathrm{d}\dot{x}/\mathrm{d}x$ 为某一常数 α,就可以得到等倾线方程,即

$$-\frac{f(x,\dot{x})}{\dot{x}} = \alpha \tag{7-72}$$

如果在相平面上首先作出一系列的等倾线,然后依次在每两条等倾线之间,以它们斜率的平均值作为斜率,以一条等倾线上的一个已知的或已确定的相轨迹点作为起点,画一段终止于另一条等倾线的短线段。那么每一段短线段的终点就可以近似地认为是一个新的相轨迹起点,这一系列相互衔接的短线段就可以近似认为是系统的相轨迹曲线。当然将这些短线段连接成光滑曲线以作为相轨迹曲线也完全可以,并且可能更合理些。这就是作相轨迹的等倾线法。

下面以一个欠阻尼二阶线性系统为例,讨论等倾线作图。设二阶系统的微分方程为

$$\ddot{x} + \dot{x} + x = 0 \tag{7-73}$$

根据式(7-58)有

$$\frac{\mathrm{d}\dot{x}}{\mathrm{d}x} = -\frac{\dot{x}+x}{\dot{x}} \tag{7-74}$$

令 $\mathrm{d}\dot{x}/\mathrm{d}x = \alpha$，则得等倾线方程为

$$\dot{x} = -\frac{1}{1+\alpha}x \qquad (7\text{-}75)$$

当给出一系列的 α 值，便可以作出等倾线簇。显然，这簇等倾线都是通过原点的直线，如图 7-22 所示。

根据式 (7-75) 绘制图相轨迹的过程如下：设相轨迹起始于图中的 A 点 $(\alpha=-1)$，在 $\alpha=-1$ 和相邻的 $\alpha=-1.2$ 两条等倾线之间的相轨迹的斜率近似为 $-(1+1.2)/2=-1.1$，过 A 点作斜率为 -1.1 的短线段 AB，交 $\alpha=-1.2$ 的等倾线于 B 点，则 B 点就可近似地作为一个新的相轨迹点，短线段 AB 就可近似地作为这段范围内的相轨迹。同样，在 $\alpha=-1.2$ 和 $\alpha=-1.4$ 两条等倾线之间的相轨迹的斜率为 -1.3，过点 B 作斜率为 -1.3 的短线段 BC，交 $\alpha=-1.4$ 的等倾线于 C 点，则 C 点亦为新的相轨迹点。短线段 BC 亦为相

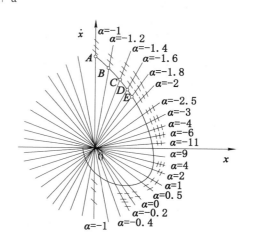

图 7-22 $\ddot{x}+\dot{x}+x=0$ 的相平面图

轨迹的一部分。以此类推，可得相轨迹曲线 $ABCDEO$（已连接成光滑曲线）。

这种图解法的准确度，取决于等倾线的密集程度。为了保证适当的准确度，可每隔 $5°\sim 10°$ 划一条等倾线。此外，等倾线法只是在等倾线簇为直线簇的条件下才是比较方便的，并且，只有当相轨迹的斜率变化缓慢时才能保证适当的准确度。对于相轨迹斜率迅速变化的某些非线性系统，其准确度可能是比较差的。

值得注意的是，对于过阻尼或临界阻尼的二阶线性系统，其等倾线方程为

$$\dot{x} = -\frac{\omega_n^2}{2\xi\omega_n+\alpha}x \qquad (7\text{-}76)$$

假设直线等倾线于 x 轴的夹角为 θ，且 $\tan\theta=\alpha$，即

$$-\frac{\omega_n^2}{2\xi\omega_n+\alpha} = \alpha \qquad (7\text{-}77)$$

那么，这种等倾线本身就是一条相轨迹，并且斜率 α 满足

$$\alpha^2 + 2\xi\omega_n\alpha + \omega_n^2 = 0 \qquad (7\text{-}78)$$

即斜率就是系统特征方程的根，因此这种等倾线有两条（临界阻尼二阶线性系统只有一条）。

7.4.4 奇点类型与相平面图

相平面法的重要意义不在于用这种方法能够求出某一特定的解，即某一给定初始条件下的一条相轨迹，而是在于通过对相平面图的研究，不必解出微分方程就可确定全部解的性质，即系统所有可能的运动性质。而全部解的性质则是由奇点和非线性的性质所决定，因此有必要研究奇点类型及典型二阶线性系统的相平面图。

对于由常微分方程式 (7-54) 所描述的系统，只要 $f(x,\dot{x})$ 是解析的，那么在奇点的邻域可将式 (7-54) 线性化为线性微分方程式

$$\ddot{x} + a\dot{x} + bx = 0 \qquad (7\text{-}79)$$

显然,系统的奇点就是相平面的坐标原点。奇点邻近系统的运动的性质取决于式(7-79)的特征根

$$s_{1,2} = -\frac{a}{2} \pm \sqrt{\left(\frac{a}{2}\right)^2 - b} \qquad (7\text{-}80)$$

在复平面上的位置。根据特征根的位置,奇点可以分为六种类型。

(1) 稳定焦点

当 s_1 和 s_2 为左半复平面上的一对共轭复根,系统的运动以振荡衰减的形式收敛于奇点,即平衡状态是稳定的,这时的奇点称为稳定焦点。

(2) 不稳定焦点

s_1 和 s_2 为右半复平面上的一对共轭复根,系统的运动以振荡发散的形式远离奇点,即平衡状态是不稳定的,这时的奇点称为不稳定焦点。

(3) 稳定节点

s_1 和 s_2 为左半复平面上的一对实根,系统的运动以指数衰减的形式收敛于奇点,即平衡状态是稳定的,这时的奇点称为稳定节点。

(4) 不稳定节点

s_1 和 s_2 为右半复平面上的一对实根,系统的运动以指数发散的形式远离奇点,即平衡状态是不稳定的,这时的奇点称为不稳定节点。

(5) 中心点

s_1 和 s_2 为虚轴上的一对共轭纯虚根,理论上系统的运动状态为周期性振荡。这时的奇点称为中心点。

(6) 鞍点

s_1 和 s_2 分别为左半和右半复平面上的实根,系统的运动以指数发散的形式远离奇点,即平衡状态是不稳定的。这时的奇点称为鞍点。

六种类型奇点的特征根位置、对应的相平面图以及初始条件为 $x(0) = 1$ 和 $\dot{x}(0) = 0$ 的暂态响应曲线如图 7-23 所示。所有的相平面图都可用等倾线法作出,其中在稳定节点、不稳定节点和鞍点存在两条相轨迹 $\dot{x} = s_1 x$ 和 $\dot{x} = s_2 x$,也就是 $\alpha = s_1$ 和 $\alpha = s_2$ 的等倾线;在奇点为鞍点的情况下,这两条特殊的相轨迹将奇点邻近的相平面分隔成四个不同的运动区域,这种相轨迹称为相平面图上的分隔线。

除了以上六种奇点类型以外,二阶系统还存在两种情况,即无奇点和有无穷多奇点的情况。

当式(7-79)中的 b 为零,此时有

$$\frac{\mathrm{d}\dot{x}}{\mathrm{d}x} = -\frac{f(x,\dot{x})}{\dot{x}} = -a \qquad (7\text{-}81)$$

由上式可知整个 x 轴都是奇点,同时相平面图是一簇以 $-a$ 为斜率的平行线,如图 7-24 所示。当 $a > 0$,相轨迹收敛到 x 轴;当 $a < 0$,相轨迹由 x 轴向无穷远发散。

当二阶微分方程有如下形式

$$\ddot{x} + a\dot{x} + c = 0 \quad (c \text{ 为非零常数}) \qquad (7\text{-}82)$$

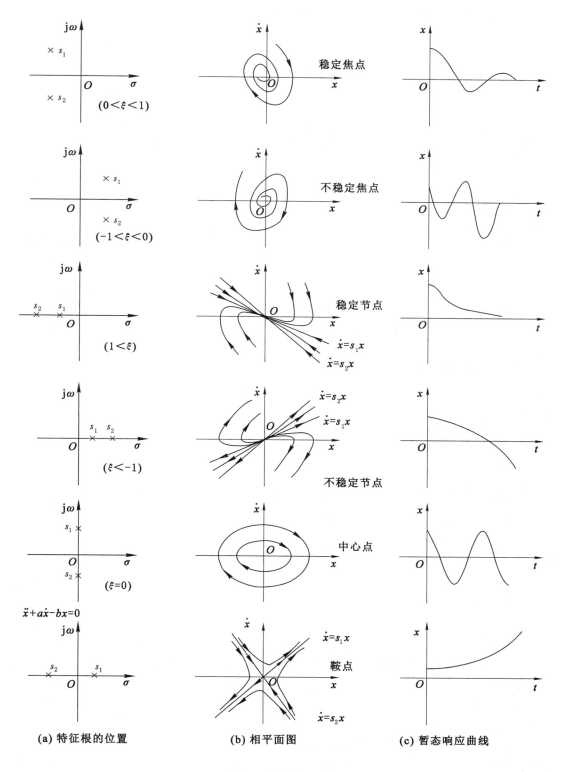

(a) 特征根的位置　　**(b) 相平面图**　　**(c) 暂态响应曲线**

图 7-23　奇点的类型

由上式得相轨迹微分方程为

$$\frac{\mathrm{d}\dot{x}}{\mathrm{d}x} = -\frac{a\dot{x}+c}{\dot{x}} \neq \frac{0}{0} \tag{7-83}$$

系统相平面图中无奇点,而等倾线方程

$$\dot{x} = -\frac{c}{a+\alpha}$$

为一簇平行于横轴的直线,其斜率均为零,其中 $\alpha = 0$ 的等倾线也是相轨迹。当 $c/a > 0$ 时,相平面图如图 7-25(a)所示;当 $c/a < 0$ 时,相平面图如图 7-25(b)所示。

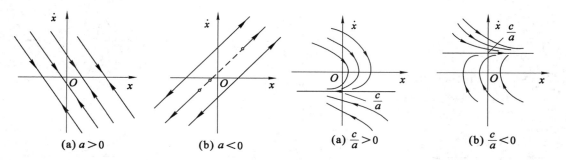

图 7-24　$b=0$ 时线性二阶系统的相平面图　　　　图 7-25　无奇点二阶系统的相平面图

例 7-2　试作出由微分方程

$$\ddot{x} + 0.5\dot{x} + 2x + x^2 = 0$$

描述的非线性系统的相平面图,并分析系统运动的状态。

解　相平面图中的奇点可以根据式(7-57)求得

$$\begin{cases} \dot{x}(t) = 0 \\ \ddot{x}(t) = -f(x,\dot{x}) = 0 \end{cases}$$

系统的奇点由上式解得两个奇点,即$(0,0)$点和$(-2,0)$点。

$f(x,\dot{x})$ 在奇点 $(0,0)$ 的邻域可以线性化为

$$f(x,\dot{x}) = \frac{\partial f}{\partial \dot{x}}\Big|_{\dot{x}=0}\Delta\dot{x} + \frac{\partial f}{\partial x}\Big|_{x=0}\Delta x$$

即　　　　　　　　　　　　$f(x,\dot{x}) = 0.5\dot{x} + 2x$

故在奇点$(0,0)$处线性化增量微分方程为

$$\ddot{x} + 0.5\dot{x} + 2x = 0$$

其特征根为 $s_{1,2} = -0.25 \pm \mathrm{j}1.39$,即为位于左半 s 平面上的一对共轭复根,因此奇点 $(0,0)$为稳定焦点。同理,在奇点$(-2,0)$处线性化增量微分方程为

$$\ddot{x} + 0.5\dot{x} - 2x = 0$$

其特征根为 $s_1 = 1.19$,$s_2 = -1.69$,是 2 个分别位于左半和右半 s 平面的实根,因此奇点 $(-2,0)$为鞍点。系统的相平面图如图 7-26 所示。

在上述分析的基础上,根据图 7-26 可以得出结论:通过鞍点的一条相轨迹将整个相平面分隔成两个不同的运动区域,如果初始条件落在阴影线范围之内,则系统的运动是稳定的,并收敛于稳定焦点$(0,0)$;如果初始条件落在阴影线的范围之外,则系统的运动是不稳定

的,并趋向于无穷远点。

由此可见,只要确定了奇点的位置、类型以及相平面上的分隔线,就可以根据相平面图确定所有可能的运动性质,并不一定需要作出所有可能的相轨迹。这里再次可以看到,在非线性系统中运动的稳定性与初始条件有关。

7.4.5　极限环的类型

在非线性系统的相平面图上可能存在以孤立封闭曲线形式出现的相轨迹,这种特殊的相轨迹称为极限环。极限环所表示的运动是等幅持续振荡,它描述了自激振荡的振幅和周期。所谓“孤立”的封闭相轨迹是指在极限环的邻域不再存在其他的封闭相轨迹。在二阶无阻尼线性守恒系统中,由于不存在有阻尼所造成的能量损耗,因而相平面图是一个连续的封闭曲线族。但是这类连续的封闭曲线不是极限环,因为它不是孤立的。

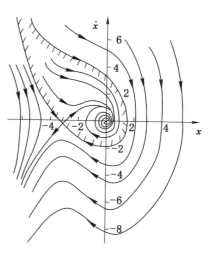

图 7-26　例 7-2 相平面图

极限环是非线性系统中的特有现象,它只发生在非守恒系统中,这种周期运动是靠外能源周期性地把能量馈送到系统中来维持的。极限环也是相平面图上的分隔线,它对于确定系统运动的性质是非常重要的。

根据系统周期运动的性质,极限环可以分为四种类型:

(1) 稳定极限环

在这种极限环的附近,起始于极限环内部或外部的相轨迹都卷向极限环,如图 7-27 (a)所示。极限环内部的相轨迹发散至极限环,说明极限环的内部是不稳定区域;极限环外部的相轨迹收敛至极限环,说明极限环的外部是稳定区域。系统的运动表现为稳定的等幅持续振荡,对于这种系统,设计准则是尽量缩小极限环,以使振荡的幅度在允许的范围之内。

(2) 不稳定极限环

在这种极限环附近,起始于极限环内部或外部的相轨迹都卷离极限环,如图 7-27(b)所示。极限环内部的相轨迹收敛至环内的奇点,说明极限环的内部是稳定区域;极限环外部的相轨迹发散至无穷远处,说明极限环的外部是不稳定区域。极限环所表示的周期运动是不稳定的,任何微小的扰动,不是使系统的运动收敛于环内的奇点,就是使系统的运动发散至无穷远处。对于这种系统,设计准则是尽量扩大极限环,以扩大稳定区域。

(3) 半稳定极限环

半稳定极限环有两种类型。一种在极限环的附近,起始于极限环内部的相轨迹卷向极限环,而起始于极限环外部的相轨迹卷离极限环,如图 7-27(c)所示;另外一种在极限环的附近,起始于极限环内部的相轨迹卷离极限环,而起始于极限环外部的相轨迹卷向极限环,如图 7-27(d)所示。前者极限环的内部和外部都是不稳定区域,极限环所表示的周期运动是不稳定的,系统的运动最终将发散至无穷远处。后者极限环内部和外部都是稳定区域,系统的运动最终将收敛至环内的奇点。

在非线性系统中,还可能存在一个以上的极限环,并且这些极限环不会是同一种类型的,如图 7-28 所示,其中里面的极限环是不稳定的,外面的是稳定的。应该指出,只有稳定的极限环才能在实验中观察到,不稳定或半稳定极限环是无法在实验中观察得到。

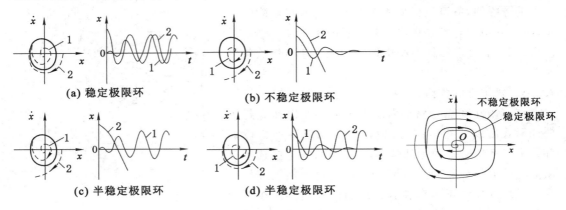

(a) 稳定极限环   (b) 不稳定极限环

(c) 半稳定极限环   (d) 半稳定极限环

图 7-27   各类极限环的相平面图和   图 7-28   具有两个极限环的
暂态响应曲线   系统的相平面图

作为极限环的例子,考虑由范德波尔微分方程所描述的非线性系统。其微分方程式为

$$\ddot{x} - \mu(1 - x^2)\dot{x} + x = 0 \tag{7-84}$$

式中,μ 为正常数。

根据式(7-84)得描述相轨迹曲线的微分方程为

$$\frac{\mathrm{d}\dot{x}}{\mathrm{d}x} = -\frac{f(x,\dot{x})}{\dot{x}} = \frac{\mu(1 - x^2)\dot{x} - x}{\dot{x}} \tag{7-85}$$

显然,系统的奇点为坐标原点,并且相平面图关于原点对称的。令 $\mathrm{d}\dot{x}/\mathrm{d}x = \alpha$,得等倾线方程为

$$\dot{x} = \frac{x}{\mu(1 - x^2) - \alpha} \tag{7-86}$$

假设 $\mu = 0.2$,当给出一系列的 α 值,就可以在相平面上作出一系列的等倾线,并且可以在每一条等倾线上用一系列的短线段来表示相轨迹的斜率 α,这样就构成了相轨迹切线的方向场。据此对于给定的初始条件,沿着方向场将这些短线段连接成光滑曲线,就得到了系统的相轨迹曲线,如图 7-29 所示。

需要指出,两条相轨迹都卷向同一条封闭曲线(封闭曲线本身就是一条相轨迹),封闭曲线内部的一条相轨迹对应于较小的 $|x|$ 值,阻尼项 $-\mu(1 - x^2) < 0$,因此其运动以发散的形式趋向于极限环。封闭曲线外部的一条相轨迹对应于较大的 $|x|$ 值,阻尼项 $-\mu(1 - x^2) > 0$,因此其运动以衰减的形式趋向于极限环。显然,封闭曲线所表示的运动是等幅持续振荡。

7.4.6   由相轨迹求时间响应

相轨迹虽然清楚地描述了系统的运动状态,但没有给出时间响应的信息。为了分析系统的时间响应性能,往往需要再由相轨迹求出系统的时间响应。这里将介绍几种常用的由相轨迹求时间响应的方法。

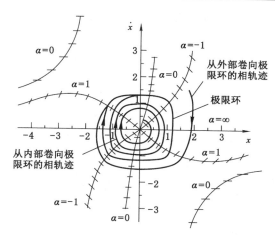

图 7-29　由范德波尔微分方程所描述的系统的相平面图($\mu=0.2$)

1. 增量法

设相轨迹上的两点 $(x_1, \dot{x_1})$, $(x_2, \dot{x_2})$,当位移较小时,可以利用位移除平均速度获得时间 t,即

$$\Delta t = \frac{x_2 - x_1}{\dfrac{\dot{x_2} + \dot{x_1}}{2}} \tag{7-87}$$

在选择相轨迹穿越横轴时,应该横轴上方和下方分别计算,避免平均速度为零。

2. 积分法

假设系统在时刻 t_1 处于相轨迹的点 $(x_1, \dot{x_1})$ 上,经过一段时间后,沿相轨迹在 t_2 时刻转移到点 $(x_2, \dot{x_2})$,则根据式

$$\mathrm{d}t = \frac{\mathrm{d}x}{\dot{x}} \tag{7-88}$$

有

$$t_2 - t_1 = \int_{x_1}^{x_2} \frac{1}{\dot{x}} \mathrm{d}x \tag{7-89}$$

因此只要先根据给定的轨迹曲线作出以 x 为横坐标,以 $1/\dot{x}$ 为纵坐标的 $1/\dot{x}$ 与 x 关系曲线如图 7-30 所示,然后用图解法或解析法求出这个曲线下的面积,就可求出对应系统的时间响应。

必须指出,当积分区间内的 $\dot{x}$ 具有零值时,$1/\dot{x}$ 值将为无穷大,积分运算就会遇到困难,因此在这种情况下不能采用这种方法。

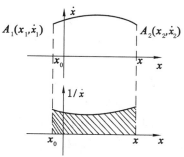

图 7-30　由相轨迹曲线确定的积分曲线

3. 圆弧近似求时间响应

相轨迹可以用一系列相互衔接的短圆弧来近似,如图 7-31(a)所示的那样。当相轨迹点 A_i 转移到点 A_{i+1} 时,半径 r_i 转过的角度为 $\Delta\theta_i = \theta_i - \theta_{i+1}$,在这一角度范围内圆弧上的任意一点有

$$\begin{cases} \dot{x} = r_i \sin\theta \\ x = Q_{i+1} + r_i \cos\theta \\ \mathrm{d}x = -r_i \sin\theta \mathrm{d}\theta \end{cases} \tag{7-90}$$

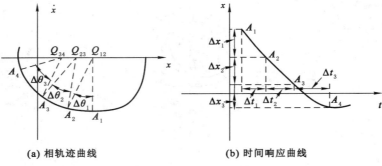

(a) 相轨迹曲线　　　　　　**(b) 时间响应曲线**

图 7-31　根据圆弧近似求时间响应

根据式(7-90)、式(7-88)可变换为

$$\mathrm{d}t = -\mathrm{d}\theta \tag{7-91}$$

于是由点 A_i 转移到点 A_{i+1} 所需时间为

$$\Delta t_i = \int_{\theta_i}^{\theta_{i+1}} -\mathrm{d}\theta = \theta_i - \theta_{i+1} = \Delta\theta_i \tag{7-92}$$

因此只要首先在给定的相轨迹曲线上选取一系列相距很近的点 A_i，然后用一系列圆心在 x 轴上的短圆弧近似每一段相轨迹，并求出各段短圆弧所对应的圆心角 $\Delta\theta_i$；最后按式(7-92)计算出由点 A_i 到点 A_{i+1} 所需的时间 Δt_i，从而确定出系统的时间响应，如图 7-31(b)所示。

根据圆弧近似求时间响应的方法比前一种方法通用得多，它不受上面所提及的那些限制。同时，由于相平面法作图的近似性，由图计算时间响应误差很大。但是从圆弧近似法可以知道，相轨迹走弧线比直线快得多，因此利用该方法可以判断两种相轨迹对应系统时间响应的速度快慢。

7.5　非线性控制系统的相平面法分析

相平面法既可用于分析系统运动的稳定性，又可用于分析系统的时间响应。如果根据给定的初始条件作出系统的一条相轨迹，那么就可以分析这个特定条件下系统运动的性质。如果根据所有可能的初始条件作出了系统的相平面图(只需要包含若干条有代表性的相轨迹)，确定了系统的奇点和它的性质，以及相平面上的分隔线，就可以分析所有可能的运动性质。如果需要，还可以根据相轨迹求出系统的时间响应。显然相平面法不受非线性程度的限制，但它只能用于分析一阶和二阶系统。实际上，在上一节已讨论了在奇点邻域可线性化的二阶控制系统的相平面分析，本节将在这一基础上就一些含有典型非线性环节的控制系统进行相平面分析。

7.5.1　阶跃或斜坡输入作用下的相平面图

在前面的讨论中，一直假设系统的输入信号为零，在这一条件下才能用式(7-54)描述系统的运动,并变换为状态方程式(7-56),从而才能用相平面图来表示系统的运动状态。因此在相平面法中,原则上应保证系统的输入信号为零。但是,对于一些特定的输入信号(注意,不是任意的输入信号),如阶跃或斜坡函数,往往可以通过一定的坐标变换,变换为输入信号为零的情况来研究,因而也能用相平面法来分析系统对这些特定输入信号的响应。由于

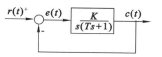

图 7-32　二阶线性控制系统的方框图

很多非线性控制系统在相平面上是分区线性的,所以用图 7-32 所示的二阶线性系统为例阐明这个问题。

假设输入信号为阶跃函数 $r(t)=R$,则闭环系统的微分方程为

$$T\ddot{c} + \dot{c} + Kc = KR \tag{7-93}$$

进行坐标变换,取 $x=r-c=R-c$,在 $t>0$ 时,$\ddot{r}=\dot{r}=0$,则有

$$\dot{x}=-\dot{c}, \ddot{x}=-\ddot{c}$$

式(7-93)可以变换为

$$T\ddot{x} + \dot{x} + Kx = 0 \tag{7-94}$$

这样就把一个输入信号为阶跃函数的系统变换成一个输入信号为零的系统。根据坐标变换关系 $x=R-c$ 和 $\dot{x}=-\dot{c}$ 可以知道 $x\text{-}\dot{x}$ 平面与 $c\text{-}\dot{c}$ 平面的关系是:如果已经做出了 $x\text{-}\dot{x}$ 平面上的相轨迹,那么只要首先把 x 轴反向得到 c 轴;$\dot{x}$ 轴向右移动一个距离 R,然后反向得到 $\dot{c}$ 轴。将 $c\text{-}\dot{c}$ 轴绘制在 $x\text{-}\dot{x}$ 平面上,就得到 $c\text{-}\dot{c}$ 平面上的相轨迹曲线。在 $x\text{-}\dot{x}$ 平面上,确定相轨迹起始点的初始条件是 $x(0)=R-c(0)$ 和 $\dot{x}(0)=-\dot{c}(0)$,奇点是 $(0,0)$ 点;而在 $c\text{-}\dot{c}$ 平面上,初始条件是 $c(0)$ 和 $\dot{c}(0)$,奇点是 $(R,0)$ 点。应注意,在 $x\text{-}\dot{x}$ 平面上,相轨迹的起始点是与输入作用有关的。

实际上,完全可以在 $x\text{-}\dot{x}$ 平面上分析系统对阶跃输入信号的响应,没有必要再回到 $c\text{-}\dot{c}$ 平面上。这里变量 x(t) 就是误差信号 $e(t)$,因此常取 $e(t)$ 作为状态变量,在 $e\text{-}\dot{e}$ 平面上分析系统的运动性质,并把微分方程式(7-94)改写为

$$T\ddot{e} + \dot{e} + Ke = 0 \tag{7-95}$$

又假设输入信号为阶跃加斜坡函数 $r(t)=R+Vt$,则系统的微分方程为

$$T\ddot{c} + \dot{c} + Kc = K(R+Vt) \tag{7-96}$$

先取误差信号 $e(t)$ 作为状态变量,坐标变换关系 $e=r-c=R+Vt-c$,并且在 $t>0$ 时有 $\dot{r}=V,\ddot{r}=0$,则有 $\dot{e}=V-\dot{c},\ddot{e}=-\ddot{c}$,代入(7-96)得

$$T\ddot{e} + \dot{e} + Ke = V \tag{7-97}$$

然后再取坐标变换 $x=e-V/K$,则 $\dot{x}=\dot{e},\ddot{x}=\ddot{e}$,式(7-97)又可变换为

$$T\ddot{x} + \dot{x} + Kx = 0 \tag{7-98}$$

这样就把一个输入信号为阶跃加斜坡函数的系统变换成了一个输入信号为零的系统。

根据 $x=e-V/K$ 和 $\dot{x}=\dot{e}$,可以知道 $x\text{-}\dot{x}$ 平面与 $e\text{-}\dot{e}$ 平面的关系:如果已经作出了 $x\text{-}\dot{x}$ 平面上的相轨迹,那么只要把 $\dot{x}$ 轴向左移动一个距离 V/K,即可得到 $e\text{-}\dot{e}$ 平面上的相轨迹曲线。

在 $x\text{-}\dot{x}$ 平面上,确定相轨迹起点的初始条件是 $x(0)=e(0)-V/K=R-c(0)-V/K$ 和 $\dot{x}(0)=\dot{e}(0)=V-\dot{c}(0)$;奇点是 $(0,0)$ 点;而在 $e\text{-}\dot{e}$ 平面上初始条件是 $e(0)=R-c(0)$ 和 $\dot{e}(0)=V-\dot{c}(0)$;奇点是 $(V/K,0)$ 点。通常,仍在 $e\text{-}\dot{e}$ 平面上分析系统对阶跃加斜坡输入信号的响应,这时应注意在 $e\text{-}\dot{e}$ 平面上相轨迹的起始点和系统的奇点都与输入作用有关。

对于某些非线性系统,虽然各个分区域的线性微分方程与典型的二阶系统会有所不同,但是,上述坐标变换的处理方法仍然是适用的。

对于大多数典型的非线性系统,整个相平面可以划分为若干个区域,其中每一个区域对应于系统的一个线性工作状态,由一个线性微分方程来描述。不同区域之间的分界线称为相平面的开关线。这样只要做出每一个区域的相平面图,再根据状态变化的连续性,将相邻区域的相轨迹衔接成连续的曲线,就可得到系统的相平面图,从而可以用相平面法分析系统的运动。应注意,每一个区域都可能有自己的奇点。如果奇点在这个分区域之内,那么区域内的相轨迹是可以达到这个奇点的,因此称为实奇点;如果奇点在这个区域之外,那么区域内的相轨迹是不能达到这个奇点的,因此称为虚奇点。辨明奇点的虚、实,对于正确分析系统的运动是非常重要的。

7.5.2 具有非线性增益系数的控制系统

在线性系统中,大的开环增益系数将使系统具有良好的快速性,但超调量过大;小的增益系数则快速性较差,而超调量却较小,甚至无超调量,如图 7-33 中的曲线 1 和 2 所示。可以采取折中方案,兼顾两方面的特点。如果采用非线性控制器,使得误差值较大时具有大的开环增益系数,误差值较小时具有小的开环增益系数,那么即可获得快速性好、超调量小甚至无超调的暂态响应过程,如图 7-33 中的曲线 3 所示。基于这一设想,具有非线性增益系数的控制系统如图 7-34(a)所示,图中 G_N 为非线性比例控制器,其输入-输出特性曲线如图 7-34(b)所示,其函数关系式

$$u = g(e) = \begin{cases} e & |e| > e_0 \\ ke & |e| < e_0 \end{cases} \tag{7-99}$$

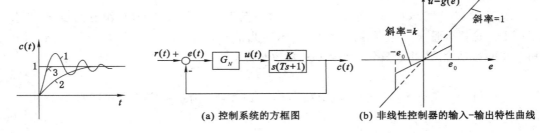

(a) 控制系统的方框图   **(b) 非线性控制器的输入-输出特性曲线**

图 7-33 具有线性和非线性   图 7-34 具有非线性增益的控制系统
增益系数系统的暂态响应

其中 $k < 1$。由图 7-34(a)可写出系统的微分方程

$$\begin{cases} T\ddot{c} + \dot{c} = Kg(e) \\ e = r - c \end{cases} \tag{7-100}$$

1. 阶跃响应

对于阶跃输入信号 $r(t) = R$,由式(7-100)有

$$\begin{cases} T\ddot{e} + \dot{e} + Ke = 0 & e > e_0 \\ T\ddot{e} + \dot{e} + kKe = 0 & -e_0 < e < e_0 \\ T\ddot{e} + \dot{e} + Ke = 0 & e < -e_0 \end{cases} \tag{7-101}$$

根据式（7-101）中的三个微分方程可以相应地把相平面划分为三个区域Ⅰ、Ⅱ和Ⅲ,其开关线方程为 $e=e_0$ 和 $e=-e_0$,如图 7-35(a)所示。三个分区域的奇点都是坐标原点(0, 0),对分区域Ⅱ而言是实奇点,对分区域Ⅰ和Ⅲ而言是虚奇点。

为获得良好的快速性而超调量又不过大,选择 K 值使系统在分区域Ⅰ和Ⅲ内系统是欠阻尼(原点为虚稳定焦点);选择 kK 值使系统在分区域Ⅱ内是临界阻尼(原点为实稳定节点)。假设初始条件为零,则可做出不同输入信号幅值下的相轨迹,如图 7-35(a)所示,相应的时间响应如图 7-35(b)所示。系统的运动过程可以相轨迹 $A_1 B_1 C_1 D_1 O$ 为例说明。首先,起始于点 A_1 的相轨迹收敛于虚稳定焦点(0,0),直至点 B_1;其次,在点 B_1 上系统的运动规律发生变化,相轨迹收敛于实稳定节点(0,0),直至点 C_1;在点 C_1 上运动规律再次发生变化,相轨迹又收敛于虚稳定焦点(0,0),直至点 D_1;最后,由点 D_1 收敛于实稳定节点(0,0),系统的稳态误差为零,最大超调量由相轨迹与负 e 轴的第一个交点所确定。显然,根据奇点的性质可以得出:对于任何幅值的阶跃输入信号,系统的运动都收敛于奇点(0,0)。

从图 7-35 看出,与具有线性增益系数的系统相比较,具有非线性增益系数的系统在各种幅值的阶跃输入信号下,都有着更为合适的阶跃响应过程,其超调量更小,振荡次数更少,调整时间也更短。但应指出,图 7-35(b)中暂态响应曲线的形状随着输入信号幅值的不同而不同,这也是非线性系统中的特有现象。

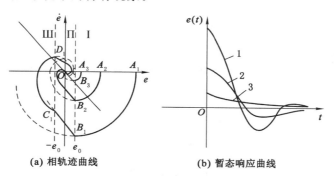

(a) 相轨迹曲线　　　　　　**(b) 暂态响应曲线**

图 7-35　阶跃信号作用下图 7-34 系统的相轨迹和暂态响应曲线

2. 阶跃加斜坡响应

对于阶跃加斜坡输入信号 $r(t) = R + Vt$,由式(7-100)有

$$\begin{cases} T\ddot{e} + \dot{e} + Ke = V & e_0 < e \\ T\ddot{e} + \dot{e} + kKe = V & -e_0 < e < e_0 \\ T\ddot{e} + \dot{e} + Ke = V & e < -e_0 \end{cases} \qquad (7\text{-}102)$$

根据式(7-102)中的三个微分方程,可以相应地把相平面划分为三个区域Ⅰ、Ⅱ和Ⅲ,其开关线方程为 $e=e_0$ 和 $e=-e_0$,如图 7-36 所示。仍然选择 K 值使系统在分区域Ⅰ和Ⅲ内系统是欠阻尼(原点为虚稳定焦点);选择 kK 值使系统在分区域Ⅱ内是临界阻尼(原点为实稳定节点)。但应注意,奇点的位置与输入作用有关,V 值不同,奇点的位置也不同。分区域Ⅰ和Ⅲ的奇点是点 $P_{1,3}(V/K, 0)$,它是稳定焦点;分区域Ⅱ的奇点是 $P_2(V/kK, 0)$,它是稳定节点;显然,$V/K < V/kK$。

当 $\dfrac{V}{kK}<e_0$ 时,奇点 $P_{1,3}$ 和 P_2 均在分区域 II 内,则点 $P_{1,3}$ 是虚稳定焦点,P_2 点是实稳定节点。起始于点 $A(R,V)$ 的相轨迹首先收敛于虚稳定焦点 $P_{1,3}$,直至点 B,然后从点 B 开始收敛于实稳定节点 P_2,系统的稳态误差为 $e_{ss}=\dfrac{V}{kK}$,如图 7-36(a)所示。

当 $\dfrac{V}{K}<e_0<\dfrac{V}{kK}$ 时,奇点 $P_{1,3}$ 在分区域 II 内,且为虚稳定焦点;奇点 P_2 在分区域 I 内,且为虚稳定节点。起始于 $A(R,V)$ 点的相轨迹首先收敛于虚稳定焦点 $P_{1,3}$,直至点 B;然后从 B 点开始收敛于稳定节点 P_2,直至 C 点;再从 C 点开始又收敛于虚稳定焦点 $P_{1,3}$,直至 D 点。由于两个奇点都是虚奇点,因此相轨迹必然往返于区域 I 和 II 之间,而又逐渐收敛于点 $(e_0,0)$,并且伴随出现振荡现象;系统的稳态误差为 $e_{ss}=e_0$,如图 7-36(b)所示。在实际的系统中,由于增益系数的切换总是有延时的,因此在点 $(e_0,0)$ 附近将会形成稳定的极限环。

当 $e_0<\dfrac{V}{K}$ 时,奇点 $P_{1,3}$ 和 P_2 均在分区域 I 内,并且点 $P_{1,3}$ 是实稳定焦点,点 P_2 是虚稳定节点。起始于 $A(R,V)$ 点的相轨迹首先收敛于实稳定焦点 $P_{1,3}$,直至 B 点;然后从 B 点开始收敛于虚稳定节点 P_2,直至 C 点;最后从 C 点开始收敛于实稳定焦点 $P_{1,3}$,如图 7-36(c)所示。

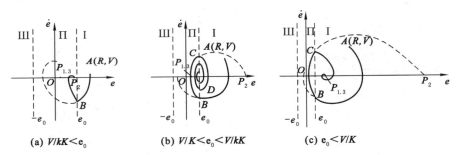

图 7-36　阶跃加斜坡信号作用下图 7-34 系统的相轨迹

7.5.3　具有理想继电非线性的控制系统

具有理想继电非线性的控制系统如图 7-37 所示,其中理性继电非线性输入-输出函数关系式为

$$u=g(e)=\begin{cases} M & e>0 \\ -M & e<0 \end{cases} \tag{7-103}$$

系统的微分方程为

$$\begin{cases} T\ddot{c}+\dot{c}=Kg(e) \\ e=r-c \end{cases} \tag{7-104}$$

1. 阶跃响应

对于阶跃输入信号 $r(t)=R$,则有 $\dot{e}=-\dot{c}$,$\ddot{e}=-\ddot{c}$,式(7-104)可变为

$$\begin{cases} T\ddot{e}+\dot{e}+KM=0 & e>0 \\ T\ddot{e}+\dot{e}-KM=0 & e<0 \end{cases} \tag{7-105}$$

根据式(7-105)中的两个微分方程,可以相应地把相平面划分为两个分区域 Ⅰ 和 Ⅱ,其开关线方程为 $e=0$,如图 7-38 所示。并且两个分区域都没有奇点。由式(7-62)可知,系统的相平面图对称于原点。

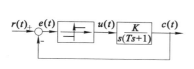

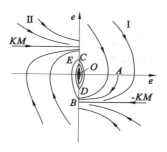

图 7-37　具有理想继电器非线性的控制系统　　图 7-38　阶跃信号作用下图 7-37 系统的相平面图

对于分区域 Ⅰ,由式(7-71)的等倾线方程为

$$\dot{e} = -\frac{\dfrac{MK}{T}}{\alpha + \dfrac{1}{T}} \tag{7-106}$$

和前面讨论的无奇点情况一样,等倾线是一簇平行于 e 轴的直线。当 $\alpha = -\infty$,$\dot{e}=0^+$;当 $-\infty < \alpha < -1/T$ 时,$0 < \dot{e} < \infty$;当 α 从左边趋近于 $-1/T$ 时,$\dot{e} = \infty$;当 α 从右边趋近于 $-1/T$ 时,$\dot{e} = -\infty$;当 $-1/T < \alpha < 0$ 时,$-\infty < \dot{e} < -KM$;当 $\alpha = 0$ 时,$\dot{e} = -KM$,并且这条等倾线本身就是一条相轨迹;当 $0 < \alpha < \infty$ 时,$-KM < \dot{e} < 0$。据此可做出分区域 Ⅰ 的相平面图。根据相平面图的对称性或根据分区域 Ⅱ 的等倾线方程,还可做出分区域 Ⅱ 的相平面图。整个系统的相平面如图 7-38 所示。图中曲线 $ABCD \cdots O$ 为零初始条件下系统阶跃响应的相轨迹;由于分区域 Ⅰ 和 Ⅱ 都没有奇点,其运动最终将分别趋向于 $\dot{e} = -KM$ 和 $\dot{e} = KM$,因此相轨迹必然往返于分区域 Ⅰ 和 Ⅱ 之间,考虑继电非线性元件的切换延时,则会在原点附近形成稳定的极限环。

2. 阶跃加斜坡响应

对于阶跃加斜坡输入信号 $r(t) = R + Vt$,则有 $\dot{e} = V - \dot{c}$,$\ddot{e} = -\ddot{c}$,式(7-104)可变为

$$\begin{cases} T\ddot{e} + \dot{e} + KM = V & e > 0 \\ T\ddot{e} + \dot{e} - KM = V & e < 0 \end{cases} \tag{7-107}$$

根据式(7-107)中的两个微分方程,可以相应地把相平面划分为两个分区域 Ⅰ 和 Ⅱ,其开关线方程为 $e=0$,如图 7-39 所示,并且在一般情况下两个分区域都没有奇点。

对于分区域 Ⅱ,其等倾线方程为

$$\dot{e} = \frac{\dfrac{V + KM}{T}}{\alpha + \dfrac{1}{T}} \tag{7-108}$$

即等倾线是一系列平行于 e 轴的直线,其中 $\alpha = 0$ 的等倾线(也是一条相轨迹)为 $\dot{e} = V + KM$,对于任何数值的 V,总有 $\dot{e} = V + KM > 0$,因此其相平面图与图 7-38 中分区域 Ⅱ 是类同的。

对于分区域 I,其等倾线方程为

$$\dot{e} = \frac{\dfrac{V-KM}{T}}{\alpha + \dfrac{1}{T}} \tag{7-109}$$

即等倾线也是一系列平行于 e 轴的直线。当 $V > KM$ 时,$\alpha = 0$ 的等倾线为 $\dot{e} = V - KM > 0$,因此分区域 I 的相平面图与图 7-38 中的分区域 II 也是类同的,整个系统的相平面图如图 7-39(a)所示。图中曲线 ABC 是起始点为 A 的相轨迹;由于分区域 II 中的运动最终也将趋于 $\dot{e} = V + KM > 0$,因此相轨迹必然进入分区域 I;又由于分区域 I 中的运动最终将趋于 $\dot{e} = V - KM$,因此 e 必然沿 $\dot{e} = V - KM$ 趋于无穷大。

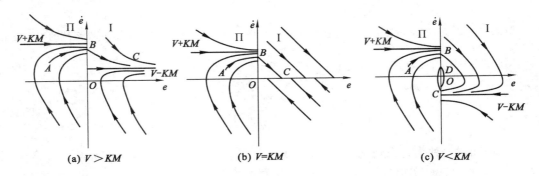

图 7-39　阶跃加斜坡信号作用下图 7-37 系统的相平面图

当 $V = KM$ 时,式(7-107)中的第一式变为

$$T\ddot{e} + \dot{e} = 0 \tag{7-110}$$

这和前面讨论的整个 x 轴为奇线类似,整个正 e 轴为系统的奇线。这时分区域 I 的等倾线方程为

$$\alpha = -\frac{1}{T} \tag{7-111}$$

因此在分区域 I 中的一切普通点上,相轨迹的斜率均为 $-1/T$。整个系统的相平面图如图 7-39(b)所示。图中的曲线 ABC 是起始点为 A 点的相轨迹。可以看出,分区域 II 中的运动最终将进入分区域 I,而分区域 I 中的运动最终将收敛于奇线上的 C 点,稳态误差为 $e_{ss} = \overline{OC}$,并且与初始条件有关。

当 $V < KM$ 时,$\alpha = 0$ 的等倾线为 $\dot{e} = V - KM < 0$,因此分区域 I 的相平面图与图 7-38 中的分区域 I 式类同的。整个系统的相平面图如图 7-39(c)所示。图中曲线 $ABCDO$ 是起始点为 A 的相轨迹;由于分区域 I 和 II 中的运动最终也将分别趋于 $\dot{e} = V - KM$ 和 $\dot{e} = V + KM$,因此相轨迹必然往返于区域 I 和 II,且在原点附近形成稳定的极限环。

3. 速度负反馈与线性开关线

具有速度负反馈的理想继电非线性控制系统如图 7-40 所示,这时理想继电非线性的输入-输出函数关系式为

$$u = g(e') = \begin{cases} M & e' > 0 \\ -M & e' < 0 \end{cases} \tag{7-112}$$

系统的微分方程为

$$\begin{cases} T\dddot{c} + \dot{c} = Kg(e') \\ e' = e - \tau\dot{c} \\ e = r - c \end{cases} \tag{7-113}$$

对于阶跃输入信号 $r(t) = R$，由式(7-112)和式(7-113)得

$$\begin{cases} T\ddot{e} + \dot{e} + KM = 0 \quad e' > 0 \\ T\ddot{e} + \dot{e} - KM = 0 \quad e' < 0 \end{cases} \tag{7-114}$$

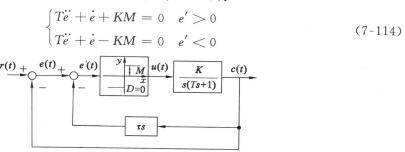

图 7-40　具有负反馈的理想继电非线性控制系统

根据式(7-114)中的两个微分方程,可以相应地把相平面划分为两个分区域 Ⅰ 和 Ⅱ,其开关线方程由式(7-113)可知为 $e + \tau\dot{e} = e' = 0$,如图 7-41 所示,并且两个分区域都没有奇点。显然,系统的相平面图对称于原点。

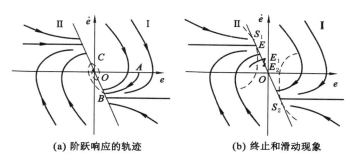

(a) 阶跃响应的轨迹　　　　(b) 终止和滑动现象

图 7-41　阶跃信号作用下图 7-40 系统的相平面图

容易看出,除开关线不同外,系统的相平面图与图 7-38 是完全相同的,如图 7-41 所示。图 7-41(a)中曲线 $ABC\cdots O$ 为零初始条件下系统阶跃响应的相轨迹,其中虚线所表示的是同一初始条件下没有速度负反馈时的相轨迹。可见,速度负反馈提前切换了系统的运动规律。从而加速了系统运动的收敛过程,抑制了振荡,减小了超调量,缩短了调整时间,使系统的性能大为改善。

应该注意,在特定情况下,如图 7-41(b)中开关线上的 S_1S_2 段,其中 S_1 和 S_2 分别是分区域 Ⅱ 和 Ⅰ 中的相轨迹与开关线的切点。假设有一条相轨迹从分区域 Ⅱ 达到 S_1S_2 段上的 E 点,按照通常的情况,系统的运动便转为服从分区域 Ⅰ 的运动规律;但是从 E 点开始的分区域 Ⅰ 的相轨迹所表示的运动规律不是使运动状态的动点进入分区域 Ⅰ,而是又返回到分区域 Ⅱ。这样系统的运动便又转为服从分区域 Ⅱ 的运动规律;由于 E 点是动点沿分区域 Ⅱ 中的一条相轨迹达到 S_1S_2 段上的一个点,所以动点既不可能沿着原来的相轨迹,也不可能沿着其他的相轨迹(通过任一普通点的相轨迹是唯一的)重返分区域 Ⅱ,系统的运动只能终

止在 E 点,这就是所谓的终止现象。在终止状态下,由于开关元件的切换延时及系统本身的惯性,终止现象在工程实际中显然是不可能的。

实际上任何开关元件的切换都有延时,只是通常切换延时很小,对系统的运动状态不产生任何本质性的影响。但在这种特殊情况下,切换延时将对系统的运动产生着本质的影响,它使终止现象成为不可能。当动点从分区域Ⅱ(或Ⅰ)沿着某一相轨迹达到 $S_1 S_2$ 段上时,系统的运动规律并不立即发生变化,而是按照分区域Ⅱ(或Ⅰ)的运动规律在分区域Ⅰ(或Ⅱ)继续运动一段很小的时间(切换延时时间),以至深入到分区域Ⅰ(或Ⅱ)内的 E_1 点,而在 E_1 点又按照分区域Ⅰ(或Ⅱ)的运动规律向分区域Ⅱ(或Ⅰ)运动直到 E_2 点……这样系统的运动就沿着一条锯齿形曲线趋向于坐标原点,并伴随出现一种振荡现象。继电非线性系统中的这种运动状态称为滑动现象,并且 τ 愈大,出现滑动现象的 $S_1 S_2$ 段便愈长,当 $\tau \geqslant T$ 时,在整个开关线上都会出现滑动现象。

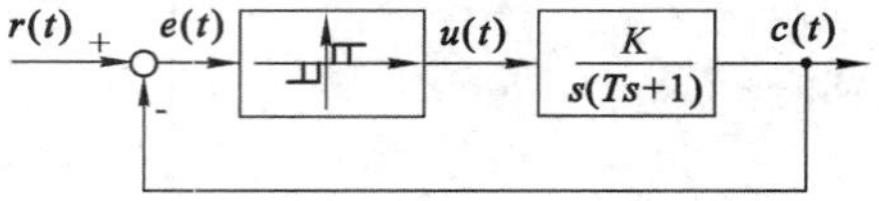

图 7-42 具有死区和滞环继电
非线性的控制系统

7.5.4 具有死区和滞环继电非线性的控制系统

具有死区和滞环继电非线性的控制系统如图 7-42 所示,其中含有死区和滞环继电非线性的输入-输出函数关系式为

$$u = g(e) = \begin{cases} M & e \geqslant e_0 ; e > m e_0 , \dot{e} < 0 \\ -M & e \leqslant -e_0 ; e < -m e_0 , \dot{e} > 0 \\ 0 & \text{不满足上述条件时} \end{cases} \tag{7-115}$$

系统的微分方程为

$$\begin{cases} T \ddot{c} + \dot{c} = K g(e) \\ e = r - c \end{cases} \tag{7-116}$$

1. 阶跃响应

设阶跃输入信号 $r(t) = R$,则有 $\dot{e} = -\dot{c}, \ddot{e} = -\ddot{c}$,(7-116)式可变为

$$\begin{cases} T \ddot{e} + \dot{e} + K M = 0 & e \geqslant e_0 ; e > m e_0 , \dot{e} < 0 \\ T \ddot{e} + \dot{e} - K M = 0 & e \leqslant -e_0 ; e < -m e_0 , \dot{e} > 0 \\ T \ddot{e} + \dot{e} = 0 & \text{不满足上述条件时} \end{cases} \tag{7-117}$$

根据式(7-117)中的三个微分方程,可以把相平面划分为相应的三个分区域Ⅰ、Ⅱ和Ⅲ,其开关线方程为

$$e = \begin{cases} e_0 & \dot{e} > 0 \\ m e_0 & \dot{e} < 0 \end{cases} \tag{7-118}$$

和

$$e = \begin{cases} -m e_0 & \dot{e} > 0 \\ -e_0 & \dot{e} < 0 \end{cases} \tag{7-119}$$

如图 7-43 所示。这里仅以式(7-118)加以解释[式(7-119)类似]。由 $e = e_0$ 和 $e = m e_0$ 所规定的两条直线确定了相平面上的一个滞环区域。当 $\dot{e} > 0$ 时,e 总是逐渐增大的,继电

非线性元件在进入滞环区域之前的输出值为零,因此上半平面的滞环区域属于分区域 Ⅱ。因区域 Ⅰ 和 Ⅲ 的相平面图与图 7-38 中分区域 Ⅰ 和 Ⅱ 是相同的,即两个分区域都没有奇点,分区域 Ⅰ 中的一切运动都趋向于 $\dot{e}=-KM$,分区域 Ⅲ 中的一切运动都趋向于 $\dot{e}=KM$;分区域 Ⅱ 的相平面图与图 7-39(b)中分区域 Ⅰ 相同的,即分区域 Ⅱ 中一切普通点上的轨迹斜率为 $1/T$,而 e 轴上由 $-e_0$ 到 e_0 的线段则为奇线。

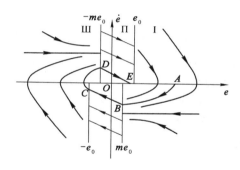

图 7-43 阶跃信号作用下
图 7-42 系统的相平面图

整个系统的相平面图如图 7-43 所示。图中曲线 $ABCDE$ 为零初始条件下系统阶跃响应的相轨迹,系统的运动最终将收敛于分区域 Ⅱ 奇线上的 E 点,稳态误差为 $e_{ss}=\overline{OE}$,并且其值与初始条件有关。

作出不同 m 值下的相轨迹曲线即可证明:在系统线性部分参数一定的条件下,当 m 减小到某一数值时,就会出现半稳定的极限环;当 m 值进一步减小时,就会出现稳定的极限环;当 $m=-1$ 时,在任何系统参数下都必然出现稳定极限环。

2. 阶跃加斜坡响应

对于阶跃加斜坡输入信号 $r(t)=R+Vt$,则有 $\dot{e}=V-\dot{c}$,$\ddot{e}=-\ddot{c}$,式(7-116)可变为

$$
\begin{cases}
T\ddot{e}+\dot{e}+KM=V & e\geqslant e_0;e>me_0,\dot{e}<0 \\
T\ddot{e}+\dot{e}-KM=V & e\leqslant -e_0;e<-me_0,\dot{e}>0 \\
T\ddot{e}+\dot{e}=V & \text{不满足上述条件时}
\end{cases}
\tag{7-120}
$$

根据式(7-120)中的三个微分方程,可以把相平面划分为相应的三个分区域 Ⅰ、Ⅱ 和 Ⅲ,其开关线方程也为式(7-118)和式(7-119),如图 7-44 所示。由式(7-120)和(7-114)可知,分区域 Ⅲ 和 Ⅱ 的相平面图与图 7-38 中的分区域 Ⅱ 是相同的,即两个分区域没有奇点,分区域 Ⅲ 中的一切运动都趋向于 $\dot{e}=V+KM$,分区域 Ⅱ 中的一切运动都趋向于 $\dot{e}=V$;分区域 Ⅰ 的相平面图与图 7-39 中分区域 Ⅰ 是相同的,即随 V 和 KM 相对大小的不同,分区域 Ⅰ 中的运动是不同的。

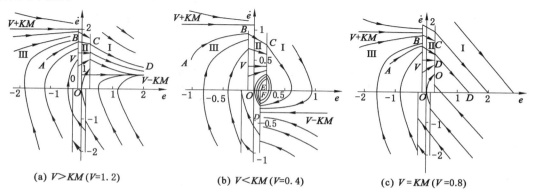

(a) $V>KM$ $(V=1.2)$ (b) $V<KM$ $(V=0.4)$ (c) $V=KM$ $(V=0.8)$

$(T=1,K=4,e_0=0.2,m=0.5,M=0.2)$

图 7-44 阶跃加斜坡作用下图 7-42 系统的相平面图

当 $V > KM$ 时,分区域Ⅰ的相平面图与图 7-39(a)中分区域Ⅰ是相同的,即分区域Ⅰ中的一切运动都趋向于 $\dot{e} = V - KM > 0$。整个系统的相平面图如图 7-44(a)所示。图中曲线 $ABCD$ 是起始点为 A 的相轨迹,系统的误差 e 最终将沿着 $\dot{e} = V - KM > 0$ 趋向于无穷大。

当 $V < KM$ 时,分区域Ⅰ的相平面图与图 7-39(c)中分区域Ⅰ是相同的,即分区域Ⅰ中的一切运动都趋向于 $\dot{e} = V - KM < 0$。整个系统的相平面图如图 7-44(b)所示。图中曲线 $ABCDEF$ 是起始点为 A 的相轨迹,系统的运动收敛于极限环(注意,不是一切参数下都出现极限环)。

当 $V = KM$ 时,分区域Ⅰ的相平面图与图 7-39(b)中分区域Ⅰ是相同的,即分区域Ⅰ中的一切普通点上的相轨迹斜率均为 $-1/T$,而大于 e_0 的 e 轴则为奇线。系统的相平面图如图 7-44(c)所示。图中曲线 $ABCD$ 是起始点为 A 的相轨迹,系统的运动最终将收敛于奇线上的 D 点,稳态误差为 $e_{ss} = \overline{OD}$,并且与初始条件有关。

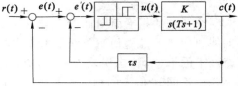

图 7-45　具有速度负反馈的含有死区和
滞环继电非线性控制系统

3. 速度负反馈

具有速度负反馈的含有死区和滞环继电非线性的控制系统,如图 7-45 所示。

这时含有死区和滞环的继电非线性的输入-输出函数关系式为

$$u = g(e') = \begin{cases} M & e' \geqslant e_0 \,; e' > m e_0 \dot{e}' < 0 \\ -M & e' \leqslant -e_0 \,; e' < -m e_0 \dot{e}' > 0 \\ 0 & \text{不满足上述条件时} \end{cases} \tag{7-121}$$

系统的微分方程为

$$\begin{cases} T\ddot{c} + \dot{c} = K g(e') \\ e' = e - \tau\dot{c} \\ e = r - c \end{cases} \tag{7-122}$$

对于阶跃输入信号 $r(t) = R$,则有 $\dot{e} = -\dot{c}, \ddot{e} = -\ddot{c}$,式(7-122)可变为

$$\begin{cases} T\ddot{e} + \dot{e} + KM = 0 & e' \geqslant e_0 \,; e' > m e_0 \ \dot{e}' < 0 \\ T\ddot{e} + \dot{e} - KM = 0 & e' \leqslant -e_0 \,; e' < -m e_0 \dot{e}' > 0 \\ T\ddot{e} + \dot{e} = 0 & \text{不满足上述条件时} \end{cases} \tag{7-123}$$

而 $e + \tau\dot{e} = e'$,根据式(7-123)中的微分方程可以把相平面划分为相应的三个分区域Ⅰ、Ⅱ和Ⅲ,其开关线方程为

$$\dot{e} = \begin{cases} -\dfrac{1}{\tau}(e - e_0) & \dot{e} > 0 \\ -\dfrac{1}{\tau}(e - m e_0) & \dot{e} < 0 \end{cases} \tag{7-124}$$

$$\dot{e} = \begin{cases} -\dfrac{1}{\tau}(e + m e_0) & \dot{e} > 0 \\ -\dfrac{1}{\tau}(e + e_0) & \dot{e} < 0 \end{cases} \tag{7-125}$$

如图 7-46 所示。这里仅就式(7-124)加以解释[式(7-125)类似]。由 $e+\dot{\tau}e=e'=e_0$ 和 $e+\dot{\tau}e=e'=me_0$ 所规定的两条直线确定了相平面上的一个滞环区域,当 $\dot{e}<0$ 时,有 $u=M$,因此下半平面的滞环区域属于分区域 I;当 $\dot{e}>0$ 时有 $u=0$,因此上半平面的滞环区域属于分区域 II。

容易理解,除开关线不同外,系统的相平面图与图 7-43 是完全相同的,如图 7-46 所示。

图中曲线 $ABCDE$ 为零初始条件下系统阶跃响应的相轨迹;系统的运动最终将收敛于分区域 II 奇线上的点 E 稳态误差为 $e_{ss}=\overline{OE}$,并且其值与初始条件有关。比较图 7-46 和 7-43 可看到,速度负反馈可以大大改善系统性能的作用。

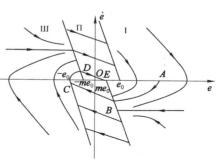

图 7-46　阶跃信号作用下图 7-45 系统的相平面图

当 $\tau>T$ 时,在开关线上就出现终止现象;当考虑到开关元件的切换延时时,终止现象便不复存在,但随之将出现滑动现象。有关这些问题的分析,与具有理想继电非线性的控制系统是完全相同的,不再一一重叙。

7.6　非线性系统 MATLAB 仿真分析

相平面法是求解一阶、二阶线性和非线性系统的图解方法。它可给出系统的稳定性信息和系统运动的直观图像,属于时域分析方法。相平面是以状态 x 和它的导数 $\dot{x}$ 为坐标轴,组成的二维状态平面。在每一个时刻 t,状态 $x(t)$ 和它的导数 $\dot{x}(t)$ 对应于相平面上的一个点,按时间的先后次序,将这些点连接起来,得到的系统状态运动轨线称为相轨迹。对于不同的初始点,可以绘制不同的相轨迹,组成相轨迹族。本节主要讨论在 MATLAB 仿真软件中如何绘制相平面图。

7.6.1　直接法绘制相平面图的 MATLAB 仿真

直接求解微分方程得到它的根和导数从而绘制相轨迹的方法称为直接法,直接法具有较高的精度,但有时微分方程复杂,解析解求取困难。以下以二阶系统为例描述直接法绘制相平面图的过程。

直接求解微分方程得到根和它的导数从而绘制相轨迹的方法称为直接法,直接法具有较高的精度,但有时微分方程复杂,解析解求取困难。以下以二阶系统为例描述直接法绘制相平面图的过程。

例 7-3　设非线性系统如图 7-47 所示,输入为单位斜坡函数。试在 e-$\dot{e}$ 平面上绘制相轨迹。

解　假设系统为零状态,即 $c(0)=0,\dot{c}(0)=0$,则描述系统的方程为 $\ddot{c}=u$,因为 $r(t)=t$,故有 $e=t-c$,$\dot{e}=1-\dot{c}$,$\ddot{e}=-\ddot{c}$,初始条件 $e(0)=0,\dot{e}(0)=1$。结合非线性特性,可得:

$$\begin{cases} \dfrac{1}{2}\dot{e}^2=-e+C & (e>1;e>-1,\dot{e}<0) \\[2mm] \dfrac{1}{2}\dot{e}^2=e+C & (e<-1;e<1,\dot{e}>0) \end{cases}$$

编写程序 prg7_1 可精确绘制系统相轨迹,如图 7-48 所示。从图中可以看出系统振荡发散。

```
t=0:0.01:30;    %时间变量作为参变量,范围设置为 0～30,步距为 0.01
e0=[0 1]';      %设置初始条件
[t,e1]=ode45('sys88',t,e0);   %采用 ode45 求解算法,并调用自编函数 sys88
plot(e1(:,1),e1(:,2));grid
```

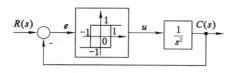

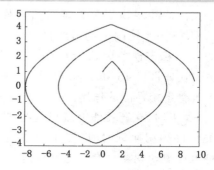

图 7-47　例 7-3 非线性控制系统结构图　　　图 7-48　例 7-3 的相轨迹

其中需要调用自编函数 sys88,函数原代码如下:

```
function de=sys88(t,e)
de1=e(2);
if((e(1)>1)|(((e(1)<1)&(e(1)>−1))&(e(2)<0)))
de2=−1;
else de2=1;
end
de=[de1 de2]';
```

7.6.2　等倾线法绘制相平面图的 MATLAB 仿真

相轨线斜率方程表示为 $\dfrac{\mathrm{d}\dot{x}}{\mathrm{d}x}=-\dfrac{f(x,\dot{x})}{\dot{x}}$,满足斜率为定值 α 的等倾线方程表示为 $\alpha\dot{x}=-f(x,\dot{x})$。对不同的 α 值,绘制等倾线短线段,组成的轨迹就是相轨迹族。

例 7-4　用等倾线法绘制上例二阶系统的相平面图。

编写的程序 prg7_2 如下:

```
figure('pos',[50,50,300,300],'color','w');
axes('pos',[0.14,0.14,0.75,0.75]);
for j=1:4;                              %循环改变初值,分别为 1、2、3、4
x(1)=0;
dx(1)=j;
alf(1)=−x(1)/dx(1)−1;
for i=[1:1000];                         %按照等倾线法绘制相轨迹
alf(i+1)=alf(i)−0.1;
as(i)=(alf(i)+alf(i+1))/2;
x(i+1)=−(dx(i)−as(i)*x(i))/(as(i)+1/(1+alf(i+1)));
```

```
dx(i+1)=-1/(1+alf(i+1))*x(i+1);
line([x(i) x(i+1)],[dx(i) dx(i+1)]);
hold on;
end;
xx(1)=x(1001);
dxx(1)=-dx(1001);
al(1)=-xx(1)/dxx(1)-1;
for i=[1:1000];
al(i+1)=al(i)-0.1;
asl(i)=(al(i)+al(i+1))/2;
xx(i+1)=-(dxx(i)-asl(i)*xx(i))/(asl(i)+1/(1+al(i+1)));
dxx(i+1)=-1/(1+al(i+1))*xx(i+1);
line([xx(i) xx(i+1)],[dxx(i) dxx(i+1)]);
end;
x2(1)=xx(1001);
dx2(1)=dxx(1001);
al2(1)=-x2(1)/dx2(1)-1;
for i=[1:1000];
al2(i+1)=al2(i)-0.1;
asl2(i)=(al2(i)+al2(i+1))/2;
x2(i+1)=-(dx2(i)-asl2(i)*x2(i))/(asl2(i)+1/(1+al2(i+1)));
dx2(i+1)=-1/(1+al2(i+1))*x2(i+1);
line([x2(i) x2(i+1)],[dx2(i) dx2(i+1)]);
end;
end;
line([0 0],[-2 4],'lines',':');
line([-0.5 2.5],[0 0],'lines',':')
axis([-0.5 2.5 -2 4]);
set(gca,'box','on')
```

程序绘制 4 条相轨迹线,由于在 $\dot{x}$ 和 x 轴的斜率为无穷和零,因此,绘制相轨迹时分为多段进行(程序中分为 3 段)。第一象限内等倾线斜率从 -1 减小到 $-\infty$,第二象限内等倾线斜率从 ∞ 减小到 0 再减到 -1,第三象限与第一象限相同。注意,过原点的直斜率是由系统的斜率线 $\dfrac{\mathrm{d}\dot{x}}{\mathrm{d}x}=-\dfrac{f(x,\dot{x})}{\dot{x}}$

确定,现从初始点 $[\dot{x}=1,2,3,4;x(0)=0]$ 开始的相轨迹斜率是等倾线的 α。考虑到在两条相邻等倾线的斜率,程序中用了它们的平均值。程序用迭代算法,求解交点的坐标。图 7-49 是用等倾线法绘制的相平面图。程序中斜率的间隔较小,因此,与直接法的结果十分接近。

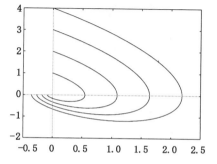

图 7-49　用等倾线法绘制相平面图

本例中系统的斜率 $\dfrac{\mathrm{d}\dot{x}}{\mathrm{d}x}=-\dfrac{1}{1+\alpha}$。对于非线性系统,也可用本法绘制相平面图。如果线性系统用状态方程表示为:

$$\dot{x}=\begin{bmatrix}\dot{x_1}\\\dot{x_2}\end{bmatrix}=\begin{bmatrix}0 & 1\\a_{21} & a_{22}\end{bmatrix}\begin{bmatrix}x_1\\x_2\end{bmatrix}$$

相平面上相轨迹任一点斜率为 $\alpha=\dfrac{\mathrm{d}x_2}{\mathrm{d}x_1}=\dfrac{\dot{x_2}}{\dot{x_1}}=\dfrac{a_{21}x_1+a_{22}x_2}{x_2}$ 因此,等倾线方程 $x_2=\dfrac{a_{21}}{\alpha-a_{22}}x_1$。

7.6.3 非线性系统相平面法分析的 MATLAB 仿真

非线性系统可以用相平面图分析其性能。下面是一个示例。

例 7-5 确定有饱和特性的系统相平面图和系统输出响应。

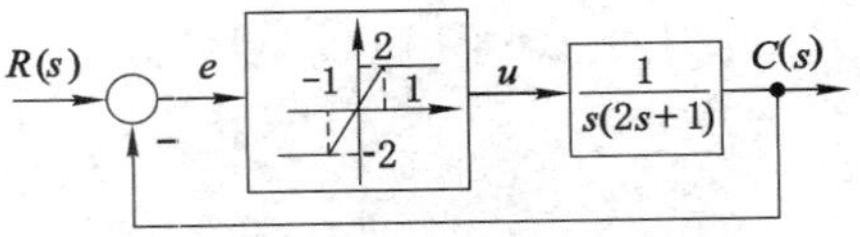

图 7-50 是被研究的非线性控制系统,由非线性的饱和特性部分和线性部分组成。

图 7-50 非线性控制系统结构图

在非线性部分的非饱和区,系统与具有放大系数为 2 的线性控制相同;在进入饱和区后,系统的输入成为恒定值(+2 或 -2)。

编写的程序 prg7_3 如下:

```
%将线性部分的系统转换成状态空间形式,并设置采样 ts。
a=[0  1;0  -1/2];b=[0  1/2]';ts=0.05;[phi,del]=c2d(a,b,ts);
%设置非线性状态初始值 xnl,和线性部分初始值 xlin,时间初值 t,终止值 tend,阶跃%输入幅值 u,饱
和值 ks 和饱和区范围 gs。
xnl=[0  0]';xnlold=xnl; xlin=[0  0]'; xlinold=xlin; t=0; u=4; tend=20; ks=2; gs=2;
                          %计算线性环节和饱和环节的输出,组成响应向量
while t<tend
t=[t  t(length(t))+ts]; enl=gs*(u-xnlold(1)); elin=gs*(u-xlinold(1));
if enl>ks, enlsat=ks;                              %饱和非线性
elseif enl<-2, enlsat=-ks;
else  enlsat=enl;
end
xnlold=phi*xnlold+del*enlsat; xnl=[xnl  xnlold];
xlinold=phi*xlinold+del*elin; xlin=[xlin  xlinold];
end
figure('pos',[50,50,200,400],'color','w');
axes('pos',[0.14,0.56,0.75,0.35]);plot(xlin(1,:),xlin(2,:)),grid
hold on;plot(xnl(1,:),xnl(2,:));
axes('pos',[0.14,0.14,0.75,0.35]);plot(t,xlin),grid;hold on;plot(t,xnl);axis([0 20 -2 6])
```

图 7-51(a)显示了响应环节和非线性环节的相轨迹,可以看到,阶跃幅值为 4,因此,相轨迹的终点为(4,0)。图 7-51(b)显示了响应曲线,其中,线性系统的状态 xlinl 的超调量接

近 5.85,非线性的状态 xnl1 接近 5.02,第二峰分别为 4.4 和 4.22,最终稳定在 4,因此,衰减比约为 4.625 和 4.636。

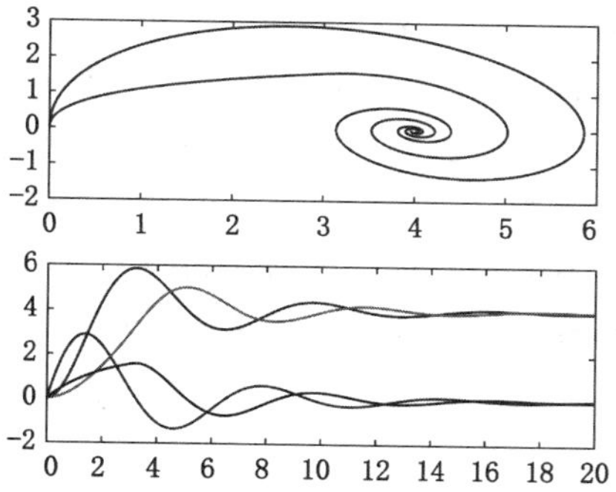

习题 7

习题 7-1　试确定图 7-52 所示的饱和-死区非线性元件的描述函数。

习题 7-2　试确定输入-输出关系式为 $y= x^3$ 的非线性元件的描述函数。

习题 7-3　假设含有 $y = x^3$ 非线性元件的单位负反馈控制系统线性部分的传递函数为

$$G(s) = \frac{0.5}{s(s+1)(0.5s+1)}$$

试确定系统的稳定性。

图 7-51　相轨迹图和响应曲线

习题 7-4　具有饱和非线性的控制系统如图 7-53所示,试求

(1) $K=15$ 时系统的自由运动状态。

(2) 欲使系统稳定工作,不出现自振荡,K 的临界稳定值是多少。

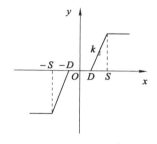

图 7-52　饱和-死区非线性元件的输入-输出特性曲线

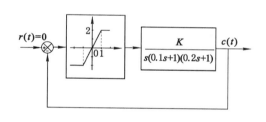

图 7-53　非线性系统的结构图

习题 7-5　假设含有理想继电非线性的单位负反馈控制控制系统线性部分的传递函数为

$$G(s) = \frac{5}{s(s+1)(0.5s+1)}$$

试确定极限环的振幅和频率。

习题 7-6　假设含有间隙非线性($k=1$)的单位负反馈控制控制系统线性部分的传递函数为

$$G(s) = \frac{2}{s(s+1)(0.5s+1)}$$

试用描述函数法确定极限环的振幅和频率。

习题 7-7　试确定非线性系统

(1) $\ddot{x} + x\dot{x} + x = 0$

(2) $\ddot{x} + \dot{x}^2 + x = 0$

（3）$\ddot{x}-(0.5-3\,\dot{x}^2)\dot{x}+x+x^2=0$ 的奇点类型，并绘制相平面。

习题 7-8　在图 7-42 所示的系统中，已知 $T=1,K=4,e_0=0.2,m=-1$ 和 $M=0.2$，试用相平面法分析系统运动的性质。

习题 7-9　在图 7-42 所示的系统中，已知 $T=1,K=4,e_0=0.2,m=1$ 和 $M=0.2$，试用相平面法分析系统的阶跃响应和斜坡响应过程。

习题 7-10　试在 $e\text{-}\dot{e}$ 平面上作出图 7-54 所示非线性控制系统的相平面图，并分析系统对某一典型初始条件的响应过程。

习题 7-11　试在 $e\text{-}\dot{e}$ 平面上作出图 7-55 所示非线性控制系统的相平面图，并分析系统对若干有代表性的初始条件的响应过程。

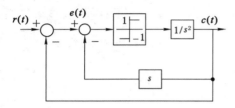

图 7-54　具有速度负反馈的
理想继电非线性控制系统

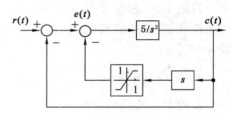

图 7-55　具有非线性速度
负反馈的控制系统

第8章　线性离散控制系统的分析和校正

　　随着数字计算机技术的迅速发展,数字控制器越来越广泛地应用于自动控制系统中,而计算机是以脉冲的方式进行工作的,所以在计算机控制系统中,既包含了连续信号也包含了离散信号。离散控制系统相较连续控制系统而言,既有本质的区别,又有分析方法上的相似性。对离散控制系统的分析是在建立离散控制系统的数学模型——差分方程和脉冲传递函数的基础上,分别利用时域分析法和 z 域分析法研究线性离散控制系统的暂态和稳态性能,并能够根据期望的性能指标对系统进行校正。

8.1　离散系统的基本概念

　　如果控制系统中有一处或几处信号是一串脉冲或数码,或是信号仅定义在离散时间上,则这样的系统称为离散时间系统,简称离散系统。如果一个系统中的变量有数字信号,则称这样的系统为数字控制系统。

8.1.1　采样控制系统

　　采样控制系统由采样器、数字控制器、保持器和被控对象组成。采样器通过等时间间隔(采样周期)的采样把连续的偏差信号转换成离散信号,由数字控制器对它进行适当的变换,以满足控制的需要。

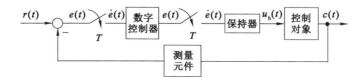

图 8-1　采样控制系统

　　例 8-1　图 8-2 所示炉温采样控制系统原理图。其工作原理如下:

　　解　当炉温 θ 偏离给定值时,测温电阻的阻值发生变化,使电桥失去平衡,这时检流计指针发生偏转,其偏角为 s。检流计是一个高灵敏度的元件,在指针与电位器之间不允许有摩擦力,故由一套专门的同步电动机通过减速器带动凸轮运转,使检流计指针周期性地上下运动,每隔 T 秒与电位器接触一次。每次接触时间为 τ。其中,T 称为采样周期,τ 称为采样持续时间。当炉温连续变化时,电位器的输出是一串宽度为 T 的脉冲电压信号 $e_\tau^*(t)$,如图 8-3所示。$e_\tau^*(t)$ 经放大器、电动机及减速器去控制阀门开度 φ,以改变加热气体的进气量,使炉温趋于给定值。炉温的给定值,由给定电位器给出。

　　在炉温控制过程中,如果采用连续控制方式,则无法解决控制精度与动态性能之间的矛盾。

炉温调节是一个大惯性过程。当加大开环增益以提高系统的控制精度时,由于系统的灵敏度相应提高,在炉温低于给定值的情况下,电动机将自动增大阀门开度,给炉子供应更多的加热气体,但因炉温上升缓慢,在炉温升到给定值时,电动机已将阀门开度开得更大了,从而炉温继续上升,结果造成反方向调节,引起炉内振荡性调节过稳;而在炉温高于给定值情况下,具有类似的调节过程。如果对炉温进行采样控制,只有当检流计的指针与电位器接触时,电动机才在采样信号作用下产生旋转运动,进行炉温调节;而在检流计与电位器脱开时,电动机就停止不动,保持一定的阀门开度,等待炉温缓慢变化。在采样控制情况下,电动机时转时停,所以调节过程中超调现象大为减小,甚至在采用较大开环增益情况下,不但能保证系统稳定,而且能使炉温调节过程中无超调。

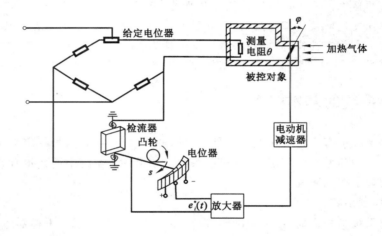

图 8-2　炉温采样控制系统原理图

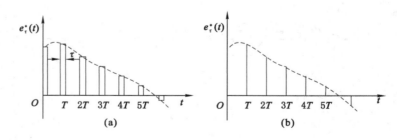

图 8-3　电位器的输出电压

由例 8-1 可见,在采样系统中不仅有模拟部件,还有脉冲部件。通常,测量元件、执行元件和被控对象是模拟元件,其输入和输出是连续信号,即时间上和幅值上都连续的信号,称为模拟信号;而控制器中的脉冲元件,其输入和输出为脉冲序列,即时间上离散而幅值上连续的信号,称为离散模拟信号。为了使两种信号在系统中能相互传递,在连续信号和脉冲序列之间要用采样器,而在脉冲序列和连续信号之间要用保持器,以实现两种信号的转换。采样器和保持器是控制系统中的两个特殊环节。

在采样控制系统中,把连续信号转变为脉冲序列的过程称为采样过程,简称采样。实现采样的装置称为采样器,或称采样开关。
用 T 表示采样周期,单位为 s；$f_s = 1/T$
表示采样频率,单位为 $1/s$；$\omega_s = 2\pi f_s = 2\pi/T$
$2\pi/T$ 表示采样角频率,单位为 rad/s。在
实际应用中,采样开关多为电子开关,闭
合时间极短,采样持续时间 τ 远小于采样
周期 T,远小于系统连续部分的最大时间
常数。为了简化系统的分析,可认为 τ 趋
于零,即把采样器的输出近似看成一串强

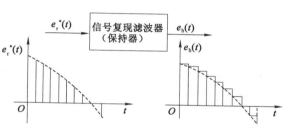

图 8-4　保持器的输入与输出信号

度等于矩阵脉冲面积的理想脉冲 $e^*(t)$,如图 8-4 所示。

8.1.2　数字控制系统

　　数字控制系统是一种以数字计算机为控制器去控制具有连续工作状态的被控对象的闭环控制系统。因此,数字控制系统包括工作于离散状态下的数字计算机和工作于连续状态下的被控对象两大部分。由于数字控制系统具有一系列的优越性,所以在军事、航空及工业过程控制中,得到了广泛的应用。

　　若将图 8-1 中的采样开关由一个 A/D 转换器代替,采样开关和保持器由 D/A 转换器代替,得到图 8-5。图 8-5 为典型的计算机控制系统框图,计算机控制系统是最常见的离散系统和数字控制系统。计算机工作在离散状态,控制对象和测量元件工作在模拟状态。偏差信号 $e(t)$ 是模拟信号,经过 A/D 变换后转换成离散的数字信号 $e^*(t)$ 进入计算机。计算机按照一定的控制规律处理输入信号,完成控制器的功能。计算机的输出信号 $u^*(t)$ 为离散的数字信号,经过 D/A 变换后转换成模拟信号 $u_h(t)$。$u_h(t)$ 输入到控制对象,使其按预定方式工作。

　　由此可见在量化误差可以忽略的情况下,计算机控制系统可以看作是离散控制系统。

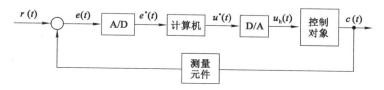

图 8-5　计算机控制系统

8.1.3　离散控制系统的特点

　　采样和数控技术,在自动控制领域中得到了广泛的应用,其主要原因是采样系统,特别是数字控制系统较相应的连续系统具有一系列的特点:

　　① 由数字计算机构成的数字校正装置,控制规律由软件实现,效果比连续式校正装置好,且控制规律易于改变,控制方式灵活。

　　② 采样信号,特别是数字信号的传递可以有效地抑制噪声,提高系统的抗扰能力。

　　③ 用一台计算机分时控制若干个系统,提高设备的利用率,经济性好。同时也为生产的网络化、智能化控制和管理奠定基础。

　　④ 对于具有传输延迟,特别是大延迟的控制系统,可以引入采样的方式稳定。

8.2 信号的采样与保持

将连续信号转变为离散信号需要使用采样器,采样器也称为采样开关;而为了控制连续式元部件,又需要使用保持器将离散信号转变为连续信号。为了定量研究采样控制系统,必须对信号的采样和保持(复现)过程用数学的方法加以描述。

8.2.1 采样过程及其数学描述

将连续信号变换成离散信号的过程,叫作采样过程。

将连续信号 $f(t)$ 加到采样开关 K 的输入端,采样开关每隔周期 T 秒闭合一次,闭合持续时间为 τ 秒,在闭合期间,截取被采样的 $f(t)$ 的幅值,作为采样开关的输出。在断开期间采样开关的输出为零。于是在采样开关的输出端得到宽度为 τ 的脉冲序列,如图 8-6 所示(以带"$*$"表示采样信号)。

由于开关闭合的持续时间很短,τ 远小于采样周期 T,即 $\tau \ll T$,可以认为 $f(t)$ 在 τ 时间内变化甚微,所以 $f^*(t)$ 可以近似表示:高为 $f(kT)$,宽为 τ 的矩形脉冲序列。即

$$f^*(t) = f(0)[1(t) - 1(t-T)] + f(T)[1(t-T) - 1(t-T-\tau)]$$
$$+ f(2T)[1(t-2T) - 1(t-2T-\tau)] + \cdots + f(kT)$$
$$[1(t-kT) - 1(t-kT-\tau)] + \cdots$$
$$= \sum_{k=0}^{+\infty} f(kT)[1(t-kT) - 1(t-kT-\tau)] \tag{8-1}$$

对于现实中的控制系统,当 $t < 0$ 时,$f(t) = 0$,所以序列 k 取从 0 到 $+\infty$。式中 $1(t-kT) - 1(t-kT-\tau)$ 为两个阶跃函数之差,表示一个在 kT 时刻,高为 $1/\tau$、宽为 τ、面积为 1 的矩形,如图 8-7 所示。

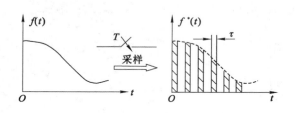

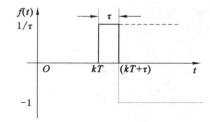

图 8-6 采样过程   图 8-7 kT 时刻的矩形波

由于 τ 比采样开关之后各部分系统的时间常数小很多,即可认为 $\tau \rightarrow 0$,则此矩形可近似用发生在 kT 时刻的脉冲函数 $\delta(t)$ 表示

$$\frac{1}{\tau}[1(t-kT) - 1(t-kT-\tau)] = \delta(t-kT) \tag{8-2}$$

式中,$\delta(t-kT)$ 为 $t = kT$ 处的脉冲函数。于是式(8-1)可表示为

$$f^*(t) = \sum_{k=0}^{+\infty} f(kT)\delta(t-kT) \tag{8-3}$$

由于 $t = kT$ 处的 $f(t)$ 的值就是 $f(kT)$,所以式(8-3)可写作

$$f^*(t) = \sum_{k=0}^{\infty} f(t)\delta(t - kT) = f(kT) \sum_{k=0}^{\infty} \delta(t - kT) \qquad (8\text{-}4)$$

式中，$\sum\limits_{k=0}^{\infty} \delta(t - kT)$ 称为单位理想脉冲序列，若用 $\delta_T(t)$ 表示，则式(8-4)可写作

$$f^*(t) = f(t)\delta_T(t) \qquad (8\text{-}5)$$

式(8-5)为信号采样过程的数学描述。它表示在不同的采样时刻有一个脉冲，脉冲的强度由该时刻的 $f(t)$ 的值决定。

从物理意义上看，式(8-5)所描述的采样过程可以理解为脉冲调制过程。采样开关即采样器是一个幅值调制器，输入的连续信号 $f(t)$ 为调制信号，而单位理想脉冲序列 $\delta_T(t)$ 则为载波信号，采样器的输出则为一串调幅脉冲序列 $f^*(t)$，如图 8-8 所示。

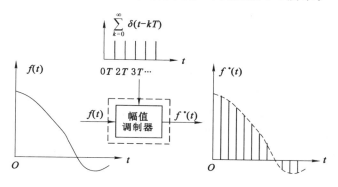

图 8-8　脉冲调制过程

在数字控制系统中，数字计算机接收和处理的是量化后代表脉冲强度的数列。即把幅值连续变化的离散模拟信号用相近的间断的数码（如二进制）来代替，如图 8-9 所示。图中小圆圈表示的是数码可以实现的数值，是量化单位的整数倍数。由于量化单位是很小的，所以数字控制系统的采样信号 $f(kT)$，仍认为与 $f(t)$ 呈线性关系，仍用 $f^*(t)$ 表示。

8.2.2　采样函数的频谱分析

由于采样信号并未包含原信号的所有信息，故采样信号与原信号的频谱是有所差异的。下面分析采样前后信号频谱的关系。

将式(8-5)中的 $\delta_T(t)$ 展开成傅氏级数

$$\delta_T(t) = \sum_{k=-\infty}^{+\infty} \delta(t - kT) = \sum_{k=-\infty}^{+\infty} c_k e^{jk\omega_s t} \qquad (8\text{-}6)$$

$$\omega_s = \frac{2\pi}{T} = 2\pi f_s$$

式中，ω_s 为采样角频率；f_s 为采样频率；T 为采样周期；c_k 为傅氏级数的系数，c_k 由下式决定

$$c_k = \frac{1}{T} \int_{-T/2}^{T/2} \delta_T(t) e^{-jk\omega_s t} dt \qquad (8\text{-}7)$$

根据脉冲函数的筛选特性可得

$$c_k = \frac{1}{T} \qquad (8\text{-}8)$$

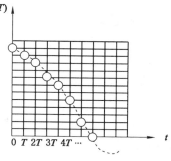

图 8-9　$f(t)$ 经采样后变成数码

因为当 $t \leqslant 0$ 时，$f(t)=0$，所以由式(8-4)、(8-6)、和(8-8)可得

$$f^*(t) = \frac{1}{T}\sum_{k=-\infty}^{+\infty} f(t) \cdot e^{jk\omega_s t} \qquad (8-9)$$

这是采样信号 $f^*(t)$ 的傅氏级数表达式。对此式进行拉氏变换，可得采样信号的拉氏变换式

$$F^*(s) = L[f^*(t)] = L\left[\frac{1}{T}\sum_{k=-\infty}^{+\infty} f(t)e^{jk\omega_s t}\right]$$

$$= \frac{1}{T}\sum_{k=-\infty}^{+\infty} L[f(t) \cdot e^{jk\omega_s t}]$$

$$= \frac{1}{T}\sum_{k=-\infty}^{+\infty} F(s-jk\omega_s) \qquad (8-10)$$

于是，得到采样信号的频率特性为

$$F^*(j\omega) = \frac{1}{T}\sum_{k=-\infty}^{+\infty} F(j\omega - jk\omega_s) \qquad (8-11)$$

式中，$F(j\omega)$ 为原信号 $f(t)$ 的频率特性；$F^*(j\omega)$ 为采样信号 $f^*(t)$ 的频率特性。

$|F(j\omega)|$ 为原信号 $f(t)$ 的幅频特性，即频谱。$|F^*(j\omega)|$ 为采样信号的频谱。假定 $|F(j\omega)|$ 为一孤立的频谱，它的最高角频率为 ω_{max}，如图 8-10(a)所示，则采样信号 $f^*(t)$ 的频谱 $|F^*(j\omega)|$ 为无限多个原信号 $f(t)$ 的频谱 $|F(j\omega)|$ 之和，且每两条频谱曲线的距离为 ω_s。

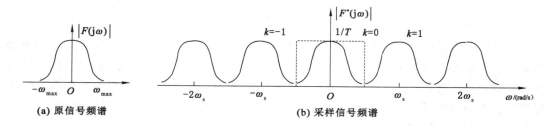

图 8-10　原信号与采样信号的频谱

由图 8-10(b)看出，当 $k=0$ 时，$F(j\omega)/T$ 为主频谱；k 不为零时，有无穷多个附加的高频频谱，并且每隔采样角频率 ω_s 重复一次，所以理想的采样信号是周期函数，且含有高频分量。

8.2.3　香农采样定理

一般情况下，采样控制系统中的给定输入信号及检测元件所测得的信号均为连续信号，如何使作用于数字控制器上的离散信号能够包含原信号的所有信息，这就涉及采样频率如何选择的问题。如图 8-10 所示，如果 $|F^*(j\omega)|$ 中各个波形不重复搭接，相互间有一定的距离（频率），即 $\omega_s/2 \geqslant \omega_{max}$，则可以用理想低通滤波器(其频率特性如图 8-10(b)中的虚线部分)，把 $\omega > \omega_{max}$ 的高频分量滤掉。只留下 $F(j\omega)/T$ 部分，就能把原信号复现出来。若 $\omega_s/2 < \omega_{max}$，就会使 $F^*(j\omega)$ 中各个波形发生混叠，如图 8-11 所示。

由以上分析可以得到如下结论：从采样信号 $f^*(t)$ 中完全复现连续信号 $f(t)$ 的条件是：采样频率 ω_s 必须大于或等于输入采样开关的连续信号 $f(t)$ 频谱中的最高频率 ω_{max} 的 2

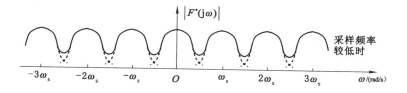

图 8-11　采样频率较低时频谱

倍，即 $\omega_s \geqslant 2\omega_{max}$，这就是著名的香农采样定理。

8.2.4　信号的保持

由图 8-10 可知，当采样信号的频谱中各相邻波形互不重叠时，可以用一个如图 8-12 所示的频率特性的理想低通滤波器无畸变地复现连续信号的频谱，只是各频谱分量的幅值都是原来的 $1/T$。然而，这样的理想低通滤波器在现实中是无法实现的，工程中最常用、最简单的低通滤波器是零阶保持器。

零阶保持器将采样信号在每个采样时刻的采样值 $f(kT)$ 一直保持到下一个采样时刻，从而使采样信号 $f^*(t)$ 变成阶梯信号 $f_h(t)$，如图 8-13 所示。因为这种保持器的输出信号 $f_h(t)$ 在每个采样周期内的值为常数，其导数为零，故称之为零阶保持器，如图 8-13 所示。

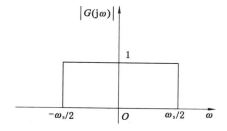

图 8-12　理想滤波器的频率特性

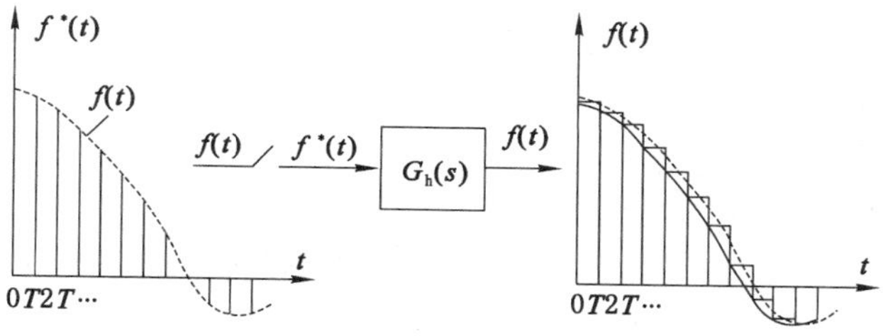

图 8-13　零阶保持器的作用

为了对零阶保持器进行动态分析，需求出它的传递函数。由图 8-13 可以看出，零阶保持器的单位脉冲响应是一个幅值为 1、宽度为 T 的矩形波 $f_h(t)$，实际上就是一个采样周期应输出的信号，此矩形波可表达为两个单位阶跃函数的叠加。即

$$g_h(t) = 1(t) - 1(t - T)$$

或

$$g_h(t) = 1(t - kT) - 1(t - kT - T) \tag{8-12}$$

图形可参考图 8-13。根据传递函数就是单位脉冲响应函数的拉氏变换，可求得零阶保持器的传递函数为

$$G_h(s) = L[g_h(t)] = L[1(t) - 1(t - T)]$$
$$= \frac{1}{s} - \frac{1}{s}e^{-Ts} = \frac{1 - e^{-Ts}}{s} \tag{8-13}$$

则其频率特性为

$$G_h(j\omega) = \frac{1 - e^{-j\omega T}}{j\omega} = \frac{e^{\frac{j\omega T}{2}}(e^{\frac{j\omega T}{2}} - e^{-\frac{j\omega T}{2}})}{j\omega}$$

$$= T\frac{\sin(\omega T/2)}{\omega T/2}\mathrm{e}^{-\mathrm{j}\omega T/2} \tag{8-14}$$

因为 $T = 2\pi/\omega_s$，代入上式，则有

$$G_h(\mathrm{j}\omega) = \frac{2\pi}{\omega_s}\frac{\sin(\pi\omega/\omega_s)}{\pi\omega/\omega_s}\mathrm{e}^{-\mathrm{j}\omega\pi/\omega_s}$$

据此可绘出零阶保持器的幅频特性和相
频特性曲线，如图 8-10 所示。由图可见，其幅
值随频率增高而减小，所以零阶保持器是一个
低通滤波器，但不是理想低通滤波器。高频分
量仍有一部分可以通过；此外还有相角滞后，
且随频率增高而加大。因此，由零阶保持器恢
复的信号 $f(t)$ 是与原信号 $f(t)$ 是有差别的。
一方面含有一定的高频分量；此外，在时间上
滞后 $T/2$。把阶梯状信号 $f_h(t)$ 的每个区间

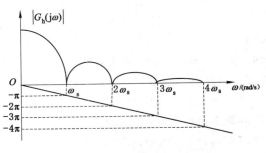

图 8-14　零阶保持器的频率特性

的中点光滑连接起来，所得到的曲线，形状与 $f(t)$ 相同，但滞后了 $T/2$，如图 8-14 所示。

8.3　离散系统的数学模型

　　为了研究离散系统的性能，需要建立离散系统的数学模型。本节主要介绍线性定常离
散系统的差分方程及其解法，脉冲传递函数的定义，以及求开环脉冲传递函数和闭环脉冲传
递函数的方法。

8.3.1　差分方程

　　微分方程是描述连续系统动态过程的最基本的数学模型。但对于采样系统，由于系统
中的信号已离散化，因此，描述连续函数的微分、微商等概念就不适用了，而需用建立在差
分、差商等概念基础上的差分方程，来描述采样系统的动态过程。

　　1. 差分的概念

　　差分与连续函数的微分相对应。不同的是差分有前向差分和后向差分之别。见
图 8-15 所示，连续函数 $f(t)$，经采样后为 $f^*(t)$，在 kT 时刻，其采样值为 $f(kT)$，为简便计，
常写作 $f(k)$。

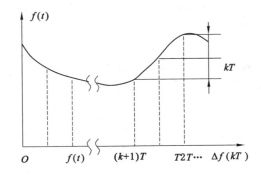

图 8-15　前向差分与后向差分

一阶前向差分的定义为

$$\Delta f(k) = f(k+1) - f(k) \qquad (8\text{-}15)$$

二阶前向差分的定义为

$$
\begin{aligned}
\Delta^2 f(k) &= \Delta[\Delta f(k)] \\
&= \Delta[f(k+1) - f(k)] \\
&= f(k+2) - f(k+1) - [f(k+1) - f(k)] \\
&= f(k+2) - 2f(k+1) + f(k)
\end{aligned}
\qquad (8\text{-}16)
$$

n 阶前向差分的定义为

$$\Delta^n f(k) = \Delta^{n-1} f(k+1) - \Delta^{n-1} f(k) \qquad (8\text{-}17)$$

同理，一阶后向差分的定义为

$$\nabla f(k) = f(k) - f(k-1) \qquad (8\text{-}18)$$

二阶后向差分的定义为

$$
\begin{aligned}
\nabla^2 f(k) &= \nabla f(k) - \nabla f(k-1) \\
&= f(k) - f(k-1) - [f(k-1) - f(k-2)] \\
&= f(k) - 2f(k-1) + f(k-2)
\end{aligned}
\qquad (8\text{-}19)
$$

n 阶后向差分的定义为

$$\nabla^n f(k) = \nabla^{n-1} f(k) - \nabla^{n-1} f(k-1) \qquad (8\text{-}20)$$

从上述定义可以看出，前向差分所采用的是 kT 时刻未来的采样值，而后向差分所采用的是 kT 时刻过去的采样值。所以在实际上后向差分用得更广泛。

2. 差分方程

若方程的变量除了含有 $f(k)$ 本身外，还有 $f(k)$ 的各阶差分 $\Delta f(k)$、$\Delta^2 f(k)$、$\cdots \Delta^n f(k)$，则此方程称为差分方程。

对于输入、输出为采样信号的线性采样系统，描述其动态过程的差分方程的一般形式为

$$
\begin{aligned}
&a_n y(k+n) + a_{n-1} y(k+n-1) + \cdots + a_1 y(k+1) + a_0 y(k) \\
&= b_m u(k+m) + b_{m-1} u(k+m-1) + \cdots + b_1 u(k+1) + b_0 u(k)
\end{aligned}
\qquad (8\text{-}21)
$$

式中，$u(k)$、$y(k)$ 分别为输入信号和输出信号；$a_n,\cdots a_0, b_m,\cdots b_0$ 均为常系数，且有 $n \geqslant m$。差分方程的阶次是由最高阶差分的阶次而定的，其数值上等于方程中自变量的最大值和最小值之差。式(8-21)中，最大自变量为 $(k+n)$，最小自变量为 k，因此方程的阶次为 n 阶。

3. 用 z 变换法解差分方程

应用 z 变换的线性定理和时移定理，可以求出各阶前向差分的 z 变换函数为

$$Z[\Delta f(k)] = Z[f(k+1) - f(k)] = (z-1)F(z) - zf(0) \qquad (8\text{-}22)$$

$$Z[\Delta^2 f(k)] = (z-1)^2 F(z) - z(z-1)f(0) - z\Delta f(0) \qquad (8\text{-}23)$$

$$Z[\Delta^n f(k)] = (z-1)^n F(z) - z\sum_{\tau=0}^{n-1} (z-1)^{n-\tau-1} f(0) \qquad (8\text{-}24)$$

其中 $\Delta^0 f(0) = f(0)$。

同理，各阶后向差分的 z 变换函数为

$$Z[\nabla f(k)] = Z[f(k) - f(k-1)] = (1-z^{-1})F(z) \qquad (8\text{-}25)$$

$$Z[\nabla^2 f(k)] = (1-z^{-1})^2 F(z) \qquad (8\text{-}26)$$

$$Z[\nabla^n f(k)] = (1-z^{-1})^2 F(z) \qquad (8\text{-}27)$$

式中，$t<0$ 时，$f(t)=0$。

与微分方程的解法类似，差分方程也有三种解法：常规解法、z 变换法和数值递推法。常规解法比较烦琐，数值递推法适于用计算机求解，下面举例介绍 z 变换解法。

例 8-2 已知一阶差分方程为

$$y[(k+1)T] - ay(kT) = bu(kT)$$

设输入为阶跃信号 $u(kT)=A$，初始条件 $y(0)=0$，试求响应 $y(kT)$。

解 将差分方程两端取 z 变换，得

$$zY(z) - zy(0) - aY(z) = bA\frac{z}{z-1} \tag{8-28}$$

代入初始条件，求得输出的 z 变换为

$$Y(z) = \frac{bAz}{(z-a)(z-1)} \tag{8-29}$$

为求得时域响应 $y(kT)$，须对 $Y(z)$ 进行反变换，先将 $Y(z)/z$ 展成部分分式

$$\frac{Y(z)}{z} = \frac{bA}{(z-a)(z-1)} = \frac{bA}{(1-a)}\left(\frac{1}{z-1} - \frac{1}{z-a}\right) \tag{8-30}$$

于是

$$Y(z) = \frac{bA}{1-a}\left(\frac{z}{z-1} - \frac{z}{z-a}\right) \tag{8-31}$$

查变换表，求得上式的反变换为：

$$y(kT) = \frac{bA}{1-a}(1-a^k) \qquad k=0,1,2\cdots$$

例 8-3 试用 z 变换法解下列差分方程

$$y(k+2) + 3y(k+1) + 2y(k) = 0$$

已知初始条件为 $y(0)=0$，$y(1)=1$，求 $y(k)$。

解 对方程两边取 z 变换，并应用时移定理，得

$$z^2Y(z) - z^2y(0) - zy(1) + 3zY(z) - 3zy(0) + 2Y(z) = 0 \tag{8-32}$$

代入初始条件，整理后得

$$(z^2 + 3z + 2)Y(z) = z$$

$$Y(z) = \frac{z}{z^2 + 3z + 2} = \frac{z}{z+1} - \frac{z}{z+2}$$

查变换表，进行反变换得：

$$y(k) = (-1)^k - (-2)^k \qquad k=0,1,2\cdots$$

8.3.2 脉冲传递函数

设离散控制系统如图 8-16 所示，如果系统的输入信号为 $r(t)$，采样信号 $r^*(t)$ 的 z 变换函数为 $R(z)$，系统连续部分的输出为 $c(t)$，采样信号 $c^*(t)$ 的 z 变换函数为 $C(z)$，则线性定常离散系统的脉冲传递函数定义为：在零初始条件下，系统输出采样信号的 z 变换 $C(z)$ 与输入采样

信号的 z 变换 $R(z)$ 之比，记作

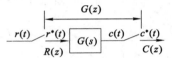

图 8-16 离散控制系统

$$G(z) = \frac{C(z)}{R(z)} = \frac{\sum\limits_{n=0}^{\infty} c(nT)z^{-n}}{\sum\limits_{n=0}^{\infty} r(nT)z^{-n}} \tag{8-33}$$

所谓零初始条件,是指在 $t < 0$ 时,输入脉冲序列各采样值 $r(-T), r(-2T), \cdots$ 以及输出脉冲序列各采样值 $c(-T), c(-2T), \cdots$ 均为零。

式(8-33)表明,如果已知 $R(z)$ 和 $G(z)$,则在零初始条件下,线性定常离散系统的输出采样信号为

$$G^*(t) = Z^{-1}[C(z)] = Z^{-1}[G(z)R(z)]$$

输出是连续信号 $c(t)$ 的情况下,如图 8-17 所示。可以在系统输出端虚设一个开关,如图中虚线所示,它与输入采样开关同步工作,具有相同的采样周期。如果系统的实际输出 $c(t)$ 比较平滑,且采样频率较高,则可用 $c^*(t)$ 近似描述 $c(t)$。

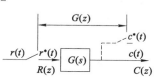

图 8-17　开环采样控制系统

必须指出,虚设的采样开关是不存在的,它只表明了脉冲传递函数所能描述的只是输出连续函数 $c(t)$ 在采样时刻的离散值 $c^*(t)$。

1. 开环离散系统的脉冲传递函数

串联环节的脉冲传递函数离散系统中,计算串联环节的脉冲传递函数需要考虑环节之间有无采样开关。

(1) 串联环节之间有采样开关

如图 8-18 所示,当串联环节 $G_1(s)$ 和 $G_2(s)$ 之间有采样开关时,由脉冲传递函数定义可知

$$D(z) = G_1(z)R(z), C(z) = G_2(z)D(z)$$

其中,$G_1(z)$ 和 $G_2(z)$ 分别为 $G_1(s)$ 和 $G_2(s)$ 的脉冲传递函数。则

$$C(z) = G_2(z)G_1(z)R(z)$$

可以得到串联环节的脉冲传递函数为

$$G(z) = \frac{C(z)}{R(z)} = G_1(z)G_2(z) \tag{8-34}$$

上式表明,当串联环节之间有采样开关时,脉冲传递函数等于两个环节脉冲传递函数的乘积。同理可知,n 个串联环节间都有采样开关时,脉冲传递函数等于各环节脉冲传递函数的乘积。

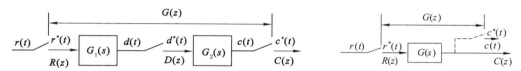

图 8-18　串联环节间有采样开关　　　　图 8-19　环节间无采样开关的采样控制系统

(2) 串联环节之间无采样开关

如图 8-19 所示,当串联环节 $G_1(s)$ 和 $G_2(s)$ 之间没有理想采样开关时,系统的传递函数为

$$G(s) = G_1(s)G_2(s)$$

由脉冲传递函数定义可知

$$G(z) = \frac{C(z)}{R(z)} = Z[G_1(s)G_2(s)] = G_1G_2(z) \tag{8-35}$$

上式表明,当串联环节之间没有采样开关时,脉冲传递函数等于两个环节的连续传递函数乘积的 z 变换。同理可知,n 个串联环节间都没有采样开关时,脉冲传递函数等于各环节的连续传递函数乘积的 z 变换。

显然,$G_1(z)G_2(z) \neq G_1G_2(z)$,从上面的分析我们可以得出结论:在串联环节之间有无采样开关,脉冲传递函数是不相同的。

例 8-4 设开环离散系统如图 8-18 所示,$G_1(s) = 1/s$,$G_2(s) = a/(s+a)$,输入信号 $r(t) = 1(t)$,试求两种系统的脉冲传递函数 $G(z)$ 和输出的 z 变换 $C(z)$。

解 输入 $r(t) = 1(t)$ 的 z 变换为

$$R(z) = \frac{z}{z-1} \tag{8-36}$$

对如图 8-18 所示系统

$$G_1(z) = Z\left[\frac{1}{s}\right] = \frac{z}{z-1}$$

$$G_2(z) = Z\left[\frac{a}{s+a}\right] = \frac{az}{z-e^{-aT}}$$

有:

$$G(z) = G_1(z)G_2(z) = \frac{az^2}{(z-1)(z-e^{-aT})}$$

$$C(z) = G(z)R(z) = \frac{az^3}{(z-1)^2(z-e^{-aT})}$$

对如图 8-19 所示系统

$$G_1(s)G_2(s) = \frac{a}{s(s+a)}$$

$$G(z) = G_1G_2(z) = Z\left[\frac{a}{s(s+a)}\right] = \frac{z(1-e^{-aT})}{(z-1)(z-e^{-aT})}$$

$$C(z) = G(z)R(z) = \frac{z^2(1-e^{-aT})}{(z-1)^2(z-e^{-aT})}$$

显然,在串联环节之间有无采样开关时,其总的脉冲传递函数和输出 z 变换是不相同的。但是,不同之处仅表现在其开环零点不同,极点仍然一样。

(3) 环节与零阶保持器串联

如图 8-20 所示,当环节与零阶保持器串联时,串联环节的连续传递函数为

$$G(s) = G_h(s)G_p(s) = \frac{1-e^{-Ts}}{s}G_p(s) = (1-e^{-Ts})\frac{G_p(s)}{s}$$

令 $G_1(s) = G_p(s)/s$,则有

$$G(s) = (1-e^{-Ts})G_1(s) = G_1(s) - e^{-Ts}G_1(s)$$

$G(s)$ 的单位脉冲响应为:

$$g(t) = \mathscr{L}^{-1}[G(s)] = \mathscr{L}^{-1}[G_1(s) - e^{-Ts}G_1(s)]$$

$$= g_1(t) - g_1(t - T)$$

对上式做 z 变换可得环节与零阶保持器串联时的脉冲传递函数为

$$G(z) = Z[g(t)] = Z[g_1(t) - g_1(t - T)] = G_1(z) - z^{-1}G_1(z)$$

即

$$G(z) = (1 - z^{-1})Z\Big[\frac{G_p(s)}{s}\Big] \tag{8-37}$$

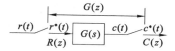

图 8-20　环节与零阶保持器串联

图 8-21　有零阶保持器的离散系统

例 8-5　设离散系统如图 8-21 所示,已知

$$G_p(s) = \frac{a}{s(s+a)}$$

试求系统的脉冲传递函数 $G(z)$。

解　因为

$$\frac{G_p(s)}{s} = \frac{a}{s^2(s+a)} = \frac{1}{s^2} - \frac{1}{a}\Big(\frac{1}{s} - \frac{1}{s+a}\Big) \tag{8-38}$$

得

$$Z\Big[\frac{G_p(s)}{s}\Big] = \frac{Tz}{(z-1)^2} - \frac{1}{a}\Big(\frac{z}{z-1} - \frac{z}{z-\mathrm{e}^{-aT}}\Big)$$

$$= \frac{\dfrac{z}{a}\big[(\mathrm{e}^{-aT} + aT - 1)z + (1 - aT\mathrm{e}^{-aT} - \mathrm{e}^{-aT})\big]}{(z-1)^2(z-\mathrm{e}^{-aT})}$$

所以系统脉冲传递函数为

$$G(z) = (1 - z^{-1})Z\Big[\frac{G_p(s)}{s}\Big] = \frac{\dfrac{1}{a}\big[(\mathrm{e}^{-aT} + aT - 1)z + (1 - aT\mathrm{e}^{-aT} - \mathrm{e}^{-aT})\big]}{(z-1)(z-\mathrm{e}^{-aT})} \tag{8-39}$$

可以看出,零阶保持器不改变开环脉冲传递函数的阶数也不影响开环脉冲传递函数的极点,只影响开环零点。

2. 线性闭环离散系统的脉冲传递函数

图 8-22 为一个典型的线性离散系统结构图。由脉冲传递函数的定义及开环脉冲传递函数的求法,对图 8-22 可建立方程组如下

$$\begin{cases} C(z) = G(z)E(z) \\ E(z) = R(z) - B(z) \\ B(z) = GH(z)E(z) \end{cases}$$

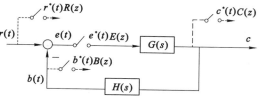

图 8-22　闭环离散系统结构图

解上面联立方程,可得该闭环离散系统脉冲传递函数

$$M(z) = \frac{C(z)}{R(z)} = \frac{G(z)}{1 + GH(z)} \tag{8-40}$$

闭环离散系统的误差脉冲传递函数

$$M_e(z) = \frac{E(z)}{R(z)} = \frac{1}{1+GH(z)} \qquad\qquad (8\text{-}41)$$

令 $M(z)$ 或 $M_e(z)$ 的分母多项式为零,便可得到闭环离散系统的特征方程

$$D(z) = 1 + GH(z) = 0 \qquad\qquad (8\text{-}42)$$

式中,$GH(z)$ 为离散系统的开环脉冲传递函数。

线性离散系统的结构多种多样,采样开关所处位置不同,结构相似的离散系统的传递函数完全不相同。而且当偏差信号不是以离散信号的形式输入到前向通道的第一个环节时,一般写不出闭环脉冲传递函数,而只能写出输出信号的 z 变换表达式。表 8-1 为常见的线性离散系统的框图及其输出信号的 z 变换 $C(z)$。

表 8-1　常见线性离散系统的框图及 $C(z)$

序号	系统框图	$C(z)$ 计算式
1		$\dfrac{G(z)}{1+GH(z)}$
2		$\dfrac{RG_1(z)G_2(z)}{1+G_1HG_2(z)}$
3		$\dfrac{G(z)R(z)}{1+G(z)H(z)}$
4		$\dfrac{G_1(z)G_2(z)R(z)}{1+G_1(z)G_2H(z)}$
5		$\dfrac{RG_1(z)G_2(z)G_3(z)}{1+G_2(z)G_1G_3H(z)}$
6		$\dfrac{GR(z)}{1+GH(z)}$
7		$\dfrac{G(z)R(z)}{1+G(z)H(z)}$
8		$\dfrac{G_1(z)G_2(z)R(z)}{1+G_1(z)G_2(z)H(z)}$

例 8-6　试求图 8-23 中线性离散系统的闭环脉冲传递函数。

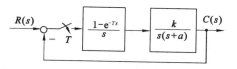

图 8-23　线性离散系统

解　系统开环脉冲传递函数为

$$G(z) = Z[G(s)] = (1 - z^{-1})Z\left[\frac{1}{s} \cdot \frac{k}{s(s+a)}\right]$$

$$= \frac{k[(aT - 1 + e^{-aT})z + (1 - e^{-aT} - aTe^{-aT})]}{a^2(z-1)(z-e^{-aT})}$$

则系统的闭环脉冲传递函数为：

$$M(z) = \frac{C(z)}{R(z)} = \frac{G(z)}{1 + G(z)}$$

$$= \frac{k[(aT - 1 + e^{-aT})z + (1 - e^{-aT} - aTe^{-aT})]}{a^2z^2 + [k(aT - 1 + e^{-aT}) - a^2(1 + e^{-aT})]z + [k(1 - e^{-aT} - aTe^{-aT}) + a^2e^{-aT}]}$$

例 8-7　试求图 8-24 线性离散系统的输出信号 $c(t)$ 的 z 变换。

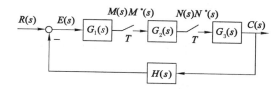

图 8-24　线性离散系统

解　从系统框图可以列写方程组如下

$$C(s) = G_3(s)N^*(s)$$

$$N(s) = G_2(s)M^*(s)$$

$$M(s) = G_1(s)E(s) = G_1(s)[R(s) - H(s)C(s)]$$

$$= G_1(s)R(s) - G_1(s)H(s)G_3(s)N^*(s)$$

以上 3 个方程的左边信号均有离散信号存在，对以上 3 个方程作 z 变换可得

$$C(z) = G_3(z)N(z)$$

$$N(z) = G_2(z)M(z)$$

$$M(z) = G_1(z)R(z) - G_1HG_3(z)N(z)$$

整理上 3 式可得

$$C(z) = G_3(z)G_2(z)N(z)$$

$$= G_3(z)G_2(z)[G_1R(z) - G_1G_3H(z) \cdot C(z)/G_3(z)]$$

$$= G_2(z)G_3(z)G_1R(z) - G_2(z)G_1G_3H(z) \cdot C(z)$$

由上式可以得到输出信号的 z 变换为

$$C(z) = \frac{G_2(z)G_3(z)G_1R(z)}{1 + G_2(z)G_1G_3H(z)}$$

因为该系统的偏差信号未经采样开关就输入前向通道第一个环节，所以不能写出（系统）的闭环传递函数，只能得到输出信号的 z 变换式。

8.4 离散系统的时域分析

本节首先从 s 域与 z 域的对应关系出发,介绍离散系统的稳定条件及判定方法,然后介绍离散系统的稳态误差,最后介绍离散系统的动态性能分析。

8.4.1 离散系统的稳定性分析

1. 离散系统稳定的充要条件

线性连续控制系统稳定的充要条件是闭环特征方程的根全部位于 s 左半平面上,而线性离散控制系统中,稳定性是由闭环脉冲传递函数的极点在 z 平面的分布来确定的,应该在 z 平面中判断其稳定性。因此,需要分析 s 平面和 z 平面之间存在的映射关系,以便用连续控制系统的稳定性判据来分析离散控制系统的稳定性。

设复变量 s 在 s 平面上沿虚轴取值,即 $s=\mathrm{j}\omega$ 代入 $z=\mathrm{e}^{Ts}$,得 $z=\mathrm{e}^{\mathrm{j}\omega T}$。此式表示的是 z 平面上模值始终为 1(与 ω 无关)、幅角为 ωT 的复变数。因此,s 平面的虚轴映射到 z 平面上,是以原点为圆心、半径为 1 的单位圆。s 平面的原点映射到 z 平面上则是 $(+1,\mathrm{j}0)$ 点。

根据在 s 平面系统稳定的条件是闭环极点 $\sigma<0$ 可知,离散系统稳定的条件是 $r<1$,即所有的闭环极点均应分布在 z 平面的单位圆内。只要有一个在单位圆外,系统不稳定;有一个在单位圆上时,系统处于临界稳定,如图 8-25 所示。

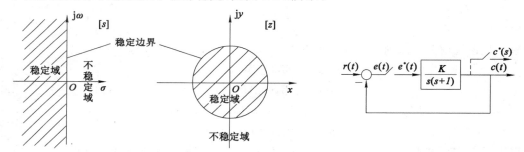

图 8-25 s 平面到 z 平面的映射   图 8-26 采样系统

例 8-8 图 8-26 所示系统中,设采样周期 $T=1\ \mathrm{s}$,试分析当 $K=4$ 和 $K=5$ 时系统的稳定性。

解 系统连续部分的传递函数为:

$$G(s)=\frac{K}{s(s+1)}$$

则

$$G(z)=Z\left[\frac{K}{s(s+1)}\right]=\frac{Kz\left[1-\mathrm{e}^{-T}\right]}{(z-1)(z-\mathrm{e}^{-T})}$$

所以,系统的闭环脉冲传递函数为

$$M_{\mathrm{cr}}(z)=\frac{C(z)}{R(z)}=\frac{G(z)}{1+G(z)}=\frac{Kz(1-\mathrm{e}^{-T})}{(z-1)(z-\mathrm{e}^{-T})+Kz(1-\mathrm{e}^{-T})}$$

系统的闭环特征方程为

$$(z-1)(z-\mathrm{e}^{-T})+Kz(1-\mathrm{e}^{-T})=0$$

（1）将 $K=4,T=1$ 代入方程，得

$$z^2 + 1.16z + 0.368 = 0$$

解得　　　　　　　$z_1 = -0.580 + j0.178, z_2 = -0.580 - j0.178$

z_1、z_2 均在单位圆内，所以系统是稳定的。

（2）将 $K=5,T=1$ 代入方程，得

$$z^2 + 1.792z + 0.368 = 0$$

解得　　　　　　　　　　$z_1 = -0.237, z_2 = -1.555$

因为 z_2 在单位圆外，所以系统是不稳定的。

2. 劳斯判据在 z 域中的应用

连续系统中的劳斯判据是判别根是否全在 s 左半平面，从而确定系统的稳定性。而在 z 平面内，稳定性取决于根是否全在单位圆内。因此劳斯判据是不能直接应用的，如果将 z 平面再复原到 s 平面，则系统的方程中又将出现超越函数。所以我们想法再寻找一种新的变换，使 z 平面的单位圆内映射到一个新平面的虚轴左面。此新的平面我们称为 w 平面，在此平面上，我们就可直接应用劳斯稳定判据了。

作双线性变换

$$z = \frac{w+1}{w-1} \tag{8-44}$$

同时有

$$w = \frac{z+1}{z-1} \tag{8-45}$$

其中 z、w 均为复变量，写作

$$z = x + jy$$
$$w = u + j\nu \tag{8-46}$$

将式(8-46)代入式(8-45)，并将分母有理化，整理后得

$$w = u + j\nu = \frac{x+jy+1}{x+jy-1} = \frac{[(x+1)+jy][(x-1)-jy]}{(x-1)^2+y^2}$$
$$= \frac{x^2+y^2-1-2jy}{(x-1)^2+y^2} = \frac{x^2+y^2-1}{(x-1)^2+y^2} - j\frac{2y}{(x-1)^2+y^2} \tag{8-47}$$

w 平面的实部为

$$u = \frac{x^2+y^2-1}{(x-1)^2+y^2}$$

w 平面的虚轴对应于 $u=0$，则有

$$x^2 + y^2 - 1 = 0$$

即

$$x^2 + y^2 = 1 \tag{8-48}$$

式(8-48)为 z 平面中的单位圆方程，若极点在 z 平面的单位圆内，则有 $x^2+y^2<1$，对应于 w 平面中的 $u<0$，即虚轴以左；若 $x^2+y^2>1$，则为 z 平面的单位圆外，对应于 w 平面中的 $u>0$，就是虚轴以右。如图 8-27 所示。

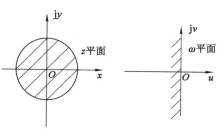

图 8-27　由 z 平面到 w 平面的映射

利用上述变换,可以将特征方程 $D(z) = 0$,转换成 $D(w) = 0$,然后就可直接应用连续系统中所介绍的劳斯稳定判据来判别离散系统的稳定性。

例 8-9 设系统的特征方程为

$$D(z) = 45z^3 - 117z^2 + 119z - 39 = 0$$

试用 w 平面的劳斯判据判别稳定性。

解 将

$$z = \frac{w+1}{w-1}$$

代入特征方程得

$$45\left(\frac{w+1}{w-1}\right)^3 - 117\left(\frac{w+1}{w-1}\right)^2 + 119\left(\frac{w+1}{w-1}\right) - 39 = 0$$

两边乘 $(w-1)^3$,化简后得:

$$D(w) = w^3 + 2w^2 + 2w + 40 = 0$$

由劳斯表

w^3	1	2	0
w^2	2	40	0
w^1	-18	0	
w^0	40		

因为第一列元素有两次符号改变,所以系统不稳定,结论同上例。正如连续系统中介绍的那样,劳斯判据还可以判断出有多少个根在右半平面。本例有两次符号改变,即有两个根在 w 右半平面,也即有两个根在 z 平面的单位圆外,这是劳斯判据的优点之一。

例 8-10 已知系统结构如图 8-28 所示,采样周期 $T=0.1$ s。试判别系统稳定时,K 的取值范围。

解 因为

$$G(s) = \frac{K}{s(1+0.1s)} = K\left[\frac{1}{s} - \frac{1}{s+10}\right]$$

查表得

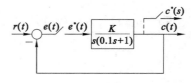

图 8-28 例 8-10 系统结构图

$$G(z) = K\left[\frac{z}{z-1} - \frac{z}{z-e^{-10T}}\right]$$

因为 $T=0.1$ s,$e^{-1}=0.368$,所以

$$G(z) = \frac{0.632Kz}{z^2 - 1.368z + 0.368}$$

单位反馈系统的闭环传递函数

$$M(z) = \frac{G(z)}{1+G(z)}$$

特征方程

$$D(z) = 1 + G(z) = 0$$

即

$$z^2 + (0.632K - 1.368)z + 0.368 = 0$$

用 w 平面的劳斯判据来判别稳定性。因为

$$D(z) = z^2 + (0.632K - 1.368)z + 0.368 = 0$$

将 $z = \dfrac{w+1}{w-1}$ 代入上式得

$$\left(\frac{w+1}{w-1}\right)^2 + (0.632K - 1.368)\left(\frac{w+1}{w-1}\right) + 0.368 = 0$$

化简后得

$$0.632Kw^2 + 1.264w + (2.736 - 0.632K) = 0$$

由劳斯表

w^2	$0.632K$	$2.736 - 0.632K$
w^1	1.264	
w^0	$2.736 - 0.632K$	

为使第一列各元素均大于零，有

$$K > 0, \ 2.736 - 0.632K > 0$$

所以：

$$0 < K < 4.32$$

利用修正了的劳斯判据就可以判别离散控制系统的稳定性了。实际上，一旦获得了 w 平面的特征式 $D(w)$ 后，那么凡是适用于连续系统的稳定性判据，均可用来判别离散系统的稳定性。

若有

$$D(w) = 1 + G(w) = 0$$

设 $w = \mathrm{j}\omega_{\mathrm{p}}$，其中 ω_{p} 为虚拟频率，则可以用频率法中的奈奎斯特判据、伯德图来判别稳定性，并可求稳定裕度；还可以用来分析采样系统的动态性能及进行校正等。总之，我们在连续系统中采用的分析方法均可用于 w 平面上的离散控制系统分析。

8.4.2　离散控制系统的稳态误差

离散系统的稳态误差一般来说分为采样时刻处的稳态误差与采样时刻之间纹波引起的误差两部分。仅就采样时刻处的稳态误差来说，其分析方法与连续系统类似，同样可以用终值定理来求取；同样与系统的型别、参数及外作用的形式有关。下面仅讨论单位反馈系统在典型输入信号作用下的采样时刻处的稳态误差。

设离散系统的结构图如图 8-29 所示。$G(s)$ 是系统连续部分的传递函数，$e(t)$ 为连续误差信号，$e^*(t)$ 为采样误差信号。

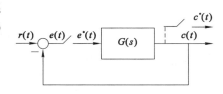

图 8-29　单位反馈离散系统

系统的误差脉冲传递函数为

$$M_{\mathrm{e}}(z) = \frac{E(z)}{R(z)} = \frac{1}{1 + G(z)}$$

由此可得误差信号的 z 变换为

$$E(z) = M_{\mathrm{e}}(z)R(z) = \frac{1}{1 + G(z)}R(z)$$

假定系统是稳定的，即 $M_{\mathrm{e}}(z)$ 的全部极点均在 z 平面的单位圆内，则可用终值定理求出采样时刻处的稳态误差为

$$e_{ss} = e(\infty) = \lim_{z \to 1}(z-1)E(z) = \lim_{z \to 1}(z-1)\frac{1}{1+G(z)}R(z) \qquad (8\text{-}49)$$

下面分别讨论三种典型输入信号作用下的系统的稳态误差。

1. 单位阶跃输入信号作用下的稳态误差

由 $r(t) = 1(t)$，可得

$$R(z) = \frac{z}{z-1}$$

将此式代入式(8-49)，得稳态误差为

$$e_{ss} = \lim_{z \to 1}(z-1)\frac{1}{1+G(z)} \cdot \frac{z}{z-1} = \lim_{z \to 1}\frac{z}{1+G(z)} \qquad (8\text{-}50)$$

与连续系统类似，定义

$$K_p = \lim_{z \to 1}G(z) \qquad (8\text{-}51)$$

为静态位置误差系数。则稳态误差为

$$e_{ss} = \frac{1}{1+K_p} \qquad (8\text{-}52)$$

2. 单位斜坡输入信号作用下的稳态误差

由 $r(t) = t$，可得

$$R(z) = \frac{Tz}{(z-1)^2}$$

将此式代入式(8-50)，得稳态误差为

$$e_{ss} = \lim_{z \to 1}(z-1)\frac{1}{1+G(z)} \cdot \frac{Tz}{(z-1)^2} = \lim_{z \to 1}\frac{Tz}{(z-1)[1+G(z)]} = \lim_{z \to 1}\frac{T}{(z-1)G(z)}$$

$$(8\text{-}53)$$

定义

$$K_\nu = \lim_{z \to 1}(z-1)G(z) \qquad (8\text{-}54)$$

为静态速度误差系数。则稳态误差为

$$e_{ss} = \frac{T}{K_\nu} \qquad (8\text{-}55)$$

3. 单位抛物线输入信号作用下的稳态误差

由 $r(t) = \frac{1}{2}t^2$，可得

$$R(z) = \frac{T^2 z(z+1)}{2(z-1)^3}$$

将此式代入式(8-50)，得稳态误差为

$$e_{ss} = \lim_{z \to 1}(z-1)\frac{1}{1+G(z)}\frac{T^2 z(z+1)}{2(z-1)^3} = \lim_{z \to 1}\frac{T^2}{(z-1)^2 G(z)} \qquad (8\text{-}56)$$

定义

$$K_a = \lim_{z \to 1}(z-1)^2 G(z) \qquad (8\text{-}57)$$

为静态加速度误差系数。则稳态误差为

$$e_{ss} = \frac{T^2}{K_a} \qquad (8\text{-}58)$$

离散系统采样时刻处的稳态误差与输入信号的形式及开环脉冲传递函数 $G(z)$ 中 $z=1$ 的极点数目有关。在连续系统的误差分析中,曾以开环传递函数 $G(s)$ 中 $s=0$ 的极点数目(即积分环节数目)ν 来命名系统的型别。由于在 z 平面上 $G(z)$ 中 $z=1$ 的极点数与 s 平面上 $G(s)$ 中 $s=0$ 的极点数是相同的。所以,$G(z)$ 中 $z=1$ 的极点数就是系统的型别号 ν,对于 $G(z)$ 中 $z=1$ 的极点数为 0、1、2、$\cdots\nu$ 的采样系统,分别称为 0、Ⅰ、Ⅱ、$\cdots\nu$ 型系统。

总结上面讨论结果,列成表 8-2。从表中可以看出,除了采样时刻处的稳态误差与采样周期 T 有关外,其他规律与连续系统相同。

表 8-2　采样时刻处的稳态误差

系统型别	$r(t)=1(t)$	$r(t)=t$	$r(t)=\dfrac{1}{2}t^2$
0	$1/(1+K_{\mathrm{P}})$	∞	∞
Ⅰ	0	T/K_ν	∞
Ⅱ	0	0	T^2/K_{a}

例 8-11　采样系统的方框图如图 8-30 所示。设采样周期 $T=0.1\,\mathrm{s}$,试确定系统分别在单位阶跃、单位斜坡和单位抛物线函数输入信号作用下的稳态误差。

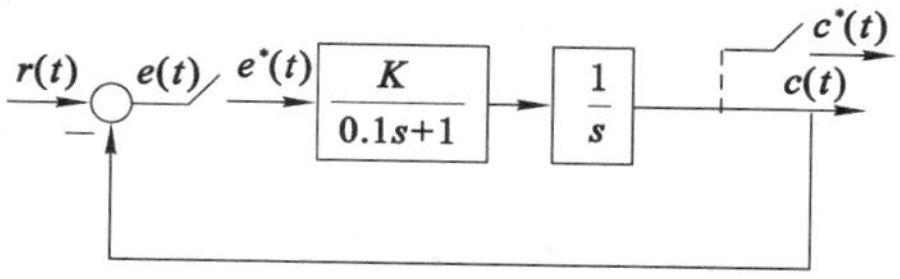

图 8-30　例 8-11 的采样系统结构图

解　系统的开环传递函数为

$$G(s)=\frac{1}{s(0.1s+1)}$$

系统的开环脉冲传递函数为:

$$G(z)=Z[G(s)]=\frac{z(1-\mathrm{e}^{-1})}{(z-1)(z-\mathrm{e}^{-1})}=\frac{0.632z}{(z-1)(z-0.368)}$$

在求稳态误差时,必须判别系统是否稳定,否则没有意义。系统闭环特征方程为

$$D(z)=1+G(z)=0$$

即

$$(z-1)(z-0.368)+0.632z=0$$
$$z^2-0.736z+0.368=0$$

解得 $z_{1,2}=0.368\pm\mathrm{j}0.482$,均在单位圆的内部,所以系统是稳定的。以下先求出静态误差系数。

静态位置误差系数为

$$K_{\mathrm{p}}=\lim_{z\to1}G(z)=\lim_{z\to1}\frac{0.632z}{(z-1)(z-0.368)}=\infty$$

静态速度误差系数为

$$K_\nu=\lim_{z\to1}(z-1)G(z)=\lim_{z\to1}\frac{0.632z}{z-0.368}=1$$

静态加速度误差系数为

$$K_a=\lim_{z\to1}(z-1)^2G(z)=\lim_{z\to1}(z-1)\frac{0.632z}{z-0.368}=0$$

所以,不同输入信号作用下的稳态误差为:

单位阶跃输入信号作用下 $\qquad e_{ss} = \dfrac{1}{1+K_p} = 0$

单位斜坡输入信号作用下 $\qquad e_{ss} = \dfrac{T}{K_v} = \dfrac{0.1}{1} = 0.1$

单位抛物线输入信号作用下 $\qquad e_{ss} = \dfrac{T^2}{K_a} = \infty$

实际上,若从结构图鉴别出系统属 I 型系统,则可根据表 8-2 结论,直接得出上述结果,而不必逐步计算。

8.4.3 闭环极点与动态响应的关系

离散系统闭环脉冲传递函数的极点在 z 平面上单位圆内的分布,对系统的动态响应具有重要的影响。如果能了解闭环极点位置与系统暂态响应之间的关系,对于分析和设计系统具有十分重要的指导意义。

设采样系统的典型结构图如图 8-31 所示。

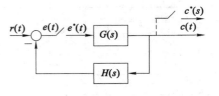

图 8-31　典型采样系统结构图

则系统的闭环脉冲传递函数为

$$M(z) = \frac{C(z)}{R(z)} = \frac{G(z)}{1+GH(z)}$$

一般情况下,闭环脉冲传递函数 $M(z)$ 可以表示为两个多项式之比的形式,即

$$M(z) = \frac{C(z)}{R(z)} = \frac{b_m z^m + b_{m-1} z^{m-1} + \cdots + b_1 z + b_0}{a_n z^n + a_{n-1} z^{n-1} + \cdots + a_1 z + a_0}$$

$$= K \frac{(z-z_1)(z-z_2)\cdots(z-z_m)}{(z-p_1)(z-p_2)(z-p_n)} = K \frac{\displaystyle\prod_{i=1}^{m}(z-z_i)}{\displaystyle\prod_{j=1}^{n}(z-p_j)} = K \frac{P(z)}{D(z)} \qquad (8\text{-}59)$$

式中　z_i——系统的闭环零点;

$\qquad p_j$——系统的闭环极点。

对于实际系统来说,有 $n \geqslant m$。式中 z_i 和 p_j 可以是实数或复数。为了简化讨论,假定 $M(z)$ 无重极点。则系统在单位阶跃输入信号作用下,输出的 z 变换为

$$C(z) = M(z)R(z) = K \frac{P(z)}{D(z)} \cdot \frac{z}{z-1}$$

进行部分分式展开

$$C(z) = K \frac{P(1)}{D(1)} \cdot \frac{z}{z-1} + \sum_{j=1}^{n} \frac{C_j z}{z-p_j}$$

取 $C(z)$ 的 z 反变换,即可求得系统输出在采样时刻的离散值为

$$c(kT) = K \frac{P(1)}{D(1)} + \sum_{j=1}^{n} C_j p_j^k \quad (k=0,1,2\cdots)$$

式中第一项为 $c(kT)$ 的稳态分量;第二项为 $c(kT)$ 的暂态分量,其中各子分量的形式则决定于闭环极点的性质及其在 z 平面上的位置,闭环极点位置与系统过渡过程之间的关系表示在图 8-32 及图 8-33 中。现分别讨论如下:

(1) 设 p_j 为正实数

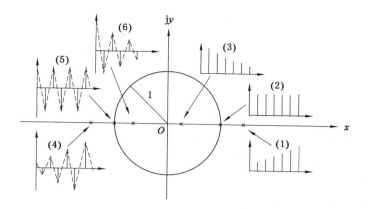

图 8-32　实数极点对应的暂态分量

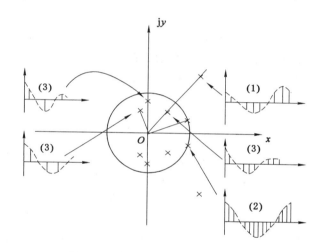

图 8-33　复数极点对应的暂态分量

则对应的暂态分量按指数规律变化。当：

① $p_j > 1$，系统将是不稳定的，如图 8-32 中(1)所示。

② $p_j = 1$，极点在单位圆与正实轴的交点上，则对应的响应分量为等幅序列。系统则处于稳定边界，如图 8-32 中(2)所示。

③ $p_j < 1$，极点在单位圆内的正实轴上，则对应的响应分量按指数规律衰减。且极点越靠近原点，其值越小且衰减越快，如图 8-32 中(3) 所示。

(2) 设 p_j 为负实数

则对应的暂态分量按正负交替方式振荡。因为当 k 为偶数时，$c_j p_j^k$ 为正值，而当 k 为奇数时，$c_j p_j^k$ 为负值。振荡角频率为采样频率的一半，即 $\omega = \dfrac{1}{2}\omega_s = \dfrac{\pi}{T}$。

这种情况下，过渡过程特性最坏。又当：

① $p_j < -1$，极点在单位圆外的负实轴上，对应的响应分量为正负交替发散振荡形式，如图 8-32 中(4)所示。

② $p_j = -1$,极点在单位圆与负实轴的交点上,对应的响应分量为正负交替等幅振荡形式,如图 8-32 中(5)所示。

③ $-1 < p_j < 0$,极点在单位圆内的负实轴上,对应的响应分量为正负交替收敛振荡形式,如图 8-32 中(6)所示。

(3) 当 p_j 为复数

则必为共轭复数,p_j 和 p_{j+1} 成对出现,p_j、$p_{j+1} = |p_j| e^{\pm j\theta_j}$。则对应的暂态响应分量为余弦振荡形式,振荡角频率与共轭复数极点的幅角 θ_j 有关,($\omega = \theta_j / T$)θ_j 越大,振荡角频率越高。

① $|p_j| > 1$,极点在单位圆外的 z 平面上,则对应的响应分量为增幅振荡形式,系统将是不稳定的,如图 8-33 中(1)所示。

② $|p_j| = 1$,极点在单位圆上,则对应的响应分量为等幅振荡形式,系统处于稳定边界,如图 8-33 中(2)所示。

③ $|p_j| < 1$,极点在单位圆内,则对应的响应分量为衰减振荡形式,如图 8-33 中(3)所示。

通过以上分析可知,为了使采样系统具有良好的过渡过程,其闭环极点应尽量避免配置在单位圆的左半部。闭环极点最好配置在单位圆的右半部,而且是靠近原点的地方。这样,系统的过渡过程进行得较快,因而系统的快速性较好。

8.5 离散系统的校正

在设计离散控制系统的过程中,为了满足对系统性能指标所提出的要求,常常需要对系统进行校正。与连续控制系统类似,采样系统的校正装置按其在系统中的位置可以分为串联校正装置和反馈校正装置,按其作用可以分为相位超前校正和相位滞后校正。与连续系统不同的是,采样系统中的校正装置不仅可以用连续校正装置来实现,也可以用数字校正装置来实现。由于现代采样控制系统几乎都是数字控制系统,所以采用数字装置实现校正是主要的方式。

8.5.1 校正装置的脉冲传递函数

采用串联数字校正装置的采样系统框图如图 8-34 所示。

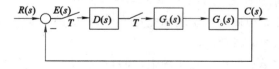

图 8-34 采样系统的串联数字校正

通常把采样过程中的一个采样周期称为一拍。若在典型输入信号的作用下,经过最少采样周期,系统的采样误差信号减少到零,实现完全跟踪,则此系统称为最少拍系统,又称最快响应系统。

下面结合图 8-34 所示的采样控制系统进行讨论。此系统的闭环脉冲传递函数为

$$M(z) = \frac{C(z)}{R(z)} = \frac{D(z)G(z)}{1 + D(z)G(z)} \tag{8-60}$$

$$M_e(z) = \frac{E(z)}{R(z)} = \frac{1}{1 + D(z)G(z)} \tag{8-61}$$

式中，$G(z) = G_h G_o(z)$。

由此求得数字控制器的脉冲传递函数为

$$D(z) = \frac{M(z)}{G(z)\left[1 - M(z)\right]} \tag{8-62}$$

或

$$D(z) = \frac{1 - M_e(z)}{G(z)M_e(z)} \tag{8-63}$$

在上式中，$G(z)$ 为保持器及被控对象的脉冲传递函数。它在校正时是不可改变的。$M(z)$ 或 $M_e(z)$ 是系统的闭环脉冲传函数，应根据典型输入信号和性能指标确定。

8.5.2　最少拍校正装置设计

最少拍控制，就是要求闭环系统对于某种特定的输入在最少采样周期达到使系统的采样误差信号减小到零的稳态，且其闭环脉冲传递函数之中 n 是可能情况下的最小正整数。

当典型输入信号分别为单位阶跃信号、单位斜坡信号和单位加速度信号时，其 z 变换分别如下所示：

$$r(t) = 1(t) \quad R(z) = \frac{1}{1 - z^{-1}}$$

$$r(t) = t \qquad R(z) = \frac{Tz^{-1}}{(1 - z^{-1})^2}$$

$$r(t) = \frac{1}{2}t^2 \quad R(z) = \frac{T^2 z^{-1}(1 + z^{-1})}{2\,(1 - z^{-1})^3}$$

由此可得典型输入信号的 z 变换的一般形式为

$$R(z) = \frac{A(z)}{(1 - z^{-1})^\nu} \tag{8-64}$$

其中，$A(z)$ 是不包含 $(1 - z^{-1})$ 的 z^{-1} 的多项式。

将式(8-64)代入式(8-61)，得

$$E(z) = R(z)M_e(z) = M_e(z)\frac{A(z)}{(1 - z^{-1})^\nu} \tag{8-65}$$

根据 z 变换的终值定理，系统的稳态误差终值为

$$e_{ss} = \lim_{z \to 1}(1 - z^{-1})R(z)M_e(z)$$

$$= \lim_{z \to 1}(1 - z^{-1})\frac{A(z)}{(1 - z^{-1})^\nu}M_e(z)$$

为了实现系统稳态误差为零，$M_e(z)$ 应包含 $(1 - z^{-1})^\nu$ 的因子，设

$$M_e(z) = (1 - z^{-1})^\nu F(z) \tag{8-66}$$

$F(z)$ 为不包含 $(1 - z^{-1})$ 的 z^{-1} 的多项式，则闭环脉冲传递函数

$$M(z) = 1 - M_e(z) = 1 - (1 - z^{-1})^\nu F(z) \tag{8-67}$$

由此可得

$$C(z) = R(z)M(z) = R(z) - A(z)F(z) \tag{8-68}$$

显然，当 $F(z) = 1$ 时，$M_e(z)$ 中所包含的 z^{-1} 的项数最少，这时采样控制系统的暂态过程可在最少拍内完成。因此设

$$M_e(z) = (1-z^{-1})^\nu \tag{8-69}$$

$$M(z) = 1-(1-z^{-1})^\nu \tag{8-70}$$

式(8-69)、(8-70)分别为稳态误差为零的最少拍采样系统的误差脉冲传递函数和闭环脉冲传递函数。下面分析几种典型输入作用时的情况。

(1) 当 $r(t)=1(t)$，$R(z)=\dfrac{1}{1-z^{-1}}$，$\nu=1$ 时，

$$M_e(z) = 1-z^{-1}$$

$$M(z) = z^{-1}$$

$$C(z) = R(z)M(z) = \frac{z^{-1}}{1-z^{-1}} = z^{-1} + z^{-2} + \cdots + z^{-n} + \cdots$$

(2) $r(t)=t$，$R(z)=\dfrac{Tz^{-1}}{(1-z^{-1})^2}$，$\nu=2$ 时

$$M_e(z) = (1-z^{-1})^2$$

$$M(z) = 2z^{-1} - z^{-2}$$

$$C(z) = R(z)M(z) = \frac{(2z^{-1}-z^{-2})Tz^{-1}}{(1-z^{-1})^2} = 2Tz^{-2} + 3Tz^{-3} + \cdots + nTz^{-n} + \cdots$$

(3) $r(t)=\dfrac{1}{2}t^2$，$R(z)=\dfrac{T^2z^{-1}(1+z^{-1})}{2(1-z^{-1})^3}$，$\nu=3$ 时

$$M_e(z) = (1-z^{-1})^3$$

$$M(z) = 3z^{-1} - 3z^{-2} + z^{-3}$$

$$C(z) = R(z)M(z) = \frac{(1+z^{-1})T^2z^{-1}}{2(1-z^{-1})^3}(3z^{-1}-3z^{-2}+z^{-3})$$

$$= 1.5T^2z^{-2} + 4.5T^2z^{-3} + 8T^2z^{-4}\cdots + \frac{n^2}{2}T^2z^{-n} + \cdots$$

最少拍系统在上述输入信号作用下的暂态响应 $c^*(t)$ 分别如图 8-35，图 8-36 和图 8-37 所示。

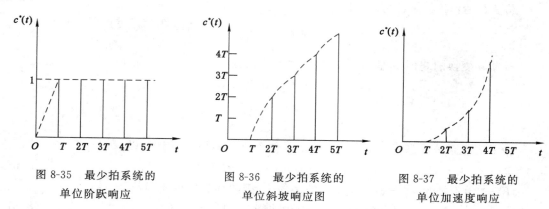

图 8-35　最少拍系统的　　　　图 8-36　最少拍系统的　　　　图 8-37　最少拍系统的
　　　单位阶跃响应　　　　　　　　单位斜坡响应图　　　　　　　单位加速度响应

在这几种典型输入信号作用下，最少拍系统的闭环脉冲传递函数及暂态过程时间如表 8-3 所示。根据最少拍系统的闭环脉冲传递函数，可按式(8-62)、(8-63)求出数字控制器的脉冲传递函数 $D(z)$，也一并列入表 8-3 中。

表 8-3　最少拍系统的校正

典型输入 $r(t)$	误差脉冲传递函数 $M_e(z)$	闭环脉冲传递函数 $M(z)$	数字校正装置 $D(z)$	暂态时间
$1(t)$	$1 - z^{-1}$	z^{-1}	$\dfrac{z^{-1}}{(1 - z^{-1})G(z)}$	T
t	$(1 - z^{-1})^2$	$2z^{-1} - z^{-2}$	$\dfrac{z^{-1}(2 - z^{-1})}{(1 - z^{-1})^2 G(z)}$	$2T$
$\frac{1}{2}t^2$	$(1 - z^{-1})^3$	$3z^{-1} - 3z^{-2} + z^{-3}$	$\dfrac{z^{-1}(3 - 3z^{-1} - z^{-2})}{(1 - z^{-1})^3 G(z)}$	$3T$

例 8-12　采样系统的框图如图 8-34 所示，其中 $G_h(s)G_o(s) = \dfrac{1 - e^{-Ts}}{s} \cdot \dfrac{4}{s(0.5s + 1)}$，已知 $T = 0.5\,\mathrm{s}$，试求在单位斜坡信号 $r(t) = 1(t)$ 作用下最少拍系统的 $D(z)$。

解：

$$G(z) = Z[G_h(z)G_o(z)]$$
$$= \frac{0.736z^{-1}(1 + 0.717z^{-1})}{(1 - z^{-1})(1 - 0.368z^{-1})}$$

在 $r(t) = 1(t)$ 时

$$M_e(z) = (1 - z^{-1})^2$$
$$M(z) = 1 - M_e(z) = 2z^{-1} - z^{-2}$$
$$D(z) = \frac{1 - M_e(z)}{G(z)M_e(z)} = \frac{2.717(1 - 0.368z^{-1})(1 - 0.5z^{-1})}{(1 - z^{-1})(1 + 0.717z^{-1})}$$

加入数字校正装置后，最少拍系统的开环脉冲传递函数

$$D(z)G(z) = \frac{2z^{-1}(1 - 0.5z^{-1})}{(1 - z^{-1})^2}$$

若上述系统的输入信号不是单位斜坡信号，而是单位阶跃信号时，情况将有所变化。当 $r(t) = 1(t)$ 时，系统输出信号的 z 变换为

$$C(z) = R(z)M(z) = \frac{1}{1 - z^{-1}}(2z^{-1} - z^{-2})$$
$$= 2z^{-1} + z^{-2} + z^{-3} + \cdots + z^{-n} + \cdots$$

对应的单位阶跃响应如图 8-38 所示。由图可见，系统的暂态过程虽也只需要两个采样周期即可完成，但在 $t = T$ 时却出现了 100% 的超调量。

如果上述系统的输入信号为单位加速度信号，则在系统中会出现稳态误差。

综上所述，根据一种典型输入信号进行校正而得到的最少拍采样系统，往往不能很好地适应其他形式的输入信号。这使最少拍系统的应用受到很大的局限。

以上讨论的最少拍系统的校正方法，以及列入表 8-3 中的基本结论，是当 $G(z)$ 在 z 平面以原点为圆心的单位圆

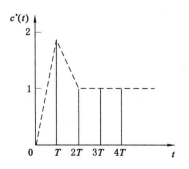

图 8-38　系统的单位阶跃响应

上圆外均无零、极点,而且系统不包含滞后环节的情况下得到的。如果不满足这些条件,就不能直接应用在表 8-3 中的基本结论。

下面略述一下当 $G(z)$ 含有 z 平面单位圆上或圆外零、极点时的情况。

由式(8-62)和式(8-63)可得

$$D(z) = \frac{M(z)}{G(z)M_e(z)}$$

为了保证闭环采样系统稳定,闭环脉冲传递函数 $M(z)$ 或 $M_e(z)$ 都不应含有 z 平面单位圆上或单位圆外的极点。此外,$G(z)$ 中所包含的单位圆上或圆外的零、极点也不希望用 $D(z)$ 来补偿,以免参数漂移会对这种补偿带来不利的影响。这样一来,$G(z)$ 中所包含的单位圆上或圆外的极点便只能靠 $M_e(z)$ 的零点来抵消,而 $G(z)$ 所包含的单位圆上或圆外的零点则只能用 $M(z)$ 的零点来抵消。

综合上述,在 $G(z)$ 包含单位圆上或圆外的零、极点时,可以按照以下方法选择闭环脉冲传递函数。

① 用 $M_e(z)$ 的零点补偿 $G(z)$ 在单位圆上或圆外的极点。

② 用 $M(z)$ 的零点抵消 $G(z)$ 在单位圆上或圆外的零点。

③ 由于在 $G(z)$ 中常含有 z^{-1} 的因子,为了使 $D(z)$ 在实际中能实现,要求 $M(z)$ 也含有 z^{-1} 的因子。考虑到 $M(z) = 1 - M_e(z)$,所以,$M_e(z)$ 应为包含常数项为 1 的 z^{-1} 的多项式。

根据上述条件,按照式(8-66)选择 $M_e(z)$ 时,不能如前面所述的再取 $F(z)=1$ 了,而应使 $F(z)$ 的零点能够补偿 $G(z)$ 在 z 平面单位圆上或圆外的极点。这样做的结果会使采样系统的暂态过程时间长于表 8-3 中所给出的时间。

例 8-13 设单位负反馈采样控制系统中被控对象和零阶保持器的传递函数分别为:
$G_p(s) = \dfrac{10}{s(0.1s+1)(0.05s+1)}$;$G_h(s) = \dfrac{1-e^{-Ts}}{s}$;式中 $T = 0.2$ s。试求在单位阶跃输入信号作用下最少拍系统的数字控制器的脉冲传递函数 $D(z)$,以及暂态响应 $c^*(t)$。

解 系统的开环脉冲传递函数为

$$G(z) = Z[G_h(z)G_p(z)] = \frac{0.762z^{-1}(1+0.045\,9z^{-1})(1+1.131z^{-1})}{(1-z^{-1})(1-0.135z^{-1})(1-0.0183z^{-1})}$$

上式表明,$G(z)$ 包含一个位于 z 平面单位圆外的零点。根据上述可知,$M(z)$ 应含 $z^{-1}(1+1.131z^{-1})$。设

$$M(z) = 1 - M_e(z) = \alpha_1 z^{-1}(1+1.131z^{-1})$$

式中,α_1 为待定系数。

显然,$M_e(z)$ 是一个 z^{-1} 的二阶多项式。考虑到 $r(t) = 1(t)$,$M_e(z)$ 应为

$$M_e(z) = (1-z^{-1})(1+\alpha_2 z^{-1})$$

式中,α_2 为待定系数。

联立以上二式,可得

$$1 - (1-z^{-1})(1+\alpha_2 z^{-1}) = \alpha_1 z^{-1}(1+1.131z^{-1})$$

解得

$$\alpha_1 = 0.469, \alpha_2 = 0.531$$
$$M(z) = 0.469z^{-1}(1+1.131z^{-1})$$
$$M_e(z) = (1-z^{-1})(1+0.531z^{-1})$$

则可以求得

$$D(z) = \frac{0.615(1 - 0.0183z^{-1})(1 - 0.135z^{-1})}{(1 + 0.0459z^{-1})(1 + 0.531z^{-1})}$$

经过数字校正后,采样控制系统的输出信号的 z 变换为

$$C(z) = R(z)M(z) = 0.469z^{-1}(1 + 1.131z^{-1})\frac{1}{1 - z^{-1}}$$

$$= 0.469z^{-1} + z^{-2} + z^{-3} + \cdots + z^{-n} + \cdots$$

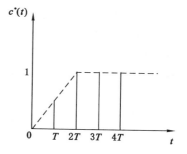

图 8-39　该系统的单位阶跃响应

系统的暂态响应 $c^*(t)$ 如图 8-39 所示。由图可见,采样控制系统的暂态过程在两拍内结束,比表 8-3 的暂态时间多了一拍,这是由于 $G(z)$ 含有一个单位圆外的零点所造成的。

一般说来,最少拍系统暂态响应时间的增长与 $G(z)$ 所含 z 平面单位圆上或圆外的零、极点个数成正比。

最少拍系统校正方法比较简便,系统结构也比较简单,但在实际应用中存在较大的局限性。首先,最少拍系统对于不同输入信号的适应性较差。对于一种输入信号设计的最少拍系统遇到其他类型输入信号时,表现出的性能往往不能令人满意。虽然可以考虑根据不同的输入信号自动切换数字校正程序,但实用中仍旧不变。其次,最少拍系统对参数的变化也较敏感。当系统参数受各种因素的影响发生变化时,会导致暂态响应时间的延长。

应当指出,上述校正方法只能保证在采样点稳态误差为零,而在采样点之间系统的输出可能会出现波动(与输入信号比较),因而这种系统称为有纹波系统。纹波的存在不仅影响精度,而且会增加系统的机械磨损和功耗,这当然是不希望的。适当增加暂态响应时间(拍数)可以实现无纹波输出的采样系统。

8.5.3　PID 数字控制器的实现

数字校正装置的实现常采用 PID 数字控制器。PID 数字控制器的传递函数为

$$D(s) = \frac{U(s)}{X(s)} = K_1 + \frac{K_2}{s} + K_3 s$$

将其中的微分项和积分项进行离散化处理,就可以确定 PID 控制器的数字实现。

对微分项,应用后向差分法,有

$$u(kT) = \frac{\mathrm{d}x}{\mathrm{d}t}\bigg|_{t=kT} = \frac{1}{T}\{x(kT) - x[(k-1)T]\}$$

上式的 z 变换为

$$U(z) = \frac{(1 - z^{-1})}{T}X(z) = \frac{z - 1}{Tz}X(z)$$

对积分项,同样有

$$u(kT) = u[(k-1)T] + Tx(kT)$$

上式的 z 变换为

$$U(z) = z^{-1}U(z) + TX(z)$$

整理得

$$U(z) = \frac{Tz}{z - 1}X(z)$$

因此，PID 控制器在 z 域的传递函数为

$$D(z) = \frac{U(z)}{X(z)} = K_1 + K_2 \frac{Tz}{z-1} + K_3 \frac{z-1}{Tz}$$

若记 $x(kT) = x(k)$，则可得 PID 控制器的差分方程为

$$u(k) = K_1 x(k) + K_2 \big[u(k-1) + Tx(k) \big] + \frac{K_3}{T} \big[x(k) - x(k-1) \big]$$

$$= \Big[K_1 + K_2 T + \frac{K_3}{T} \Big] x(k) - \frac{K_3}{T} x(k-1) + K_2 u(k-1)$$

采用计算机软件，可以方便地实现上述 PID 数字控制器。显然，令 K_2 或 K_3 分别为零，可得 PD 或 PI 数字控制器。由于数字 PID 控制比模拟控制更容易实现各种算法，所以为了改善控制质量，在实际应用中对 PID 算式进行了改进，如不完全微分型算式、微分先行 PID 控制算式、积分分离的 PID 算式等，都获得了很好的控制效果。

8.6　MATLAB 在离散系统分析中的应用

线性离散时不变控制系统的分析与连续线性时不变控制系统的分析方法相似，但是需要注意下列事项：

① 离散系统与连续系统的区别是离散系统的信号是采样数据形式；

② 离散控制系统都有特定的采样时间，同一连续系统，由于采用不同的采样时间，离散化后的系统模型会不同；

③ 连续系统离散化为离散系统时，有不同的离散化方法，其离散化的结果也不同；

④ 离散系统之间的转换是不同采样时间下同一系统的不同表现。

近期的 MATLAB 版本中，将采样时间作为输入变量，以表示离散系统，例如，可直接用 tf 函数建立离散系统的传递函数模型，或转换为离散系统传递函数模型等。表 8-4 至表 8-7 列出了常用命令函数。

表 8-4　命令函数

序号	命令函数及格式	功能说明
1	$z = tf('z', Ts)$	指定变量 z 为离散系统传递函数模型，Ts 为采样周期（采用间隔或时间）
2	$Gz = tf(num, den, Ts)$	生成采样时间为 Ts 的离散传递函数。num，den 为离散系统模型的分子和分母系数向量
3	$Gz = zpk(z, p, k, Ts)$	生成采样时间为 Ts 的离散零极点传递函数，z，p，k 为离散模型的零极点增益
4	$Gz = drss(N, P, m)$	随机生成 N 阶稳定的离散状态空间模型，该系统具有 m 个输入，P 个输出。默认时 P＝m＝1，即 sys＝drss(N)
5	$[num, den] = drmodel(N, P)$	生成一个 N 阶离散的传递函数模型系统，该系统具有 P 个输出

表 8-5　常用离散系统模型转换函数命令格式及说明

序号	命令函数及格式	功能说明
1	Gz＝c2d(G,Ts) Gz＝c2d(G,Ts,method)	将连续系统 G 转换为采样系统 Gz,Ts 为采样周期,method 为采样保持器类型选择,常用的有 method＝'zoh'为零阶保持器(可缺省);'foh'为可调节零阶保持器;'tustin'为双边线性变换;'matched'为匹配零极点方法
2	G＝d2c(Gz) G＝d2c(Gz,method)	将采样系统 Gz 转换为连续系统 G。method＝'zoh'、'tustin'、'prewarp'、'matched'中的一种
3	Gz＝d2d(Gz,Ts)	将采样系统 Gz 的采样周期改为 Ts

表 8-6　常用 Z 变换与 Z 反变换函数命令格式及说明

序号	命令函数及格式	功能说明
1	F＝ztrans(f)	Z 变换,即将离散序列(采样)函数 f(n)进行 Z 变换,即 $F(z)=Z\{f(n)\}$
2	F＝ztrans(f,w)	Z 变换,即将采样函数 f(n)进行 Z 变换,变量为 w,即 $F(w)=Z\{f(n)\}$
3	F＝ztrans(f,w,k)	Z 变换,即将采样函数 f 中指定变量 k 进行 Z 变换,即 $F(w)=Z\{f(k)\}$
4	f＝iztrans(F)	Z 反变换,$f(n)=Z^{-1}\{F(z)\}$
5	f＝iztrans(F,k)	Z 反变换,$f(k)=Z^{-1}\{F(z)\}$
6	f＝iztrans(F,w,k)	Z 反变换,$f(k)=Z^{-1}\{F(w)\}$

表 8-7　常用离散系统分析的函数命令格式及说明

序号	命令函数及格式	功能说明
1	dbode(num,den,ts)	绘制离散系统的伯德图
2	dnyquist(num,den,ts)	绘制离散系统的奈奎斯特图
3	step(G,'line1 color1', Gz,'line2 color2',…)	绘制连续系统 G 和离散系统 Gz,…的单位阶跃响应(既可用于连续也可用于离散)
4	dstep(numz,denz,tend)	绘制离散系统 numz,denz 单位阶跃响应,tend 为响应结束时间
5	[x,y]＝dstep(numz,denz,tend)	返回离散系统 numz,denz 的单位阶跃响应的函数值 x 和 y
6	dimpulse(numz,denz,tend)	绘制离散系统 Gz 的单位脉冲响应,tend 为响应结束时间
7	[x,y]＝dimpulse(numz,denz,tend)	返回离散系统 numz,denz 的单位脉冲响应的函数值 x 和 y
8	dlsim(numz,denz,U) dlsim(a,b,c,d,U)	绘制离散系统 numz,denz 在输入 U 时的响应。U 为任意时间序列;绘制离散状态系统 a,b,c,d 在输入 U 时的响应
9	tfdate(sys)	获得变换后的传递函数模型参数
10	zpkdate(sys)	获得变换后的零极点增益模型参数
11	dssdate(sys)	获得变换后的状态空间模型参数

8.6.1　连续系统在 MATLAB 中的离散化

MATLAB 软件中提供了直接将连续系统转换成离散系统的函数 c2d( ),函数调用格式如下:

```
sysd＝c2d(sysc,Ts,method)
```

式中,method 是离散化方法,可选择的方法有 zoh(零阶保持法),foh(一阶保持法),tustin(双线性变换法),match(零极点匹配法)等,缺省是 zoh 方法。sysc 是原连续系统,Ts 是采样时间,转换后的离散系统是 sysd。

例 8-14 试采用两种不同的方法将传递函数 $G(s) = \dfrac{s+1}{s^3 + 4s^2 + 2s + 6}$ 离散化,假设采样时间 $T_s = 1$ s。

编写的程序如下:

```
num=[1 1];
den=[1 4 2 6];
G=tf(num,den);
G1=c2d(G,1)
G2=c2d(G,1,'tustin')
```

运行结果显示:

```
G1 Transfer function:
    0.222 z^2 + 0.02699 z − 0.04011
    ————————————————————————————
z^3 − 0.6302 z^2 + 0.902 z − 0.01832
G2 Transfer function:
0.08824 z^3 + 0.1471 z^2 + 0.02941 z − 0.02941
————————————————————————————
    z^3 − 0.5294 z^2 + 0.6471 z + 0.2941
```

从以上两式可以看出,不同的离散化方法得到的 z 函数不同。

8.6.2 离散系统 MATLAB 仿真模型的建立

在 MATLAB 中离散系统数学模型的表示方法与连续系统类似,常用的有有理分式模型和零极点模型两种,以下举例简要说明。

例 8-15 试建立传递函数为 $G(s) = \dfrac{s+1}{s^3 + 4s^2 + 2s + 6}$ 对应的离散系统模型,假设采样时间 $T_s = 2$ s。

编写的程序如下:

```
num=[1 1];
den=[1 4 2 6];
Ts=2;
Gtf=tf(num,den,Ts)        %建立离散传递函数的有理分式模型,采样时间为 2 s
Gzpk=zpk(Gtf)             %建立离散传递函数的零极点模型
```

运行结果显示如下:

```
Gtf Transfer function:
        z + 1
————————————————————————————
z^3 + 4 z^2 + 2 z + 6
Gzpk Zero/pole/gain:
```

$$\frac{(z+1)}{(z+3.883)\,(z\hat{}2 + 0.1171z + 1.545)}$$

8.6.3　离散系统时域分析的 MATLAB 仿真

1. 求离散系统单位阶跃响应的函数 dstep()

函数格式 1:dstep(num,den,N)

用离散的分子、分母多项式系数 num 和 den,及计算的点数 N 获得该系统的单位阶跃响应曲线,应注意,多项式系数以 z 的降幂形式排列,N 可以不输入,由系统自动确定。

函数格式 2:[y,x]=dstep(num,den,N)

这种格式不绘制输出响应曲线,将系统输出和状态输出数据存放在 y 和 x 中,其他参数定义如格式 1 所述。

2. 求离散系统单位脉冲响应的函数 dimpulse()

函数格式与单位阶跃响应函数 dstep 有相似的格式,只需将 dimpulse 代替 dstep 即可。调用该函数后,绘制的输出曲线是脉冲响应曲线,得到的数据是脉冲响应的输出和相应的状态变量输出。

例 8-16　试将 $G(s) = \dfrac{1}{10s+1}$ 采用零阶保持法离散化,并进行阶跃响应分析。

编写的程序如下:

```
figure('pos',[120,130,250,200],'color','w')
ax=axes('pos',[0.2 0.2 0.7 0.72]);
for Ts=0.5:0.5:2                    %分别绘制采样时间为 0.5、1、1.5、2 秒的单位阶跃响应曲线
    G=tf([1],[10 1]);
    Gs=c2d(G,Ts,'tustin');          %采用'tustin'方法进行离散
    dstep(Gs.num,Gs.den,100);
    hold on;
end;
axis([0 100 0 1.2]);
set(gca,'ytick',0:.2:1.2,'xcolor','k','ycolor','k','xtick',0:20:100);
```

程序将连续的一阶环节 G 用 c2d 函数转换为离散模型,采用零阶保持方法,采样时间 Ts 从 0.5 变到 2,得到 4 个不同采样时间的离散模型,然后,分别绘制系统输出阶跃响应曲线,如图 8-40 所示。不同采样时间得到的曲线不同,系统的过渡过程时间也不尽相同。为此,在使用时应注意采样时间的合理选择。

8.6.4　离散系统根轨迹分析法的 MATLAB 仿真

在 z 平面绘制根轨迹和 s 平面上绘制根轨迹的方法相同,唯一的区别是稳定区域的不同。在 s 右半平面的闭环极点是稳定极点,在 z 平面上,圆心在原点的单位圆内闭环极点是稳定极点。

例 8-17　开环系统脉冲传递函数为:

$$G_{\mathrm{c}}(z)G_{\mathrm{p}}(z) = \frac{0.5151z^3 - 0.1452z^2 - 0.2963z + 0.05284}{z^4 - 2.3679z^3 + 1.7358z^2 - 0.36779z}$$

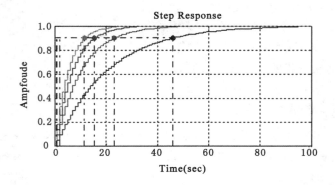

图 8-40　离散一阶环节的阶跃响应曲线

试绘制离散控制系统的根轨迹并绘制单位圆。

编写的程序如下：

```
figure('pos',[50,50,250,200],'color','w');                          %设置图形位置和颜色
axes('pos',[0.1,0.16,.8,.8]);
G=tf([0.5151 −0.1452 −0.2963 0.05284],[1 −2.3679 1.7358 −0.3679 0]);
rlocus(G);                                                          %可直接绘制根轨迹
axis([−3 1 −1.5 1.5]);
hold on;
t=0:0.1:2 * pi;                                                      %绘制单位圆
x=sin(t);
y=cos(t);
plot(x,y,':')
```

程序运行结果如图 8-41 所示。

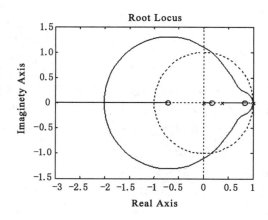

图 8-41　根轨迹绘制结果图

习题 8

习题 8-1　试求下列函数的 z 变换

(1) $f(t) = 1 - e^{-at}$

(2) $f(t) = \cos \omega t$

(3) $f(t) = a^{t/T}$

(4) $f(t) = te^{-at}$

(5) $f(t) = t^2$

习题 8-2　求下列拉氏变换式的 z 变换（式中 T 为采样周期）

(1) $F(s) = \dfrac{(s+3)}{(s+1)(s+2)}$

(2) $F(s) = \dfrac{1}{(s+2)^2}$

(3) $F(s) = \dfrac{1}{s^2}$

(4) $F(s) = \dfrac{K}{s(s+a)}$

(5) $F(s) = \dfrac{1}{s^2(s+a)}$

(6) $F(s) = \dfrac{\omega}{s^2 - \omega^2}$

(7) $F(s) = \dfrac{e^{-nTs}}{(s+a)}$

习题 8-3　求下列函数的 z 反变换（式中 T 为采样周期）

(1) $F(z) = \dfrac{z(1 - e^{-T})}{(z-1)(z - e^{-T})}$

(2) $F(z) = \dfrac{z}{(z-1)^2(z-2)}$

(3) $F(z) = \dfrac{z}{(z+1)^2(z-1)^2}$

(4) $F(z) = \dfrac{2z(z^2 - 1)}{(z^2 + 1)^2}$

(5) $F(z) = \dfrac{0.5 + 3z + 0.6z^2 + z^3 + 4z^4 + 5z^5}{z^5}$

习题 8-4　用留数法求下列函数的 z 反变换

(1) $F(z) = \dfrac{10z}{(z-1)(z-2)}$

(2) $F(z) = \dfrac{z^2}{(ze - 1)^3}$

习题 8-5　求下列函数的初值与终值

(1) $F(z) = \dfrac{z^2}{(z - 0.8)(z - 0.1)}$

(2) $F(z) = \dfrac{1 + 0.3z^{-1} + 0.1z^{-2}}{1 - 4.2z^{-1} + 5.6z^{-2} - 2.4z^{-3}}$

(3) $F(z) = \dfrac{z^2}{(z - 0.5)(z - 1)}$

习题 8-6　用 z 变换方法求解下列差分方程,结果以 $f(k)$ 表示

(1) $f(k+2) + 2f(k+1) + f(k) = u(k)$

$f(0) = 0, f(1) = 0, u(k) = k \quad (k = 0, 1, 2, \cdots)$

(2) $f(k+2) - 4f(k) = \cos k\pi \quad (k = 0, 1, 2, \cdots)$

$f(0) = 1, f(1) = 0$

(3) $f(k+2) + 5f(k+1) + 6f(k) = \cos \dfrac{k}{2}\pi \quad (k = 0, 1, 2, \cdots)$

$f(0) = 0, f(1) = 1$

习题 8-7　求下列函数的脉冲传递函数

(1) $G(s) = \dfrac{K}{s + a}$

(2) $G(s) = \dfrac{K}{s(s + a)}$

(3) $G(s) = \dfrac{K}{(s + a)(s + b)}$

(4) $G(s) = \dfrac{\omega_0^2}{s^2 + 2\zeta\omega_0 s + \omega_0^2}$

习题 8-8　求图 8-42 系统的脉冲传递函数 $M(z) = \dfrac{C(z)}{R(z)}$。假定图中采样开关是同步的。

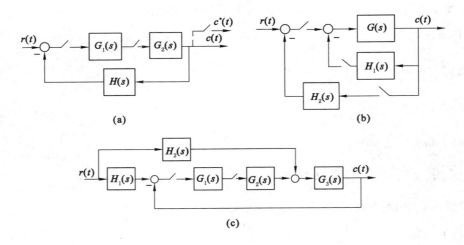

(a)　　　　(b)

(c)

图 8-42　习题 8-8 系统结构图

习题 8-9　求图示 8-43 系统的开环脉冲传递函数 $G(z)$ 及闭环脉冲传递函数 $M(z)$,其中 $T = 1\,\mathrm{s}$。

习题 8-10　试求图 8-44 所示系统的闭环脉冲传递函数以及 $R(z)$ 与 $C(z)$ 之间的脉冲

传递函数。

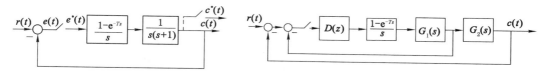

图 8-43　习题 8-9 系统结构图　　　　　图 8-44　习题 8-10 系统结构图

习题 8-11　求下列控制器传递函数的 ω 变换表达式

$$G_{\mathrm{c}}(z) = \frac{10}{s+10}$$

习题 8-12　已知系统结构如图 8-45 所示，$T=1$ s。

（1）当 $K=8$ 时，分析系统的稳定性；

（2）求 K 的临界稳定值。

习题 8-13　已知系统结构如图 8-43 所示，试求 $T=1$ s 及 $T=0.5$ s 时，系统临界稳定时的 K 值，并讨论采样周期 T 对稳定性的影响。

习题 8-14　已知系统结构如图 8-43 所示，其中 $K=1$，$T=0.5$ s，输入为 $r(t)=1(t)+t$ 试用静态误差系数法求稳态误差。

习题 8-15　已知系统结构如图 8-46 示，其中 $K=10$，$T=0.2$ s，输入为 $r(t)=1(t)+t+\dfrac{t^2}{2}$ 试用静态误差系数法求稳态误差。

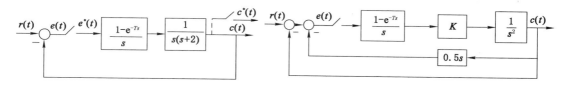

图 8-45　习题 8-12 系统结构图　　　　　图 8-46　习题 8-15 系统结构图

附录 A　拉普拉斯变换与反变换

传递函数是控制理论研究当中的一个非常重要的概念和分析工具,它是基于拉氏变换而引入的描述线性定常系统输入输出关系的复域数学模型。因此,在讨论传递函数时需要熟悉拉氏变换。拉氏变换理论又是现代科学技术中的重要数学工具,用拉氏变换研究线性定常系统时有以下主要优点:

① 求解高阶线性定常微分方程时,可以将时域中的微分、积分运算变换成复频域中的代数运算,且在变换过程中自然将初始条件考虑在内。

② 拉氏变换可用查拉氏变换表进行,拉氏反变换也可查表,或将象函数用部分分式展开再查表进行,大大简化了运算过程。

③ 用拉氏变换很容易处理包含有限跃变不连续的间断信号,如阶跃信号,同时可得出响应过程中的暂态分量和稳态分量,为分析各项性能指标带来方便。

A.1　拉普拉斯变换及其性质

若函数 $f(t)$ 在 $(-\infty, +\infty)$ 上满足下列条件:

① $x(t)$ 绝对可积,即

$$\int_{-\infty}^{+\infty} |f(t)| \, \mathrm{d}t < \infty$$

② 在任何有限区间内,$f(t)$ 只有有限个极值点,且在这些极值点处的极值是有限值。

③ 在任何有限区间内,$f(t)$ 只能有有限个间断点,而且这些间断点都必须是有限值。

则

$$F(\mathrm{j}\omega) = \int_{-\infty}^{+\infty} f(t) \mathrm{e}^{-\mathrm{j}\omega t} \, \mathrm{d}t \tag{A-1}$$

称为傅里叶变换,简称傅氏变换。而

$$f(t) = \frac{1}{2\pi} \int_{-\infty}^{+\infty} F(\mathrm{j}\omega) \mathrm{e}^{\mathrm{j}\omega t} \, \mathrm{d}\omega \tag{A-2}$$

称为傅里叶积分,简称傅氏积分。利用傅氏变换可以将描述系统的时域数学模型变成频域数学模型来研究。

但傅氏变换有两个缺点,一是工程中许多常用函数如阶跃函数、斜坡函数、正弦函数等都不满足绝对可积条件,所以它们不能进行古典意义上的傅氏变换;二是进行傅氏变换的函数,必须在整个数轴上有定义。但许多实际系统中,很多以时间 t 为变量的函数,当 $t < 0$ 时没有意义或不需要考虑,这样的函数也不能进行傅氏变换。由于这个缺点,使傅氏变换的应用受到很大限制。

如果将进行傅氏变换的函数 $f(t)$ 乘以指数衰减函数 $\mathrm{e}^{-\sigma t}$，即可克服上述两个缺点。乘以 $\mathrm{e}^{-\sigma t}$ 可使新函数 $f(t)\mathrm{e}^{-\sigma t}$ 变为绝对可积，使其可以进行傅氏变换，即

$$\mathscr{F}\left[f(t)\right] = \int_0^\infty f(t)\mathrm{e}^{-\sigma t}\,\mathrm{e}^{-\mathrm{j}\omega t}\,\mathrm{d}t \tag{A-3}$$

若令 $s = \sigma + \mathrm{j}\omega$ 是复数，上式就是拉普拉斯变换，简称拉氏变换，记为

$$F(s) = \mathscr{L}^{-1}\left[f(t)\right] = \int_0^\infty f(t)\mathrm{e}^{-st}\,\mathrm{d}t \tag{A-4}$$

式中，$f(t)$ 称为原函数；$F(s)$ 称为象函数。拉氏变换就是由原函数求象函数的过程。

工程中一般不直接用上式计算函数的拉氏变换，而是用表 A-1 给出的拉氏变换表直接查得。另外，拉氏变换的一些重要性质在表 A-2 中列出。

表 A-1 拉氏变换表

	$F(s)$	$f(t) \quad t \geqslant 0$
1	1	单位脉冲函数 $\delta(t)$
2	$\dfrac{1}{s}$	单位阶跃函数 $1(t)$
3	$\dfrac{1}{s^2}$	t
4	$\dfrac{1}{s^n}$	$\dfrac{t^{n-1}}{(n-1)!}$
5	$\dfrac{1}{s+a}$	e^{-at}
6	$\dfrac{1}{(s+a)^2}$	$t\mathrm{e}^{-at}$
7	$\dfrac{1}{(s+a)^n}$	$\dfrac{1}{(n-1)!}t^{n-1}\mathrm{e}^{-at}$
8	$\dfrac{s}{(s+a)^2}$	$(1-at)\mathrm{e}^{-at}$
9	$\dfrac{\omega}{s^2+\omega^2}$	$\sin \omega t$
10	$\dfrac{s}{s^2+\omega^2}$	$\cos \omega t$
11	$\dfrac{n!}{(s+a)^{n+1}}$	$t^n\mathrm{e}^{-at}(n=1,2,3\cdots)$
12	$\dfrac{n!}{s^{n+1}}$	$t^n(n=1,2,3\cdots)$
13	$\dfrac{1}{(s+a)(s+b)}$	$\dfrac{1}{b-a}(\mathrm{e}^{-at}-\mathrm{e}^{-bt})$
14	$\dfrac{s}{(s+a)(s+b)}$	$\dfrac{1}{b-a}(b\mathrm{e}^{-bt}-a\mathrm{e}^{-at})$
15	$\dfrac{1}{s(s+a)(s+b)}$	$\dfrac{1}{ab}\left[1+\dfrac{1}{a-b}(b\mathrm{e}^{-at}-a\mathrm{e}^{-bt})\right]$

表 A-1（续）

	$F(s)$	$f(t) \quad t \geqslant 0$
16	$\dfrac{\omega}{(s+a)^2+\omega^2}$	$\mathrm{e}^{-at}\sin\omega t$
17	$\dfrac{s+a}{(s+a)^2+\omega^2}$	$\mathrm{e}^{-at}\cos\omega t$
18	$\dfrac{1}{s^2(s+a)}$	$\dfrac{1}{a^2}(at-1+\mathrm{e}^{-at})$
19	$\dfrac{\omega_\mathrm{n}^2}{s^2+2\xi\omega_\mathrm{n}s+\omega_\mathrm{n}^2}$	$\dfrac{\omega_\mathrm{n}}{\sqrt{1-\xi^2}}\mathrm{e}^{-\xi\omega_\mathrm{n}t}\sin\sqrt{1-\xi^2}\,\omega_\mathrm{n}t$
20	$\dfrac{s}{s^2+2\xi\omega_\mathrm{n}s+\omega_\mathrm{n}^2}$	$\dfrac{-1}{\sqrt{1-\xi^2}}\mathrm{e}^{-\xi\omega_\mathrm{n}t}\sin(\omega_\mathrm{n}\sqrt{1-\xi^2}\,t-\varphi),\varphi=\arctan\dfrac{\sqrt{1-\xi^2}}{\xi}$
21	$\dfrac{\omega_\mathrm{n}^2}{s(s^2+2\xi\omega_\mathrm{n}s+\omega_\mathrm{n}^2)}$	$1-\dfrac{1}{\sqrt{1-\xi^2}}\mathrm{e}^{-\xi\omega_\mathrm{n}t}\sin(\omega_\mathrm{n}\sqrt{1-\xi^2}\,t+\varphi),\varphi=\arctan\dfrac{\sqrt{1-\xi^2}}{\xi}$
22	$\dfrac{1}{(s+a)(s+b)(s+c)}$	$\dfrac{\mathrm{e}^{-at}}{(b-a)(c-a)}+\dfrac{\mathrm{e}^{-bt}}{(a-b)(c-b)}+\dfrac{\mathrm{e}^{-ct}}{(a-c)(b-c)}$
23	$\dfrac{s}{(s+a)(s+b)(s+c)}$	$-\dfrac{a\mathrm{e}^{-at}}{(b-a)(c-a)}-\dfrac{b\mathrm{e}^{-bt}}{(a-b)(c-b)}-\dfrac{c\mathrm{e}^{-ct}}{(a-c)(b-c)}$
24	$\dfrac{s^2}{(s+a)(s+b)(s+c)}$	$\dfrac{a^2\mathrm{e}^{-at}}{(b-a)(c-a)}+\dfrac{b^2\mathrm{e}^{-bt}}{(a-b)(c-b)}+\dfrac{c^2\mathrm{e}^{-ct}}{(a-c)(b-c)}$
25	$\dfrac{1}{\sqrt{s}}$	$\dfrac{1}{\sqrt{\pi t}}$

表 A-2 拉氏变换主要性质

线性	$\mathscr{L}[af_1(t)+bf_2(t)]=aF_1(s)+bF_2(s)$
微分	$\mathscr{L}\left[\dfrac{\mathrm{d}(f)}{\mathrm{d}t}\right]=sF(s)-f(0)$ $\mathscr{L}\left[\dfrac{\mathrm{d}^2(f)}{\mathrm{d}t^2}\right]=s^2F(s)-[sf(0)+f'(0)]$ $\mathscr{L}\left[\dfrac{\mathrm{d}^3(f)}{\mathrm{d}t^3}\right]=s^3F(s)-[s^2f(0)+sf'(0)+f''(0)]$ $\mathscr{L}\left[\dfrac{\mathrm{d}^n(f)}{\mathrm{d}t^n}\right]=s^nF(s)-\sum_{k=1}^{n}s^{n-k}f^{(k-1)}(0)$，式中 $f^{(k-1)}(t)=\dfrac{\mathrm{d}^{k-1}f(t)}{\mathrm{d}t^{k-1}}$
积分	$\mathscr{L}\left[\int f(t)\mathrm{d}t\right]=\dfrac{1}{s}F(s)+\dfrac{1}{s}\left[\int f(t)\mathrm{d}t\right]\Big|_{t=0}$ $\mathscr{L}\left\{\iint[f(t)\mathrm{d}t]\mathrm{d}t\right\}=\dfrac{1}{s^2}F(s)+\dfrac{1}{s^2}\left[\iint f(t)\mathrm{d}t\right]\Big|_{t=0}+\dfrac{1}{s^2}\left\{\iiint[f(t)\mathrm{d}t]\mathrm{d}t\right\}\Big|_{t=0}$ $\mathscr{L}\left[\int\ldots\int f(t)\,(\mathrm{d}t)^n\right]=\dfrac{1}{s^n}F(s)+\sum_{k=1}^{n}\dfrac{1}{s^{n-k+1}}\left[\int\ldots\int f(t)\,(\mathrm{d}t)k\right]\Big|_{t=0}$
位移	$\mathscr{L}[f(t-a)1(t-a)]=\mathrm{e}^{-as}F(s)$ $\mathscr{L}[\mathrm{e}^{-at}f(t)]=F(s+a)$

初值	$\lim\limits_{t \to 0^+} f(t) = \lim\limits_{s \to \infty} sF(s)$
终值	$\lim\limits_{t \to \infty} f(t) = \lim\limits_{s \to 0} sF(s)$
卷积	$\mathscr{L}\left[\int_0^t f_1(t-\tau) f_2(\tau) \mathrm{d}\tau\right] = \mathscr{L}\left[\int_0^t f_1(\tau) f_2(t-\tau) \mathrm{d}\tau\right] = F_1(s) F_2(s)$
原函数除以时间	$\mathscr{L}\left[\dfrac{f(t)}{t}\right] = \int_s^\infty F(s) \mathrm{d}s$
时间展缩	$\mathscr{L}\left[f\left(\dfrac{t}{a}\right)\right] = aF(as)$

由表 A-2 中拉氏变换的微分性质和积分性质可看出：当初始条件为零时，函数 $f(t)$ 的 n 阶导数的拉氏变换等于 $F(s)$ 乘以 s^n，而 $f(t)$ 对 t 的 n 重积分的拉氏变换等于 $F(s)$ 除以 s^n，这一结果提供了 s^n 和 s^{-n} 的数学解释。据此，可以用拉氏变换将 t 域中的积分-微分方程式方便地变成 s 域内的代数方程式。

A.2 拉普拉斯反变换

当已知象函数 $F(s)$，可用

$$f(t) = \frac{1}{2\pi\mathrm{j}} \int_{-\sigma-\mathrm{j}\infty}^{-\sigma+\mathrm{j}\omega} F(s) \mathrm{e}^{st} \mathrm{d}s \tag{A-5}$$

求出与 $F(s)$ 唯一对应的原函数 $f(t)$，式（A-5）称为拉普拉斯反变换，简称拉氏反变换。拉氏反变换是由象函数求原函数的过程，并记为

$$f(t) = \mathscr{L}^{-1}\big[F(s)\big] \tag{A-6}$$

通常也不需要直接用式（A-6）计算拉氏反变换得到原函数。对于求简单象函数的原函数时，可直接应用拉氏反变换表查得；对于求复杂象函数的原函数时，常用部分分式法或留数法求解。

1. 部分分式法

由于工程实际中系统响应的象函数 $F(s)$ 通常都是复变量 s 的一个有理分式，即

$$F(s) = \frac{N(s)}{D(s)} = \frac{b_0 s^m + b_1 s^{m-1} + \cdots + b_{m-1} s + b_m}{s^n + a_1 s^{n-1} + \cdots + a_{n-1} s + a_n} \tag{A-7}$$

式中，$a_1, a_2, a_3, \cdots, a_n$ 和 $b_0, b_1, b_2, \cdots, b_m$ 等均为实系数；m 和 n 均为正整数。欲将 $F(s)$ 展开成部分分式，首先应将式（A-7）化成真分式。即当 $m \geqslant n$ 时，应先用除法将 $F(s)$ 表示成一个 s 的多项式与一个余式 $\dfrac{N_0(s)}{D(s)}$ 之和，即 $F(s) = \dfrac{N(s)}{D(s)} = B_0 s^{m-n} + B_1 s^{m-n-1} + \cdots + B_{m-n-1} s^1$ $+ B_{m-n} + \dfrac{N_0(s)}{D(s)}$，这样余式 $\dfrac{N_0(s)}{D(s)}$ 为一真分式。对应于多项式 $B_0 s^{m-n} + B_1 s^{m-n-1} + \cdots +$ $B_{m-n-1} s^1 + B_{m-n}$ 中各项的时间函数是冲激函数的各阶导数与冲激函数本身。所以，在下面的分析中，均按 $F(s) = \dfrac{N(s)}{D(s)}$ 是真分式的情况讨论。

下面分两种情况研究:

(1) $D(s) = s^n + a_1 s^{n-1} + \cdots + a_{n-1} s + a_n = 0$ 的根为 n 个单根 p_1、p_2、$\cdots$、p_i、$\cdots p_n$

由于 $D(s) = 0$ 时即有 $F(s) = \infty$,故称 $D(s) = 0$ 的根 $p_i (i = 1, 2, 3, \cdots, n)$ 为 $F(s)$ 的极点。此时可将 $D(s)$ 进行因式分解,而将式(A-5)写成如下的形式,并展开成部分分式。即

$$F(s) = \frac{N(s)}{\prod_{i=1}^{n}(s - p_i)} = \sum_{i=1}^{n} \frac{K_i}{s - p_i} \tag{A-8}$$

式中,K_i 为待定常数。

可见,只要将待定常数 K_i 求出,则 $F(s)$ 的原函数 $f(t)$ 即可通过查表 A-1 中序号 5 的公式而求得为

$$f(t) = K_1 e^{p_1 t} + K_2 e^{p_2 t} + \cdots + K_i e^{p_i t} + \cdots + K_n e^{p_n t} = \sum_{i=1}^{n} K_i e^{p_i t} \tag{A-9}$$

待定常数 K_i 按下式求得,即

$$K_i = \frac{N(s)}{D(s)}(s - p_i)\big|_{s = p_i} \tag{A-10}$$

现对式(A-10)推导如下:给式(A-8)等号两端同乘以 $(s - p_i)$,即有

$$F(s)(s - p_i) = \frac{K_1}{s - p_1}(s - p_i) + \frac{K_2}{s - p_2}(s - p_i) + \cdots + K_i + \cdots + \frac{K_n}{s - p_n}(s - p_i)$$

$$\tag{A-11}$$

由于此式为恒等式,故可取 $s = p_i$ 代入之,并考虑到 $p_1 \neq p_2 \neq p_3 \neq \cdots \neq p_i \neq \cdots \neq p_n$,故得

$$F(s)(s - p_i)\big|_{s = p_i} = 0 + 0 + \cdots + K_i + \cdots + 0$$

于是得

$$K_i = F(s)(s - p_i)\big|_{s = p_i} = \frac{N(s)}{D(s)}(s - p_i)\big|_{s = p_i}$$

(2) $D(s) = s^n + a_1 s^{n-1} + \cdots + a_{n-1} s + a_n = 0$ 的根(即极点)含有重根

例如含有一个三重根 p_1 和一个单根 p_2,则部分分式的展开形式应为

$$F(s) = \frac{N(s)}{D(s)} = \frac{N(s)}{(s - p_1)^3 (s - p_2)} = \frac{K_{11}}{(s - p_1)^3} + \frac{K_{12}}{(s - p_1)^2} + \frac{K_{13}}{s - p_1} + \frac{K_2}{s - p_2}$$

$$\tag{A-12}$$

为了求得 K_{11},可给上式等号两端同乘以 $(s - p_1)^3$,即

$$F(s)(s - p_1)^3 = \frac{N(s)}{D(s)}(s - p_1)^3 = K_{11} + K_{12}(s - p_1) + K_{13}(s - p_1)^2 + \frac{K_2}{s - p_2}(s - p_1)^3$$

$$\tag{A-13}$$

由于式(A-13)为恒等式,故可令 $s = p_1$,于是有

$$K_{11} = \frac{N(s)}{D(s)}(s - p_1)^3\big|_{s = p_1} \tag{A-14}$$

为了求得 K_{12},可将式(A-13)对 s 求一阶导数,即

$$\frac{\mathrm{d}}{\mathrm{d}s}\left[\frac{N(s)}{D(s)}(s - p_1)^3\right] = 0 + K_{12} + 2K_{13}(s - p_1) + \frac{\mathrm{d}}{\mathrm{d}s}\left[\frac{K_2}{s - p_2}(s - p_1)^3\right] \tag{A-15}$$

由于式(A-15)也为恒等式,故可令 $s = p_1$,于是有

$$K_{12} = \frac{\mathrm{d}}{\mathrm{d}s}\left[\frac{N(s)}{D(s)}(s-p_1)^3\right]\Bigg|_{s=p_1} \tag{A-16}$$

为了求得 K_{13}，可将式（A-13）对 s 求二阶导数（亦即对式（A-15）求一阶导数），即

$$\frac{\mathrm{d}}{\mathrm{d}s}\left[\frac{N(s)}{D(s)}(s-p_1)^3\right] = 0 + 0 + 2K_{13} + \frac{\mathrm{d}^2}{\mathrm{d}s^2}\left[\frac{K_2}{s-p_2}(s-p_1)^3\right] \tag{A-17}$$

由于上式仍为恒等式，故可令 $s=p_1$，于是有

$$K_{13} = \frac{1}{2!}\frac{\mathrm{d}^2}{\mathrm{d}s^2}\left[\frac{K_2}{s-p_2}(s-p_1)^3\right]\Bigg|_{s=p_1} \tag{A-18}$$

推广之，当 $D(s)=0$ 的根含有 m 阶重根 p_i 时，则待定系数 K_{1m} 即为

$$K_{1m} = \frac{1}{(m-1)!}\frac{\mathrm{d}^{m-1}}{\mathrm{d}s^{m-1}}\left[\frac{K_2}{s-p_2}(s-p_i)^m\right]\Bigg|_{s=p_i} \tag{A-19}$$

至于式（A-13）中系数 K_2 可按式（A-10）求解，即

$$K_2 = \frac{N(s)}{D(s)}(s-p_2)\Big|_{s=p_2} \tag{A-20}$$

例 A-1 求象函数 $F(s) = \dfrac{2s^2+6s+6}{(s+2)(s^2+2s+2)}$ 的原函数 $f(t)$。

解 $D(s) = (s+2)(s^2+2s+2) = (s+2)(s+1+\mathrm{j}1)(s+1-\mathrm{j}1) = 0$ 的根（即极点）为 $p_1=-2, p_2=-1-\mathrm{j}1, p_3=-1+\mathrm{j}1$。这是有单复数根的情况，复数根一定是共轭成对出现。故 $F(s)$ 的部分分式为

$$F(s) = \frac{2s^2+6s+6}{(s+2)(s+1+\mathrm{j}1)(s+1-\mathrm{j}1)} = \frac{K_1}{s+2} + \frac{K_2}{s+1+\mathrm{j}1} + \frac{K_3}{s+1-\mathrm{j}1} \tag{A-21}$$

其中

$$K_1 = \left[\frac{2s^2+6s+6}{(s+2)(s+1+\mathrm{j}1)(s+1-\mathrm{j}1)}(s+2)\right]\Bigg|_{s=-2} = 1$$

$$K_2 = \left[\frac{2s^2+6s+6}{(s+2)(s+1+\mathrm{j}1)(s+1-\mathrm{j}1)}(s+1+\mathrm{j}1)\right]\Bigg|_{s=-1-\mathrm{j}1} = \frac{1}{2}+\mathrm{j}\frac{1}{2} = \frac{1}{\sqrt{2}}\mathrm{e}^{\mathrm{j}45°}$$

$$K_3 = \left[\frac{2s^2+6s+6}{(s+2)(s+1+\mathrm{j}1)(s+1-\mathrm{j}1)}(s+1-\mathrm{j}1)\right]\Bigg|_{s=-1+\mathrm{j}1} = \frac{1}{2}-\mathrm{j}\frac{1}{2} = \frac{1}{\sqrt{2}}\mathrm{e}^{-\mathrm{j}45°}$$

可见 K_3 与 K_2 也是互为共轭的。故当求得 K_2 时，K_3 即可根据共轭关系直接写出，而无须再详细求解。将 K_1、K_2、K_3 代入式（A-21）有

$$F(s) = \frac{1}{s+2} + \frac{1}{\sqrt{2}}\mathrm{e}^{\mathrm{j}45°}\frac{1}{s+1+\mathrm{j}1} + \frac{1}{\sqrt{2}}\mathrm{e}^{-\mathrm{j}45°}\frac{1}{s+1-\mathrm{j}1}$$

相应的原函数可通过对 $F(s)$ 逐项取拉氏反变换求得

$$f(t) = \mathrm{e}^{-2t} + \frac{1}{\sqrt{2}}\mathrm{e}^{\mathrm{j}45°}\mathrm{e}^{-(1+\mathrm{j})t} + \frac{1}{\sqrt{2}}\mathrm{e}^{-\mathrm{j}45°}\mathrm{e}^{-(1-\mathrm{j})t} = \mathrm{e}^{-2t} + \frac{1}{\sqrt{2}}\mathrm{e}^{-t}\left[\mathrm{e}^{\mathrm{j}(t-45°)} + \mathrm{e}^{-\mathrm{j}(t-45°)}\right]$$

$$= \mathrm{e}^{-2t} + \sqrt{2}\,\mathrm{e}^{-t}\cos(t-45°)$$

例 A-2 求 $F(s) = \dfrac{1-\mathrm{e}^{-2s}}{s^2+7s+12}$ 的原函数 $f(t)$。

解 根据拉氏变换的位移特性

$$F(s) = \frac{1}{s^2+7s+12} + \frac{-\mathrm{e}^{-2s}}{s^2+7s+12} = F_0(s) - F_0(s)\mathrm{e}^{-2s}$$

其中

$$F_0(s) = \frac{1}{s^2 + 7s + 12} = \frac{1}{(s+3)(s+4)} = \frac{1}{s+3} - \frac{1}{s+4}$$

故

$$f_0(t) = \mathscr{L}^{-1}[F_0(s)] = \mathrm{e}^{-3t} - \mathrm{e}^{-4t}$$

因此

$$f(t) = \mathscr{L}^{-1}[F(s)] = \mathscr{L}^{-1}[F_0(s) - F_0(s)\mathrm{e}^{-2s}]$$
$$= f_0(t) - f_0(t-2) = \mathrm{e}^{-3t} - \mathrm{e}^{-4t} - [\mathrm{e}^{-3(t-2)} - \mathrm{e}^{-4(t-2)}]1(t-2)$$

例 A-3 求 $F(s) = \dfrac{s+2}{(s+1)^2(s+3)s}$ 的原函数 $f(t)$。

解 $D(s) = (s+1)^2(s+3)s = 0$ 的根（即极点）为 $p_1 = -1$（二重根），$p_2 = -3$，$p_3 = 0$。故 $F(s)$ 的部分分式为

$$F(s) = \frac{K_{11}}{(s+1)^2} + \frac{K_{12}}{(s+1)} + \frac{K_2}{s+3} + \frac{K_3}{s} \tag{A-22}$$

式中

$$K_{11} = \left[\frac{s+2}{s(s+1)^2(s+3)}(s+1)^2\right]\bigg|_{s=-1} = -\frac{1}{2}$$

$$K_{12} = \frac{\mathrm{d}}{\mathrm{d}s}\left[\frac{s+2}{s(s+1)^2(s+3)}(s+1)^2\right]\bigg|_{s=-1} = -\frac{3}{4}$$

$$K_2 = \left[\frac{s+2}{s(s+1)^2(s+3)}(s+3)\right]\bigg|_{s=-3} = \frac{1}{12}$$

$$K_3 = \left[\frac{s+2}{s(s+1)^2(s+3)}s\right]\bigg|_{s=0} = \frac{2}{3}$$

代入式（A-22）有

$$F(s) = -\frac{1}{2}\frac{1}{(s+1)^2} - \frac{3}{4}\frac{1}{s+1} + \frac{1}{12}\frac{1}{s+3} + \frac{2}{3}\frac{1}{s}$$

因此

$$f(t) = -\frac{1}{2}t\mathrm{e}^{-t} - \frac{3}{4}\mathrm{e}^{-t} + \frac{1}{12}\mathrm{e}^{-3t} + \frac{2}{3}$$

2. 留数法

留数法的推导过程本书不再详述，在此仅给出部分公式如下

$$f(t) = \frac{1}{2\pi\mathrm{j}}\int_{-\sigma-\mathrm{j}\infty}^{-\sigma+\mathrm{j}\omega} F(s)\mathrm{e}^{st}\mathrm{d}s = \sum_{i=1}^{n} \mathrm{Res}[p_i] \tag{A-23}$$

式中，$p_i(i=1,2\cdots)$ 为 $F(s)$ 的极点，亦即 $D(s) = 0$ 的根；$\mathrm{Res}[p_i]$ 为极点 p_i 的留数。以下分两种情况介绍留数的具体求法：

（1）若 p_i 为 $D(s) = 0$ 的单根，则其留数为

$$\mathrm{Res}[p_i] = F(s)\mathrm{e}^{st}(s - p_i)\big|_{s=p_i} \tag{A-24}$$

（2）若 p_i 为 $D(s) = 0$ 的 m 阶重根，则其留数为

$$\mathrm{Res}[p_i] = \frac{1}{(m-1)!}\frac{\mathrm{d}^{m-1}}{\mathrm{d}s^{m-1}}\left[\frac{N(s)}{D(s)}\mathrm{e}^{st}(s - p_i)^m\right]\bigg|_{s=p_i} \tag{A-25}$$

附录 B　z 变换理论

由于在离散系统中存在脉冲或数字信号,连续系统中的拉式变换不总是适用于离散系统,有可能出现复变量 s 的超越函数(实际问题经常简化为线性系统,此时对线性时不变系统而言不会出现超越函数),因此使用 z 变换法建立离散系统的数学模型。通过 z 变换处理后的离散系统,可以把用于连续系统中的许多方法,例如稳定性分析、稳态误差计算、时间响应分析及系统校正方法等,经过适当改变后直接应用于离散系统的分析和设计之中。

z 变换是从拉氏变换直接引申出来的一种变换方法,它实际上是采样函数拉氏变换的变形。因此,z 变换称为采样拉氏变换,是研究线性离散系统的重要数学工具。

B.1　z 变换的定义

在分析线性连续系统时,使用了拉普拉斯变换,对离散信号

$$f^*(t) = \sum_{k=0}^{\infty} f(kT)\delta(t - kT) \tag{B-1}$$

进行拉氏变换,得到

$$F^*(s) = \sum_{k=0}^{\infty} f(kT)e^{-kTs} \tag{B-2}$$

令 $z = e^{sT}$,得到

$$F(z) = \sum_{k=0}^{\infty} f(kT)z^{-k} \tag{B-3}$$

$F(z)$ 称为离散时间函数——脉冲序列 $f^*(t)$ 的 z 变换,记为

$$F(z) = Z[f(t)] = Z[f^*(t)] \tag{B-4}$$

可以看出,z 变换是对离散信号进行的拉氏变换。

B.2　z 变换的方法

常用的 z 变换方法有级数求和法和部分分式法。

1. 级数求和法

根据 z 变换的定义,将连续信号 $e(t)$ 按周期 T 进行采样,将采样点处的值代入式(B-3),可得

$$E(z) = e(0) + e(T)z^{-1} + e(2T)z^{-2} + \cdots + e(nT)z^{-n} + \cdots$$

再求出上式的闭合形式,即可求得 $E(z)$。

例 B-1 对连续时间函数

$$e(t) = \begin{cases} a^t & t \geqslant 0 \\ 0 & t < 0 \end{cases}$$

按周期 $T = 1$ 进行采样,可得

$$e(n) = \begin{cases} a^n & n \geqslant 0 \\ 0 & n < 0 \end{cases}$$

试求 $E(z)$。

解 按 z 变换的定义

$$E(z) = \sum_{n=0}^{\infty} e(nT) z^{-n} = \sum_{n=0}^{\infty} (az^{-1})^n = 1 + az^{-1} + (az^{-1})^2 + (az^{-1})^3 + \cdots$$

若 $|z| > |a|$,则无穷级数是收敛的,利用等比级数求和公式,可得闭合形式为

$$E(z) = \frac{z}{z-a} \quad |z| > |a|$$

2. 部分分式法(查表法)

已知连续信号 $e(t)$ 的拉氏变换 $E(s)$,将 $E(s)$ 展开成部分分式之和

$$E(s) = E_1(s) + E_2(s) + \cdots + E_n(s)$$

且每一个部分分式 $E_i(s)(i=1,2,\cdots n)$ 都是 z 变换表中所对应的标准函数,其 z 变换即可查表得出

$$E(z) = E_1(z) + E_2(z) + \cdots + E_n(z)$$

例 B-2 已知连续函数的拉氏变换为

$$E(s) = \frac{s+2}{s^2(s+1)}$$

试求相应的 z 变换 $E(z)$。

解 将 $E(s)$ 展开成部分分式

$$E(s) = \frac{2}{s^2} - \frac{1}{s} + \frac{1}{s+1}$$

对上式逐项查 z 变换表,可得

$$E(z) = \frac{2Tz}{(z-1)^2} - \frac{z}{z-1} + \frac{z}{z-e^{-T}}$$

$$= \frac{(2T + e^{-T} - 1)z^2 + [1 - e^{-T}(2T+1)]z}{(z-1)^2(z-e^{-T})}$$

常用函数的 z 变换见表 B-1。由表可见,这些函数的 z 变换都是 z 的有理分式。

表 B-1   常用函数的 z 变换表

$F(s)$	$f(t)$ 或 $f(k)$	$F(z)$
1	$\delta(t)$	1
e^{-kTs}	$\delta(t-kT)$	z^{-k}
$\dfrac{1}{s}$	$1(t)$	$\dfrac{z}{z-1}$
$\dfrac{1}{s^2}$	t	$\dfrac{Tz}{(z-1)^2}$

$F(s)$	$f(t)$ 或 $f(k)$	$F(z)$
$\dfrac{1}{s^3}$	$\dfrac{t^2}{2!}$	$\dfrac{T^2 z(z+1)}{2!(z-1)^3}$
$\dfrac{1}{s^4}$	$\dfrac{t^3}{3!}$	$\dfrac{T^3 z(z^2+4z+1)}{3!(z-1)^4}$
$\dfrac{1}{s^{n+1}}$	$\dfrac{t^n}{n!}$	$\dfrac{T^n z R_n(z)}{n!(z-1)^{n+1}}$
$\dfrac{1}{s+a}$	e^{-at}	$\dfrac{z}{z-e^{-aT}}$
$\dfrac{1}{(s+a)(s+\beta)}$	$\dfrac{1}{\alpha-\beta}(e^{-at}-e^{-\beta})$	$\dfrac{1}{\alpha-\beta}\left(\dfrac{z}{z-e^{-aT}}-\dfrac{z}{z-e^{-\beta T}}\right)$
$\dfrac{1}{s(s+\alpha)}$	$\dfrac{1}{\alpha}(1-e^{-at})$	$\dfrac{1}{\alpha}\cdot\dfrac{(1-e^{-aT})z}{(z-1)(z-e^{-aT})}$
$\dfrac{1}{s^2(s+\alpha)}$	$\dfrac{1}{\alpha}\left(t-\dfrac{1-e^{-at}}{\alpha}\right)$	$\dfrac{1}{\alpha}\cdot\left[\dfrac{Tz}{(z-1)^2}-\dfrac{(1-e^{-aT})z}{\alpha(z-1)(z-e^{-aT})}\right]$
$\dfrac{1}{(s+a)^2}$	te^{-at}	$\dfrac{Tze^{-aT}}{(z-e^{-aT})^2}$
$\dfrac{\omega}{s^2+\omega^2}$	$\sin\omega t$	$\dfrac{z\sin\omega T}{z^2-2z\cos\omega T+1}$
$\dfrac{s}{s^2+\omega^2}$	$\cos\omega t$	$\dfrac{z(z-\cos\omega T)}{z^2-2z\cos\omega T+1}$
$\dfrac{\omega}{(s+a)^2+\omega^2}$	$e^{-at}\sin\omega t$	$\dfrac{ze^{-aT}\sin\omega T}{z^2-2ze^{-aT}\cos\omega T+e^{-2aT}}$
$\dfrac{s+a}{(s+a)^2+\omega^2}$	$e^{-at}\cos\omega t$	$\dfrac{z^2-ze^{-aT}\cos\omega T}{z^2-2ze^{-aT}\cos\omega T+e^{-2aT}}$
$\dfrac{1}{S-\dfrac{\ln\alpha}{T}}$	α^k	$\dfrac{z}{z-\alpha}$
$\dfrac{1}{S+\dfrac{\ln\alpha}{T}}$	$\alpha^k\cos k$	$\dfrac{z}{z+\alpha}$
$\dfrac{\alpha}{s^2-\alpha^2}$	$\text{sh}\,\alpha t$	$\dfrac{z\,\text{sh}\,\alpha T}{z^2-2z\,\text{ch}\,\alpha T+1}$
$\dfrac{s}{s^2+\alpha^2}$	$\text{ch}\,\alpha t$	$\dfrac{z(z-\text{ch}\,\alpha T)}{z^2-2z\,\text{ch}\,\alpha T+1}$

B.3　z 变换的基本定理

应用 z 变换的基本定理,可以使 z 变换的应用变得简单方便,下面介绍常用的几种 z 变换定理。

1. 线性定理

若 $E_1(z)=Z[e_1(t)]$,$E_2(z)=Z[e_2(t)]$,a,b 为常数,则

$$Z[ae_1(t) \pm be_2(t)] = aE_1(z) \pm bE_2(z) \tag{B-5}$$

上式表明，z变换是一种线性变换，其变换过程满足齐次性与均匀性。

2. 实数位移定理

实数位移是指整个采样序列$e(nT)$在时间轴上左右平移若干采样周期，其中向左平移$e(nT+kT)$为超前，向右平移$e(nT-kT)$为滞后。实数位移定理表示如下：

如果函数$e(t)$是可z变换的，其z变换为$E(z)$，则有滞后定理

$$Z[E(t-kT)] = z^{-k}E(z) \tag{B-6}$$

以及超前定理

$$Z[e(t+kT)] = z^k\left[E(z) - \sum_{n=0}^{k-1} e(nT)z^{-n}\right] \tag{B-7}$$

其中k为正整数。

显然可见，算子z有明确的物理意义：z^{-k}代表时域中的延迟算子，它将采样信号滞后k个采样周期；同理，z^k代表超前环节，它把采样信号超前k个采样周期。

实数位移定理的作用相当于拉氏变换中的微分或积分定理。应用实数位移定理，可将描述离散系统的差分方程转换为z域的代数方程。

例 B-3　试用实数位移定理计算滞后函数$(t-5T)^3$的z变换。

解　由式

$$Z[(t-5T)^3] = z^{-5}Z[t^3] = z^{-5}3!Z\left[\frac{t^3}{3!}\right]$$

$$= 6z^{-5}\frac{T^3(z^2+4z+1)}{6(z-1)^4} = \frac{T^3(z^2+4z+1)z^{-5}}{(z-1)^4}$$

3. 复数位移定理

如果函数$e(t)$是可z变换的，其z变换为$E(z)$，则有

$$Z[a^{\mp bt}e(t)] = E(za^{\pm bT}) \tag{B-8}$$

例 B-4　试用复数位移定理计算函数$t^2 e^{aT}$的z变换。

解　令$e(t)=t^2$，查表可得

$$E(z) = Z[t^2] = 2Z\left[\frac{t^2}{2}\right] = \frac{T^2 z(z+1)}{(z-1)^3}$$

根据复数位移定理，有

$$Z[t^2 e^{at}] = E(ze^{-at}) = \frac{T^2 ze^{-at}(ze^{-at}+1)}{(ze^{-at}-1)^3} = \frac{T^2 ze^{at}(z+e^{at})}{(z-e^{at})^3}$$

4. 终值定理

如果信号$e(t)$的z变换为$E(z)$，信号序列$e(nT)$为有限值$(n=0,1,2,\cdots)$，且极限$\lim_{n\to\infty}e(nT)$存在，则信号序列的终值

$$\lim_{n\to\infty}e(nT) = \lim_{z\to1}(z-1)E(z) \tag{B-9}$$

例 B-5　设z变换函数为

$$E(z) = \frac{z^3}{(z-1)(z^2+7z+5)}$$

试利用终值定理确定$e(nT)$的终值。

解　由终值定理得

$$e(\infty) = \lim_{z \to 1}(z-1)E(z) = \lim_{z \to 1}(z-1)\frac{z^3}{(z-1)(z^2+7z+5)} = \lim_{z \to 1}\frac{z^3}{(z^2+7z+5)} = \frac{1}{13}$$

5. 卷积定理

设 $x(nT)$ 和 $y(nT)(n=0,1,2\cdots)$，为两个采样信号序列，其离散卷积定义为

$$x(nT) * y(nT) = \sum_{k=0}^{\infty} x(kT)y[(n-k)T] \tag{B-10}$$

则卷积定理可描述为：在时域中，若

$$g(nT) = x(nT) * y(nT) \tag{B-11}$$

则在 z 域中必有

$$G(z) = X(z) \cdot Y(z) \tag{B-12}$$

在离散系统分析中，卷积定理是沟通时域与 z 域的桥梁。利用卷积定理可建立离散系统的脉冲传递函数。

应当注意，z 变换只反映信号在采样点上的信息，并不能描述采样点间信号的状态。因此 z 变换与采样序列对应，而不对应唯一的连续信号。无论什么连续信号，只要采样序列一样，其 z 变换就一样。

B.4　z 反变换

已知 z 变换表达式 $E(z)$，求相应离散序列 $e(nT)$ 的过程，称为 z 反变换，记为

$$e(nT) = Z^{-1}[E(z)] \tag{B-13}$$

当 $n<0$ 时，$e(nT)=0$，信号序列 $e(nT)$ 是单边的，对单边序列常用的 z 反变换法有部分分式法，幂级数法和反演积分法。

1. 部分分式法（查表法）

部分分式法又称查表法，根据已知的 $E(z)$，通过查 z 变换表找出相应的 $e^*(t)$，或者 $e(nT)$。考虑到 z 变换表中，所有 z 变换函数 $E(z)$ 在其分子上都有因子 z，所以，通常先将 $E(z)/z$ 展成部分分式之和，然后将分母中的 z 乘到各分式中，再逐项查表反变换。

例 B-6　设 $E(z)$ 为

$$E(z) = \frac{10z}{(z-1)(z-2)}$$

试用部分分式法求 $e(nT)$。

解　首先将 $\dfrac{E(z)}{z}$ 展开成部分分式，即

$$\frac{E(z)}{z} = \frac{10}{(z-1)(z-2)} = \frac{-10}{z-1} + \frac{10}{z-2}$$

把部分分式中的每一项乘上因子 z 后，得

$$E(z) = \frac{-10z}{z-1} + \frac{10z}{z-2}$$

查 z 变换表得

$$Z^{-1}\left[\frac{z}{z-1}\right] = 1, \quad Z^{-1}\left[\frac{z}{z-2}\right] = 2^n$$

最后可得

$$e^*(t) = \sum_{n=0}^{\infty} e(nT)\delta(t-nT) = 10(-1+2^n)\delta(t-nT) \quad n=0,1,2\cdots$$

2. 幂级数法

z 变换函数的无穷项级数形式具有鲜明的物理意义。变量 z^{-n} 的系数代表连续时间函数在 nT 时刻上的采样值。若 $E(z)$ 是一个有理分式,则可以直接通过长除法,得到一个无穷项幂级数的展开式。根据 z^{-n} 的系数便可以得出时间序列 $e(nT)$ 的值。

例 B-7　设 $E(z)$ 为

$$E(z) = \frac{10z}{(z-1)(z-2)}$$

试用长除法求 $e(nT)$ 或 $e^*(t)$。

解　　　　　　　　$$E(z) = \frac{10z}{(z-1)(z-2)} = \frac{10z}{z^2-3z+2}$$

应用长除法,用分母去除分子,即

$$
\begin{array}{r}
10z^{-1}+30z^{-2}+70z^{-3}+150z^{-4}+\cdots \\
z^2-3z+2\overline{)10z} \\
-)\,10z-30z^0+20z^{-1} \\
\hline
30z^0-20z^{-1} \\
-)\,30z^0-90z^{-1}+60z^{-2} \\
\hline
70z^{-1}-60z^{-2} \\
-)\,70z^{-1}-210z^{-2}+140z^{-3} \\
\hline
150z^{-2}-140z^{-3}
\end{array}
$$

$E(z)$ 可写成

$$E(z) = 0z^0 + 10z^{-1} + 30z^{-2} + 70z^{-3} + 150z^{-4} + \cdots$$

所以

$$e^*(t) = 10\delta(t-T) + 30\delta(t-2T) + 70\delta(t-3T) + 150\delta(t-4T) + \cdots$$

长除法以序列的形式给出 $e(0), e(T), e(2T), e(3T), \cdots$ 的数值,但不容易得出 $e(nT)$ 的封闭表达形式。

3. 反演积分法(留数法)

反演积分法又称留数法。在实际问题中遇到的 z 变换函数 $E(z)$,除了有理分式外,也可能是超越函数,此时无法应用部分分式法及幂级数法来求 z 反变换,只能采用反演积分法。当然,反演积分法对 $E(z)$ 为有理分式的情形也适用。$E(z)$ 的幂级数展开形式为

$$E(z) = \sum_{n=0}^{\infty} e(nT)z^{-n} \tag{B-14}$$

设函数 $E(z)z^{n-1}$ 除有限个极点 $z_1, z_2, \cdots z_k$ 外,在 z 域上是解析的,则有反演积分公式

$$e(nT) = \frac{1}{2\pi j}\oint_{\Gamma} E(z)z^{n-1}\mathrm{d}z = \sum_{i=1}^{k} \mathrm{Res}\left[E(z)z^{n-1}\right]\Big|_{z=z_i} \tag{B-15}$$

式中　$\mathrm{Res}[E(z)z^{n-1}]\big|_{z=z_i}$ 表示函数 $E(z)z^{n-1}$ 在极点 z_i 处的留数,留数计算方法如下:

若 $z_i(i=1,2,\cdots,k)$ 为单极点,则

$$\text{Res}\big[E(z)z^{n-1}\big]\big|_{z=z_i} = \lim_{z \to z_i}\big[(z - z_i)E(z)z^{n-1}\big] \tag{B-16}$$

若 z_i 为 m 阶重极点,则

$$\text{Res}\big[E(z)z^{n-1}\big]_{z=z_i} = \frac{1}{(z-1)!}\left\{\frac{\mathrm{d}^{m-1}}{\mathrm{d}z^{m-1}}\big[(z-z_i)^m E(z)z^{n-1}\big]\right\}_{z=z_i}$$

例 B-8   设 $E(z) = \dfrac{10z}{(z-1)(z-2)}$ 试用反演积分法求 $e(nT)$。

解   根据式(B-15),有

$$e(nT) = \sum_{i=1}^{2}\text{Res}\Big[\frac{10z}{(z-1)(z-2)}z^{n-1}\Big]$$

$$= \Big[\frac{10z^n}{(z-1)(z-2)}\cdot(z-1)\Big]\Big|_{z=1} + \Big[\frac{10z^n}{(z-1)(z-2)}\cdot(z-2)\Big]\Big|_{z=2}$$

$$= -10 + 10\times2^n = 10(-1+2^n)n = 0,1,2,\cdots$$

例 B-9   设 z 变换函数

$$E(z) = \frac{z^3}{(z-1)(z-5)^2}$$

试用留数法求其 z 反变换。

解   因为函数

$$E(z)z^{n-1} = \frac{z^{n+2}}{(z-1)(z-5)^2}$$

有 $z_1 = 1$ 是单极点,$z_2 = 5$ 是二阶重极点,极点处留数

$$\text{Res}\big[E(z)z^{n-1}\big]\big|_{z=z_1} = \lim_{z\to1}\big[(z-1)E(z)z^{n-1}\big] = \lim_{z\to1}(z-1)\frac{z^{n+2}}{(z-1)(z-5)^2} = \frac{1}{16}$$

$$\text{Res}\big[E(z)z^{n-1}\big]\big|_{z=z_2} = \frac{1}{(m-1)!}\left\{\frac{\mathrm{d}^{m-1}}{\mathrm{d}z^{m-1}}\big[z-5\big]^2 E(z)z^{n-1}\right\}\Big|_{z=5}$$

$$= \frac{1}{(2-1)!}\left\{\frac{\mathrm{d}^{2-1}}{\mathrm{d}z^{2-1}}\Big[(z-5)^2\frac{z^{n+2}}{(z-1)(z-5)^2}\Big]\right\}\Big|_{z=5}$$

$$= \frac{(4n+3)5^{n+1}}{16}$$

所以

$$e(nT) = \sum_{i=1}^{k}\text{Res}\big[E(z)z^{n-1}\big]\big|_{z=z_i} = \frac{1}{16} + \frac{(4n+3)5^{n+1}}{16} = \frac{(4n+3)5^{n+1}+1}{16}$$

相应的采样函数

$$e^*(t) = \sum_{n=0}^{\infty}e(nT)\delta(t-nT) = \sum_{n=0}^{\infty}\frac{(4n+3)5^{n+1}+1}{16}\delta(t-nT)$$

$$= \delta(t) + 11\delta(t-1) + 86\delta(t-2) + \cdots$$

参 考 文 献

[1] 王勉华.自动控制原理[M].北京:煤炭工业出版社,2012.

[2] 胡寿松.自动控制原理[M].7版.北京:科学出版社,2019.

[3] 魏泽国,黄章,王勉华等.自动控制原理[M].北京:煤炭工业出版社,1993.

[4] (美)[K.奥加塔]Katsuhiko Ogata 著,卢伯英,于海勋等译.现代控制工程[M].3版.北京:电子工业出版社,2000.

[5] 王建辉,顾树生.自动控制原理[M].2版.北京:清华大学出版社,2014.

[6] 卢京潮.自动控制原理[M].北京:清华大学出版社,2013.

[7] 高国燊.自动控制原理[M].3版.广州:华南理工大学出版社,2019.

[8] 吴麒,王诗宓.自动控制原理[M].北京:清华大学出版社,2006.

[9] 李友善.自动控制原理[M].修订版.北京:国防工业出版社,1989.

[10] 杨自厚.自动控制原理[M].北京:冶金工业出版社,1980.

[11] 蔡尚峰.自动控制与调节原理[M].北京:机械工业出版社,1980.

[12] 张爱民.自动控制原理[M].2版.北京:清华大学出版社,2019.

[13] 吴锟章.自动控制理论基础[M].西安:西安交通大学出版社,1999.

[14] 孙虎章.自动控制原理[M].2版.北京:中央广播电视大学出版社,1994.

[15] 杨庚辰.自动控制原理[M].西安:西安电子科技大学出版社,1994.

[16] 薛定宇.反馈控制系统设计与分析:MATLAB 语言应用[M].北京:清华大学出版社,2000.

[17] 张聚.基于 MATLAB 的控制系统仿真及应用[M].2版.北京:电子工业出版社,2018.

[18] 姜增如.控制系统建模与仿真:基于 MATLAB/Simulink 的分析与实现[M].北京:清华大学出版社,2020.

[19] 胡寿松.自动控制原理习题解析[M].北京:科学出版社,2007.